U0957790

翻译组

王　东　文宇立　刘伟江　王玉秋　孙　娟

吴悦颖　赵　越　张晓楠　徐　敏　张　晶

陈　岩　谢阳村　姚瑞华　张文静　孙宏亮

叶维丽　朱　倩　沙　健　李　青　关　婧

史洪芳　杨文杰

[美国水管理政策系列译丛]

美国饮用水环境管理

HANDBOOK OF DRINKING WATER SOURCE MANAGEMENT

美国环境保护局 等编
王 东 文宇立 刘伟江 等译

中国环境科学出版社 · 北京

图书在版编目（CIP）数据

美国饮用水环境管理/美国环境保护局等编；王东等译. —北京：中国环境科学出版社，2010.10

ISBN 978-7-5111-0279-9

Ⅰ. ①美… Ⅱ. ①美…②王… Ⅲ. ①饮用水—供水水源—环境保护—美国 Ⅳ. ①TU991.1

中国版本图书馆 CIP 数据核字（2010）第 087605 号

责任编辑 黄晓燕　李卫民
责任校对 扣志红
封面设计 玄石至上

出版发行 中国环境科学出版社
（100062　北京东城区广渠门内大街 16 号）
网　　址：http://www.cesp.com.cn
联系电话：010-67112735
发行热线：010-67125803，传真：010-67113405

印　　刷 北京市联华印刷厂
经　　销 各地新华书店
版　　次 2010 年 10 月第 1 版
印　　次 2010 年 10 月第 1 次印刷
开　　本 787×1092　1/16
印　　张 22.25
字　　数 500 千字
定　　价 60.00 元

【版权所有。未经许可请勿翻印、转载，侵权必究】
如有缺页、破损、倒装等印装质量问题，请寄回本社更换

译者序

美国饮用水环境管理起步较早，以法律法规和标准为基础和推动力，在水环境管理机构设置、政策制定、污染防治技术、资金筹措等方面比较成熟。美国饮用水环境管理特别注重联合政府相关部门、环保协会、公众等多方力量，在政策、技术、资金等方面形成合力，有效地保障饮用水安全。

为全面推动我国饮用水安全保障工作，切实维护人民群众身体健康，在 2006—2008 年全面调查评估全国设市城市及县级政府所在地城镇 4 002 个集中式饮用水水源地环境信息的基础上，环境保护部会同国务院有关部门及地方政府，组织编制了中国第一部饮用水水源地环境保护规划。目前，我国饮用水水源保护工作中仍存在保护区划分与管理不规范、监测及应急能力薄弱、水质达标率较低等问题。翻译出版《美国饮用水环境管理》一书，旨在系统介绍美国饮用水环境管理的发展历程，重点梳理美国饮用水环境管理的基本思路和经验，以供我国饮用水环境保护借鉴参考。

本书详细阐述了美国饮用水环境管理体系、法律法规、方案制定和融资方式等内容，介绍了美国饮用水环境保护的典型案例。更辅以相关的图表，形象直观地解释了饮用水环境管理的发展历程及技术方法等。

由于翻译人员水平有限，时间仓促，对原文误解、疏漏甚至错误之处在所难免，请读者不吝指正。

翻译组

2010 年 10 月

目　录

第一篇　管理篇

第二篇　法律法规篇

第三篇 方案篇

第四篇 融资篇

第五篇 案例篇

第一篇

管理篇

第 1 章　政府职能

美国的政府体制具有鲜明的时代特色，是基于时代哲学思想、事件以及创始人的性格和兴趣形成的。本文开始首先介绍创始人构建政府系统的背景以及目前该系统的工作原理。此外，还将探讨政府系统对两大治水法令《清洁水法》（Clean Water Act，CWA）和《安全饮用水法》（Safe Drinking Water Act，SDWA）的影响。通过阅读本文，读者应能够了解：

- 三个政府分支及其职能和局限性以及它们与美国 EPA 的交叉职能；
- 美国 EPA 的历史；
- 《清洁水法》和《安全饮用水法》下的主要计划；
- 美国 EPA 如何执行这些法令；
- 规章制定程序；
- 美国 EPA 如何利用法令提供的工具执行法令。

1.1 美国宪法的发展历程

1776 年 7 月 4 日《独立宣言》发表，正式拉开美国革命的序幕。《独立宣言》明确拒绝特权，主张人权。1781 年，英国在约克镇被打败，标志着战争的结束。1781 年批准了《联邦条例》，但是这个条例大部分权力都掌握在当地人手中。各州在美国独立战争中结成了同盟，革命胜利之后，创始人需要决定如何对其进行管理。1787 年，联邦议会同意召开制宪会议。在宪法形成前，需要解决无数的争议，达成许多妥协。从哲学角度看，宪法反映了启蒙思想的原理：

- 政府来自下层，而非上层，只有被统治者同意，才能获得权力；
- 人人具有天生的、不可剥夺的权利；
- 对政府的权力进行分配是明智之举，即把部分权力下放给地方政府，中央政府总揽大权；
- 法律面前人人平等（但制定者对其解释有些狭隘，不适用于妇女、黑人和印第安人）。

在 1787 年 5 月至 9 月举行的制宪会议上起草了《美国宪法》，并于 1789 年生效。它是迄今世界上仍有效的、最古老的成文法。宪法的最高目标是赋予联邦政府足够的权力，执行其意志，想办法限制人民民主权力。本法指派给联邦政府的明示权力包括：收税；管理州际和国际贸易；铸币；建立邮政营业局；宣战；维持海军和陆战队。由于担心多数派专政，宪法规定通过选举团间接选举总统，州立法机构选举参议员。联邦法院法官采取任命方式，只有众议员通过普选产生。

宪法分割了联邦政府、州和部落的主权。主权是国家的固有权力或统治权。宪法规定，只有联邦政府有权管理印第安人的事务。总之，州法律不适用于印第安人部落。

在美国殖民地时期，英格兰将印第安部落视为一个外来的握有主权的国家。美国革命后，继续把部落视为主权实体，与之签订条约。这些条约仍然是“国家最高法律”，除非国会明确废除该条约，否则它和联邦法令有同等效力。

宪法将部落视为特别政府，授权国会管理合众国与外国的、各州之间的以及印第安部落的贸易。

如今，联邦政府和部落是基于政府对政府的原则进行合作的。联邦政府对联邦认可的印第安部落有“承诺责任”。该责任源自印第安条约、法令、行政命令和美国与印第安部落的历史关系。“承诺责任”是指联邦政府遵守承诺的义务，代表部落及其成员的最高利益。简单地说，是指联邦政府（包括美国 EPA）必须协商并考虑部落的利益，在不影响部落利益的前提下采取行动。美国的某些正式诉讼，比如，法令、条约或行政命令，也是 “托管责任”的特定组成部分。例如联邦政府作为托管人为部落或印第安人（受益人）保管印第安托管资产（木材、土地、基金或矿产）。

在欧洲入侵时，部落完全管理自己的事务。随着时间的推移，国会通过各种条约、立法和法令逐渐削减并限制部落的权力和权限。总之，部落保留了国会没有明确剥夺的主权。通常，部落可以立法，包括民事和刑事法律。它们的权力包括但不限于：确定民主权利和关系，管理商业关系，为商业组织颁发特许证，处置非托管财产，制定继承法，土地使用管制，筹集政府运作资金，通过执法和司法系统公正执法。

1.2 联邦政府权力机构

宪法规定的权力结构是权力分立和制衡。联邦主义平衡了国家和州政府的权力，从而制约了联邦政府的权力。由于权力分立，产生了三个政府分支，即行政，立法和司法，每一个分支都有特别权力。同时，为了防止滥用权力，任一分支对其他两个分支都具有某种约束力或审查权。明确界定了总统的权力。总统是政府机构的最高领导。立法机构由众议院和参议院构成，拥有征税和评税、管理州际贸易和对外贸易、铸币、建立邮政营业厅、宣战以及维持军队的权力。参众两院各自还拥有特殊权力。例如，缔结的条约必须由参议院批准，所有的收支账目由众议院启动。宪法没有明确界定司法机关，只有一个法院（最高法院），允许法官终身任职并获得报酬，简述原始管辖权和上诉管辖权、审判程序以及国会对叛国者的权力限制。下面具体介绍这三个政府分支。

1.2.1 行政机构及其和美国 EPA 的交叉职能

（1）行政机构

从图 1-1 中可以了解美国的行政机构框架。总统负责管理行政机构和 300 万公务员组成的 100 个部门和委员会。1939 年设立了总统办事机构，包括白宫工作人员，例如新闻会议秘书以及其他顾问、经济顾问委员会、环境质量委员会、国家安全委员会和管理与预算办公室。

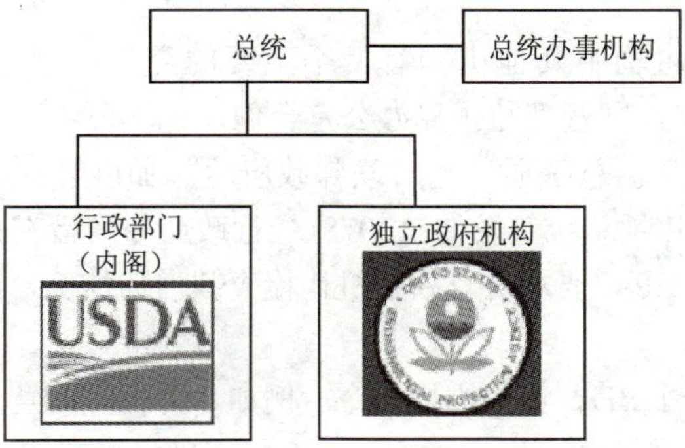

图 1-1　行政机构框架

行政部门——内阁是集体政策建议最原始的来源。内阁包括 14 个部门：农业部、商务部、国防部、教育部、能源部、医疗和社会服务部、住房和城市发展部、内政部、司法部、劳工部、国务院、交通部、财政部和退伍军人事业部。

行政机构还包括 57 个独立的机构，涉及利益范围广。这些不同的机构包括史迹维护联邦理事会、证券交易委员会、美国铁路公司、中央情报局、和平部队、美国国家航空航天局和美国 EPA（环保局）。这些部门的负责人必须向总统报告，但美国 EPA 局长除外，因为他们在内阁没有地位。国会多次想通过立法评估美国 EPA 在内阁中的地位，但都没有成功。

总统负责确定行政机构框架。尽管这些机构雇佣公务员是不分政治立场的，但是部门和机构负责人以及辅助管理岗位的员工都与总统有相同政治立场。

立法机构和司法机构都有审查行政机构的行政权。国会可以推翻总统否决、削减总统计划经费、弹劾总统、拒绝总统提名的候选人；法院还可以宣布总统的行为违宪。

（2）总统的职权范围

美国 EPA 是行政机构的一部分。同样它也是总统的代言人，反映总统和行政部门的立场和决策。在 300 万公务员中只有约 3 000 人是总统负责任命的，被任命者均担任政府的高级职位。美国 EPA 中，总统任命局长、副局长、9 个局长助理、法律总顾问、监察长和 10 名地区局长。此外，还有 20 多个“C 类”，其职位不在这些竞争职位中。这些被任命者通常为指定的官员提供机密和政策服务。

政府运行机制相当独立，不受总统干涉。新总统要处理前任遗留的复杂且不熟悉的问题（比如砷的最大污染物浓度），而在总统上任前颁布的法律、制定的预算以及法律规定的主要开支计划不会受到影响。

在采访美国 EPA 历史办公室的时候，连任两届的美国 EPA 局长威廉·拉克尔肖斯说：“很少有人知道，像美国 EPA 这样的公共机构不仅为公众提供服务，还为政治任命的官员提供服务。这些机构的员工有很强的适应能力。如果你信任他们，告诉他们你想要什么，并且发出明确的信号，他们会做所有力所能及的事帮助你。如果你不信任他们或认为他们没有什么能力，他们就不会为你做事。EPA 全是有能力的人，他们不喜欢逃避责任，而且很愿意担任你所提供的领导职位。在一定程度上说，他们具有法规规定下的任何灵活性，这种灵活性正是他们越来越缺乏的，他们非常支持政府任命。”

（3）行政命令

美国 EPA 和行政机构中其他机构有两个主要的交互作用：执行总统的行政命令（Executive Orders，EOs），同管理与预算办公室合作。

行政命令是官方文件，总统通过它对联邦政府运作加以管理。所有政府机构都受行政命令支配。例如，克林顿总统签发的 13078 号行政命令，旨在提高残疾成年人的就业率。根据该规定，美国 EPA 要求所有联邦机构检查其雇佣惯例，决定如何实现该命令的目标。

在某些情况下，美国 EPA 负责执行命令。例如，为保护儿童免遭环境风险和安全风险威胁而颁布的 13045 号行政命令，建立了一个特遣部，由美国 EPA、健康与人类服务部（Health and Human Service，HHS）担任联合主席，为儿童环境健康和安全策略提供建议。美国 EPA 成立儿童健康保护办公室（Office of Children's Health Protection，OCHPO）支持政府机构执行总统的行政命令。

第 12873 号行政命令，联邦收购、再循环以及废物防护，在美国 EPA 内设立了联邦环境执行官（Federal Environmental Executive，FEE）这个职位，为联邦机构提供国家性指导，跟踪政府的进展，确保遵守命令。此外，还设立了联邦环境执行官办公室，该机构由政府机构的代表组成，为联邦环境执行官提供支持。

（4）管理与预算办公室

管理与预算办公室（Office of Management and Budget，OMB）最重要的任务是协助总统监督联邦预算的准备情况，监督各行政机构下属部门对预算的执行情况。在帮助总统制订开支计划的过程中，管理与预算办公室评估部门计划、政策和程序的效力，评估部门对资金的需求，确定资助的优先次序。管理与预算办公室确保部门报告、准则、证词以及拟定的立法与总统预算以及行政政策相符。另外，管理与预算办公室还负责监督和协调行政部门的采购、财务管理、资讯以及监管政策。在这些领域中，管理与预算办公室的职责是帮助改善行政管理，制定更好的绩效评估方法，协调机制以及减少不必要的公共负担。这些职能将在后面进行详细讨论。

（5）美国 EPA 与其他行政部门交叉职能

美国 EPA 需要与许多机构在相关或相同的项目上进行协作，例如：美国 EPA 和美国陆军工兵署共同执行《清洁水法》的第 404 项条款，该条款对疏浚和填充材料在水中的排放进行了限制。环境质量委员会执行《国家环境政策法》（National Environmental Policy Act，NEPA），要求对联邦资助的活动进行环境评估或提供环境影响报告。EPA 审查这些评估报告。美国 EPA 和交通部合作执行 21 世纪的交通运输公平法（Transportation Equity Act of 21st century，TEA-21），包括提供确保有利于环境的交通系统。美国 EPA 还和司法部合作处理案件。但是美国 EPA 只能提出行政诉讼，民事或刑事诉讼案件必须提交司法部。美国 EPA 监督联邦机构实施《资源保护和回收法》和超级基金清理措施的情况。美国 EPA 和美国联邦总务管理局（General Services Administration，GSA）交叉合作，美国联邦总务管理局负责提供场地、安全服务、设备、装备、补给、工具、计算机、电话、交通运输服务和其他政府职能。

1.2.2 立法机构及其和美国 EPA 的交叉职能

（1）立法机构

立法机构的主体是美国国会。国会为两院制，即由众议院和参议院组成。众议院有 435 个席位，根据各州的人口比例分配。参议院有 100 个席位（每州有两个席位）。众议院还包括 4 个代表——分别来自哥伦比亚、波多黎各、关岛和维尔京群岛，他们参与辩论，但只在委员会中进行投票。宪法规定众议院按惯例从成员中选出一个发言人，该发言人是在众议院中占多数席位的党派领袖。宪法指定参议院议长兼任副总统，但只是在投票出现平局时进行投票。总统担任议会主席，依照传统参议员对大多数党派具有最长的服务时间。两院中，拥有较多席位的政党的主要职责是管理、领导。

立法机构下设三个部门。国家审计总署（General Accounting Office，GAO），美国政府印刷局（Government Printing Office，GPO）和国会图书馆。国家审计总署是国会的调查部门，该机构负责调查公共基金的使用、评估联邦计划和活动，为国会制定有效的监督措施、政策和资助决策，提供分析、方案、建议和其他帮助。其主要工作是确保行政机构根据宪法对国会负责，政府对美国人民负责。

美国政府印刷局也是立法机构的组成部分。印刷局局长是美国政府印刷局的主要负责人，由总统提名并经参议院确认。设立该职位主要是为了满足国会的印刷需求。如今，美国政府印刷局已成为负责整个联邦区域印刷、装订和情报传播的重点。

国会图书馆建于 1800 年，是美国立法机构图书馆和美国国会的研究机构以及版权机构；它是收集世界各地媒体和多数学科研究资料（有 450 多种语言）的学术中心；它向高中以上年龄段的公众开放，有 22 个为读者提供服务的阅览室；它是一个主要供行政机构和司法部门使用的政府图书馆；同时也是为盲人、残疾人服务的国家图书馆，一流的法律图书馆，并且是世界最大的目录资料和产品供应者。国会图书馆还是室内乐调试和演奏中心；桂冠诗人之家；全国和世界展览、音乐、文学和文化活动的主办人；保存图书馆资料的研究中心；世界最大的地图、地图集、翻录音乐、动画片以及电视节目知识库。

国会的大部分工作是由委员会完成的。早期国会没有常务委员会系统。一般而言，任何成员都可以就某一特定事件督促并采取行动，因其任何一员都可代表委员会整体。随着工作量的增加，常务委员会被指定为永久性立法机构，其在历次的国会会议期间，针对特别事件提出议案。

2001 年 1 月召开了第 107 届议会，众议院共设立了 23 个常务委员会，其中有农业、房屋管理、科学、拨款、情报、小企业、国防、国际关系、公职行为标准、司法、运输与基础设施、教育和劳工、资源、退伍军人事务、财政服务、规则、方式和方法以及政府改革委员会。

参议院共设有 16 个常务委员会：其中包括农业、营养及森林委员会；拨款委员会；国防委员会；银行、住房、城市事务委员会；预算委员会；商业、科学及交通委员会；能量和自然资源委员会；环境和公共工作委员会；财政委员会；外交关系委员会；政府事务委员会；司法委员会；健康、教育、劳动和养老委员会；规则管理委员会；小企业委员会；退伍军人事务委员会。另外，还有 3 个联合委员会，包括经济委员会、税收委员会和印刷委员会。

多数众议员只能为一个委员会提供服务，而参议员可为多个委员会提供服务。无论哪个院接到议案，都要提交给委员会。通过把经验和先例编制成法典，实现了自动化参考，减少了领导个人判断力的影响。多数党在委员会中占有大部分席位。委员会席位的分配通常根据多数党和少数党的比例变化进行调整（例如大选后）。

宪法授权行政机构和司法机构可以对立法机构进行审查。总统可以拟定法律法规（虽然只要一名国会议员通过就可以立法）和否决议案。总统还可以利用其职权引导舆论。司法机构对国会颁布的法律进行解释，同时可以宣布法律违宪。

除了处理立法行动，前面列出的委员会负责督查行政部门，即利用他们的职权来进行监督和评价其执行表现。通过听证会、调查和研究，委员会着重于公开讨论国会获颁法案的执行细则，详细规格以及执行机关。

美国 EPA 受 10 个参议院委员会（包括农业、拨款、预算、能源和商业、教育和劳工、政府改革、资源、科学、小企业以及交通与基础设施委员会）和 10 个众议院委员会（包括农业委员会；营养及森林委员会；拨款委员会；国防委员会；预算委员会；商业、科学及交通委员会；能量和自然资源委员会；环境和公共工作委员会；政府事务委员会；司法委员会；健康、教育、劳动和养老委员会及小企业委员会）的管辖。（见讲义#Ⅰ-3 的委员会和小组委员会的完整名单）美国 EPA 常到国会前作证，对其行为进行解释或辩护。

（2）拨款

美国宪法规定了拨款委员会的职能，要求从美国财政部支出的任何一笔费用都必须合法。该委员会每年起草向各政府机构、部门、组织分配联邦基金的法规。拨款数额依据参、众两院预算委员会起草的预算决议水平确定。

两院的 13 个分委员会主要工作是起草法规，为其管辖范围内的政府机构分配资金。这些分委会负责审查总统的预算请求，听取政府官员的证言，起草下一个财政年度的开支计划。之后，他们把工作移交给拨款委员会，由他们审查并修改议案，再交由两院考虑。有时在某个财政年度中间需要支付紧急开支时，这些委员会还负责追加开支议案。例如，1997 年，该委员会制定了关于延长波黑维和义务所需费用的立法，并制定了美国特大洪水造成的自然灾害的相关立法。（见讲义#Ⅰ-4 的国会预算活动日程表①）

（3）颁布法令

委员会把国会提出的所有相关议案交给美国 EPA，征求其意见。委员会或国会成员根据美国 EPA 准备的文件对议案进行分析。

美国 EPA 经常建议使用其他语言或对立法草案中的语言进行说明。国会和政府间关系办公室（Office of Congressional and Intergovernmental Relations，OCIR）成为美国 EPA 的主要联络点，它主要通过以下方式为国会服务：

➢ 支持、研究开发和实施 EPA 法律议程，包括立法倡议和建议；
➢ 领导美国 EPA 审议立法；协调美国 EPA 的正式立场和对国会的技术支持；监督所有相关的立法活动（如与美国 EPA 各项计划相关的账目、报告和法规）；
➢ 促进美国 EPA 的优先领域与政策同国会的沟通；

① 此处略——译者注。

➢ 协调美国 EPA 出席国会听证会并负责管理相关证据。

（4）其他的交叉职能

美国 EPA 与立法机构中其他机构相互作用，其中最主要的就是和国家审计总署的合作。

国家审计总署根据国会的要求编制报告，定期检查和编制美国 EPA 各部门的运营报告。隶属审计局的美国 EPA 年度规划和预算部（Annual Planning and Budget Division，APBD）是国家审计总署的主要联络单位。

水务办公室（Office of Water，OW）主要审查报告草案，并可以在报告发布前提意见，它与年度规划和预算部合作。年度规划和预算部对国家审计总署提出的建议作出官方响应，并按照公法规定起草文稿。

美国 EPA 受国会预算局（Congressional Budget Office，CBO）的影响。该机构为国会提供经济和预算决策所需的公正客观的分析、信息以及制定国会预算程序所要求的评估报告。其主要职责是为两院所有的委员会提供与预算相关的信息，首先满足委员会对预算所需信息的需求，其次满足委员会对拨款、方式和方法以及资金所需信息的需求。

国会预算局要对各院授权委员会报告的立法中包含的以及对州、地方和部落政府或私营部门有影响的所有联邦命令的直接成本进行评估。在切实可行的范围内，根据各委员会的要求，国会预算局有权分析和研究拟定立法中由预算和财政带来的影响，被分析研究的拟定立法可能会对国家、地方政府以及私人部门产生重大影响。

1.2.3 司法机构及其和美国 EPA 的交叉职能

（1）司法机构

根据宪法（第 3 章第 1 条）要求，国会设立了法院。自 1789 年《司法条例》制定以来，联邦法院的基本结构几乎没有改变。由于是在宪法中提出的，因此，根据《司法条例》建立的法院称为“宪法法院”。掌管法院的法官由总统提名，参议院批准，实行终身制。

近年来，国会还建立了处理特殊案件的法院，称为“立法法院”。例如属地法院、美国税务法院以及军事上诉法院都是立法法院。这些法院的法官也是总统任命经参议院批准，但是他们任职期限是固定、有限的。

联邦法院系统按 12 个地理区域划分，每个区域设立一个上诉法院并根据人口设立地方法院（共有 94 个法院，600 多个法官）。第 13 法院（联邦巡回上诉法院），审理对联邦政府提出的有关专利、合同、财务索赔的诉讼，包括剥夺私有财产；联邦法院对破产有唯一司法管辖权；州法院不受理破产诉讼。

与联邦有关的问题或与犯罪有关的大部分案件首先在地方法院审理。地方法院的裁决可以上诉到巡回上诉法院，由法官团（通常为 3 人）而不是陪审团进行裁决。联邦上诉法院的裁决通常是最终判决，因为他们只能接受审理少数案件的最高法院的上诉。

联邦机构有行政法官（Administrative Law Judges，ALJs），他们也可以审理案件。但是，他们是行政机构而非司法机构的雇员，通常审理和裁决与行政机关有关的诉讼。例如美国 EPA 的行政法官审理有关许可证的上诉。

（2）部落法院

过去 30 年间，很多部落也都组建了自己的法院，管理经内政部长批准和部落委员会通过的部落法规。部落法院系统的差异很大，既有纳瓦霍民族（美国最大的印第安人部落）结构高度严谨的多重法院系统，又有非正式的独任法官法院。近年来一直强调恢复传统方法来解决争议。

最初针对部落成员和领地犯罪行为的司法裁判权是固有的、完全的、唯一的。但是，在 19 世纪末，这一情况发生了实质性的变化。在州独立管辖下的印第安领地上，麦克布雷尼（Mc Bratney）引起了非印第安人对非印第安人的犯罪。《重罪法》和《联邦领地法》授予联邦政府对领地上的一些犯罪行为实施共同司法裁判权。这样虽然没有取消部落的司法权，但却迫使部落不能起诉。1986 年修订的《印第安民权法案》（Indian Civil Rights Act，ICRA）规定了惩罚犯罪的限度：判处一年监禁以及最高不超过 5 000 美元的罚款，这从实质上限制了部落法院对轻罪的司法裁判权。

部落保留了一些未列入《重罪法》的独有判决，这些判决针对印第安人对印第安人的犯罪，或者由印第安人所犯下的无受害者的犯罪。部落保留与联邦政府共有的针对其他印第安人所犯下的所有罪行的裁判权。

民法中，部落管辖权的概念一直没有改变。1959 年，最高法院承认部落法院对在印第安领地发生的涉及印第安人利益的申诉有唯一的司法裁判权。二十年后，美国蒙大拿州认为乌鸦部落（Crow Tribe）不能禁止非领地成员在其保留地上捕鱼。然而，法院认为“部落可以管制……非部落成员与部落或其成员在双方同意的情况下建立关系的活动，或在保留地缴费土地上的非印第安人对部落的政治品德、经济安全或生存和福利产生威胁或有直接影响的行为。”这就是著名的蒙大拿试验，该试验极为重要，因为印第安保留地内的大部分土地已经不归印第安人所有。

联邦法院最重要的权力是“司法审查”，解释宪法和联邦法。当联邦法官裁定法律或政府行为违宪时，会对公共政策产生深远的影响。对于其他机构，宪法也赋予了司法审查权。

总统和国会可以利用确认和任命法官的权力对司法机构进行控制。国会也可以检举法官（事实上只有 7 个人被免职），改变联邦法院系统的组织结构。国会通过修改违宪的法律，规避法院的裁决。只有在极其特殊的情况下，国会才可以修改宪法。

联邦法院没有强制执行权，只有有限的权力执行他们所做的决策。如果总统或行政机构的其他成员不服从裁决，联邦法院对此也无能为力。例如，1831 年，最高法院否决了将切罗基族（Cherokee）驱逐出他们的领地的判决。总统安德鲁·杰克逊不同意此判决，继续驱逐切罗基族人，致使近 4 000 切罗基族人在血泪之路上死亡。最高法院却无法执行其判决。

（3）EPA 的职能

EPA 会因对其权威的挑战以及由其提起的诉讼而出席法庭。

《管理程序条例》允许第三方在指定期限内对联邦政府颁布的法规提出质疑。对于何时以及如何提出挑战的具体程序，不同情况法律有不同规定，但每部法律都有较为细致的规定。例如，《安全饮用水法》要求，有关建立国家一级饮用水管理条例的诉讼应该纳入哥伦比亚地区上诉法院的管辖范围。对于其他终审的《安全饮用水法》行为和所有关于《清洁水法》行为的司法审查的请求，会由申请人住所地或营业地所在的巡回法院来管辖。

所有的法律也都规定了民事诉讼程序。对于任何违背法律要求的个人或者不依法律作为或履行职责的行政官员，任何人均可提起民事诉讼。

最近的民事诉讼例子是关于拯救山谷协会（一家非营利环保组织——译者注）诉美国环保局（99F.Supp.2d 981，S.D. Ind 2000），其中原告称美国环保局应意识到印第安纳州在集中饲养动物的国家污水排放许可上的极大失败，并且要求联邦政府接管印第安纳州关于国家污水排放的执行程序。法院驳回了起诉，判决原告没有尽力采取行政手段补救。

在另一起皮内鲁恩保护协会诉卡罗尔县官员（50 F.Supp.2d 443，D. 马里兰州 1999）案件中，原告声称政府掌管的污水处理厂违背了《安全饮用水法》中对于排水超过上游温度的相关规定。基于水温超出的调查，法院对原告下达了一项简短的判决，尽管事实上被告的污水排放许可对排水温度方面并未作出限制。法院引用了早前由第九巡回法院作出的决定，其中指出《安全饮用水法》允许针对许可中未被数值化的排水限制执行水质标准的民事诉讼。

对于所谓的违法者，EPA 也可以提起民事或刑事诉讼。

美国 EPA 的律师在所有案例中都不实际讨论案情或参加谈判解决问题；上述作用均由司法部来实现。EPA 律师仅提供和司法部律师一起准备案例的支持工作。

第2章　EPA行政管理

2.1 EPA的成立

2.1.1 早期的环境问题

在美国，对于环境价值的认识和环境破坏后果的正确评价可追溯到几个世纪以前。例如，早在 1652 年，波士顿市就建立了公共供水系统。随后的一个世纪里，宾夕法尼亚州的几个小镇也相继建立了公共供水系统。到了 1800 年，有 17 个市也建立了相应的设施，保护公民不受不宜饮用的水源的危害。

19 世纪的工业化扩大了环境恶化的影响，一些文人最先感受到了这一趋势。Herman Melville 的史诗小说《白鲸记》（1851）和 Henry David Thoreau 的《瓦尔登湖》或者《丛林生活》（1854）都强调了大自然的力量和宁静之处。John Burroughs 出版了 27 卷详尽的、经验性的自然散文。从 1894 年的 The Mountains of California 开始，苏格兰户外预言家 John Muir 在一系列书里记录下了他的观察。

西奥多·罗斯福总统在 1903 年与穆尔一同参加的西部野营旅行带有环境保护的意味，这稳定地增加了他的政治声望。在其主政期间及之后，自然资源的使用和保护成为政府的当务之急。

2.1.2 早期的联邦政府活动

图 2-1 列出了早期联邦政府采取的一系列活动。

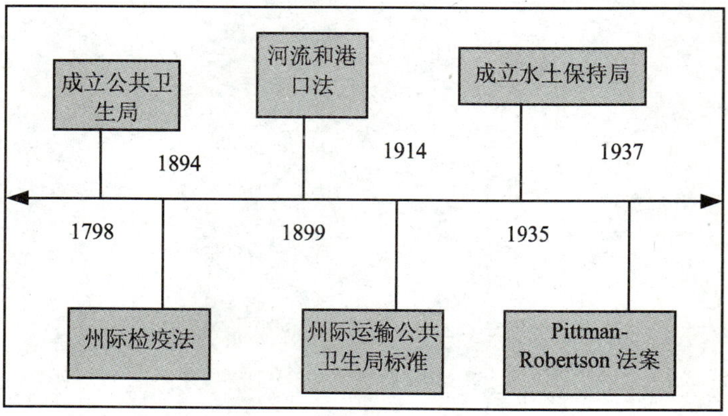

图 2-1　早期联邦政府的活动

公共卫生局最初隶属于外科医学总局，开始主要研究因饮用水污染引起的疾病。然而，早期联邦法律仅限于州法未涉及的行为，主要是州际贸易。1944 年，国会通过法案以加强卫生、教育和福利部（现为卫生和公共事业部）的公共卫生服务功能。它开始关注地下水保护和化学污染。它虽然没有法定权限，但可以进行大量的研究项目。

1899 年的《河流和港口法》主要应用于管理会影响航行的废物的排放，如尾矿渣、暗礁以及其他的物体。

《州际检疫法》授权联邦政府制定饮用水方面的法律，以防止外来疾病的扩散以及州之间的疾病扩散。因此首部州际检疫法在 1894 年得以颁布。而首部与水相关的法律于 1912 年颁布实施，目的是禁止在州际贸易运输中（如火车上）使用公用水杯。

富兰克林·罗斯福总统新政颁布了一系列的自然资源法案。成立于 1935 年的水土保持局，采用科学技术来减少对农业土地的侵蚀。在 1937 年的 Pittman-Robertson 法案中达成了保护濒危野生动物的共识，为州渔业和野生动物计划成立了一个基金，主要从捕鱼和打猎设备征收的联邦税中获得资金。

图 2-2 列出了随后联邦政府采取的一系列活动。

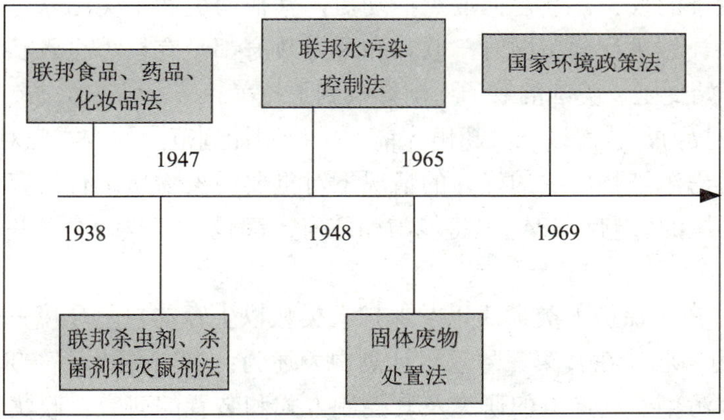

图 2-2 联邦政府采取的活动

《联邦食品、药品、化妆品法》（通常称为《食品纯洁法令》）规定了食物中杀虫剂的标准，主要是像碳酸氢铅和巴黎绿（乙酰亚砷酸铜）之类的含砷化学品。该法要求颜色的添加应以规定为准，以防止药剂的滥用，并设定农药残留物的最低限值，例如对砷和铅这些食品供应中的必需品的限制。“二战”以后，生态这一概念开始深入人心，提倡美学和生态价值高于效率和商业。1947 年国会通过《联邦杀虫剂、杀菌剂和灭鼠剂法》。该法要求生产商对所使用的杀虫剂进行登记。1948 年《联邦水污染控制法》为各州政府的研究提供了财政支持。蕾切尔·卡逊（Rachel Carson）1962 年的经典著作《寂静的春天》开启了现代环保主义的大门：它是一场要求政府不仅保护地球而且要管理和惩罚污染者的政治运动。《固体废物处置法》颁布于 1965 年 10 月，其宗旨在于支持州政府、地方政府以及州际机构制定、完善和实施固体废物处置计划。国会于 1969 年通过《国家环境政策法》，政府开始成为地球、空气、土壤和水资源的保护人。该法宣示了国会的意愿——“创造和维护一个人类和大自然能和谐相处的环境”，并“确保所有的美国人民能过上安全、健康、高效、雅致和充满文化气息的生活”。

EPA 成立于 1970 年。在 20 世纪 60 年代末到 70 年代初，国民情绪是怎样的？如何促成了 EPA 的创立？

2.1.3 美国 EPA 的成立

20 世纪 60 年代末，公众对环保事业的支持开始迅速增加。EPA 的诞生即是公众强烈要求政府制订环保计划的直接结果。EPA 的成立完全是因为公众的需求，公众意见对有关环境的事件起了重要的作用。

1970 年 7 月 9 日，尼克松总统向国会提交了 1970 年的第三号重整计划并成立了 EPA。1970 年 12 月 2 日，EPA 成为有行政能力的独立机构，主要原因在于：其建立是基于对联邦执行力必要性的正确认识。

承认联邦执行力的必要性与美国崇尚个人自由的传统形成鲜明的对比。政府对于市场的干预常被认为是对民众私人生活的干涉。一个显著的例子就是 20 世纪 30 年代美洲黄热病的完全根除。Dr.Fred Lowe Soper 是这一领域的佼佼者，开始了一项驱除源于巴西的携带黄热病的 Aëdes aegypti 蚊子的计划。总统法令授予检查员可以进入家庭和商业场所检查和逮捕蚊子的权力。在巴西取得成功后，其他南美和中美国家也加入到这一计划中来。然而，当计划进行到美国时，联邦和地方政府都没有权力进入私宅搜索蚊子。因此，这一计划开始受阻，美国的蚊子逐渐影响到了拉美。

EPA 被赋予权力，从而以一种超出先前污染控制计划范围的方式应对环境问题。EPA 将有能力在不考虑污染物出现的媒介的情况下对重要污染物质进行研究，并且研究这些污染物对整体环境的影响。EPA 也将能与州政府一起设定和执行空气和水质量标准以及个人污染物标准。

EPA 的宗旨在于保护人类健康以及保护人类赖以生存的自然环境——空气、水和土壤。EPA 的作用和职能在其第三号重组计划中表述为：制定并执行符合国家环境目标的环保标准；进行污染不利影响的研究及其控制方式和装置的研究；收集污染信息；利用所收集信息以加强环保计划和建议改变政策；通过资金帮助、技术援助和其他方式帮助其他人减少显著的环境污染；帮助环境质量委员会为总统制定和建议新的环保政策。

第三号重组计划使饮用水、空气污染控制和固体废物计划从卫生教育和福利部（Department of Health，Education and Welfare，DHEW）中分离出来，转移至 EPA。因此，一些公共卫生局职员对 EPA 很熟悉。水污染控制也从隶属于内政部的联邦水污染控制局转移至 EPA。杀虫剂的控制也从农业部移至 EPA。某些杀虫剂的工作也从隶属于食品药品局和内政部移至 EPA。各种辐射的控制也从总统办公室，卫生、教育和福利部以及原子能委员会移至 EPA。

EPA 的第一任局长 Ruckelshaus 的目标是“净化美国”。作为首任局长，其首要任务是建立机构的可信度，并揭示中央政府的意图和政治程序以回应环境问题。而合理地组织这一机构，并设定可完成的目标，也是至关重要的。

Ruckelshaus 说他所面临的最复杂的问题是怎样成功处理机构和白宫之间的关系，尤其是和预算管理办公室之间的关系。像其他法律一样，国会并未明确授权预算管理办公室可以不计成本地保护环境。这一情况将严重妨碍 EPA 局长的效力，EPA 局长是直接对国会负责，履行国会的意愿。

在 EPA 最初成立的几年里，Ruckelshaus 注重完善新机构的组织结构；对严重污染的城市和企业采取强制措施；制定基于健康的空气污染标准和机动车排放标准；要求州政府提交新的空气质量计划；以及禁止杀虫剂 DDT 的普遍使用。

在一次接受 EPA 历史办公室的口头采访中，Ruckelshaus 解释道，EPA 成立前，"实际上没有整体联邦执法而言。因公众需求不强烈和地方政府对失业的担心，根本没有集中执法的责任。这都留给州政府解决，而州政府为了工厂所在位置激烈竞争，因此州政府并非是一个好的工业管理者。"

2.1.4 EPA 早期采取的一系列措施

（1）控制空气污染

参议院公共委员会的水污染小组委员会主席，缅因州参议员 Edmund Muskie 倡议实施 1967 年的《净化空气法》；但在消费者权益倡导者（例如拉尔夫纳德）要求提高其效力的压力下，参议员 Muskie 修改了法案，并使 EPA 直接负责制定和执行空气污染上限。《净化空气法》在 1970 年得以通过。

净化空气是 EPA 面临的艰难挑战之一。EPA 谨慎介入净化空气问题以便专家在设定的空气质量标准的法律生效之前能有时间做一些研究工作。

1970 年，生活在烟雾城市中的人们需要清洁空气——不会加重呼吸疾病、灼伤眼睛、不会有刺鼻气味或影响能见度的空气。人们不想让企业从他们的高烟囱排放滚滚黑烟。人们想让汽车制造厂生产出既不会产生也不会加剧烟雾问题的汽车。

当 EPA 于 1972 年发布环境空气质量标准并开始批准州和地方政府制订计划来达到这些标准时，EPA 和局长面临来自环保组织、议员、白宫和企业界的热切关注。但是在空气净化方面，和其他管制工作一样，为满足如此多利害相关的团体的合理需求而达成的妥协总会带来不满意的结果。

多数人开始抨击《净化空气法》，认为这一政策干预性过强，对汽车的限制干涉了个人权利。这就导致了在个人自由和清洁空气之间的取舍，进而对个人自由的追求凌驾于清洁空气问题之上。EPA 最初要求汽车制造商在五年内减排 90%的废气。汽车生产商声称没有符合这个标准的技术，因此不能按时达标。

尽管对《净化空气法》持反对意见，汽车生产商仍于 1973 年同意采用催化转化器来减少在 1975 年推出的概念车 85%的排放量。虽然这使《净化空气法》的目标打了一点折扣，但这是大多数汽车商和 EPA 双方都满意的结果。

（2）控制杀虫剂

公众普遍反对使用 DDT 开始于 Rachel Carson《寂静的春天》的出版。通过揭示 DDT 对野生动物的影响，Carson 在书中说明了 DDT 不仅渗透到生态系统的各个环节，而且成倍地集中于食物链的高级链条中。到 1968 年，好几个州已经禁止了 DDT 的使用。1971 年 1 月，美国哥伦比亚地区上诉法院要求 Ruckelshaus 开始并立即暂停 DDT 登记。在为期六十天的论证会结束时，Ruckelshaus 说没有很好的理由立即暂停 DDT 登记。

1972 年的整个春天，Ruckelshaus 审查了 EPA 在 DDT 取缔的听证会上收集的证据以及两家 DDT 研究组织提供的报告。这些研究表明 DDT 应该被逐步淘汰，因为这种药品会在生态系统中长期存留。其他研究还表明 DDT 对人类有致癌风险。

1972年6月，Ruckelshaus禁止在全美范围内使用DDT。

这一决定开启了法律政策制定的先例——Ruckelshaus和EPA选择了宁愿牺牲经济利益也要保护人类健康。

2.1.5 早期的环境立法

在EPA建立初期，它负责实施的仅有以下几部法律：

- 《国家环境政策法》;
- 《净化空气法》;
- 《联邦水污染控制法》(后改为《清洁水法》);
- 《固体废物处置法》(后改为《资源保护与回收法》);
- 《联邦杀虫剂、杀菌剂和灭鼠剂法》;
- 《安全饮用水法》。

这些年，国会已经对这些法律进行了修订以加强授权并颁布了新的法案以扩大EPA的职责范围。EPA现已负责实施十三部主要法律，下面对这些法律进行详细的介绍。

（1）《联邦杀虫剂、杀菌剂和灭鼠剂法》

《联邦杀虫剂、杀菌剂和灭鼠剂法》是一部综合性的法律，规定了杀虫剂的销售、配送以及标识，同样规定了杀虫剂使用人员的认证和培训。该法于1947年首次颁布实施，至今已经过多次修订。该法主要包括以下内容：

评估新的杀虫剂及其新的用途。联邦法律要求任何在美国销售或配送杀虫剂的人员必须经EPA的登记和许可。在登记新的杀虫剂或已登记杀虫剂的新用途时，EPA必须首先确保此种杀虫剂按照标签说明使用时不会对人类健康造成损害并且不会对环境构成过度的风险。

在现有标准下检查旧的杀虫剂。EPA仍会对旧的杀虫剂进行检查以确保符合现有的健康、安全和环境标准。目的就在于更新标签和使用说明，并减少因旧杀虫剂活性成分而产生的风险——旧杀虫剂登记时政府通过的标准和现有标准相比不够严格。

促进小风险的杀虫剂的使用和提高害虫管理能力。为了更好地保护人类健康和环境，提升人们的生活品质，EPA从单纯地管理杀虫剂转向了完善害虫管理体系。这种方式认识到杀虫剂只是控制害虫的方法之一，而在某些情况下，非农药方法可以与化学杀虫剂一样有效，却对人类健康和环境造成较少的损害。

通过杀虫剂田间计划交流安全措施。EPA目前管理着四项主要的杀虫剂田间计划，包括与杀虫剂使用者和其他人员共同工作以确保在场所内执行安全措施。这些计划包括执行农业工人的工作保护规定、保护濒危物种、保护地表水以及确保使用高危杀虫剂的人员经过适当的培训和认证。

（2）《国家环境政策法》

《国家环境政策法》为保护环境建立了广泛的国家框架。其基本方针在于确保所有政府部门在采取任何对环境有严重影响的重大政府行为前首先适当考虑环境因素。

当进行机场建设、房屋建筑、军用基地建设、公路修建、公共用地的买卖以及其他联邦资助的项目时，须考虑《国家环境政策法》的要求。环境评价（Environmental Assessments，EAs）和环境影响报告书（Environmental Impact Statements，EISs），是指对备选方案可能产生的环境影响的评估，这是所有联邦政府部门的需求，并且是《国家环境政策法》中最直观的要求。

环境评价提供充分的数据和分析以确定是需要编写环境影响报告书还是没有发现显著性影响。只要 EPA 确定分类排除是适当的或要准备环境影响报告书，就没有必要再准备正式的环境评价。

当环境审查表明可能会发生重大的环境影响并且此影响不能通过方案修改加以消除时，那么就要在联邦公报（Federal Register）上发布一个需要准备环境影响报告书的公告。先准备一份草拟的环境影响报告书并分发给利益相关者。经过对所提供的建议的外部协商和评价，完成最终的环境影响报告书并散发出去。最终的环境影响报告书还列明了必要的缓解措施以使备选方案在环境方面显得可接受。

EPA 对上述环境评价和环境影响报告书进行检查和评估以确保联邦政府能够及时采取措施来防止、控制和减轻环境污染。

（3）《净化空气法》

《净化空气法》于 1970 年首次通过，其主要条款包括：

国家环境空气质量标准（National Ambient Air Quality Standards，NAAQSs）。为控制污染物的水平，EPA 已经制定了国家环境空气质量标准来限制一氧化碳、铅、二氧化氮、颗粒物质、臭氧以及二氧化硫的浓度。特定污染物符合这一标准的地区就是合格地区；否则就是不合格地区。各州必须制订州执行计划以便确定空气污染源和达到联邦空气质量标准所需要减排的数量。

新污染源执行标准（New Source Performance Standards，NSPSs）。EPA 有权制定新污染源执行标准，即特定工业范围内新的固定污染源的全国统一排放标准。NSPSs 是基于应用于工业污染源范畴的污染控制技术而制定的。

机动车污染源控制。EPA 利用新配方汽油、汽车污染控制器以及气泵上的蒸汽回收喷嘴，以另外一种机制来控制机动车尾气排放。如果地方政府使用车辆或大型车辆或管理加油作业，将会受这些标准的约束。

二氧化硫和氮氧化物的排放控制。EPA 已经制定了二氧化硫/一氧化二氮排放计划来减少酸雨的形成。通过向限制排放的污染源（在平均排放水平以下）发放津贴，二氧化硫的排放将会减少。地方政府要按这些要求管理城市垃圾燃烧炉、污物焚化炉或大型焚烧发电器。

企业平均燃油经济性（Corporate Average Fuel Economy Standards，CAFE）标准。企业平均燃油经济性标准要求汽车生产商遵循交通部制定的汽油耗定额或燃油经济性标准。通过结合城市和公路的燃油经济性测试结果并计算出平均值（这一值由汽车销售量决定），可获得企业平均燃油经济性值。EPA 负责管理产生燃油经济性数据的测试计划并确定计算企业平均燃油经济性值的程序。美国国家公路交通安全管理局有权依据 EPA 提供的数据进行处罚并修改标准。

（4）《沿海地区管理法》

《沿海地区管理法》（The Coastal Zone Management Act，CZMA）鼓励州和部落保持、保护、完善以及尽可能地修复和增强对珍贵的沿海资源如湿地、漫滩、河口、海滩、沙丘、障蔽岛、珊瑚礁，以及栖息于此处的鱼类和野生动物的保护。这些地区包括大西洋、太平洋、北冰洋、墨西哥湾、长岛湾和五大湖的周边区域。

该法的显著特征之一是州和部落都是自愿参与。为了鼓励州和部落参与制订和执行海岸管理计划，该法为愿意参与者，包括沿海州、部落或地区（含五大湖）提供联邦财政支持。大多数符合条件的州和地方均愿意参与这项计划。

1990 年对《沿海地区管理法》重新授权时，国会将非点源污染作为沿海水域持续恶化的主要因素之一。国会还认识到解决非点源污染的有效办法是按州、部落和地方标准来保护环境。

（5）海洋保护、研究和禁渔区法

《海洋保护、研究和禁渔区法》（The Marine Protection，Research，and Sanctuaries Act，MPRSA），即通常所说的《海洋倾废法》（Ocean Dumping Act，1988 年修订案），禁止向海洋倾倒来自美国的废物，禁止向海洋倾倒来自任何地方的由美国货商或美国国旗船运载的废物，以及禁止未经许可的从国外运进美国海域的废物的倾倒。

授权 EPA 制定用于评价许可申请的倾倒标准。如果倾倒并非“不合理地降低或危及”人类健康、福利或海洋环境，则将被颁发许可证。除挖泥之外的任何物质，EPA 均有权许可。EPA 与美国陆军工程兵团一起为挖出物办理许可证。

一般许可证，指不需要为特定的行为提出申请，已经颁发给特定类别的物质（例如，海葬，交通运输的目标船只[仅适用于美国海军]，运输和船只处置），而这些物质已被确定为对环境的不利影响最小。

EPA 也有权与其他联邦政府机构一起执行《海洋保护、研究和禁渔区法》，并实施一定的监控和其他强制措施。例如，海岸巡逻队实施监控和其他适当的强制措施，防止不法倾倒和以倾倒为目的的运输行为，并为 EPA 和司法部提供执行强制措施的材料和证明材料。

《海洋保护、研究和禁渔区法》也建立了一项长期有效的研究计划，专门针对污染、过度捕捞和人为诱发生态系统变化以及海洋倾倒及其他废物处理方式。该法还创立了监测环境状况，指定和管理海洋禁渔区的计划。

（6）《资源保护与回收法》

《资源保护与回收法》是对《固体废物处置法》的修改。它制定了对非危险废物和危险废物的管理方式。该法建立了“从坟墓到摇篮”的管理体系来设定确认危险废物的标准并负责从其产生到最后处置的管理。

产生危险废物的机构须遵守废物堆积标准、暴露标准和记录保存标准。危险废物的存储、处理及处置须得到 EPA 的许可或 EPA 授权的执行准许项目的州相关机构的许可。对危险废物的存储、处理及处置还须制订应变计划、紧急程序、金融担保机制，须达到特定单位标准，也必须遵循记录保存和报告要求。

1986 年对《资源保护与回收法》的修订制定了一些条款：要求工厂清理排放的危险废物或固体废物管理单位在处理、存储以及处置设施中释放的成分。该法还增加了条款，以解决地下石油储存罐和其他危险物质带来的环境问题。《资源保护与回收法》仅关注于运营的和未来的设施，而不涉及已废弃的或历史场地。

（7）《有毒物质控制法》

《有毒物质控制法》（The Toxic Substances Control Act，TSCA）授权 EPA 收集有关化

学药品的数据，评估、鉴定、减轻和控制生产、处理和使用时可能发生的风险。EPA 跟踪了 75 000 家企业当前生产的或进口到美国的化学药品。EPA 再三审查这些药品，要求报告或测试会危及人类健康或环境的化学药品。EPA 可禁止生产或进口含不合理风险的化学药品。

《有毒物质控制法》的标准可应用于化学药品周期的任何阶段。EPA 已经建立了化学药品的详细目录。如果一种化学品没有登记在详细清单中，且没有被《有毒物质控制法》排除时，在进口或生产前须向 EPA 提交产前申报单。申报单必须确认化学药品的种类，提供对健康和环境产生影响的有效信息。如果已有数据还不足以评估药品的效用，EPA 可以对其进行管制，直到获得足够的相关信息。

（8）《环境应对、赔偿和责任综合法》

《环境应对、赔偿和责任综合法》（The Comprehensive Environmental Response，Compensation，and Liability Act，CERCLA），通常称为超级基金，授权 EPA 对可能危及公共卫生、福利或环境的危险物质的排放或威胁性排放作出响应。《环境应对、赔偿和责任综合法》规定了对封闭的和废弃的危险废物站点的限制和要求；规定了在上述地方排放危险物质的人员的责任；当不能确定由何方负责时，设立信托基金来清除危险。

信托基金由化学石油企业的税负组成。然而，原油和化学品的特许权税以及企业环境所得税于 1995 年底到期。而国会并没有重新授权征税。

1986 年的《超级基金修订案和重新授权法案》修正了《环境应对、赔偿和责任综合法》的几个章节，延长了征税权的期限，并创立了一部独立的法律——SARA Title Ⅲ，也叫《紧急规划和公众知情权法》。

《环境应对、赔偿和责任综合法》有害物质报告发布规则规定，当环境有害物质的排放量等于或超过报告量时，负责人应向国家响应中心报告。排放报告可能引起应急响应部门（EPA，一个或者多个联邦、州政府）的响应。

EPA 依据国家石油和有害物质污染应变计划规定的程序作出响应。国家石油和有害物质污染应变计划包含永久性清除条款（矫正措施）和如搬迁之类的其他清除方法条款。EPA 通常只对国家重点清单上的场地采取矫正措施，目前大约有 1 300 个。尽管 EPA 和州政府都能对场地采取措施，然而 EPA 会给负责人提供搬迁和改正的机会并鼓励公众参与到超级基金响应过程中来。

（9）《紧急规划和公众知情权法》

《紧急规划和公众知情权法》（The Emergency Planning and Community Right-To-Know Act，EPCRA），也叫《超级基金修订案和重新授权法》（SARA）第三章，旨在改善公众获取化学危害信息的权利并能顺利实施州和地方政府制订的化学应急响应计划。《紧急规划和公众知情权法》要求各州设立州紧急响应委员会。该委员会将州划分为几个紧急规划区，每个区域任命一个紧急规划委员会。

该法规定了存储和管理特定化学品的工厂的四项报告义务：

要求向州紧急响应委员会和地方紧急规划委员会报告现存的超过临界点的极度危险有害物质，并任命一名紧急反应协调员。

当排放量等于或大于《环境应对、赔偿和责任综合法》规定的有害物质或《紧急规划和公众知情权法》规定的极度有害物质的可报告量时，要求向州紧急响应委员会和地方紧急规划委员会报告。

有害化学品的含量已超过特定临界点时，要求向州紧急响应委员会和地方紧急规划委员会以及地方消防部门提交物质安全数据表和有害化学品详细目录。

雇有十名以上的雇员，并且生产、处理和使用特定化学品量超过临界点的生产企业（具体范围见 313 部分），须提交年度有害化学品排放报告。这些数据将被编入有毒排放目录。

（10）《原油污染法》

1990 年的《原油污染法》（The Oil Pollution Act，OPA）是继 Exxon Valdez 事件后对公众日益高涨的呼声的主要响应。该法加强了 EPA 防止和处理灾难性原油泄漏的能力。该法规定可以提取油罐税设立信托基金以便在责任人无力或不愿清除时来清理泄漏的原油。

征税授权在 1994 年 12 月 31 日终止，国会并未二次授权。

防泄漏控制和对策规定（The Spill Prevention Control and Countermeasures，SPCC）要求油罐和油船的所有者或管理者准备并遵守书面的特定场所的原油预防计划（详见《联邦条例法典》第 40 卷第 112 部分）。

EPA 制定了地上储油罐的管理规则；海湾巡逻队依此来管理油轮。该法还要求完善区域应变计划来应对原油泄漏的区域常规反应。

（11）《污染防治法》（1990 年）

《污染防治法》（The Pollution Prevention Act）使企业、政府和公众全部集中精力于通过在生产、经营和原材料使用中改变成本效益来减少污染物质总量。源削减总显得不太现实，因为现有规章以及工厂均注重处理和处置。

源削减，是指减少废物或污染物质的产生。它与事后废物处理或污染控制有本质不同并且更加可取。污染预防包括提高能源、水资源或其他自然资源的使用效率，以及保持资源的可持续利用；还包括资源的再利用、源削减以及可持续农业的发展。

2.1.6 两部主要的联邦水法

两部主要的联邦水法是《安全饮用水法》和《清洁水法》。概括地讲，《安全饮用水法》涉及的范围包括饮用水、地下水排放和向公众提供饮用水的水系。《清洁水法》与《安全饮用水法》相对，管制向地表水排放的污染点，支持废水处理工厂的建立和复原，以及保护地表水。

两部法律虽有一些重合之处，但《安全饮用水法》作为一部独立的法律，重点关注与饮用水安全相关的公共健康，而《清洁水法》的目标则较为广泛，包括饮用水、养殖用水和娱乐用水。

关于这两部法律在后面的章节中将进行详细的叙述。

2.2 EPA 水系统行政管理机构

自 1970 年成立以来，EPA 的组织发生了巨大的变化。目前有 9 位副局长和多个职能办事处，他们同 10 个地区办公室一起负责向局长汇报。

这部分将介绍执行《清洁水法》和《安全饮用水法》的由负责水的副局长管理的 EPA 的各部门。此外，还将讨论研究、发展、遵守和协助执法办公室的与水相关的责任。最后，还将讨论各工作部门所提供的支持。

接下来，我们将讨论 EPA 组织的预算程序和 EPA 如何管理这两条法令下的信息问题。

2.2.1 EPA 的组织结构

（1）水办公室（Office of Water）

水办公室负责出台 EPA 水务相关计划的政策、方针和指南。这些计划包括水质保护、饮用水保护、废水处理、湿地保护、江河湖海水保护及其他水务相关计划。这一部门由 5 个独立办公室组成：

- 地下水和饮用水办公室（Office of Ground Water and Drinking Water，OGWDW）
- 科学技术办公室（Office of Science and Technology，OST）
- 废水处理办公室（Office of Wastewater Management，OWM）
- 湿地、海洋和流域办公室（Office of Wetlands，Oceans and Watersheds，OWOW）
- 美国印第安环境办公室（American Indian Environmental Office，AIEO）

a. 地下水和饮用水办公室

地下水和饮用水办公室，联合各州、部落和众多的合作伙伴，共同确保饮用水安全和保护地下水，监督《安全饮用水法》的执行、发展和促进国家饮用水标准的实施，来保护公共卫生事业；监督、帮助和促进对国家饮用水计划和水源保护计划的投资；帮助小型饮用水系统；通过地下灌注控制计划保护地下饮用水源；并向公众提供信息。

地下水和饮用水办公室由两部门组成：标准和风险管理处以及饮用水保护处。标准和风险管理处负责根据新标准和现行标准，制定饮用水的标准和监测要求、建立给水系统使用的新标准和研究技术上的优先权。

标准处的一部分是技术支持中心。位于 Cincinnati 的技术支持中心为饮用水管理条例的出台和执行提供技术和科学支持；管理《信息收集法规》的执行；管理饮用水实验室认证计划；并在安全供水、污水处理厂的优化和改进分析法的合作上提供支持。

饮用水保护处根据公共供水系统管理、水源评价和保护、唯一源含水层和地下灌注控制计划，监督《安全饮用水法》的贯彻执行。饮用水保护处也同时负责通过计算机数据库和因特网对饮用水的信息进行维护，提供饮用水研究院的晋升培训，管理州饮用水循环基金，并提高消费者对饮用水问题的意识。

b. 科学技术办公室

科学技术办公室制定国家水域水质的国家环境基准。科学技术办公室必须确保制定的基准能够反映出最新的水质污染科学和现有的最佳水污染控制技术，以支持地下水和饮用水办公室的保持水资源清洁与安全的计划。科学技术办公室制订国家计划的关键组成部分：主要水资源污染管制法规、方针、方法、标准，以科学为基础的准则和研究，从而保护人类和水生环境。科学技术办公室由三大分支组成：工程分析处（Engineering and Analysis Division）、健康生态标准处（Health and Ecological Criteria Division）和标准应用科学处（Standards and Health Protection Division）。

工程分析处负责制定污水排放限制的方针和标准，起草法规并引导经济和统计的研究。

健康生态标准处负责开发风险和暴露评估方法；提供风险评估支持；研发人类健康和生态风险的方法论、标准文件和指导方针；制定有毒污染物名单的筛选标准；并研发管理污水处理厂污泥的方法论、技术规范和指导方针。

标准应用科学处负责指导国家水质标准计划；为地区办事处复审国家标准提供指导方法；传播联邦政府的水质标准；制定沉淀物评估管理策略；发展和协调受污染的沉淀物和鱼类的指导方针；发展以水质控制为基础的技术；并监督印第安部落的水质标准的制定。

c. 废水处理办公室

废水处理办公室负责监督一系列对国家水域和流域福利有贡献的计划。废水处理办公室通过其计划和倡议，来提高它与《清洁水法》的一致性。这些计划包括：

- 指导国家污染物排放削减体系（National Pollutant Discharge Elimination System，NPDES）许可证计划，包括生态洪水管理及合流下水道和公厕溢流管理；
- 监督国家预处理计划，着重控制和防止工业企业生产设备产生的水污染；
- 加强 EPA 的生物固废（下水道污泥）管理，以增强对《联邦条例法典》40 卷第 503 条的《联邦生物固体管理条例》的了解和遵守，同时通过其他用户以及环境友好措施管理生物固体；
- 州清洁水循环基金（Clean Water State Revolving Fund，CWSRF）和《清洁水法》第 106 项的规定确保了对环境基础设施建设的投资计划。

此外，废水处理办公室还为工业和各州提供技术咨询和培训，从而使其更好地遵守废水管理条例。废水处理办公室也为小型的、边远的和服务水平低下的社区提供超范围的技术援助，并提供适当的废水加工和处理服务。

d. 湿地、海洋和流域办公室

湿地、海洋和流域办公室为海洋和淡水水域制定一个能对水资源和水生态系统进行管理、保护和修复的流域分析方法。这一策略基于这样一个前提：水质和生态环境问题在最关键时得到最好的解决，并且当地居民在实现洁净水目标的过程中发挥了必不可少的作用。湿地、海洋和流域办公室提供技术和经济援助，完善流域保护的规则和指导方针。湿地、海洋和流域办公室由三个分支组成：湿地处、评估和流域保护处、海洋与海岸保护处。

《清洁水法》第 404 项对美国的疏浚物或者对水域和湿地的填料建立了许可证计划。湿地处负责与美国陆军工程兵团一起执行该许可证计划。这将有助于各州和部落发展湿地保护计划，并将湿地纳入流域计划和水质标准中，以适用于对其他水体的保护。

评估和流域保护处负责制定关于水质评估报告、生物检测和标准、志愿者监测方法和质量保证的国家指导方针。该部门还收集和总结国家、部落和州际的水质评估报告，统一制成国家水质清单报告提交给国会。这份报告的重点是看水质相对已定的目标和标准（保护水生生态系统、饮用水供应、鱼类消费、娱乐活动和其他国家指定用途）所达到的程度。该部门还负责执行最大日负荷总量（Total Maximum Daily Loads，TMDL）计划帮助各州、部落和区域满足各自的水质标准，执行非点源管理计划为各州、部落和区域执行各自的非点源计划提供保证，并为径流控制提供最优管理方法。

海洋与海岸保护处负责测定和减少水路上的海洋废弃物，控制轮船污染、工业及各州对沿海水域的污水排放，并确保对以环境友好方式海洋倾倒区内的疏浚物和其他废弃物进行管理。限制非本土水生生物进入美国的水域，评估和减少空气中的养分沉淀物和有毒污染物进入沿海水域，确定适于游泳的安全环保海滩，并处理有害藻类 Pfiesteria 和其他有害藻类的大量繁殖问题。该部门还执行国家河口计划，此计划侧重维护整个河口体系的完整性，并贯穿于综合保持管理计划。该综合计划确定了控制污染的具体行动，如：有毒物质和养分的点源和非点源、恢复或建立湿地和其他栖息地、控制化粪池的排污和采取的其他措施。

e. 美国印第安环境办公室

美国印第安环境办公室成立于 1994 年，负责监督 EPA 印第安政策的制定和执行。虽然美国印第安环境办公室从属于水办公室，但却是一个多媒体办公室，它的 16 个员工与 EPA 的区域部门合作（除了 3 个没有联邦认证部落的区域），并且还与总部计划办公室合作执行 EPA 的印第安计划。目前，美国印第安环境办公室的工作集中于以下领域：

- 支持 EPA 的部落运转委员会、国家印第安人工作组和资深印第安计划管理者的工作；
- 协调 EPA 对于执行总统行政令 13175——关于与印第安部落政府协调磋商的指导方针；
- 根据基准评估项目，领导 EPA 的印第安地方环境数据收集工作；
- 作为普通补助计划的国家计划管理者，对部落提供津贴。

（2）研究与发展办公室（Office of Research and Development，ORD）

研究与发展办公室负责与饮用水问题有关的健康风险评估、健康影响、工程学、技术、监测和质量保证的研究。研究与发展办公室由 3 个国家实验室和两个国家级中心组成，都坐落在设施便利的地区和华盛顿特别行政区。

研究与发展办公室的任务是：

- 为确定、认识和解决当前和未来的环境问题进行研究和开发；
- 对 EPA 的任务提供相应的技术支持；
- 整合研究与发展办公室的科学合作伙伴（其他机构、国家、私营部门组织和学术界）的工作；
- 领导解决新出现的环境问题，推进科学和技术的风险评估和风险管理。

（3）执法与守法办公室（Office of Enforcement and Compliance Assurance，OECA）

执法与守法办公室与 EPA 的地方部门、州政府、部落政府和其他联邦机构一起合作，以确保遵守国家环境法。执法与守法办公室和合作者通过采取一套完整的包括一致性援助、一致性奖励以及民事和刑事裁决在内的方法，力求做到最大限度地一致化，以减少对公众和环境健康的威胁。

一致性援助帮助受管社区（商业、工业和政府）了解和完成它们的环境义务，包括与特定美国环境保护局的法令或条例有关的一致性援助行动或者手段。以部门为中心的援助则提出一致性问题或者是特别商业和工业部门（比如：干洗、金属精饰、家具制造商）或者政府部门（比如：地方政府、部落政府和联邦政府机构）的需要。

EPA 的民事裁决计划通过确保遵守联邦环境法来保护环境和人类健康。民事裁决围绕调查研究和案例，解决最严重的违规，包括美国环境保护局的行政行动和司法部门的司法案例。

刑事裁决计划对那些严重违反环境法并对人类健康和环境构成重大威胁的人进行确定、逮捕、起诉和定罪。

位于丹佛的国家执法调查中心（NEIC）通过发展和贯彻创新技术、使用科技方面的专业技术、设计专业的方法和技术领域的应用软件，来支持民事和刑事裁决计划。国家执法调查中心有一个环境法律中心来指导测量和监测领域、采样和实验室测量领域的行动。

（4）EPA 地区办公室

这 10 个 EPA 地区办公室是各州和所属社区之间的主要联络点。这些地区由行政任命的地区局长管理。他们经局长授权并在其管辖区内对资源管理拥有相当大的自治权。这些地方局长在各州代表着 EPA，特别是在与州长进行交涉的重大问题上。地区办公室监督和追踪各州在实施和执行方面的工作，并直接实施和执行未经授权或非首要州内的条例。地区办公室拨补助金给各州，用于各项 EPA 批准的环境保护计划并监督国家行政拨款的使用。地区办公室为国家和当地政府雇员提供教育材料和培训，并为管辖范围内的社区提供履行帮助。

（5）EPA 的其他机构

EPA 的其他机构为水办公室提供支持和帮助，主要有：

- 行政长官办公室（Office of the Administrator）包括通信、教育和媒介关系办公室；儿童的健康保护办公室；方针政策、经济和革新办公室；国会和政府间关系办公室；以及区域运营办公室。对水办公室特别重要的是方针政策、经济和革新办公室，它对规章制度的发展过程提供分析和管理支持。
- 法律顾问办公室（Office of General Counsel）是 EPA 的法律代理人，负责提供法律意见、法律咨询和诉讼帮助。此外，该办事处还是 EPA 政策和计划制订与执行的法律顾问。
- 行政办公室（Office of the Administration）为 EPA 将近 150 个办公室和覆盖全国的实验室提供管理、基础设施和运营支持。包括设备管理、采购、补助金管理和人力资源管理，行政办公室掌管 EPA 能源与水资源利用项目，确保 EPA 在设计、建造和维修设备时能够对自然资源进行最有效的利用。
- 总财务长办公室（Office of the Chief Financial Officer，OCFO）负责做美国环境保护局的预算、跨美国环境保护局的计划分配资源、履行财务管理功能，包括计划分析、年度计划和预算编制。总财务长办公室还负责工资单和支付管理。
- 监察处（Office of the Inspector General，OIG）指导和监督计划方面的调查研究和 EPA 的运行。监察处还向局长和国会报告在美国环境保护局方案的执行、补救措施的落实和进展方面存在的问题和不足。

2.2.2 预算程序

预算是国家政策最为明显的表现。

（1）规划和预算程序

EPA 的规划和预算程序与立法和行政方针相一致，由几大步骤组成，分别是长期和短期规划、资源分配和利用、责任归属和取得的成就。

第一步是发展战略规划，包括 EPA 的责任，长期环保目标，一整套为决策提供一般考虑要素的指导原则和特殊短期目标（EPA 在达到长期目标过程中需要达到的）。根据《政府绩效和结果法案》（Government Performance and Results Act，GPRA）的要求，EPA 需每 3 年更新该规划。

对每个目标都要制订年度执行计划，并且要作为资源决策的基础。年度执行计划为达到这些目标制定了年度执行目标、执行方法和行动。根据年度执行计划，EPA 为所有计划制订年度预算申请。一旦国会履行年度拨款，年度计划就会进行相应的修正和资源重新分配。根据《政府绩效和结果法案》的要求，业绩评估报告需要在财政年度结束的 6 个月之后对 EPA 的长期和年度执行目标的进程做陈述和评定。

接下来的幻灯片（略——译者注）展示了这一程序的时间表。

EPA 关于预算问题的工作分 3 个独立的要求：运行年，规划年和预算年。

运行年就是当前的财政年度，从每年 10 月 1 日开始到次年 9 月 30 日结束。EPA（和所有联邦机构）在联邦财政年度的开始就会收到管理和预算办公室的拨款。这个过程就是“分配”。需要注意的是，管理与预算办公室的拨款能力取决于具有绝对拨款执行力的国会，这一点将在后面讨论说明。

如果国会没有通过 EPA 的年度拨款法，那么就会通过一个相对短期的持续性决议，该决议不提供全额资金。在最后拨款拨出后，EPA 有 30 天的时间准备一份实施计划提交国会批准。实施计划以国会预算法案要求的财力为基准，并根据国会拨款做出相应的财力调整。总财务长办公室的 EPA 部门把 EPA 的拨款分成若干份“津贴”，并对每个津贴获得者提供“津贴建议”。津贴获得者一般是办事处主管、地区局长或者其他同级人员。年度津贴构成了一个计划预算。在运行年期间，EPA 办事处和总财务长办公室负责管理和监督支出款项以免其超出财政预算。

规划年在当前的财政年之后。与此同时 EPA 负责计划履行并为下一年做出计划安排。每年的 2 月份，总统会向国会提交一份财政报告。该预算是为接下来开始于 10 月的财政年制定的，并且基于管理和预算办公室对机构的“审批”，通常在 11 月份或 12 月份之前完成。例如，2003 年 2 月递交给国会的预算报告是 2003 财年 10 月 1 日到 2004 财年 9 月 30 日（财政年度 2004 年）的，它根据的是 2002 年 9 月递交给管理与预算办公室并在 2002 年 11 月经管理与预算办公室审批返还给 EPA 的预算报告。

EPA2004 年的财政年度计划以总统预算的数目为基础。

总部方案办公室可以发出指导，列出优先活动地区以及来年为各州的拨款。而地区则负责指导所辖的各个州。尽管有总部的指导意见在先，各地区仍可以讨论区域的优先事项。

国会应该在 7 月制定拨款法案。然而拨款法案有时候直到下个财政年度的开始才制定，当然这种情况非常少有。正如上面所说的，如果直到 10 月 1 日都没有完成，国会就会为所有拨款法案通过一个持续性决议。

拨款法案颁布后，如果国会的拨款金额与总统预算要求不相符合，那么就需要调整运行计划。

将来，预算年将是 2 个财政年度。例如，2005 财政年度——从 2004 年 10 月 1 日开始到2005年9月30日结束，2005年就是预算年。

在2003年的春季到夏季之间，EPA将制定2005年年度财政预算，该预算将于2003年9月递交给管理与预算办公室。管理与预算办公室对2005年年度财政的审批将在11月份或12月份颁布（不在该时间线内）。

在获得拨款和获知最后拨款数额之前，EPA规划（在规划年内）了该时间线，时间线要求预测以后两年的预算。这种循环需要有对行政优先权的分析、深谋远虑、弹性和适应性。

（2）预算制定的层次结构

EPA预算制定的层次结构是从一系列的目标入手的。水办公室的措施被归入了“清洁和安全用水”这个目标之下。在每一个目标里面有几个小目标。对于这些水计划的目标是：①饮用水，鱼类和娱乐用水的安全；②保护水域和水生生物群落；③降低负荷和大气沉降。每一个小目标又有一些子目标。小目标1下有四个子目标，前三个适用于地下水和饮用水办公室，后一个适用于湿地、海洋和流域办公室：

- 制定饮用水标准；
- 实施饮用水管理条例；
- 防止饮用水水源污染；
- 鱼类和贝壳类的消费安全以及浴场用水安全。

在这些子目标下是执行目标和执行措施。关于执行目标和执行措施的例子如下：

- 小目标1——饮用水，鱼类和娱乐用水的安全

执行目标：在1998年或之后，85%的使用社区供水系统的人能够获得符合健康标准的饮用水。

执行措施：永久性的非社区供水系统不能违反联邦政府1994年颁布的强制实行的健康标准。

- 小目标2——保护水域和水生生物群落

执行目标：评价，恢复和保护水域。

执行措施：评价那些具备一定的水质而能够作为饮用水供应的河流的长度，湖泊的大小以及河口面积的大小。

- 小目标3——降低负荷和大气沉降

执行目标：当前的国家污染物排放削减制度允许减少或者消除全国水域的负荷，包括：①来自市政或者工厂的未经充分处理的排放（直接和间接的）；②来自城市因为暴雨而造成的下水道溢流以及饲养动物带来的污染物。

（3）预算执行层次

EPA的预算执行层次从“目标等级”入手，它制定了一个在联邦政府范围内统一的分级制度来确定支出的类别。例如，具体的目标等级包括人员补偿，保险金，旅行，合同，津贴和补给。

EPA的预算权限包含15项“拨款”，以使EPA可以履行授权法规规定的任务。水办公室使用的这些拨款用于环境项目和管理（这覆盖了该机构的大部分项目办公室）；科学和技术项目（主要是研发处）以及州和部落援助项目（这覆盖了17个无条件的州和部落援助项目）。

之前我们讨论了总财务长办公室如何把 EPA 的拨款分成津贴的形式并且为受补贴者提供津贴建议。把受补贴者（他们再进一步的把津贴分配给各部门和分支机构）的支出情况汇总起来，提交给负责计划和执行的官员、国家项目管理者——通常是交给副局长。支出文件（例如旅行核准和合同筹资公告）包含确定拨款和津贴以及受补贴者的编码。

（4）预算执行和责任制

EPA 要说明开支情况是否符合预算的目标。目标等级与确定特定行为资金的“项目结果编码（program results codes）”相结合；比如：饮用水管理条例，湿地或者水域研究。这些编码把开支情况和预算目标联系起来。例如，对于目标 2（清洁和安全用水），小目标 1（饮用水，鱼类和娱乐用水的安全）和子目标 3，一项水源保护的开支可能编号为 PRC020103。这个号码将出现在每个水源保护的支出文件里面（比如一份合同筹资文档里），提供给任何一个目标的资金都有可能转而提供给一些关键的项目。

（5）开支拨付款项

国会根据目的、时间和数量来拨付资金。例如，在公共供水系统监督项目中，拨付的款项是两年期的，这意味着 EPA 在两年内都要对该项目的资金进行监督。这些款项只能用于项目援助并且不能超出法律规定的数额。

尽管许多 EPA 的津贴协议都是多年期的资金补贴，但是操作计划是在每个会计年度的一开始就制订的，并且津贴建议期限不得超过一年。津贴建议授予每个受补助者一定的开支权限，包括授权采取以下措施：

➢ 承诺——为特定目的预留津贴中的基金的措施（例如，一份合同、补贴或者合作协议）。

➢ 义务——一份有法律约束力的协议来规定在一定的时间内为一个特定目的来开支一笔特定数额的款项（例如，签署的援助协议）。

➢ 支出——接受服务的报酬。

津贴有两种类型。新的义务授权以国会每年的拨款为基础，比如对环境项目和管理的拨款。EPA 的结转授权用于花费那些未指定用途的联邦预算余额。EPA 结转不应同一份津贴或者合同奖金的“结转”相混淆，这是指法律规定的款项而不是接受者在预算期内用掉的数额。

2.2.3 信息管理

EPA 使用信息管理系统来帮助实施《清洁水法》和《安全饮用水法》等环境法律，下文中讲到的这些数据库可以帮助 EPA 跟踪各州、部落和地方部门的行为，监控他们的行为是否合法，以及评价项目的效率。下面就先介绍一下 EPA 用来帮助实施《清洁水法》和《安全饮用水法》的信息管理系统。

（1）信息报告循环过程

国会制定法律而由 EPA 来执行。作为制衡原则的一部分，国会希望并且要求 EPA 向自己报告有关他的行动、进程以及执行法律的困难等方面的信息。EPA 把执行大多数项目的主要责任委托给各州，并要求各州报告数据。各州报告上来的大量信息被输入到 EPA 使用的数据库中。这些数据库帮助 EPA 和各州管理项目，发现问题，认清趋势和向公众、国会以及其他项目相关方提供信息。国会运用这些信息确保法律按照他们的意图执行。他们可以了解相关项目更多的信息并且可以根据需要来修订那些法律。国会也会在评价EPA 的预算请求中考虑这些信息。

接下来的几张幻灯片（略——译者注）提供了有关水的两个最主要的数据库的更多细节。

（2）饮用水相关的数据库

a. 水与生物监测数据的存储和检索系统（Storage and Retrieval System for Water and Biological Monitoring Data，STORET）

EPA 使用水与生物监测数据的存储和检索系统，这是一个包含国家水体水质信息的数据管理系统。该系统包含从 1999 年起开始收集的数据，还包括从遗留数据中心（Legacy Data Center，LDC）转移过来的更早期的数据。遗留数据中心包含的水质历史数据可以追溯到 20 世纪早期并且一直持续收集到 1998 年底。水与生物监测数据的存储和检索系统包含有地表和地下水的原始的生物、化学和物理数据，这些数据是由联邦政府、各州和地方环保部门、印第安部落、志愿者团体和学术机构收集的。美国全部 50 个州、地区和行政地区，包括加拿大和墨西哥的一部分都在这个系统里有所反映。

每一份水与生物监测数据的存储和检索系统中的取样结果都包含如下信息：该样本是在什么地方获取的（如，纬度，经度，州，县，水文单元编码和一个简要的地点鉴定），样本是在什么时候采集的，采样媒介（如，水，沉淀物，鱼肉组织）以及负责监测的组织的名字。另外，水与生物监测数据的存储和检索系统还包含以下信息：收集这些数据的原因；取样和分析的方法；用来分析样本的实验室；取样和处理样本，分析数据时的质量检验以及负责数据的人员情况。

水与生物监测数据的存储和检索系统中的数据主要分为五类：组织机构，计划和调查，站点，样本和结果。

- 组织机构。对数据集负责的，或者是收集或产生数据，或发起创造数据集的组织或经济实体。
- 项目和调查。数据集创建过程中的一系列活动。
- 站点。也被称为监测站，通常用来确定和记录监测的物理位置。
- 样本。在这些站点开展的水质取样，观察和测量活动；对样品收集或者测量过程进行全面的记录。
- 结果。取样，测量和野外工作中的发现。

州，部落，地方和联邦环保部门以及私人机构收集原始的周围水质数据并且把这些数据输入到水与生物监测数据的存储和检索系统中。各州和各部落分析这些数据以确定他们的水是否符合水质标准。各州和各部落每两年把这些信息报告给 EPA。EPA 总结这些州和部落的水质评估报告，并且按照《清洁水法》第 305（b）条的要求，形成一份全国报告提交给国会，该报告叫做全国水体清单。

b. 许可证执行系统（The Permit Compliance System，PCS）

许可证执行系统，由 EPA 管理，它是一个国家计算机管理信息系统，这个系统可以自动登录，升级和检索有关国家污染物排放削减制度的数据以及跟踪许可证的颁发，许可证限制和监控的数据，以及其他符合国家污染物排放削减制度的工厂数据。

许可证执行系统于 1974 年开发，它在 EPA 的国家计算机中心里的大型计算机上运行，该中心位于北卡罗来纳州的三角创业园。该系统记录着全国范围内超过 64 000 个工厂的污水排放许可证的数据。通过许可证执行系统跟踪的与国家污染物排放削减制度相关的数据包括：工厂的通信地址和所有运行着的已获得许可证的工厂名称；所有运行着的已获得许可证的工厂的常规设备和许可证信息（例如，颁布日期和有效期）；重要的不可执行名单；执行信息诸如针对违反污水排放参数限制而采取的措施；针对未收到排放监测报告或者执行进度报告，或者所有运行着的已获得许可证的工厂的进度报告等采取的强制措施；所有已获许可证的工厂的执行进度信息（例如，申请许可证的工厂必须提高排放的废水水质才能授予其许可证，或者对申请强制执行判决的诉讼做出响应）；以及工厂检查信息。

c. 部落信息管理系统（Tribal Information Management System，TIMS）

美国印第安环境办公室启动了基准评估项目以便更好地认识印第安人地区的环境状况，从而改进 EPA 对人体健康和环境的保护效力。该项目仅使用联邦的数据，即联邦数据库或资料库中（如环境保护资料库）已有的数据，或经联邦批准提交到 EPA 的数据。基准评估侧重的相关数据包括水、空气、陆地、生物资源以及污染物质对这些生物资源的影响。

EPA 正在将这些数据整合成部落信息管理系统，该系统可以测定印第安人地区中所施行计划的效力并协助 EPA 确定水源需求和鉴定预算请求是否合理。该系统可以回答如“水有多干净，EPA 对它采取了什么措施？”等问题，尤其针对部落地区。

部落信息管理系统是一个网络信息系统，用户可通过该系统获取某一部落的联邦环保信息。部落政府可审查其信息并在向公众发布之前发表意见。

今后，该基准评估项目可为 EPA 收集的环境资料提供一个框架。按照《1993 年政府执行与成果法》的要求，EPA 应当与部落政府一起使用该系统来鉴定印第安人地区中对人体健康和环境的威胁，锁定来源并提供经验数据以支持国会预算请求，追踪环境的发展。

现在只能通过 EPA 内网才能进入部落信息管理系统，但是在将来，外部人员也可不同程度地进入该系统。EPA 将与印第安人卫生部门、州、地方以及非营利机构通力合作，希望可以在 2005 年之前完成该系统。

d. 安全饮用水信息系统（Safe Drinking Water Information System，SDWIS）

EPA 设立和使用安全饮用水信息系统数据库的目的是为了监督和管理《安全饮用水法》，该数据库包含各州和各 EPA 地区根据法规、条例和指南的要求提交的数据。安全饮用水信息系统还有“姐妹”版本，即 SDWIS/STATE（州级）版本，EPA 设立该版本的目的是帮助各州和各 EPA 地区执行其饮用水计划并履行 EPA 报告要求。安全饮用水信息系统是 EPA 国家数据库，存储了国家饮用水的相关日常信息，EPA 利用安全饮用水信息系统所存储的信息监控大约 162 000 个公共供水系统。

各州向 EPA 报告下列信息：1）各供水系统的基本信息，包括名称、编号、用户人数、系统类型（全年不变的或季节性变化的）、水的来源（地下水或地表水）；2）各供水系统的违规信息：是否遵循已制定的监控和报告时间表，是否符合强制处理技术，或者是否违反了任何最大污染物浓度；3）执行信息：如果供水系统违反了某饮用水管理条例，各州会采取什么措施对其做出纠正；以及监控结果超出最大污染物浓度时，未管制污染物和管制污染物的取样结果。

目前，美国 EPA 正在商议各州政府将来需要在报告中附加的信息，比如该项目所在的城市、州县等（许多州政府已列明了此类信息），水源取水口所在的经纬度。通过对这些信息的综合分析，美国 EPA 可以掌握各州饮用水计划的情况，监测污染浓度，回应公众疑问，为国会与管理和预算办公室及其他部门准备国家报告。EPA 也可通过这些信息来评估其计划和管理条例的效力，并决定是否需要制定新法规以进一步保护公共卫生。

2.3 管理条例及其制定过程

2.3.1 管理条例的定义

管理条例（或法则）规定了大量程序上的细节，使得法令条款得以有效执行。它们与法令具有相同的法律约束力，其包含的法规章程通常可普遍应用而不是只针对特定人和事。

《行政程序法》（Administrative Procedure Act）（美国法典第 5 卷，第 551 条）将法则定义为“一部分或全部的机构声明，具体声明内容包括：普通的或特定的应用，设计设施、解释或规定法律政策未来的效力，或解释代理结构的组织结构、工作程序或实施的要求；该法则同时还包括批准或规定将来的费率、工资、企业/经济结构，机构的重组，其价格、机构、设施、服务/津贴，或（已经）由以上所有内容产生的价格、成本或会计或实践”。

条例由拥有国会委托授权的联邦机构制定。制定条例的权力必须通过立法程序来清楚地授予。国会可以设立法规程序，让公民参与起草法则。例如，《资源保护和恢复法》，第 7004 条允许公民向 EPA 申请参与制定规章。

法令可以设置管理条例的框架，授权代表机构制定和表述条例的细节。或者法令只是代表权力机关，实质的内容在条例中进行阐述。

2.3.2 管理方法

（1）传统的环境管理条例

传统的环境管理条例通常被称作“命令和控制”管理条例。他们向受管制者介绍标准的内容以及说明如何达到该标准。他们通常要求污染源在给定的期限，添加规定的程序和技术。这些标准可以包括对设备的设计、建设或运行要求，如对于公共污水处理厂，危险废物处理设备，储藏和处置设备和地下灌注井等的规定。还可能包括必须达到的数字性标准：例如，公共供水系统的最大污染物浓度，还有工业排放标准。

管理条例应该采取执行标准的形式。对于大多数建设和施工区域来说，这些是最基本的标准，同时在法规的设计中可能定义一些最恰当的操作方式，以保证安全性、一致性和可靠性。一些执行标准只阐述了结果，而没有介绍达到该目标的方法。例如，《联邦条例法典》第 40 卷第 144 章第 12 节严禁地下灌注控制井危及地下饮用水源。尽管管理条例包括具体的标准和要求，许可证申请人仍有责任证明达到了执行标准。如果在许可证申请中，未提供足够的证据，许可证签发人可以强加一些特殊的条件来最终保证保护效果，或者认为许可证不完整，也可以拒绝签署许可证。

管理条例的实施采取以下两种方式：

自我执行。这类条例要求很少的额外解释，或根本就没有解释。其要求提出是普遍适用的，而非位点专一性的。例如《安全饮用水法》中规定的最大污染物浓度就是自我执行的。对于公共供水系统，要检查和实施书面的要求，不考虑位点特有的环境。在以上的情况下，EPA 认为位点专一性很重要（例如，系统的大小和类型），根据要求，有任何的变动在条例中都要讲清楚。

许可证的规定。通过许可证（或强制规定）规定的标准通常具有位点专一性。该类标准要求考虑位点的条件和环境（例如，地理和水文地质、输入参数和环境背景），以决定适用的条例。例如在建设公共污水处理厂的过程中，许可证的签发人员应该考虑到排放的频率和变化，设计的处理能力，采用的处理方法，相关排放能力的监测成本。

（2）其他的管理方法

尽管有人反对命令和控制管理条例，但是过去它在改善环境质量和保护公共卫生方面还是非常有效的。在 20 世纪 90 年代早期，EPA 就认识到如果要继续改善环境，对环境就必须更加“灵活地管理”。EPA 大力倡导用其他方法来取代传统的环境管理条例。

基于市场的机制和措施是指对传统环境管理条例的替代方案、补充方法或增添的措施，同时这些方法依赖于市场力量、金融机制或其他手段鼓励受管制的团体减少排放，降低产生废物的数量，或者普遍地改善环境性能。现存的和推荐的方法包括排污收费和征税，押金—退款系统；排污权交易；补贴；履约保证；环境资源所有权的延伸；负债方法；信息交流方法；环境管理系统和自愿系统等。

在水办公室，EPA 发起采用排污权交易来使水质目标和标准达到《清洁水法》允许的程度。交易是对当前方法的补充。这是一种达到并维持水质标准的方法，该方法许可一定量的污染源，通过采用具有一定成本效益和强制性的混合控制手段控制其他的排放源，从而达到减少污染的目的。

XL 计划，代表“优秀管理（eXcellence and Leadership）”，是国家试点项目。该项目允许州政府和地方政府、商业和联邦机构与 EPA 的主动策略一起发展，以测试更优或更有效的保护环境和公共卫生的方式。管理的灵活性是项目达到预期效益的方法。有一些手段用于提供其他实际管理要求的灵活性，其中的例子包括：位点专一性规则，替代许可证和弃权证书。这些手段在一事一议的原则上进行认证和评估。通过项目参与者的工作以及咨询权力机关，EPA 打算对一些成功的方法进行评估并整合进当前的环境保护系统。

由全美制造商协会副署长 W. 迈克尔麦凯于 2000 年 6 月 22 日备注。

最近几年，EPA 已经开展了一系列合作，致力于私营领域越来越受关注的环境保护事业。为了支持环境保护事业，EPA 与成千上万的公司一起改进环境效益和公司整体的效率。有时 EPA 针对非管制的污染物，如温室气体；有时 EPA 针对非管制的商业部门。EPA 能形成这些伙伴关系的原因是，利益各方认为这是相互获益的机会。这类伙伴合作关系最著名的例子就是“能源之星”计划。“能源之星”计划致力于改善多种产品的能量利用率，如计算机、录像机、电冰箱和发动机。提高能量效率既能降低成本，又能减少温室气体的排放。另外一个合作伙伴关系的例子就是卓越减废项目（Waste Wise）。该国家项目可自愿参与，有助于公司减少固体废物和使用的材料。至今，已有 900 多个组织和 50 多个商业部门参与了该项目。

现在总计有 7 000 多个公司和组织参加了 EPA 的自愿合作伙伴计划。自 1998 年以来最新的年度结果表明参与者节省了 18 亿加仑的清洁水，消除了 780 万吨的固体废物，减少对空气的污染量相当于 1 300 万辆汽车的排放量。同时该项目也节约了大约 33 亿美元。

在 2000 年，EPA 发起了新的合作伙伴计划，即国家绩效跟踪计划：在环境管理系统中正确使用该项目中的设施；承诺要持续改进，公共推广和报告；同时证实一直都遵守环境法规。作为回报，EPA 给予他们公共认知度并精简与其相关的管理程序。

2.3.3 规则制定的形式

《行政程序法》简述了权力机构在制定管理条例时应该遵守的程序。《行政程序法》介绍了两种规则制定类型：正式的和非正式的。

正式的规则制定：制定行业金融法规的机构使用该方式，并且只有当法令要求规则制定必须“记录在案”的时候，才需要使用该方式。正式的制定条例要在委员会和法官面前，举行听证会和出具正式的文件以支持该条例。正式的规则制定很少有，只有管理委员会制定费率的时候使用（如联邦能源管理委员会）。

非正式的规则制定：通知和评论性方式制定规则是权力机构签署或“颁布”条例最常见的方式。这是 EPA 使用的方法，除了可以免除的规则之外（如军事和外交事务职能，机构管理或人员），制定规章最少必须符合以下几个程序要求：

- 提议制定规章的通知必须在联邦年鉴中出版，相关内容应该包括声明的时间、地点和公共制定法规行为的性质，以及参考提议法规规定的法定权利、提议法规的项目条款或说明；
- 必须给予利益相关的各方以机会来递交该方案书面信息和观点，可以给予口头陈述机会，也可以没有；
- 正式法规必须对法规的基础和目的进行简短的常规陈述；
- 除某些例外，正式法规必须至少在生效日期 30 天以前出版。

2.3.4 管理条例制定过程

联邦立法程序体现的是启蒙运动和宪法的原则。这样有利于管理和预算办公室在审查、认可强大的中央政府的重要性的同时，征求基层政府（和其他利益相关者）的意见。

联邦规则制定程序分为 9 个步骤。内部程序因职能机构不同而有所不同，但《行政程序法》中所列的基本步骤都是相同的。下面就 EPA 在执行这些步骤中的规程进行探讨。

（1）立项

EPA 可基于多种原因申请立法。在一些情况下，提议源于外部压力。比如：某法令规定要求立法；EPA 可基于外界的建议做出响应，如：美国国家科学院可在报告中建议采取某项措施；EPA 对某立法意愿的响应，比如，《美国资源保护与回收法》第 7004 条规定，任何人可向局长提出请求，要求颁布管理条例，或对其进行修改或诉求；或法院判决可能要求美国 EPA 提请行政立法。

EPA 还可基于以下情形自行提议立法：

- EPA 的工作重点和工作计划；
- 新科学、新技术出现；
- 意识到出现新问题；
- 监管审核。

（2）早期决策

立法前期准备工作的目的在于帮助美国 EPA 确定是否应提议立法。前期准备可包括任何影响或促使立法的工作，如：建议立法事先公告、对有关监管措施潜在需求的重要研究或分析、《行政管理弹性法》第 610 条规定的现行管理条例定期审查声明、出于监管需要公开向社会征求意见的要求、要求公众提交信息的请求，或重要的监管政策制定建议。

倘若 EPA 已经决定提请立法，则必须同时确定行政立法的方式。EPA 可采取多种方式。通常，EPA 通过公布拟制定法规，发出通知并公开征求意见，最后颁布正式的管理条例。

美国规划协会第 553 条（b）（3）（A）和（B）规定，以下情形下职能机构可免予发布公告和征求公众意见：（A）对条例、政策一般性声明或机构组织规则、规程或惯例的释义；或者（B）职能机构认为无可行性、必要性或与公众利益背道而驰的情况，如健康问题亟待解决的情况。因此，EPA 可颁布以下条例：

- 暂行最终法规。美国 EPA 未经提议阶段即颁布条例。待颁布后接受公众意见，如必要对条例进行修改。
- 直接最终法规。美国 EPA 未经过提议即颁布条例，颁布后若收到反对意见即废除该条例。

（3）草拟法规

在法规起草阶段，EPA 开始草案的制定。EPA 会对所掌握的相关科学、技术和经济信息进行分析和处理，以制定技术上可行的监管方案；还要通过调查或研究来收集其他信息；并考虑方案对社会、经济、政策或其他方面的潜在影响，在决策时要对这些因素进行权衡。

不同的法令对制定标准有不同的要求。比如，《安全饮用水法》要求在制定《国家一级饮用水管理条例》时局长应做到：

- 采用“最可行的、专家评审的科学”[§1412（b）（3）（A）]；
- 设定污染物排放上限，使其无已知或预期负面[健康]影响，保证“足够安全”[§1412（b）（4）（A）]；
- “规定了以成本效益最大化降低健康风险的污染物上限水平[§1412（b）（6）（A）]”。这是 1996 年《安全饮用水法》修订案中一个重要的改变，允许在该法中明确考虑设定最大污染物浓度的符合性成本。

对《清洁水法》非公共污水处理厂的点源排放，要求采用“当前最佳可行的控制技术”[§301（b）（1）（A）]。对于某些指定污染物，排放限制严格要求“采用最佳且经济的技术”[§301（b）（2）（A）]。甚至在同一部法令中，对标准的要求也可能有所不同。

a. 内部制定程序

美国规划协会中列出的程序适用于政府部门的立法活动。此外，各政府机构还分别制定了内部程序。

EPA 的立法程序旨在确保法规能够：

- 与法律规定、国家政策和行政管理工作优先级别保持一致；
- 以最佳成本效益实现环境目标；
- 基于合理的经济、科学、法律、政策和技术分析；
- 考虑多媒体效应；
- 有效力、可执行、及时、明确和精确；
- 体现对内外部群体意见的考虑。

b. 判定等级的标准

基于立法存在问题的本质和在 EPA 内部以及与行政管理办公室间的相互影响程度，EPA 将立法工作分配至“三级”机构中的某一级，确保立法质量。

1 级——行政管理优先行动。这一级包括少量的立法工作，需要行政管理办公室持续参与和广泛跨机构参与。1 级行政立法由一名负责人或高级工作人员领导一个跨部门工作小组制定。跨机构决策要求通过四个主要程序阶段完成：管理先期指导、分析蓝图、替代方案的选择以及工作组总结。

2 级——跨机构行动。这些行动的目的是，实现跨媒介或跨机构的广泛参与。主要决策机构通过副局长或分区局长进行决策。跨机构决策仅负责两个程序阶段的工作：分析蓝图和工作组结论。

3 级——领导办公室代表团。此阶段的工作基本上不需要跨机构的参与，可能也不需要工作组的参与。在大多数情况下，领导办公室在其自己的程序设计中拥有一定的灵活性，但是他们必须确保制定高质量法规所需要的跨机构咨询服务和利益相关者参与的数量。

c. 一级流程和二级流程

在指定相应的立法级别之后，应确定工作组成员。所有利益相关方应从一开始就参与进来。启动立法通知要求 EPA 办事处参与到工作组中。根据所处的级别，局长办公室或主要副局长或分区局长负责向工作组提供早期指导。指导工作应确定工作重点、预期效果以及主要问题。工作组定期召开会议，掌握最新动态，进行决策、审查工作成果以及要求提供协助。如果问题无法在工作组中解决，各成员负责对其进行评估，由高层领导给予解决。工作组首要任务之一是绘制一份分析蓝图。决策者借助蓝图中的信息，在众多政策中做出他们的决策。分析蓝图反映的是对技术方法达成的一致意见，为法规提供支持，为工作组提供指导。1 级法规蓝图必须经局长和相关副局长批准，2 级法规蓝图需经副局长、分区局长或办公室主管批准认可。工作组对监管替代方案进行充分分析后，通常会选择一个最佳方案作为 EPA 最可行的监管方向。替代方案选择 1 级立法工作必须经局长和参与副局长批准。对于 2 级法规，领导办公室则有权选择最佳方法或方案。完成法规和支持性文件后，工作组负责人主持成员投票，表决是否同意进入工作组总结阶段。工作组参与人员应在工作组末次会议中介绍其副局长的作用。工作组末次会议应确认是否已对所有问题给予解决或改进；行政立法的整套文件应提交管理和预算办公室审核；满足 EPA 及外部所有要求。工作组末次会议结束后，EPA 向管理和预算办公室提交提议法规，供其审查。继续召开工作组会议，确定正式的法规；重复之前的过程（不再准备新的分析蓝图）。

d. 支持分析

各联邦法令和行政命令要求 EPA 在制定管理条例时必须考虑很多特殊问题，多为经济或社会问题。如果行政立法符合法令或行政命令之规定，EPA 通常必须进行特定分析或咨询，为制定管理条例获得支持。

下面介绍的是可能会对 EPA 行政立法产生影响的法令和行政命令。

e. 相关行政命令

E. O. 12866，监管规划和审核——对行政立法程序影响最大的行政命令。如果法规被认为影响重大，则强制要求进行多项分析：

- 年度经济影响在 100 万美元或以上，或有其他负面影响；
- 与其他职能部门采取或拟实施的措施存在重大不一致或冲突；
- 本质上使预算对权利、拨款等的影响发生了改变；
- 出现新的法律或政策问题。

对于影响重大的法规，EPA 必须开展经济分析工作，列出立法需求和评估提议立法的潜在成本和利益。

E.E.O.13132，联邦主义，要求联邦法规授予各州最大限度地制定决策的能力，确保仅在法令和宪法要求以及国家立法为最佳方式时才采取国家立法行动。

E.O.12630，征敛私有财产、要求提议管控私有财产用途、保护公共健康和安全的职能机构必须说明提议的价值，当法院决定征敛时，应对政府投入的潜在成本进行评估。

E.O.13175，与印第安部落政府的磋商与调和要求。如果某一法规对部落政府造成了影响，应与部落代表磋商，了解部落关注的问题。目前 EPA 正在制定实施指南，指南编写完毕后，管理指导委员会代表、地区监管联络方和总务办公室或地区顾问可以协助确定法规是否影响部落，如果影响，必须开展哪些工作以确保符合该行政命令。关于法规、政策声明或指南文件是否涉及部落的定论及其原因，很大程度上取决于具体立法工作和相关项目情况。

尽管 E.O.13175 措辞与 E.O.13132（联邦制度）相似，但在解释和应用中仍存在重大区别。比如：联邦制度下，EPA 认为有着“重大符合性成本”的法规可能会使州、地方或部落政府年经费支出达 1 亿美元或以上，或经费投入达到或超过受影响政府年税收的 1%，这些标准不能适用于部落。E.O.13175 认为重大符合性成本会大大低于 1 亿美元。此外，用部落税收来衡量影响，可能不太合适。

分析部落影响时，切记部落在美国的自治性质。这一性质使部落政府的作用有别于其他州。此外，对印第安人居住区附近或者上游地区采取的行动会对印第安人部落产生重大影响。应对所有潜在影响进行慎重考虑，包括对印第安人宗教场所或文化的影响。美国印第安环境办公室可为此提供帮助，确保不会忽视这些潜在影响。对部落有影响的法规必须经美国印第安环境办公室主任认可。

E.O.13045，保护儿童免受环境健康风险和安全风险，对于 E.O.12866 下任何重要监管行为，EPA 必须对拟定法规对儿童造成的健康和安全影响进行评估，说明拟制定法规与其他替代方案相比有何优势。

E.O.12898，为少数民族居民和低收入居民解决环境公正问题的联邦行动。环境公正这一概念确保了美国的少数民族和低收入群体不会因环境项目、政策或开展相关活动而歧视性地遭受严重的健康影响。EPA 在其引言中发表声明，概括介绍了公开征求意见期间出现的跨职能工作、公众参与和环境正义问题，并在正式的法规中对如何处理这些问题给予了说明。

E.O.12988，民事司法改革，为管理条例设定要求，目的是改进管理条例的制定，减少不必要的诉讼。

E.O.13211，法规对能源供应、销售或消耗产生重大影响时的对策要求，对于 E.O.12866 下所有“重要的”监管措施，美国 EPA 必须准备一份能源影响声明，提交至信息与管制事务处处长、管理和预算办公室。能源影响声明中必须详细介绍对能源供应、销售和使用造成的负面影响，及其合理的替代方案，以及此类替代方案对能源供应、销售和使用的预期影响。

f. 相关法令

《监管弹性法案》（Regulatory Flexibility Act）（5U.S.C.601 et seq.）强加了分析和程序上的要求。分析要求 EPA 慎重考虑经济影响法规对少数群体的影响。程序规定的目的则在于确保 EPA 在构建法规框架，进行政策决策时能体现少数群体的意见。

《小型企业强制监管公平法案》（Small Business Regulatory Enforcement Fairness Act，SBREFA）（5U.S.C.801 页及以下）对《监管弹性法案》进行了修订，要求 EPA 在提议任何对相当一部分少数群体有着重大经济影响的法规之前应组建一个企业小组。

《小型企业强制监管公平法案》小节中制订了国会审查法案（Congressional Review Act，CRA），其中确立了一个机制，以加速国会对政府职能部门法规的审查进程。国会审查法案中的法规生效前（国会审查法案不适用于某些行政管理准则，仅用于正式的法规），政府机构必须向国会两院提交一定数量的资料，供美国审计长审核。

《文书减负法案》（Paperwork Reduction Act）（44U.S.C.3501 页及以下）要求，各政府部门应对因存档和报告而强加于监管单位的“负担”进行评估。EPA 将其信息整理并提交管理和预算信息收集要求办公室（Management and Budget Information Collection Requests，ICRs），以对其中的规定进行交流，评估其工作负荷。

无援助资金强制改革法案（Unfunded Mandates Reform Act）（2U.S.C.1501 页及以下）要求，对于 E.O.12866 下的重要法规（就分别对政府和私营企业的影响而言），联邦机构应对管理条例的预算影响进行分析评估。管理条例包括，在采用此类规章之前，联邦机构对州、地方和部落政府以及私营企业所做的强制性要求，确保在此程序中对基层政府给予特别考虑。

职能机构提议立法时，若此法规对环境有着负面影响，《国家环境政策法》要求，该机构须提供环境影响声明或环境评估（视其价值或经济影响和预期环保意义或其他相关影响而定，如：对地区文化、考古研究的影响或具有的历史意义）。

《联邦顾问委员会法案》（Federal Advisory Committee Act）（5U.S.C.1 页及以下）对联邦政府部门成立的顾问委员会的构成和运作都做了相应的规定。其他委员会中，协商立法委员会必须遵守《联邦顾问委员会法案》的规定。

1996 年，EPA 组建了联邦顾问委员会，成员来自环保和农业、各州和地方政府部门的各利益相关群体。委员会的目标是为提高州、地区、部落和最大日负荷总量计划的效力和效率提供建议。

就《安全饮用水法》而言，EPA 通过国家饮用水咨询委员会（National Drinking Water Advisory Council，NDWAC）与其利益相关者进行合作。该委员会成员由来自普通公众、州和地方政府机构以及安全饮用水相关民间组织的人员组成，对 EPA 开展的饮用水相关工作，向 EPA 局长提供建议。

《国家技术转移和升级法案》（National Technology Transfer and Advancement Act）（15 U.S.C.272 页及以下）要求，联邦机构采用私营领域标准，特别是由标准制定组织制定的标准，无论在什么情况下都可以取代专有、非一致性的标准。

g. 行政管理需求

摘录是对行政立法程序相关信息的收集和保留。每次对外发布立法公告时，即建立一定数量的公众跟踪记录，以收集整个立法过程中的资料。美国规划协会要求，在此程序中应创建公众记录，若法规受到质疑，联邦法官可复审此记录。只有记录在摘录中的材料可以证明 EPA 采取了哪些措施、做出了什么决策。因此，在资料载入摘录中时，法规管理人员在整个过程中的作用非常重要。

水务摘录包含有 EPA 在法规（主要是《安全饮用水法》和《清洁水法》）提议和颁布中使用资料的副本。此类资料包括：联邦公报通知；联邦公报通知参考资料；辅助科学技术研究以及有关健康影响、分析方法、水处理技术、经济和环境影响方面的信息；开发文件；信息收集申请；公众意见和意见/响应文件；工作组和其他会议记录；对话与通信往来以及其他背景信息。摘录中的资料应按记录编号和记录概要进行整理。但 1998 年之前的记录是按照项目办公室和联邦公报名称进行整理的。每一记录编号均有相应的索引，列出记录在摘录中的所有资料。

水相关摘录目前保存在 401 M St.，S.W. Washington，D.C. EB57 室，联邦政府工作日早 9 点至晚 4 点预约开放。

h. 编写草案

EPA 在对所有信息进行审查并分析监管方案之后，起草管理条例及其序言。序言是对管理条例制定基础和制定目的的阐释，不包含正文内容。它提供的是基本的信息，如：条例制定职能机构介绍；条例内容（如：提案或正式规章）；立法活动简介；生效日期；联系信息。

序言还包括补充信息。如，包括行政立法过程的管理条例历史信息。序言提供了关于即将公开征求意见的内容所需的背景信息和详情的介绍。补充信息中还提供了法律、行政命令或职能机构政策所要求的其他信息。规章和序言格式由联邦公报办公室确定。

（4）管理和预算办公室的审查

如果一个提议或正式法规关系重大（E.O.12866 下面），则该法规在联邦公报中发布之前，必须由管理和预算办公室明确审查。信息与监管事务办公室（Office of Information and Regulatory Affairs，OIRA）作为管理和预算办公室的一个职能部门，负责在发布正式法规之前对其草案进行审查，以确保与 E.O.12866 保持一致。信息与监管事务办公室亦对《文书减负法案》中的信息收集工作进行评审，规定各联邦机构对 10 位或以上公众成员收集相同或类似信息之前，必须获得联邦管理和预算局的批准。如 EPA 决定收集信息，则相应项目办公室必须准备一份信息收集申请。

自尼克松任职以来，历届美国总统在联邦法规的管理中均延续了某些中央集权式的管理模式。对于那些独立于总统运作的部门，管理和预算办公室未实行监督。这些独立监管机构包括货币供给、核工厂安全和某些反垄断部门。

总统利用管理和预算办公室干预政府部门行动中的权力，推动行政管理的优先工作和制定政策方针。里根总统则实行解除管制政策。克林顿采取的是通过中央集权式审查，推进一系列社会目标（如儿童健康）的实现。因为管理和预算办公室属于总统行政办公室中的一个职能部门，所以它的工作必须反映总统事务的优先级别。

乔治·布什正在大力推进监管科学和分析的发展。管理和预算办公室为此对自愿开展独立专家审核的职能部门提供更多配合审查。

多数情况下，职能部门与管理和预算办公室会对产生的分歧进行协商，找到解决方案。包括提供更多的文献资料来证明职能部门的立场或改变其立场，转而趋向于文献资料证明的更有优势的方案。但是，如果管理和预算办公室认为某一职能部门所作分析不够全面，它也可以公开发布“回复函”。EPA 近期就因为其提议的印第安村落水质量标准而收到了一封回复函。管理和预算办公室认为其成本和利益分析不够充分，且未充分考虑联邦主义内涵（对州决策能力的影响）。

乔治·布什任职期间，管理和预算办公室才开始发布“即发函”。这些函件属于公开函件，旨在激发职能机构和公众对某些方面进行反思，管理和预算办公室认为职能机构可以在这些方面改进监管政策。EPA 最近收到了一封即发函，鼓励其进行目标调研，以更深入地了解减少电厂、工业和机动车辆产生的各种颗粒污染物对健康的益处。

当职能机构就管理条例存在意见分歧时，管理和预算办公室还可以发挥其权限。比如，管理和预算办公室正与 EPA 和能源部合作，就新的清洁空气法规存在的不同意见寻求共识。

（5）EPA 签署出版

管理和预算办公室批准立法提案后，EPA 准备在《联邦公报》中发布。《联邦公报》是由美国国家文件与档案局（National Archives and Records Administration，NARA）发行的日报。《联邦公报》的作用是告知公众他们拥有的权利和义务，提供获取众多联邦利益和融资商机的途径。国家文件与档案局的《联邦公报》办公室与政府印刷局合作，负责以纸质或微缩胶片或者网络形式出版联邦公报。《联邦公报》的发行分为四类：

- 总统文件，包括行政命令和公告；
- 规章和管理条例，包括政策声明和法则释义；
- 法规提案，包括行政立法请求和其他预案；
- 通知，包括事先安排的听证会和公开会议、准予申请和行政管理命令。

登录 http://www.epa.gov/fedrgstr/在线查看美国 EPA《联邦公报》通知。

（6）公众意见

《行政程序法》要求，公众应有审查法规提案并提供书面意见的机会。通常，公开征求意见的时间为 30 天，但是，这一期限以及是否召开听证会还可依法令或职能机构政策进行决定。

（7）最终确定法规

EPA 必须对它收到的有关法规提案的所有意见给予考虑并做出回应。这并不意味着 EPA 必须采用每一条意见；但必须对每一条意见的处理情况加以说明。EPA 应在意见答复文件中记录其意见采纳情况。

EPA 对有关法规制定的反馈意见和最新信息进行分析，并正式确定法规的内容。所有辅助性分析也必须进行更新，以体现正式法规的内容。

除提供法规基本信息之外，正式法规的序言应包括：

➢ 概述公众意见及职能机构对意见的处理；

➢ 介绍最终法规；

➢ 修订分析综述。

（8）管理和预算办公室审查

步骤如前所述，管理和预算办公室对最终确定的法规进行审查，EPA 同管理和预算办公室针对意见不同的地方进行协商，制定解决方案。

（9）EPA 签署出版

管理和预算办公室批准后，EPA 再次准备将要在《联邦公报》中出版的整套监管法规文件。

正式法规将编入《联邦条例法典》（Code of Federal Regulations，CFR）中，《联邦条例法典》是对联邦政府行政部门和职能机构在《联邦公报》中发布的通用和永久性法规每年进行的法规编制。它分为 50 卷（介绍联邦规定涵盖的广泛领域）。EPA 制定的管理条例收录在第 40 卷（40 CFR，EPA）环境保护中。

每一卷分为多章（通常标注有颁布机构的名称）。每一章又分为多个节（具体的监管领域）；每一节又分为多条（联邦法规中最基本的单位）。《联邦条例法典》的作用是通过一本公众认可的出版物对职能机构制定的法律法规进行正式、全面的介绍，为那些可能需要了解联邦一般性和永久性法规的群体提供全面、便捷的参考。

《联邦条例法典》会刊登在《联邦公报》中并保持时时更新。这两部出版物必须结合使用，以确定法规的最新版本。联邦机构在《联邦公报》中发布法规时，通常都是对现有联邦法规的修正，包括修改、增补或删减。

可登录 http://www.epa.gov/epacfr40/chapt- I.info/chi-toc.htm 查看《联邦条例法典》第 40 卷。登录政府印刷局网站（http://www.access.gpo.gov/ecfr/）可查看联邦法规全部内容。

2.4 执行工具

本部分最后将对《清洁水法》和《安全饮用水法》常用的四种执行工具进行探讨：

➢ 优先权和授权；

➢ 强制执行；

➢ 许可；

➢ 政策和指南。

2.4.1 优先权和授权

（1）什么是优先权和授权

为与启蒙原则和宪法保持一致，《安全饮用水法》和《清洁水法》拟将州和部落作为法令的主要执行主体。尽管 EPA 制定国家标准，但州和部落（更了解地方状况）是法令的贯彻执行群体。

授予优先权（《安全饮用水法》的术语）和州或部落授权（《清洁水法》的术语）是一个立法程序，通过此程序，EPA 将贯彻执行法令的主要责任放在了州或部落，而不是EPA。

优先权/授权确保了在为州和部落实施法规提供灵活性的同时，在整个国家范围内确保一致性和坚持最低标准。有优先权/授权的州和部落项目至少要始终保持与联邦法规同等严格，但州和部落还可以采用更为严格的规定。

（2）为什么要寻求优先权/授权

优先权/授权将大部分责任放在了州政府；但是，各州为什么要寻求优先权/授权呢？其主要原因如下：

- 部分州希望在发放许可证和贯彻实施中扮演主要角色。他们更了解当地实际情况，更了解参与方，对当地价值和状况有着更深入的了解。
- 尽管受监管地区愿意执行一套统一的国家法规，但他们在有关许可和执行事宜上通常愿与州而不是 EPA 接触。他们亦认为州职能机构更了解他们的问题，能够更合理地给予解决。
- 州可以“量体裁衣”，制定适合自身的标准，比如，在某些方面制定更严格的规定，以符合当地实际情况。
- 州贯彻执行的是自有的法规，而不是联邦法规。

法令规定为州提供预算，以便他们开展优先权/授权项目。其预算资金充足，同时州政府也必须拿出一部分预算。某些州提供上述要求的最低限额。《安全饮用水法》规定，各州只有在享有优先权的前提下，才可以接受公共供水系统监督资金。《清洁水法》中，拨款金额可以通过公式计算得出。

美国 50 个州均享有获得优先权/授权的资格。《安全饮用水法》和《清洁水法》还规定哥伦比亚特区、关岛、波多黎各、马里亚纳群岛、维尔京群岛、美属萨摩亚以及太平洋岛托管地区均为享有优先权/授权的州。

《安全饮用水法》和《清洁水法》准许局长将部落作为州，这意味着 EPA 可授予经联邦认可的部落优先权/授权，以便在其管辖范围内管理相关项目。

（3）部落获得优先权的标准

欲获得优先权/授权或取得某些 EPA 重大预算项目资格的部落，通常必须经过一个称之为“州级待遇”（treatment in the same manner as a state，TAS）的程序。该程序分别在《安全饮用水法》和《清洁水法》1986 年和 1987 年修订案中首次实施。这些修订要求 EPA 制定一个“州级待遇”程序，通过此程序部落可以申请预算和项目权限。EPA 随后建立了一程序，依据《安全饮用水法》和《清洁水法》中的标准，审核是否满足各项目的参与资格。为取得资质，部落必须做到：

- 获得联邦认可；
- 拥有或能够行使大量政府权力；
- 拥有或已经委以对上述区域的管辖权限；
- 合理预期拥有经济、物质和人力资源方面的能力，以有效实施项目。

建立“州级待遇”程序后的最初数年，某些部落和 EPA 工作人员发现，这一程序过于繁复。EPA 已在逐步提高自身的能力，帮助部落达到这些资格要求。1994 年，EPA 制定了州级待遇简化规则（59 FR 33469）。规则规定，若部落被认为符合 EPA 项目获取资格，则该部落仅需确定它拥有管辖权限且能够完成各后续项目。之所以如此规定，是因为各项目可能需要不同的技能，开展不同的活动，以便为其提供保护，满足具体项目的规定。一般情况下，如果部落无财政资源在诉讼中为自己辩护，则即使在部落得到授权之后，EPA 仍将继续加强对印第安人土地的管理。

（4）优先权/授权批准程序

州或部落申请并获得项目批准的基本程序与 EPA 的所有项目程序相同。因为它本身属于立法程序，因此受《行政管理程序法》立法规定的制约。

州提交的申请书包括州长（或其委任者）的审查和认可请求函；协议备忘录（明确 EPA—州关系）；项目介绍（介绍州如何规划实施申请）；司法部长声明（明确州在申请事宜中的法定权限）；州重要法律法规副本。

批准程序包括公开审查和公开征求意见，也可能包括公开听证。EPA 关于批准或否决的初步决定或最终决定都会在《联邦公报》中发布。优先权/授权是一种必须保持的状态。当 EPA 颁布新的法规时，享有优先权/授权的州必须在州法律许可下采用新法规，并申请对这些新法规的优先权。这些项目的后续变更称之为“项目修订”，批准程序与原项目类似。

对于没有优先权或授权的州来说，EPA 是主要的许可和执行管理部门。《安全饮用水法》和《清洁水法》中的每一项目都有着特定的优先权/授权申请核准要求。下面我们就这些要求进行一些探讨。

（5）公共供水系统监督优先权现状

目前，各州和各地区（怀俄明州和华盛顿特区除外）均享有《安全饮用水法》中公共供水系统监督（Public Water System Supervision，PWSS）计划的优先权。纳瓦霍人部落是第一个，也是目前唯一一个获得优先权的部落。

《安全饮用水法》中的公共供水系统监督计划优先权规定即《联邦法规》第 142 节规定，要求各州做到：

- 维持州公共供水系统总存储量；
- 开展州供水系统卫生调查项目；
- 开展实验室认证项目，对实验室进行认证，对法律法规要求的水样进行分析；
- 拥有有资质的实验室，作为州“重点”实验室；
- 成立专门项目，确保新的系统或改进后的系统能够达到州生活饮用水管理条例的规定（规划审核）；
- 实施一定的步骤，强制执行州法律管理条例；
- 拥有足够的强制实施权力使供水系统符合国家一级饮用水规程（National Primary Drinking Water Rules，NPDWRs）的要求，包括对公共供水系统实施饮用水规程；向法院起诉，要求停止威胁或停止持续违法行为；检查供水系统设施；规定供水系统做记录并向州上报；要求供水系统向公众公开任何违反了州要求的系统；对违反州生活饮用水法规和公众告知规定的民事或刑事处罚进行评估；对违法行为的行政处罚进行评估；

- ➢ 有全面的记录和报告规定;
- ➢ 如果州允许不一致或豁免情况出现，那么制定如 EPA 一样严格的特别许可和豁免规定;
- ➢ 有完善的计划，能够确保在紧急（如自然灾害）情况下提供安全饮用水;
- ➢ 依据 1401（4）1996 年修订案要求，将公共供水系统定义为通过其他供水设施提供生活用水的各种系统。

（6）地下灌注控制（Underground Injection Control，UIC）优先权

《安全饮用水法》规定了地下灌注。各州可选择申请各级地下深井灌注的优先权；仅选择油、气灌注井（Ⅱ级井）或选择除油、气井之外的其他所有灌注井（Ⅰ、Ⅲ、Ⅳ和Ⅴ级井）。截至 2002 年 6 月，EPA 已将所有级别的灌注井优先权下放给了 34 个州，6 个州承担相应职责；在 10 个州实施各级灌注井项目。有三个地区亦拥有优先权。部落不享有优先权。

《安全饮用水法》第 1422 条规定，各个寻求灌注井（油、气灌注井除外）优先权的州应能证明其地下灌注控制计划“满足第 1421 条法规现行要求”。

《安全饮用水法》第 1425 条规定，寻求油、气灌注井优先权的各州应能证明Ⅱ级井满足第 1421 条（b）（1）（A）–（D）的规定:

- ➢ 禁止未经州许可或法规授权就进行地下灌注;
- ➢ 许可证申请人应能证明地下灌注不会危及地下饮用水源，且不颁布任何批准可能危及地下饮用水源的地下灌注的法规;
- ➢ 要求检验、监测、记录和报告;
- ➢ 本规定适用于在美国拥有和管理的土地上进行灌注的联邦机构和个人。

（7）国家污染物排放削减制度授权现状

《清洁水法》下的国家污染物排放削减制度的许可证计划规定向美国水体排放污染物必须明确获得有效的国家污染物排放削减制度许可证。国家污染物排放削减制度计划包括许多项内容:

- ➢ 国家污染物排放削减制度市政、工业设施基础项目;
- ➢ 联邦设施;
- ➢ 综合许可证;
- ➢ 预处理项目;
- ➢ 生物固体。

州可以获得一项或多项国家污染物排放削减制度计划组成部分的授权。比如：如果州未取得联邦设施的授权，EPA 可继续颁发许可证。

（8）第 404 条授权状态

在某些不通航的水域中，州和部落可采用联邦第 404 条湿地计划。美国陆军工程兵团保留对潮汐水域及其毗邻湿地和通航水域及其周遭湿地的管辖权，继续持有对 1899 年《河流和海港保护法》第 10 条规定的通航水域的管理权。

当州或部落对第 404 条的项目进行管理时，陆军兵团不再拥有第 404 条规定的州或部落管辖区域内水域的许可证。州或部落承担相应职责，确定监管区域和活动，负责特定活动个人许可证的发放，实施强制性措施。EPA 每年对项目进行审核，以确保州或部

落正在按照法律法规的要求开展项目。此外，对于某些影响严重的大规模排放活动，EPA和其他联邦机构会对其许可证申请进行审查，向州或部落提出意见；州或部落未经 EPA同意不得发放许可证。迄今为止，目前有两个州（密歇根州和新泽西州）采用了联邦许可证管理计划。其他的州或部落正在争取或在调查开展该计划的可能性。各州明确表示积极寻求管理计划的原因包括：资金短缺、不通航水域计划管理有限以及对联邦规定和监督存在顾虑、州和部落湿地保护替代机制的有效性，以及湿地和其他水生资源法规存在的争议。

（9）EPA 对州的监督

在《清洁水法》和《安全饮用水法》项目的贯彻实施中，取得优先权的州在承担主要责任的同时，EPA 仍对其提供财政支持，帮助他们开发和实施相应的计划，制定国家政策，确保各州能够正确开展计划。

确保各州正确实施获得优先权/授权的计划是 EPA 的重要职责。EPA 地区工作人员在以下方面履行监督职责：

- 促进全国范围的实施一致性；
- 鼓励 EPA 和各州在技术和管理等问题上进行协调并达成一致；
- 确保各州计划实施得当；
- 确保联邦预算经费支出合理。

已经获得授权/优先权的州计划还要继续接受审查。如果 EPA 管理者认为某州已获得授权/优先权的计划不符合现行监管要求，并且该州对出现的问题处理不当，则 EPA 可启动程序，取消该州的计划。

州计划不符合要求的情况有很多，比如，未颁布要求的法规；州立法机构未赋予州足够的立法权限；未充分履行法规要求（如对违法行为管理不力或未对处罚和罚款进行正确评估）；未发放许可证或发放不合格许可证；不遵守与 EPA 签订的协议备忘录的条款。

2.4.2 强制执行

EPA 有关水的法律法规赋予 EPA 和享有优先权的州及部落强制执行法律法规的规定。EPA、州和部落有很多工具可以用来强制执行。

享有优先权的州和部落贯彻执行州（或部落）水相关法律法规。EPA 负责无优先权的州和部落水相关法规的执行工作。《安全饮用水法》和《清洁水法》规定了对州和部落强制执行计划的要求。各级政府、监管机构在决定应采用何种执行措施以及何时施以处罚时均有决策权。

达成一致的最好方法是采取预防性措施和非正式强制执行措施。

预防性措施旨在对操作人员进行通知和培训，避免出现严重的问题。这些措施应基于这样的理念，即监管地区的人们在了解了为什么必须执行以及如何执行后，绝大多数会遵守规定。预防性措施包括：

- 公共供水系统卫生调研；
- 监测提示函；
- 州开展抽样调查和分析；
- 现场会议和技术援助；

- 人员认证和培训。

州和部落还进行推广和宣传活动，使之了解和遵守其制定的法律法规。

培训和支持是使运作人员实现一致性最有效的方式，非正式执行措施是对这种理念的延续。非正式措施通常用于轻微违规行为（如未对样品进行监测或正确收集)。通常用于处理情节轻微的文书工作方面的违规行为。

非正式措施包括：

- 警告函（描述初期、轻微的违规行为）;
- 通告违法行为;
- 召开现场会议和提供技术援助;
- 召开新闻发布会，介绍不符合的情况（意在曝光企业或工厂的负面形象）;
- 对持续违规者，州或 EPA 将采取更为正式的强制性措施。

州或 EPA 通常对未执行强制性措施的负责人和运营人员、造成重大公众健康威胁的违法工厂或者存在不符合记录的工厂采取最严厉的强制执行措施。强制执行措施包括：

- 行政命令和罚款，EPA 和州优先机构可以颁布州职能机构行政命令。行政命令包括进行公开听证，也可包括罚款。
- 民事诉讼，各州可在诉诸州法院之前采取民事诉讼，EPA 则可以通过司法部向联邦法院提起诉讼。这些审判机关可颁发司法令，包括罚款。民事诉讼需要职能机构做很多工作，适用于存在严重不符合问题的违反者。
- 刑事诉讼 EPA（通过司法部）和各州也可在诉诸法院之前采取刑事诉讼。刑事诉讼必须符合现行法令规定的要求。

《安全饮用水法》指出违反地下灌溉控制的行为一定是蓄意的。

《清洁水法》将违法行为分为三个层次。

- 过失违法
- 知法犯法
- 了解违法的危害，将他人的生命安全置于死亡的边缘或是造成严重的伤害的违法行为。

上述是 EPA 在州资源不足以解决问题或先前的做法未取得成功时不得已而采取的做法。州也可以将违规情况上报 EPA，由 EPA 采取统一的强制性措施。如 1994 年 4 月 23 日，EPA 第 2 区与美国能源署达成了一项同意令，以处理违反《资源保护与回收法》的事件。随后纽约州环境保护局上报的违规行为亦采取了此项措施。处罚措施包括：罚款 63 250 美元并同意共同实施两项价值 170 000 美元的环境补偿项目。EPA 可以采取行政措施，比如在上面的例子中，可以将案件移交司法部，做出民事或刑事处罚。

EPA 和州还可以共同执法。比如，在 1999 年 9 月，EPA 第 9 区与加利福尼亚地区水质量控制理事会共同发布了联合管理命令，在相同的职责范围内对壳牌石油公司等发生的甲基叔丁基醚（MTBE）Charnock Sub-Basin 污染事件进行了处理。甲基叔丁基醚是一种汽油添加剂，在圣莫尼卡，为 87 000 名市民中 45%的居民供应饮用水的供水井以及在卡尔弗城，为约 10 000 名居民和企业提供饮用水的其他水井中均出现了甲基叔丁基醚。2000 年 3 月，EPA 向壳牌和其他石油企业发出单方行政命令，勒令其进行水体置换。随后，EPA 与州政府协商，决定有必要联合起来，有效解决这一健康威胁事件。通过开展联合行动，2000 年 7 月 3 日，EPA 颁布行政同意令，恢复 Charnock Sub-Basin 作为饮用水源的作用，消除地区甲基叔丁基醚和其他污染物造成的危害。

EPA 在发出通知后，如果州未采取合理的执行措施或未给予配合，也可在享有优先权的州独立执法（通常称为“overfiling”）。比如，Jiffy Lube 进行浅层注水井作业可能会导致石油和其他化学制品渗入地下饮用水水源事件，EPA 第 3 区对此事做出行政处罚，要求 Jiffy Lube 对在此地区作业的所有工厂进行调查，确定是否还有其他井在作业；对每一受影响地区进行治理；实行循环利用和最佳管理实践；并处以 3 200 美元的罚款。行政处罚决定是在与水井分布地区——马里兰州共同协商后做出的。该州之后又做出了与联邦政府类似的行政处理。

此外，还要切记当地市民如果认为法规未得以有效执行，他们有权诉诸法律。

这两个法规允许 EPA 发出行政处罚，或寻求法院的民事或刑事处罚。

核定的数额根据法规的不同而变化。

EPA 在决定处罚总数的时候会考虑到若干因素。

- 处罚足够大以防治不遵守的情况发生。
- 处罚应有助于确保公平竞争，通过确保违法者没有获得超过其竞争对手的经济优势，也就是说，他们不应该受益于：

—延缓污染控制支出；

—避免污染控制支出；或

—获得非法的竞争利益。

- 处罚一般应该在全国范围内一致，无论受监管人在哪里运作，都能得到公正和平等的待遇。
- 罚款需要采取一种合理的计算方法，从而得到执法行动和底基层违法的迅速的解决方法。

EPA 已经发布了关于罚款的指导意见，民事处罚政策，执行通则（#GM-21），以及处罚评估的具体方法章程，执行通则（#GM-22）。

环境补偿项目（SEP）是一个民事处罚政策，EPA 可以使用这项政策，减轻部分惩罚，作为对违反者没有其他要求的对环境进行改善的交换条件。环境补偿项目是一个典型的通过谈判解决的办法，用于部分抵消惩罚。

1976 年，联合化学公司非法向詹姆斯河排放开蓬因而被裁定违反《联邦水污染控制法》940 条规定，并被判罚款 1 330 万美元。联合化学公司建议，作为环境补偿项目，设立一个 800 万美元的基金，并成立了弗吉尼亚环境基金（VEE），该基金是一家非营利的机构，将致力于减少开蓬对环境影响方面的研究和方案实施。通过这样的行动，联合化学公司的惩罚减免到 500 万美元。

2.4.3 许可证

（1）许可证定义

EPA 管理着《清洁水法》和《安全饮用水法》下的两个许可证项目——国家污染物排放削减制度许可证和地下灌注控制许可证。对于国家污染物排放削减制度许可证和地下灌注控制许可证计划，EPA 已经颁布了大量的技术法规。但是，这些法规只能应用于特定运营条件下运行的工厂。

许可证为工厂经营者和运营人员提供了法定权限来开展监管活动和明确工厂运营与法规相符合的方式。许可证规定了工厂运营需满足的技术和管理条件。许可证的获得需要经营者/运营人员提出申请。这一信息交流确保了受监管方和许可证颁发机构之间的沟通。这一点对于确保经营者/运营人员了解许可证要求以及许可证颁发机构了解潜在环境影响至关重要。许可证亦是一种实施机制，它允许 EPA 或享有优先权的州对工厂运营参数和合法性进行跟踪。

许可证程序无论在发放许可证时还是在随后的强制执行中都把公众作为利益相关者。切记，两部法令均为公民提供了诉讼权，任何人可以对违反法令规定（包括许可证要求）的行为，或对疏于行使其法定职权、执行其法定义务的局长提起民事诉讼（如执行许可）。

通常，符合许可证要求即符合执法要求。这为许可证持有者提供了一种认知安全，如果他们满足了许可证要求，就不会违反原许可证中未规定的新要求。这一概念称之为“许可证庇护”。许可证庇护不能违反那些 EPA 认为工厂应遵守且对于人类健康和环境保护至关重要的要求。比如，《清洁水法》第 307 条关于有毒污染物有害于人类健康的标准就不享有“许可证庇护”的保护。

（2）许可证发放流程

《联邦条例法典》第 40 卷第 124 部分对 EPA 地下灌注控制、国家污染物排放削减制度和其他许可证计划规定了发放程序规则。规则与《行政程序法》公告和意见相关规定保持一致。

随着法规的开发，许可决策会被记录在行政档案中。此档案为公开记录档案，若许可证遭遇诉讼的异议/反对，联邦法官可复审此记录。只有保存在行政档案中的材料才可以证明 EPA 的行为和决策。因此，在将材料载入行政档案的过程中，许可证记录员的全程参与非常重要。

谨慎依从公众参与程序也非常重要。EPA 的政策是告知公众并为公众提供畅通的交流渠道。如果未遵守上述规程，则可能成为许可证中的一个争议性问题。有授权/优先权的州应遵守与联邦程序一致的发布流程。

2.4.4 政策和指南

（1）政策

政策是命令或限制行为的管理准则。政策可写入规章中。比如，EPA 就许可证事宜与公众进行全面、坦率沟通的政策在《联邦条例法典》第 40 卷第 25 节和第 124 节公众参与程序中有着明确的解释。反过来，政策可对如何执行法规提供指导，但它本身可能不是法规要求。比如，为确定作为豁免重要或非重要项目修订资格的含水层（州地下灌注控制一级项目中），地下水和饮用水办公室制定了一个政策，将“主含水层豁免”作为重要的项目修订内容，因此要求按照《行政程序法》进行正式立法。

《联邦条例法典》第 40 卷 144.7（b）（3）要求将《联邦条例法典》第 40 卷 146.4（b）下的含水层豁免作为《联邦条例法典》第 40 卷 145.32 下的项目修订。《联邦条例法典》第 40 卷 145.32 要求按照《行政程序法》将重大项目修订作为正式的行政立法。非重要项目修订可由局长或州长来函核准。由当时的饮用水办公室主任 Victor Kimmr 以及地区水部门主任于 1983 年提出的这一政策，对“主含水层豁免”进行了定义，并规定应遵循正式立法程序。

或者政策可详细说明某些情形下 EPA 打算如何行动。比如，EPA 制订的印第安人政策就确定了一个准则，基于这一准则，EPA 应与印第安人部落开展政府与政府间的合作。这一政策适用于 EPA 所有与部落有关的计划。

（2）指南

EPA 制定指南，对如何执法提供建议。EPA 虽通常在内部开展指南制定活动，但经常向管理和预算办公室咨询，并在实际操作当中，向利益相关者咨询。

指南并无法律效力，即其中的要求无约束力，EPA 不可强制性执行。指南（并非法律法规）在使用过程中曾多次出现争议。EPA 曾遭到受监管地区的起诉，声称 EPA 试图强制性执行指南。

见讲义 Ⅵ-1，描述了在一个指导性文件中找到的，EPA 因根据《清洁空气法》实施监测要求而被起诉的案件。

在我们先前提到的例子中，我们对照了有关地下灌注井监测的法律规定和监管规定。

法律规定：条例应包括监测要求。

管理规定：监测的要求应当至少包括……

以下是 EPA 就地下灌注井监控发布的若干指南文件的名称。可以看出，这些文件均对贯彻实施监控法规的某些具体方面提供了更详细的信息。

Ⅱ级 D 类商用盐水处理井运营、监控和报告指导方针；暂时处于废弃状态的Ⅱ级水井的管理和监控要求；有关是否将机械整体性试验故障或灌注压力过大作为重大非符合性进行报告的解释规程；依照《联邦条例法典》第 40 卷 146.8（d）评价机械整体性检验替代方法；追踪Ⅱ类水井机械整体性损失。

《安全饮用水法》1996 年修订案要求 EPA 发布“指导方针”，明确社区和非临时、非社区公共供水系统运营人员认证和换证最低标准。法令未对术语“指导方针”提供任何释义，因此 EPA 在《联邦公报》中发布了指导方针。指导方针并未列入美国联邦法规中，但出现州未遵照指导方针的情况时，法令要求 EPA 取消该州饮用水循环基金 20%的预算。

第3章　污染源管理

大体上来说，水污染物来源可以分为点源和非点源。点源污染通常通过固定的排污口排放，包括工业废水和城市生活污水污染。非点源是相对于点源来说的，《清洁水法》没有提供对非点源详细的定义。然而，可以用排除法定义，除《清洁水法》和 EPA 的法规规定为点源之外的污染源即为非点源。所有的非点源都是由于降水（雨或雪）径流导致的。

在过去的三十年中，美国的水质管理重点为采取措施控制点源污染。国家的湖泊，河流，水库，地下水和沿海水域水质有所改善。自 1972 年颁布《清洁水法》以来，污水处理厂和工业排放废水水质也得到改善，但是许多水体仍然没有达到国家要求的适合“游泳和钓鱼”的水质标准，这主要是因为非点源污染物的排放没有得到很好的控制。非点源污染代表了整个国家最重要的污染源。根据州 305（b）和 303（d）的报告，多数的河流和湖泊主要受牲畜养殖场、牧场以及其他类型的非点源的地表径流影响，而受工业设施、市政污水处理厂、市政雨水系统，工业活动引起的径流等点源的影响较小。最近一组 303（d）的报告指出，有 40%的被污染水体是由于非点源引起的，而只有 10%是由点源引起的。因此对非点源和点源的管理都是非常重要的。下面简单介绍一下点源和非点源的管理工具。

3.1 点源的管理

《清洁水法》第 402 条设定了国家污染物排放削减制度计划，主要针对《清洁水法》定义为点源的排放源。点源必须要从适当的权威机构（通常是州，有时是 EPA，部落或领域）获得一个排污许可证。

3.1.1 国家污染物排放削减制度许可证

在多数情况下，国家污染物排放削减制度许可计划只应用于直接向地表水排放污染物的情况。在一些情况下，向地下水排污通过水文直接影响到地表水，这种情况也包括进国家污染物排放削减制度计划中。

许多人造的运输工具也属于点源污染，包括管道、沟渠、通道、隧道、特定类型的船只和海上石油钻机。

国家污染物排放削减制度许可证适用于工业和市政排污，大城市的雨水管道系统排水和大量工业活动相关的暴雨，超过一英亩的施工现场的径流，采矿工作，一定规模的水产养殖和动物养殖场。

3.1.2 特殊的豁免

许多的排污类型符合“点源”的定义，但是由于法令（国会的）或者行政的豁免，不要求他们获得国家污染物排放削减制度许可证。这些情况包括：

- 在非联邦（州，当地，私有）的土地上一些废弃的矿井；
- 获得 EPA 船舶污水排放许可证的船只污水（不是其他的污染物）；
- 农业灌溉的回流；
- 伐木道路的大部分排水沟；
- 大部分小的饲育场和水产养殖设施。

所有“间接”排污点都不需要获得国家污染物排放削减制度许可证。间接排放是指把污水排进城市下水道系统，最终进入污水处理厂。虽然不受国家污染物排放削减制度许可证的管制，但是“间接”排放会受到《清洁水法》其他计划的管制，称为预处理。“间接”排放把废水送进城市下水道，通过下水道送到市政污水处理厂。

所有的许可证都规定了发放和有效日期。按照《清洁水法》，许可证有效期不能超过 5 年。EPA 的法规要求许可证申请必须在排污前（如果是新的排污点）或者是许可证期满（如果已经有一个许可证）前 180 天提交给许可证授权机构。

谁负责起草和签发许可证呢？

首先确定州是否被“授权”管理国家污染物排放削减制度计划。如果州有一个计划至少和 EPA 的法规同样严格，那么 EPA 就会授权给州。如果州没有得到管理国家污染物排放削减制度计划的授权，那么 EPA 就负责签发许可证。因此，EPA 的区办公室发放许可证，采取所有的强制性措施，必要时要进行检查和监测。

如果州、部落或领地获得了授权，即成为许可证签发机构，则需要完成日常的许可证签发以及监督。在这种情况下，EPA 的职能就是监督，为州计划提供指南和审查。在一些特殊情况下（例如，反对发放许可证，不能执行），EPA 可以认定州采取的行为不恰当，可以签发 EPA 的许可证。

不论许可证是由什么机构签发的，所有许可证草案都应该接受至少为期 30 天的公众审查和评论。在这段时间内，若公众反应强烈或者签发许可证需要进行说明，则应安排听证会。

当签发了最终的许可证后，利益相关者仍然有权参与（州/EPA）管理或者司法（法庭）诉讼过程。

3.1.3 许可证的类型

许可证计划有两种方式为点源发放许可证：为每一个排放源制定一个独特的许可证，或者为多个类似的排放源制定一个许可证。这两种许可证分别称为：个体许可证（Individual permits）和综合许可证（General permits）。

单个的设备得到的许可证，即个体许可证，该许可证是根据它具体的排放和位置而制定的。举例来说，顾问管理工程师协会（Association of Consulting Management Engineers，ACME）股份有限公司会向 Pristine Creek 排污。Pristine Creek 说明运转和排污情况并申请一个许可证允许该设备排污。许可证授权机构对申请进行审查，签发许可证，规定顾问管理工程师协会股份有限公司必须达到的一些条件。

综合许可证就是为大量相似的排污设备签发的一个许可证文件。在这种情况下，许可证授权机构确定出许多相似的排污设备，同时规定了许可证的条件，这些条件对于这些排污设备来说应该都是相同的。许可证授权机构为这些能够达到许可证授权机构设定基准的排污者起草并签发综合许可证。一旦签发了综合许可证，任何的排污者都可以向许可证权威机构提交意向申请书（或其他适当的申请），申请加入综合许可证并承诺遵守许可证的要求。许可证授权机构会批准或要求它申请个体许可证。

综合许可证受到一定的法规和实际条件的限制。《联邦条例法典》第 40 卷第 112 部分第 28 节要求许可证授权机构说明地理区域和污染源。地理区域包括流域、县界、州界等。污染源可以包括雨水，运行情况相似、具有类似排污限制的排污者。很多比较小的污染源更适合用综合许可证来管理。排污者的情况越复杂，就越需要个体许可证。

所有的个体许可证都包括一定的基本要素：

排放限制

该规定是限制设备排放的废水中出现的多种污染物排进国家水体的量，它是关于数值的可测量性的一系列限制，是具体的，可能也是最显而易见的。这些限制通常用浓度和允许排放的体积来表示；或者可以用单位时间（天，周等）内排放的量表示。用这种方式来限制企业在排放到接受水体前仅仅用清水稀释来达到排放标准的行为。这样的限制或者是基于技术的，或者是基于水质的，后面将详细介绍。排放限制是效能标准，许可证持有者可以自由采用联合过程，包括改良、再利用、末端治理或其他的策略来满足许可证的要求。

基于技术的排放限制并没有说明要采用什么技术，仅仅说明了排放的废水中具体参数的州限值。这样的限值称为“效能标准”。基于技术的限制起源于对具体工业类别设备的研究，目的是确定采用最具有成本效益的污染预防和控制技术以控制每种污染物的排放浓度。EPA 发布了一个为“排放指南”的法规数据包，在指南中给出了在主要的工业类型中不同设备的效能标准。所有的排污者只需要满足这些末端排放限制，而不用考虑接受水体的状况、相对于其他污染源来说对污染物的贡献或者其他“基于风险”的因素。对于现有的直接排放者，排放指南指的是经济上可达到的最佳可行技术（best available technology）。对于新的污染源，基于技术的限制称为新污染源效能标准。新污染源的限制通常比现有的污染源要严格，因为新设备可以在厂内处理过程中建立更多的污染预防系统。

采用比技术排放限制更加严格的限制来保护接受水体的指定用途时，就要采用基于水质的排放限制（Water Quality-Based Effluent Limits，WQBELs）。基于水质的排放限制是指从环境水质标准“反推”，设定排放的污水中允许的污染物浓度，计算经过稀释以后也可满足河流中的水质标准。

当接受水体没有最大日负荷总量时，许可证授权机构要计算排放限制。当 EPA 批准了最大日负荷总量后，排放限制要和最大日负荷总量中规定的分配给点源的废物负荷分配一致。当设定了数值的水质基准后，可以用稀释计算或者更加成熟的模型来确定相关的负荷量。当只有叙述性标准可用时，可以采用转译程序。例如，“没有毒性的有毒剂量”可以转化成对废物的总毒性的限制——称为总体废物毒性限制［Whole Effluent Toxicity

(WET) limit]。

基于水质的排放限制是基于风险的限制，因此通常在经济和技术因素方面比基于技术的限制要强调得更少一些。

最佳管理实践

国家污染物排放削减制度许可证还要求采用工程的和非工程的最佳管理实践。对于“传统的”点源，市政污水处理厂和工业设备，最佳管理实践是末端效能标准的补充。对于和雨季相关的点源，例如，合流下水道溢流以及市政和工业雨水径流，在许可证中，最佳管理实践通常只是“控制”。

最初，EPA 和州水质机构只集中管理持续排放的点源，也就是常年排放频率一致的点源。在 20 世纪 80 年代中期，EPA 和州也开始关注在降雨期间和降雨之后发生的点源排放事件，即通常所说的“雨季溢流”。包括降雨引起的工业企业设备的径流、城市合流制排水管道的雨季溢流和市政分流制排水的溢流。这两种溢流都受到国家污染物排放削减制度计划的管制。

合流制排水管道是指根据设计和功能，负责运载生活污水（来自家庭，办公室，工厂）和雨水的管道系统。在旱季，这些系统把所有污水运送到污水处理厂进行处理，达到国家污染物排放削减制度许可证的规定（EPA 法规禁止在旱季合流制排水管道不经处理排放污水）。在雨季或者融雪季节，可能会超出合流制排水管道的承载力，导致合流制排水系统的溢流。合流系统的溢流不仅仅包括雨水，还包括未经处理的人类和工业废物、油和润滑脂、金属、沉积物和悬浮的碎屑等。未经处理的排放使海滩被迫关闭，捕鱼被禁止，以避免人类病原体的传播，防止疾病发生。一般比较老的城市多为合流制排水系统，主要集中在东北部，五大湖地区，太平洋西北岸。

合流制排水系统只有一套管道系统运载雨水和废水，但市政分流制排水系统却有分离的管道——一套运载雨水，另一套运载废水。它向地表水排放也要获得国家污染物排放削减制度许可证，因为实际上它们是混合了多种污染物（油和润滑脂、金属、杀虫剂、病原体、沉积物和营养物质）的点源排放。

因为和传统的国家污染物排放削减制度许可证管制的点源排放不同，市政分流/合流制排水系统溢流许可证在许多方面都采取不同的方式。因为市政分流/合流制排水管道溢流系统通常有大量的排水口（排放点），许可证不针对这些单个排水口，而是一个许可证覆盖了整个城市的市政分流或合流制排水管道溢流。

因为在处理雨季城市排放的污染物方面经验不足，并且要处理的废水体积变化也比较大，相对来说没有比较可靠的和成本一效益好的处理方法。因此，很难准确地判断可以达到什么样的处理水平。因此市政分流/合流制排水管道溢流的国家污染物排放削减制度许可证中对污染物的末端排放限制是特殊的。通常要求安装一些工程设备或者采取各种各样的管理策略来控制这类排放。此外，城市雨季排放国家污染物排放削减制度许可证要求城市制定一个整体的策略规划，解决来自各种利用类型的土地的径流污染。

市政分流制排水管道许可证最基本的要求就是要减少“非雨水”的排放。原因是如果下水是来自于家庭、商业、工业、医院和其他向市政分流制排水管道排放的设备，那么它们很可能未经过市政污水处理厂的处理而直接排放到接收水体。一旦发现违规的连接，一个选择是向下挖掘找到家庭/商业/其他产生废水的设备管道同市政分流制排水管道连接的点，把它接到生活污水管道中。另一个选择就是不改管道，但是把它作为一个直排点源，要求它申请国家污染物排放削减制度许可证。

另一个关键的要求就是把现有城市主要土地利用类型中的点源排放的雨水径流中的污染物减少到可能的最大限度。市政分流排水管理部门还要求制订和实施一个计划，控制新发展活动产生的污染径流。

EPA 要求以下 11 类工业需要获得国家污染物排放削减制度雨水排放许可证：有排水限制的设施；制造业；采矿、金属、油气；有害废物处理；热电厂；废物回收；运输业；污水处理厂；垃圾填埋；轻工业；建筑工地（大于 1 英亩①），始于 2003 年 3 月 10 日，要求建筑工地在施工前后都有污染防治计划。

相应的时间表

如果满足许可证中的排放限制要求对工厂或污水处理过程升级，那么要求遵守签发的许可证的限制就不合理了。因此这些污染源的许可证可以包括一个相应的时间表。这个时间表通常不仅仅包括达到排放限制的终止日期，还包括临时的措施，例如必需的工程开始建造的时间。EPA 指南中明确指出这个时间表不能超出许可证的期限。

监测

大部分的国家污染物排放削减制度许可证都有详细的监测要求，规定了许可证持有者必须要监测的污染物、监测的频率、采用的取样和分析方法（虽然 EPA 和州进行一些审查和抽样监测，但是大多数的排放物的数据是由许可证持有者自己收集的）。以前，许可证只要求监测设备的排放，但是最近几年，一些州也要求对工厂的接收水体进行采样和分析。

从根本上说，许可证授权机构要求监测许可证中限制的污染物，以便持证人可以证明遵守了许可证的要求。如果监测表明持证人没有遵守许可证的规定，那么这些数据就成为采取强制措施的依据。持证人必须保留自采样起至少 3 年的（污泥的数据要保留 5 年）监测信息记录（包括维修和校准记录、图表、报告等）。

监测还可以为评价处理效率和确定废水的特征从而重新发放许可证提供数据。河流监测（排污口的上游和下游）对于评价排污影响也是很有用的，但是通常很少需要这种监测。

报告

如果许可证包括监测要求，那么它还应该包括报告要求。许可证持有者应按要求提交监测报告。通常这些排放监测报告都是每月交一次，但是在一些情况下周期可能会较长。

标准条件——重新协商条款等

所有的国家污染物排放削减制度许可证都包括一系列标准条款，包括：当有新的信息或者其他特殊情形证明可能会发生变化时，需要申请新的许可证；权威机构由于某种原因可吊销许可证；许可证授权机构有权进入工厂进行检查。

只适用于污水处理厂（POTWS）：预处理和污泥管理

EPA 发布了处理市政污泥的国家法规。这些法规重点对有毒物质、病原体和“病菌携带者”（苍蝇、蚊子、啮齿类动物和其他传播疾病的动物）进行了规定。

这些污泥可以通过垃圾填埋场，澙湖，焚烧，当做肥料施撒到土地中进行处理。污

① 1 英亩=4 046.86 m^2。

泥通常被用在公园，高尔夫球场，废弃的矿山，建筑工地的修复土地以及庄稼地。这些措施可以使污泥中污染物的浓度尽可能得低。城市污泥越清洁，对污泥处理和利用的联邦限制就会越少。

一个国家污染物排放削减制度许可证还包括一个封面（上有许可证签发机构，持有者，立法机构，生效/失效日期），特殊条件（如研究，相应的时间表）和标准条件（所有的许可证都包括新闻稿）。除起草的许可证之外，法规管理机构必须说明这些排放限制是如何得出的。

3.1.4 违反许可证的类型

违反类型包括：

- 未获得许可证即进行排放。
- 超出许可证允许排放的限制。
- 没有超出许可证排放限制时：
  - 没有提交要求的监测报告；
  - 伪造监测或者其他的数据；
  - 没有在规定期限内完成建设。

由上可知，除了没有获得国家污染物排放削减制度许可证就排污以及超出许可证设定的排污限制属于违反许可证要求之外，许可证持有者没有按照要求进行监测和提交报告也属于违反许可证的范畴。

通常并不要求一收到许可证后就要立即达到许可证要求的排放限制，都会给予许可证持有者一定的时间来改变运行操作，或者是安装新的设备。如果在许可证签发后，相应的进度持续了一年的时间，那么就要加入临时的措施，包括：①完成详细的设计图；②把安装工程承包出去；③开始施工。没有按期完成也是违反许可证要求的。

当许可证持有者认为他们没能遵守许可证的一条或几条要求时，就要通知国家污染物排放削减制度授权机构。EPA 和州国家污染物排放削减制度机构会时常派检查员到获得许可证的单位进行检查。

3.1.5 强制执行

州、部落和领域授权后对强制执行国家污染物排放削减制度许可证负主要责任。如果这些机构没能尽责，那么 EPA 就会采取强制的措施。EPA 首先应该告知州、领域或部落，强制执行是很有必要的，给他们一定的时间让他们采取行动。国家污染物排放削减制度计划推行辅助协助，帮助许可证持有者加入到许可证中，并遵守许可证的要求，而不是迅速地采取强制性措施。

强制性措施包括：

- 禁令；
- 罚款（超出排放限制，没有提交报告）；
- 刑事监禁（多次，故意违反）；
- 追加环境项目。

违反者会在相关的环境项目上花费比罚款更多的钱，比如湿地恢复，或者是废弃矿山的清除。公民也可以对违反者进行诉讼，但是他们要提前 60 天通知 EPA、州、领域或部落，给他们时间对违反者采取措施。

3.2 非点源的管理

国会并不要求对非点源实施法规管制。在 1987 年《清洁水法》中添加了第 319 条，设立了一个联邦拨款计划，为州、部落、领域制订和实施非点源管理计划提供资金。根据《清洁水法》第 319 条的规定，要求州、授权的部落、领域为非点源污染制订管理计划（如果想要得到 319 基金的话）。一旦州非点源计划得到批准，EPA 将按照第 319（h）条的规定为这些机构拨款。当非点源成为导致流域水体受损的实际污染物贡献者时，319 基金还可以用来为这些流域制订和实施最大日负荷总量计划。州 319 基金的 5%可以用于清洁湖泊计划，319 基金也可以用于保护地下水的工程。获得 319 基金的州、部落或领域必须完成非点源管理计划，并且每 5 年更新一次。

根据《清洁水法》的规定，州和部落需辨别受到非点源损害或威胁的水体，制定一个短期或长期的目标使这些水体变清洁，确定最佳管理实践。州和部落的非点源管理计划需包括监测和评价计划，通常要包括进州第 305（b）条的评价和报告计划中。

最佳管理实践对于非点源管理是非常有效的。最佳管理实践是指任何能够减少或预防水资源污染的方法、措施或操作程序，包括“工程、非工程措施”。可以把最佳管理实践简单理解为：能够削减或控制非点源污染的一切工程与非工程性措施，是一系列最佳管理实践的组合。

下面是几种典型的污染源的管理。

3.3 管理地面储罐以防止饮用水污染

地面储罐（above ground storage tanks，ASTs）是指那些分布于地面但部分掩埋在地下、仓库或地下室中的储罐或其他容器（如图 3-1 和图 3-2 所示）。地面储罐包括可移动的燃料系统。本节着重于含地面储罐相关设备的管理，以防止饮用水水源（用于公共饮用水供给系统的地下水和地表水）的污染。

3.3.1 地面储罐的使用

含有地面储罐的石油存储设备大多位于销售终端、精炼厂和燃料发送中心，大多数的储罐存储有石油产品（例如发动机燃料、石油溶剂、导热油、润滑剂以及废机油等）。储罐还可能用于机场、学校车库、医院、汽车维修厂、军事基地、农场和工厂。

储罐排放的化学品、石油或非石油类油品会导致水源污染。储罐中溢出、泄漏的产品会在土壤中蓄积或被暴雨冲刷掉。

储罐泄漏的部分原因包括腐蚀造成的孔洞、管道系统的故障、溢出以及设备故障和人为的操作失误。泄漏的预防控制方法对策要求地面储罐的所有者和操作者制定和遵照成文的专用泄漏预防方案，对以下设备进行控制（见《联邦条例法典》第 40 卷第 112 部分）：

☞ 储量超过 1 320 加仑[①]的地面储油罐设备;
☞ 储量超过 660 加仑的单独的地面储油罐;
☞ 容纳储量超过 42 000 加仑的地下石油储存设备。

图 3-1　地面储罐

需要注意的是，政府的地面储罐管理条例可能在某些方面与联邦的要求不同或更加严格。必须确定地面储罐管理是否符合当地政府的法规。除了这些法规以外，所有规定豁免的储罐的所有者和操作者还应该执行本节所描述的预防方法，以消除储油罐可能产生的问题。

3.3.2 管理靠近饮用水水源的地面储罐的重要性

储罐的泄漏会造成土壤和饮用水供水系统的污染。石油产品由具有挥发性的有机化合物构成。任何石油产品的泄漏都会对人类健康和环境带来严重的威胁，需要对超出设备范围的环境污染进行修复，并会产生清除成本。即使是微小的泄漏也会造成严重的影响。1 品脱[②]石油泄漏到水中便能使一英亩水域的水生环境受到严重的破坏，仅仅 1 加仑石油就能造成 100 万加仑水的污染。一次石油产品的泄漏导致的后果将需要生态系统用数年的时间来恢复。设施的布局一定要考虑对饮用水水井、河流、池塘及沟渠（长年的和间断的）、暴风雨、生活污水管、沼泽、泥滩、沙滩、农场排水沟以及航道等的影响。需要考虑的因素包括储罐到饮用水水井和地表水的距离、材料存储的体积、恶劣的气候条件、排水方式、地面等高线以及土壤条件。

3.3.3 用于地面储罐的实用预防措施

下面列出的预防措施不包含所有事项，其他的会在本节结尾部分的附加说明中提供。此外，下面提及的每种设备的详细说明会在支持文件中给出。请注意单一的预防措施不一定会阻止水源的污染。单一的预防措施可以组合到全面的预防方法中去。全面的预防方法一般考虑了潜在污染源的性质、目的、成本、可操作性、维护措施的需要、水源的敏感性、公众的接受程度以及社会对降低危害的需求。

（1）《联邦条例法典》第 112 部分对联邦的地面储罐的要求

在向储罐中注油时要遵循标准的储罐注入方法，以防止油的洒落和溢出。此外，所

① 1 美加仑（USgal）=3.785 L。
② 1 品脱=0.568 26 升。

有的地面储罐都应该有二次安全壳来收集洒落的油，并能迅速发现泄漏。储罐周围的二次安全壳应达到储罐最大容量和沉淀物超高度之和的 110%。储罐中储存的材料不能渗透出地面储罐的二次安全壳。方法包括二者之间加筑狭道、筑堤、加衬板、拱顶及双外壁储罐。配备手动的油池泵以收集可能会蓄积在二次安全壳内的雨水。任何石油化学制品在配送之前都应该检查是否有泄漏。

例行检测：需对地面储罐进行例行检测以确保无泄漏。对于新安装的储罐应该由专业的工程师进行检测。检测包括检查和校正，如部件松散、不良焊点、垫圈不合适等问题。在安装以后，要对储罐进行定期的检查以确保其良好的运行。鉴于二次安全壳的渗透性问题，应该对其进行更为频繁的检查。检查的区域包括储罐的地基、连接件、覆盖层、罐壁和管道系统。定期由具有资质的专家根据相关的标准对其进行全面的检测。

对于地面储罐已经停止使用一年或更长的时间的情形，许多州都要求所有者维护和检测储罐，以确定停用或清除。如果确定停用储罐，应移除地面储罐系统（包括管路）中的所有部分并完全清洗其内部。通过拧紧螺栓、锁紧阀门、盖好视孔以及打开并填充线路来确保储罐的安全。清楚地标明该储罐废弃的时间及“停止使用”的字样。在清除储罐时应该取样检测以确定是否已经有污染发生。大多数的州对于停止使用的储罐在其重复使用之前要求进行密闭性检查。

（2）地面储罐附加保护措施

以下的保护措施不包括在《联邦条例法典》第 40 卷第 112 部分中，这些措施虽然超出了联邦的规章，但仍建议使用。

设施的布局一定要考虑到饮用水水井、河流、池塘及沟渠（长年的和间歇的）、暴风雨、生活污水管、沼泽、泥滩、沙滩、农场排水沟和航道。其他需要考虑的因素包括储罐到饮用水水井和地表水的距离、材料存储的体积、气候条件的恶化、排水方式、地面等高线和土壤条件。

地面储罐都应该具有腐蚀性保护功能，措施包括提高储罐的高度、将储罐停放在连续的混凝土板上、安装双层的罐壁、阴极保护以及在储罐内加入内衬，根据美国石油组织的标准对储罐进行检测或者选取以上的若干措施同时进行。储罐的所有地下管路都应该采取双层管壁，在地表定位或进行阴极保护以保证在其损坏时能够及时检测。

为了使系统的安全性达到最好，需要对基底和安全壳进行密封，对油池泵进行恰当的被覆（如采用耐石油腐蚀的被覆材料）。在提取石油及石化产品之前，要检查二次安全壳中是否有蓄积的水。

图 3-2　带有二次安全壳的带盖地面储罐

溢出量虽小，但不断的积累可能会在积蓄的雨水上形成带有光泽的薄膜，导致其不能够排放到土壤和沟渠中。对二次安全壳进行定期清理（例如用扫把进行清扫或用少量的吸附剂）能够阻止多余的污垢和污染物的积累。

在没有水源保护性措施的情况下，防止石油产品蒸发既经济，又有利于空气质量。为了阻挡雨水、减少蒸发的损失和湿气的冷凝，可以给罐体刷上颜色能反射太阳光的油漆，把它们沿东西方向安置，在罐体的顶部安装低压阀，遮挡住罐体。对于 10 000 加仑的储油罐来说，如果没有顶部遮挡结构，每年将蒸发掉 600～1 000 加仑的汽油。为了防止在建造和操作中出现疏忽，地方的权威部门要求对被停用的储油罐进行登记。此外，大多数州还要求消防署长检查储油罐。检查的项目可包含水污染问题。

附加说明

下面的文件包含地面储罐的详细内容，并且可以在互联网上免费下载。更多信息，请参见所在地的 EPA 地区性防止泄漏控制对策或者联系石油协调员。有很多国家和地方的相关部门都设置在石油、环境或污染控制区。他们能够提供当地关于地面储罐的法规。

联系所在地区当地的政府部门看是否有关于管理地面储罐的法令。对于多种潜在的污染源，地方有许多相关的水源保护法令，具体实例可以在下列网站找到：http://www.epa.gov/r5water/ordcom/，http://www.epa.gov/owow/nps/ordinance/和 http://www.epa.gov/owow/nps/ordinance/links.htm。

下面的文件提供关于地面储罐的预防措施和规章的附加说明：

佛罗里达州合作推广制度，食品与农业科学学会，佛罗里达大学：地面燃料储存系统（EES-61）(1992 年 10 月)。

2001 年 2 月 9 日于以下站点检索：http://www.cdc.gov/niosh/nasd/docs2/as04300.html

明尼苏达州污染控制局：地面储油罐系统（2000 年 10 月 18 日）。2001 年 2 月 9 日于以下站点检索：http://www.pca.state.mn.us/cleanup/ast.html

明尼苏达州污染控制局：停用的石油储罐系统（1998 年 11 月）。2001 年于以下站点检索：http://www.pca.state.mn.us/cleanup/ast.html。

普渡大学推广服务，农场石油产品储藏实践（1991 年）

2001 年 2 月 12 日于以下站点检索：http://pasture.ecn.purdue.edu/~epados/farmstead/fuel/src/title.htm。

南达科他环境与自然资源局，地表水质纲要。关于地下储罐和 AST 系统的常见问题。

2001 年 2 月 19 日于以下站点检索：http://www.state.sd.us/denr/DES/Ground/tanks/FAQTANK.htm。

美国 EPA，固体废弃物和紧急应急反应事务处。防止泄漏控制对策、规定、需求和散装储存设备的污染防治工作。

2001 年 2 月 9 日于以下站点检索：http://www.epa.gov/oilspill/spcc/index.htm。

美国 EPA，水资源处。工业行为中的水管理，正在发展中的污染防治计划和最佳的管理实践。3.6 部分——地表石油储罐中的液体储存（EPA 832/R-92-006，1992 年 9 月）。

2001 年 2 月 9 日于以下站点检索：http://www.epa.gov/owm/sw/indguide/index.htm。

美国 EPA，石油溢出纲要。石油污染防治管理规程的介绍和背景。

2001 年 5 月 1 日于以下站点检索：http://www.epa.gov/oilspill/spcc/index.html。

3.4 管理地下储罐以防止饮用水污染

本节重点是地下储罐（underground storage tanks，USTs）的管理，以防止饮用水水源（用于公共饮用水供给系统的地下水和地表水）的污染。地下储罐（如图 3-3 和图 3-5 所示）是指那些组合体积至少有 10%位于地下的储罐以及与其相连的地下管道系统。地下储罐用于储存美国 1980 年颁布的《环境反应、补偿和责任综合条例》中确定的石油或危险物质，但不包括那些列出的危险废弃物。超过 95%的地下储罐用于储存石油。

3.4.1 地下储罐的使用

某些水源保护区附近通常存在很多地下储罐。目前，EPA 管制着大约 714 000 个现用的地下储罐，这些储罐位于全国大约 269 000 个场所。许多地下储罐位于汽车加油站。除了路旁上千个加油站外，地下储罐还位于机场、学校车库、医院、汽车维修厂、军事基地、工厂、住宅区以及其他设施。

图 3-3　地下储罐

在以下情况下，地下储罐不要求必须满足联邦的规章要求：

- 未用于储存石油或者某种危险物质的地下储罐；
- 储存量不大于 1 100 加仑且用于非商业用途的农场或居民区的储罐；
- 存储就地使用的民用燃油的储罐；
- 位于地下区域，如地下室的地板或地板之上的储罐；
- 用于收集雨水和废水的化粪池及系统的储罐。

需要注意的是，政府的地面储罐规章可能在某些方面与联邦的要求不同或更加严格。必须确定地下储罐是否符合当地政府的法规。例如，一些州管制导热油储罐以及农场和居民区储罐。即使地下储罐不用满足联邦、州或者当地的一些要求，仍建议执行本节所描述的预防方法，以消除将来可能发生的泄漏问题。

3.4.2 对靠近饮用水水源的地下储罐进行管理的重要性

大部分的地下储罐泄漏由如下因素引起：部件的腐蚀、不合理的安装、管道系统的故障、燃料传输的不规范操作（溅出和溢出）、不正确的操作以及地下储罐系统的维护。

地下储罐的泄漏会造成土壤和饮用水供水系统的污染。截至 2000 年 9 月，发生了约

412 000 个地下储罐泄漏事件。如果是在土壤中，这些泄漏的物质能快速迁移，并危害饮用水供水系统。据 EPA 统计，大约有一半的泄漏物质能进入地下水。

石油中含有一些致癌化学物（如苯等）。水中的燃料污染物含量即使很低，甚至嗅觉或味觉难以发现，仍会影响人们健康。石油中还可能含有添加剂甲基叔丁基醚（MTBE），这种物质能使饮用水水质恶化。而且，少量的污染物质即可导致饮用水问题。以每秒滴一滴计算，一年就造成大约 400 加仑的泄漏。在地下水中即使几品脱的石油也能造成一个饮用水井的污染。并且清理被污染的土壤和地下水需要不菲的费用。地下储罐泄漏地点的平均清理费用大约是 125 000 美元，某些地方地下水的清理费用甚至超过 1 000 000 美元。

3.4.3 地下储罐的处理措施

联邦政府 1988 年颁布了地下储罐法规，用以预防和探测地下储罐的泄漏（见《联邦条例法典》第 40 卷第 280 部分），如图 3-4 所示。接下来的部分简要地说明了一些基本的地下储罐要求。注意，单一的预防措施不一定能够阻止水源的污染。最有效的方法是：单一的预防措施组合到全面的预防方法中去。全面的预防方法需要考虑到潜在污染源的性质、目的、成本、可操作性、维护措施的需要、水源的易被污染性、公众的接受程度以及公众对降低危害的需求。（图 3-6 显示了警告标语——译者注）

图 3-4　地下储罐的管道泄漏

3.4.4 联邦对地下储罐的要求

（1）正确安装

地下储罐必须依照工业标准小心安装，以维持罐体的完整性以及防止被腐蚀。罐体还须合理定位，远离水井、水库以及漫滩。不论何种类型，地下储罐都应安装在水源保护区的外围。

（2）预防腐蚀

地下储罐系统必须用耐腐蚀的材料制成，如玻璃纤维；此外，也可以采用其他的腐蚀预防措施，例如通过外表涂层以及阴极保护、使用双墙、给金属材料涂覆厚的耐腐蚀保护层以及使用罐体内衬。

（3）溅出保护

地下储罐必须带有收集设施，以收集输油软管跟加油管分离时可能产生的溢出。收集设施通常可以是密封于加油管上的桶。

图 3-5　挖出的地下储罐

图 3-6　地下储罐警告标语

（4）溢出保护

当地下储罐过量灌装时，在填充管道以及通过储罐顶部的不固定装置或通气管会有大量溢出泄漏。地下储罐必须有溢出保护设备，如自动关闭设备、溢出警报装置和浮球阀。另外，燃料传输过程中必须遵循适当的灌装程序，以减小溅出和溢出。

（5）泄漏探测

泄漏探测选择包括自动储罐计量，裂缝监测，统计库存核对，蒸汽检测和地下水检测。所有的泄漏必须在其成为大的清除和责任问题前得到及时探测。

（6）适当关闭

在储罐关闭前 30 天需要通报制定规章部门，如果发生了对环境的污染则必须进行测定。储罐必须已耗尽且进行了清扫，这样它就可以留在地下或转移。在倒尽、清扫和转移储罐时，必须始终遵循标准安全惯例。

另外，一些大体积储罐的所有者——即在某一地点拥有大于 42 000 加仑石油储量——可能需要符合联邦溢出保护控制和对策的规定，参考上述对地下储罐情况的要求或者《联邦条例法典》第 40 卷第 112 部分的信息。

3.4.5 附加保护措施

地方司法权可以对豁免储罐执行登记程序，以行使他们对于建设和运营的监督权。

地方政府可以用土地使用控制方法处理一些地下储罐存在的潜在风险。例如，分区制可以限制在远离饮用水水源特定地理区域的行为。对加油站（使用地下储罐）或者在水源保护区域住宅区民用燃料储罐的限制可降低有害污染物进入水源的风险。地方政府也可以要求具额外要求的许可，例如缩进、开放空间、缓冲罐、围墙和围栏、街道铺筑和控制地点的入口点、操作时间和方法的规定。

配合所在的州和地方的地下储罐规章制定部门的工作，确保对地下储罐地点的定期适当检查——证实地下储罐得到适当的安装、操作和维护，以确保它们不会对水源构成威胁。国家地下储罐规划相关信息可在下列网站的许多资源中找到。

附加说明

关于地下储罐条例的信息和出版物以及较好的管理实践可以免费通过如下互联网址获得：http://www.epa.gov/OUST/。这个互联网由 EPA 的地下储罐部门维护。也可拨打环境保护局的热线电话 1-800-424-9346 寻求帮助，以及订购关于地下储罐的有用的出版信息。最有用的一般出版物叫做“地下储罐必备”，它用基本通俗的语言描述了地下储罐的类型和联邦要求。此外，还可以通过访问环境保护局的饮用水研究院网址 http://www.epa.gov/safewater/dwa.html 获取有关管理措施的资料。

联系当地政府部门看是否有关于管理地下储罐的法令。对于多种潜在的污染源，地方有许多相关的水源保护条例，具体实例可以在下列网站找到：http://www.epa.gov/r5water/ordcom/，http://www.epa.gov/owow/nps/ordinance/和 http://www.epa.gov/owow/nps/ordinance/links.htm。

下面的文件提供关于地下储罐的预防措施和规章的附加说明：

美国石油协会，储罐的溅出预防（1999 年 2 月 16 日）。

2001 年 2 月 9 日于以下站点检索：http://www.api.org/oilspills/tanks.htm。

爱荷华州自然资源局，地下水保护情况说明书——地下储罐（1996 年 8 月）。

2001 年 2 月 9 日于以下站点检索：www.state.ia.us/dnr/organiza/wmad/lqbureau/ust/genust1.htm。

爱荷华州自然资源局，废水管理援助司，地下储罐——常见问题（2001 年 1 月 15 日）。

2001 年 2 月 9 日于以下站点检索：http://www.state.ia.us/dnr/organiza/wmad/lqbureau/ust/index.htm。

明尼苏达州污染控制局，地下储罐（UST）系统（2000 年 12 月 27 日）。

2001 年 2 月 9 日于以下站点检索：http://www.pca.state.mn.us/cleanup/ust.html。

普渡大学推广服务，农场石油产品储藏实践（1991 年）。

2001 年 2 月 12 日于以下站点检索：http://www.pasture.ecn.purdue.edu/~epados/farmstead/fuel/src/title.htm。

南达科他环境与自然资源局，地表水质项目，不要再等到 1998 年。

2001 年 2 月 19 日于以下站点检索：http://www.state.sd.us/denr/DES/Ground/tanks/dont-2.htm。

南达科他环境与自然资源局，地表水质项目，关于地下储罐和地面储罐系统的常见问题。

2001 年 2 月 19 日于以下站点检索：http://www.state.sd.us/denr/DES/Ground/tanks/FAQTANK.htm。

美国环境保护局第七区，第七区地下储罐情况说明书——对 1998 年要求的理解（1998/1999，冬季）。

2001 年 2 月 9 日于以下站点检索：http://www.epa.gov/region7/programs/artd/ustbx/index2.htm。

美国环境保护局，固体废弃物及应急响应部，地下储罐必备——对地下储罐系统联邦法规的总结（EPA 510/K-95-002）（1995 年 7 月）。

2001 年 1 月 31 日于以下站点检索：http://www.epa.gov/swerust1/pubs/。

美国环境保护局，固体废弃物及应急响应部，储罐座谈会——石油储罐和管道系统的泄漏探测方法（EPA 510/B-97-007）（1997 年 9 月）。

2001 年 1 月 31 日于以下站点检索：http://www.epa.gov/swerust1/pubs/。

美国环境保护局，地下储罐部，地下储罐系统升级（1998 年 5 月 27 日）。

2001 年 1 月 31 日于以下站点检索：http://www.epa.gov/swerust1/ustsystm/upgrade.htm。

美国环境保护局，地下储罐部，对于地下储罐我们需要知道什么？（1999 年 6 月 7 日）

2001 年 1 月 31 日于以下站点检索：http://www.epa.gov/swerust1/cmplastc/knowneed.htm。

3.5 管理农业肥料的使用以防止饮用水污染

如果管理不当，化肥成分会随着田间径流流入地表水或渗透到地下水中。化肥中影响水源水质的两个主要成分是氮和磷。本节着重于农业化肥的施肥管理，还涉及管理农业农药、畜禽废弃物和水径流等其他与农业有关的预防措施。

3.5.1 化学肥料在农业中的使用

以前庄稼生长消耗掉的土壤中的营养成分可以通过化肥进行补充（图 3-7），这对获得经济效益是非常必要的。但过量的使用化肥以及不恰当的使用方法都会使化肥进入地下水和地表水中。科罗拉多州立大学估计，当肥效增加时，施加给玉米作物的氮肥大约有 25%通过淋溶作用（以硝酸盐的形式进入地下水）和脱硝作用（以氮气的形式进入大气）而流失。

图 3-7 施肥

3.5.2 对靠近水源地的化肥使用进行管理的重要性

化肥的不合理或过量使用都会造成地下水或地表水的硝酸盐污染。无论是有机还是无机氮肥，在通过生物方法转化为硝酸盐后在水中都有较高的溶解度。可溶性的硝酸盐很容易被农作物吸收和利用。同时，可溶性的硝酸盐也非常容易流失，而且会随水从土壤中脱离，难以被农作物吸收。因此，需要选择适量的氮肥匹配农作物以减少氮肥的流失和提高肥效。

饮用水中的硝酸盐主要来自氮肥的使用。硝酸盐含量过高会导致婴儿患上高铁血红蛋白症（有先天性心脏缺陷的婴儿），这种病症会造成血液携带氧气能力的下降。如果不进行治疗，高铁血红蛋白症会危及婴儿的生命。由于对健康的威胁，美国 EPA 规定了饮用水中污染物的最高含量，以氮元素来计算的话，指标就是硝酸盐的质量浓度（mg/L 或 ppm①）。

肥料中另一个主要成分是磷。在某种情况下，磷元素可以很容易地转移到土壤中。实际上，60%～90%的磷元素随着土壤迁移。磷是全国湖泊水源水质恶化的主要因素。虽然联邦在《安全饮用水法》并未强制执行有关水的嗅觉和味觉的法规，但出于美学特性的考虑，市政当局也必须经常对饮用水供给系统进行处理。使用有机肥料（如粪便等）也能全部或部分地满足农作物生长中对氮、磷、钾的需求，但有机肥料的不恰当使用也会引起富营养化的问题。图 3-8 显示了有机肥料的使用——译者注。

① ppm 为不规范单位，因原稿如此，故没有删去。

图 3-8　有机肥料的使用

3.5.3 管理农业中肥料应用的有效预防措施

这里讨论了一些最为常用的预防措施。如果想要了解其他的预防措施，可以参阅本节最后的附加说明部分。注意，单一的预防措施并不能确保水源不被污染。最有效的方法是，单一的预防措施应组合到全面的预防方法中去。全面的预防方法需要考虑到潜在污染源的性质、目的、成本、可操作性、维护措施的需要、水源的易被污染性、公众的接受程度以及公众对降低危害的需求等因素。这些防治措施的目标是减少农田中营养成分由于田地边缘径流（edge-of-field runoff）和冲刷根部区域而造成的流失。通过减少可利用的营养物质的流失量来实现肥料的有效管理。为达到这个目的，需要实施全面的肥料管理方案：肥料的种类和数量仅满足农作物生长所需即可，在恰当的时间用恰当的方法施肥，精耕细作以减少营养物质的损失，执行合适的肥料储存和处理程序。图 3-9 为施肥机——译者注。

图 3-9　施肥机

a．施肥率和化肥类型

全面肥料管理方案的一个构成部分是选择最佳施肥率，其目标就是将肥料的使用量限制到农作物取得理想产量所需的用量。土壤样品和其他来源的计入也是此概念的组成部分。

早期土壤采样对于决定作物所需的营养和准确的施肥推荐施用量是非常必要的。确定采样方法和频率时必须考虑诸多因素。

计算最佳施肥率的时候也要计入土壤中氮、磷的其他来源。之前种植的豆类作物、灌溉水、肥料和有机物都是土壤氮源，同时有机物和肥料还能提供磷源。除了土样本身和从其他来源获得的肥料，氮肥的推荐施用量还取决于作物的目标产量。而某种作物和田地的目标产量则由土壤特性、有效湿度、原有产量和经营水平来确定。应用合适的氮肥形式可以减少流失。氮肥的硝酸盐形式易被作物吸收但是也容易流失。当流失可能性位于中等到较高水平之间时，应限制硝酸盐肥料的应用。在这些情况下，应使用胺类氮肥，因为它们不会立即流失。然而，胺类氮肥在土壤温暖湿润的情况下会很快地变成硝酸盐。在这些条件下应使用释放氮更加缓慢的肥料。在某种情况下，硝化抑制剂可以防止胺转变成硝酸盐。与氮肥相比，磷肥不易出现淋溶作用，不过它更易于通过地表径流流失。为了减少磷肥的流失，仅在必要时（通过土壤测试确定）按照推荐率施加磷肥。

b．施肥时间的选择

氮肥的使用在时间上应该尽可能与农作物最大量的吸收周期一致。秋天施肥会造成地下水水质的下降，部分施肥应在春天进行，然后再根据需要少量应用，这样可以促进氮肥的吸收并减少冲刷造成的损失。影响氮肥施用量的因素包括反常天气和农作物特点。

c．施肥的方法

施肥的设备至少要每年检查一次，进行校准以确保按照推荐的量来施肥。

根部区域的正确施肥（correct fertilizer placement）可以极大地促进营养物质的吸收和减少损失。应以地下应用和混合肥料替代地表播撒肥料。对于大多数的农作物，特别是生长于腐蚀性土壤的农作物，最有效的施肥方法是将干态的肥料包紧加入到土壤中，包紧的或钻孔的肥料在靠近种子处施用，可以更有效地被农作物吸收。所有表面应用的肥料都应该机械混合到土壤中以减少表面径流和挥发的损失。肥料应避免应用于冻土，斜坡或带有高地面径流和坡面漫流的区域限制使用。

对灌溉水进行管理以提高效率并减少径流（图 3-10）和渗漏。灌溉需要大量的水，所以非常容易对水源造成污染。当使用过量的水时，氮和磷将会渗漏到地下水或流入地表水中。灌溉系统（例如洒水车）、低能耗精确灌溉、漫灌、滴灌等灌溉方式可以实现统一用水，从而达到较高的使用效率。使用配送系统如衬砌渠道（lined ditches）和闸管（gated pipe），以及回用系统如能有效捕获沉淀物和营养物质的田地排水回收池，都能提高效率。应减少受重力控制的灌溉或犁沟流失，这样，在犁沟下端充分灌溉后，可防止犁沟顶部水量过剩。

图 3-10 径流

d．附加耕作经验

需要一个完整的系统减少肥料的损失。这种系统往往涵盖不严格依赖化肥的耕作经验，包括水土保持耕作和设置缓冲带。

水土保持耕作（图 3-11）是另一种减少水土流失的田地管理方法。在水土保持耕作中，农作物以最少的土壤耕作种植，当耕地的数量减少时，作物的残体不完全合为一体，并且将全部或大多数残留在土壤表面。由于残留物覆盖在土壤表面会减少营养物质的流失和水的侵蚀，这对减少磷的损失起到了重要作用。

图 3-11 水土保持耕作

设置缓冲带和滤土带能够阻止水土流失并且有助于氮和磷的渗透。缓冲带和滤土带的设置是通过在靠近水体的表面种植密集的植被来完成的。这些植物的根部能够固定土壤，从而降低水的流速和减少侵蚀的发生。植被和土壤可滤除掉沉积物和化学品。关于缓冲带和滤土带的更多的信息可以参照本节的暴雨侵蚀部分。

农作物的轮作常常可以通过降低化肥和农药的使用来提高产量和经济效益。豆类作物进行轮作产生的氮可供后种植作物生长所需。根系较深的植物可以为根系较浅的植物提取留在土壤中的氮。覆盖作物能够阻止风和雨水的侵蚀并且利用土壤中的残留氮。

一种高科技校准或评定田地等级的方法是使用激光控制土地平整设备。田地的平整有助于控制灌水的推进，以及提高重力流灌溉系统中土壤饱和度的均匀性。这可以改善灌溉效率，并且减少径流导致的潜在营养物质污染。

e. 肥料的储藏和处理

遵照本节储藏和混合肥料并清理容器的指导，在不用时要关掉或保护储藏器的阀门。确保长期的肥料储藏和混合位置不溢出、泄漏或渗透进雨水。储藏建筑的地面应不具渗透性。还可利用不渗透的二次安全壳用来容纳溢出和泄漏的液体。不能将肥料储藏在地下容器或窖中。

为了防止供水系统的意外污染，混合、处理和保存肥料都应该远离水源和地表水体。在设备上安装逆流设备也可以阻止溢出。理想的情况是，在应用现场混合和装填肥料，在溢出发生时应该立即回收或适当地处理掉，粒状的吸附材料能够在混合区域清除少量液体溢出物。

附加说明

这些参考书目包含有机肥料使用和最佳管理方式的信息。这些文件包都可以在互联网上免费下载。可通过联系美国农业部（USDA），自然资源保护署（NRCS）以及保护区和所在地区的农业推广服务代表来寻求肥料管理方面更多的信息，还有其他成本分担的项目，如美国的环境品质改进计划（EQIP），环保休耕计划（CRP），增加保护性储备计划（CREP），以寻求水源保护措施上的资金支持。联系当地的政府部门看是否有关于肥料使用管理的规定。下面网址提供大量关于多种潜在污染源的地方水源保护相关规定：http://www.epa.gov/r5water/ordcom/，http://www.epa.gov/owow/nps/ordinance/，http://www. epa.gov/owow/nps/ordinance/links.htm。

下面的文件提供关于肥料在农场使用预防措施的更多的细节信息：

科罗拉多州立大学合作推广服务，氮肥的最佳管理方法（XCM-172，1994 年 8 月）。2001 年 2 月 9 日于以下站点检索：http://www.ext.colostate.edu/PUBS/CROPS/pubcrop.html#soil。

科罗拉多州立大学合作推广服务，农药的最佳管理方法（XCM-178，1994 年 8 月）。2001 年 2 月 9 日于以下站点检索：http://www.ext.colostate.edu/PUBS/CROPS/pubcrop.html#soil。

科罗拉多州立大学合作推广服务，磷肥的最佳管理方法（XCM-175，1994 年 8 月）。2001 年 2 月 9 日于以下站点检索：http://www.ext.colostate.edu/PUBS/CROPS/pubcrop.html#soil。

农场*A*系统——威斯康星大学。2001 年 5 月 22 日于以下站点检索：http://www.uwex.edu/farmasyst/。

堪萨斯州立大学合作推广服务，氮肥的最佳管理方法（1996 年 3 月）。2001 年 2 月 9 日于以下站点检索：http://www.oznet.ksu.edu/library/ageng2/#WaterQuality。

堪萨斯州立大学合作推广服务，磷肥的最佳管理方法（1998 年 2 月）。2001 年 2 月 9 日于以下站点检索：http://www.oznet.ksu.edu/library/ageng2/#WaterQuality。

北卡罗来纳州立大学，南方蔬菜生产可以支撑的方法——轮作（1997 年 6 月 9 日）。2001 年 3 月 14 日于以下站点检索：http://www.cals.ncsu.edu/sustainable/peet/tillage/c03tilla.html。

普渡大学推广服务，农田肥料的储藏和管理（1999 年）。2001 年 2 月 12 日于以下站点检索：http://pasture.ecn.purdue.edu/~epados/farmstead/fert/src/title.htm。

得克萨斯农业推广服务，提高肥料储存和管理水平以降低地下水污染的危险（B-6026），（n.d.）。2001 年 2 月 9 日于以下站点检索：http://agpublications.tamu.edu/catalog/index.html。

马里兰大学——合作推广服务，农业营养管理。2001 年 5 月 22 日于以下站点检索：http://www.agnr.umd.edu/users/agron/nutrient/。

萨斯喀彻温大学，农业部，肥料：基本要素（n.d.）。2001 年 2 月 16 日于以下站点检索：http://www.ag.usask.ca/cofa/departments/hort/hortinfo/misc/fertiliz.html。

美国农业部，灌溉系统和土地处理方法（2001 年 2 月 6 日）。2001 年 3 月 14 日于以下站点检索：http://151.121.66.126/Briefing/wateruse/Questions/glossary.htm。

美国农业部，自然资源保护署，全面营养管理计划——技术指导（2000 年 12 月）。2001 年 4 月 30 日于以下站点检索：http://www.nhq.nrcs.usda.gov/PROGRAMS/ahcwpd/ahCNMP.html。

美国农业部，自然资源保护署，保护性方法的指导（1999 年 8 月）。2001 年 4 月 30 日于以下站点检索：http://www.ftw.nrcs.usda.gov/tech_ref.html。

弗吉尼亚州合作推广，肥料的储藏、处理和管理（442-906，1996 年 6 月）。2001 年 2 月 9 日于以下站点检索：http://www.ext.vt.edu/pubs/farmasyst/442-906/442-906.html。

3.6 管理大规模应用的农药以防止饮用水污染

农药（包括农药，除草剂和杀真菌剂）是含有多种化学物质，用以控制有害动植物、昆虫以及杂草的物质。它们在减小昆虫和其他有害动植物对植物的破坏，控制不良植物种类过度生长等方面有广泛应用。本节主要说明如何防止由于大规模使用农药而造成的饮用水源污染。对于小规模农药的应用（如在草地、学校、高尔夫球场和公园中的使用）会在下一节中说明。

3.6.1 农药的来源

农药应用于农作物的方法包括航空喷洒、土壤表层使用（以颗粒、粉末、液态配方或喷雾的形式，用拖拉机或卡车携带设备喷洒）、土壤注入、土壤掺和处理或灌溉。航空喷洒（图 3-12）和土壤表层使用会因为径流使农药进入地表水体而造成严重的危害。因为施于土壤中的农药易于发生淋溶作用，所以土壤注射和土壤掺和是造成地下水污染的罪魁祸首。通过灌溉（化学灌溉）使用农药也会造成地下水的污染。例如，当农药控制测量设备持续运作并导致土地的高农药浓度时，灌溉泵可能失效。农药会通过排水沟、落水孔和其他沟槽进入地下水中。

图 3-12 喷洒农药

过量的雨水或灌溉水会冲刷植物和土壤中的农药，进而使其流入河流中。如果在施用后不久就对植物进行浇灌或发生降雨，农药就会渗透进土壤中。有些农药可抵抗土壤中微生物的降解作用，并最终渗滤进地下水中。

3.6.2 对饮用水水源附近的农药进行管理的重要性

农药含有多种有机和无机化合物。它们本身都是有毒的，如果按照厂商的使用说明进行使用是安全的，但如果不当使用则会渗入地表水和地下水系统。清除它们将非常困难而且花费巨大，一旦进入人体，将对人体健康造成危害。

农药中的合成有机物会严重影响人体健康，包括引发癌症、对肝和肾的损害、不育和对神经系统的损害。

一旦供水系统被农药污染后，处理非常困难而且花费巨大。对供水系统的处理是一个长期的过程，而且往往难以成功。使用备用水源也可能花费巨大且不切实际，例如，连接其他的公共供水系统代价昂贵，而且开凿新的水井也并不能保证新的地下水源不会被污染。

3.6.3 使用农药的有效预防污染措施

预防措施可以保护水源免受农药的污染。这些预防措施包括一些简单的普通家务管理活动以及更为复杂的行为，如构建储藏设备。对农药污染最有效的预防措施是实施简单和复杂的降低农药向水源迁移可能性的方法。预防措施可以分为保护地表水不受农药径流污染和保护地下水不受农药渗滤或渗透两类。

注意，单一的预防措施不一定适合预防水源的污染。最有效的方法是，将单一的预防措施组合到全面的预防方法中去。全面的预防方法需要考虑到潜在污染源的性质、目的、成本、可操作性、维护措施的需要、水源的易被污染性、公众的接受程度以及公众对降低危害的需求等因素。

综合防治（IPM）指以兼容方式（化学的和非化学的）控制害虫（图 3-13 和图 3-14）

以减小农作物的损失。当害虫实在难以控制时，才最后选择使用农药。

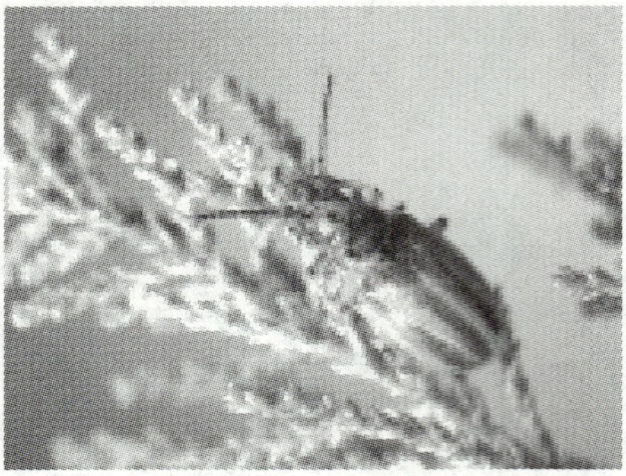

图 3-13 叶甲虫

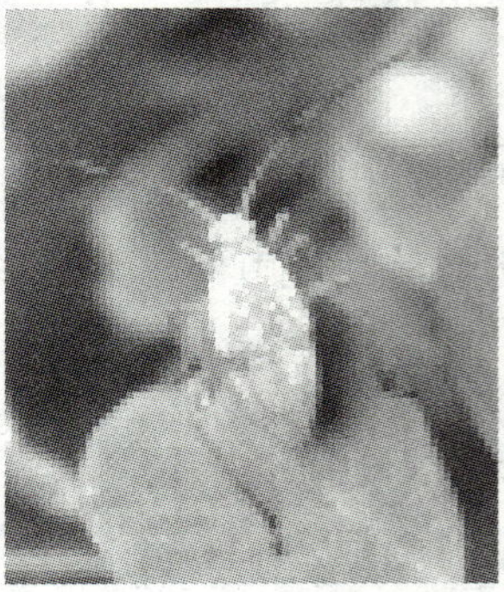

图 3-14 紫花苜蓿害虫

综合防治包括定期监控，通过检查害虫数量水平和它们的损害来决定是否使用农药或者其他控制措施，监控可通过受训雇员如设备主管来实现。综合防治还包括非化学控制措施，如机械的、植物栽培的、生物的控制措施，强烈推荐采用卫生设备和抗农药植物。在任何可能的情况下，采用农作物轮作、选择抗性农作物品种、清理拖拉机、防止杂草种子进入土地并在耕作中控制杂草的生长都是非常可取的办法。应该最大化地利用天然的生物控制方法，仅在必需的时候使用农药。许多农药都是广谱材料，因而对益虫和节肢动物也有影响。

（1）正确地使用农药

如果必须使用农药，按照美国环境保护局批准的标签进行合理的处理和应用是很有必要的。根据用途合理选择农药，如有可能，尽量使用对于人体和环境危害较低的产品（如较低持久性的农药）。阅读农药的标签，了解农药使用的指导性要求，如避开水源、农业排水井、排水管路、建筑、沼泽地、野生动物的栖息地和其他禁止使用农药的敏感区域等。

如果预测到有气象变化（如降雨的发生）就不要使用农药；降雨会造成农药的流失和土壤径流。如果农药在降雨或灌溉之前刚刚使用，则会由于被冲离目标农作物而降低农药效率，致使必须重新使用农药。

（2）减少农药使用的方法

农作物轮作（图 3-15）可以打破害虫的生态循环从而减少农药的使用。由于农作物的轮作，害虫和杂草就不能适应营养源的变化，害虫将迁移寻找新的适合其生存的地方，杂草也将进入休眠状态直到回到适合的条件。农作物的轮作还会增加作物的产量并降低灌溉和肥料的花费。农药轮换可以减少出现抗农药害虫的概率。随着年复一年地使用农药，害虫会对农药产生抗药性从而造成农药用量的增加。

图 3-15 玉米小麦轮作

土壤掺和处理包括通过耕地的方式将农药混入土壤表层的 2 英尺内，这样农药就不会轻易地被径流冲走，与表面施用相比能减少 2/3 的径流流失。出土后施（post-emergence application）是在作物从土壤中冒出后对其施用农药；对于同样的害虫控制来说，这种方法需要的农药的量更少（与标准相比）。对农药进行出土后施应在少雨期进行；春季或多风的天气将可能减少可以进行作业的时间。

早期作物预处理是在作物从土壤中冒出之前施用农药。这种操作施用比标准更少的剂量，可以将潜在的农药流失减少到一半。在四月初期施用时，作物预处理可以提供有效的控制，施用的农药不容易受到春季和初夏径流的冲击。如果需要对预先出现或滞后出现的产物做出额外控制，应使用现场处理。

分期使用，在农作物种植前先使用一半或 2/3 的农药，在作物生长期使用剩下的一半或 1/3，可以减少约 1/3 的径流损失。如果在作物种子出土前能够很好地控制杂草的生长，可能就不需要在后面使用农药了。农药使用频率的减少或使用结合产品（包含较少有毒化学品）也将会减少更为有毒的化学品的径流。小规模的农药（图 3-16）在杂草丛生的地方或者潮湿的春季可能不会起到有效作用。

图 3-16　小规模使用的农药

（3）正确的农药存储和管理

农药的存储对于防止对地下水的污染是非常关键的。如果农药存储在安全而且位置合理的建筑物内的完好容器（图 3-17）中，农药对地下水的污染的危害性就很小。必须遵循农药标签上的存储说明，虽然这些说明通常很普通，如“在存储和处理时勿污染水、食物或饲料”。包括马里兰州、新罕布什尔州、北卡罗来纳州和华盛顿州等都对小规模的农药储存有规定，近半数的州对大宗的农药储存有规定。

图 3-17　农药储罐

在储存区域周围可采用不渗透（防水）板面的路面和墙壁的二级保护，这将降低液体农药储罐发生泄漏时农药渗透到地下水和其他区域的量。二级保护的液态储罐容积必须足够容纳最大储罐。干态的农药应该防止沉积。在农药进行转移时，操作者应该一直在现场。

正确的混合和装填方法能够阻止农药污染地下水和地表水。在不可渗透的混凝土表面进行混合和装填，大多数溢出的农药都会被回收和重新利用。不可渗透的表面或衬垫应该保持清洁和具有足够大的面积，以便保留清洗设备的用水，阻止化学品在转移过程中向现场外转移。理想状态下，衬垫应该是倾斜到不漏水的污水沟中。在农药溢出时，在污水沟应该能够把衬垫抽出来。

溢出清理是防止污染的另一个重要的措施。干燥的溢出农药应该迅速清扫干净并重新利用，对于液态的溢出农药，应该尽可能地回收并尽可能地重新利用。如果农药溢出到衬垫周围的土壤中，按照国家农药管理机构（通常是农业部）的规定应该去除掉一些被污染的土壤，因为这些土壤在一定的条件下会散布到田地上。此外，黏土、锯屑或猫砂可以用来吸收混凝土衬垫上的残存液体。最后，对于地点的应急响应计划是非常重要的——知道哪里将会有径流水，如何处理特殊的化学品以及向谁求救。

不恰当地处理农药容器会造成地下水的污染。为了防止地下水的污染，应该使用可回收的容器并尽快地退回经销商。在使用后对于不能退还的容器立即进行压力清洗或三次清洗，（将漂洗水）倾倒进喷洒容器中，否则残留物在干燥后就很难被去除掉。将不可退还的容器刺破并存放于隐蔽处，并最终将其交到容器回收站或指定的填埋场。可以登录 www.acrecycle.org 或拨打 877-952-2272 联系农业储罐循环使用协会以更多地了解附近的再循环利用项目。打开袋子，将它们绑缚或包裹好以减少灰尘，再将其放入指定的填埋场。一定不要私下里燃烧农药储罐和袋子。

附加说明

以下资源包括农药管理措施的信息，所有的文件都可在互联网上免费获取。联系当地的政府部门看看是否有关于管理农药方面的法令。还应该联系国家资源保护署、保护区和所在地区的农业扩展服务代表，他们将会提供更多的关于农药方面的管理和成本分担的项目信息，例如美国的环境品质改进计划（EQIP），环保休耕计划（CRP），增加保护性储备计划（CREP），以帮助筹措水源保护资金。

Extox Net FAQs，农药：它们是如何影响人类和周围的环境的。2001 年 5 月 8 日于以下站点检索：http://ace.orst.edu/info/extoxnet/faqs/。

Extox Net FAQs，饮用水中农药的残留。2001 年 5 月 8 日于以下站点检索：http://ace.orst.edu/info/faqs/safedrink/pest.htm。

佛罗里达州农业和消费性劳务部及佛罗里达州环境保护部农业化学品和农业设备维护的最佳管理方法（1998 年 5 月）。2001 年 5 月 30 日于以下站点检索：http://www.dep.state.fl.us/water/slerp/nonpoint_stormwater/documents/pubinfo.htm#Best Management Practices。

爱荷华州立大学，爱荷华州立大学合作推广服务。农药，饮用水和人类健康。2001 年 5 月 8 日于以下站点检索：http://hermes.ecn.purdue.edu:8001/cgi/convertwq?6608。

David Kammel et al. 中西部服务计划，爱荷华州立大学农业和生物工程系，农药和肥料防护设施的设计，1991 年第一版，加运费 15 美元。2001 年 5 月 11 日于以下站点检索：

http://www.mwpshq.org/catalog.html。

马里兰州农业部,储藏和运输。2001年5月30日于以下站点检索: http://www.mda.state.md.us/plant/storage.htm。

马里兰州环境部，缓冲保护和管理法令，马里兰州巴尔的摩郡。2001年5月22日于以下站点检索: http:/www.epa.gov/owow/nps/ordinance/language.htm。

马萨诸塞州食品和农业部，农药办公署，储藏、混合及装填农药：指导方针。2001年5月30日于以下站点检索: http://www.massdfa.org/pesticides/waste/index.htm。

美国水质协会，非点源污染的农业水源控制的指导建议。2001年1月23日于以下站点检索: http://www.bae.ncsu.edu/bae/programs/extension/wqg/。

新罕布什尔州农业部，市场和食物规章：处理和储藏农药及其容器。2001年5月30日于以下站点检索: http://www.state.nh.us/agric/ar&l.html。

佩恩国家农药教育计划，农药在环境中的结局。2001年1月23日于以下站点检索: http://www.pested.psu.edu/fact8.html。

普渡大学（Purdue University），储存技术信息中心，储存技术信息中心主页。2001年1月23日于以下站点检索: http://www.ctic.purdue.edu/KYW/wspartners/statewscontacts.html。

普渡大学，储存技术信息中心，了解流域：州流域联系。2001年5月22日于以下站点检索: http://www.ctic.purdue.edu/KYW/wspartners/ statewscontacts.html。

普渡大学合作推广服务，农药及容器的管理（*PPP*-21，1992年11月）。2001年5月30日于以下站点检索: http://www.agcom.purdue.edu/AgCom/Pubs/PPP/PPP-21.pdf。

得克萨斯州A&M得克萨斯州农业推广服务，影响水质的农药的特征。2001年2月15日于以下站点检索: http://entowww.tamu.edu/extension/bulletins/water/ water_01.html。

得克萨斯州A&M得克萨斯州农业推广服务，改进农药的储藏和管理以降低地下水污染的危险。2001年1月23日于以下站点检索: http://agpublications.tamu.edu/catalog/index.html。

美国环境保护局，分5个水系区域，地下水保护法令的电子纲要（1998年10月）。2001年5月22日于以下站点检索: http://www.epa.gov/r5water/ordcom/。

美国环境保护局第五区，环境意识软件（2000年8月）。2001年1月24日于以下站点检索: http://www.epa.gov/seahome/。

美国环境保护局，水务办公室，保护当地资源的示范条例。2001年5月22日于以下站点检索: http://www.epa.gov/owow/nps/ordinance/ stormwater. htm。

美国环境保护局，水务办公室，保护当地资源的典型法律：雨水控制的操作和维护。2001年5月22日于以下站点检索: http://www.epa.gov/owow/nps/ordinance/ stormwater.htm。

佐治亚大学农业学院和环境科学合作扩展服务，饮用水：农药。2001年1月23日于以下站点检索: http://www.ces.uga.edu/pubcd/C819-6W.html。

内布拉斯加州立大学扩展服务，减少阿特拉津通过地表径流冲刷内布拉斯加州的玉米田的最佳管理方式。2001年5月22日于以下站点检索: http://www.ianr.unl.edu/pubs/Water/g1323.htm。

内布拉斯加州立大学扩展服务，保护水源免受农业农药污染的最佳管理方式。2001年1月23日于以下站点检索：http://www.ianr.unl.edu/pubs/water/g1182.htm。

佛蒙特州农业部，食品和市场规则的网站对农药控制的相关法规，第13部分，关于储藏、运输和处理。2001年5月30日于以下站点检索：http://www.state.vt.us/agric/VTregs91.htm。

华盛顿特区农业部，农药管理：储藏（小容积和大容积的储藏）。2001年5月30日于以下站点检索：http://www.wa.gov/agr/pmd/pesticides/storage.htm。

威斯康星州农业部，农业化学品清理纲要：遏制农药和肥料泄漏。2001年5月30日于以下站点检索：http://datcp.state.wi.us/static/accp/contain.htm。

3.7 管理小规模应用的农药以防止饮用水污染

农药（包括农药、除草剂和杀真菌剂）中含有多种用以控制有害动植物、昆虫以及杂草的化学物质。它们在减小昆虫和其他有害动植物对植物的破坏，控制不良植物种类过度生长等方面有广泛应用（图3-18）。本节介绍了预防饮用水水源受到小规模应用（应用于草坪、高尔夫球场、墓地、公园和道路）农药污染的措施；本节也对预防农业或农场条件大规模应用的农药污染提出了措施。

图3-18 农药的使用

3.7.1 农药的来源

农药在绿地区域有各种应用。住户、商业设施（如高尔夫球场和墓地），以及路沿都使用农药。住户在草地养护和园艺过程中使用农药，许多住户种植外来植物品种，因而需要使用农药、肥料和进行灌溉。

高尔夫球场和休闲场所，如公园及其他开放空间，也使用了农药。高尔夫球场的短草对昆虫抵抗力差，必须使用农药杀虫措施。农药也用来维护墓地和商业区的草坪。道路、运输业和公共走廊则使用农药以限制植物生长，增加驾驶员的能见度或者廓清电力线路的通道。

过量的雨水能够冲洗植物和泥土中的农药，进而使其流入流水中。在农药使用不久后灌溉植物或者降雨，农药能被渗滤入泥土中。一些农药对泥土中微生物的降解作用有抵抗力，因而最终渗滤入地下水，农药可通过排水沟、石灰坑及其他沟槽进入地下水。

3.7.2 对饮用水水源附近小规模农药进行管理的重要性

农药含有各种有机和无机化合物，它们本身具有毒性，当根据生产商的使用说明使用时，它们是安全的，但如果使用不当则会渗入地表水和地下水给水系统。农药的除去很困难且代价昂贵；若被吸入或吸收，农药将危害人的健康，包括引发癌症、对肝和肾的损伤、不育、对神经系统的影响等。

一旦供水系统被农药污染后，处理非常困难而且花费巨大。对供水系统的处理是一个长期的过程，而且往往难以成功。使用备用水源也可能花费巨大且不切实际，例如，连接其他的公共供水系统代价昂贵，而且开凿新的水井也并不能保证新的地下水源不会被污染。

3.7.3 对小规模应用农药的实用预防污染措施

预防措施对于保护水源免受农药污染是有效的，包括从简单的常识性的行为（如阅读标签）到更复杂的措施，如适当地存储和除去农药。大部分对小规模应用农药的预防措施都倾向于简单和低成本行为。对农药污染最有效的预防措施包括简单和复杂的实施行为以降低农药向水源迁移的可能性。预防措施可以分为保护地表水不受农药径流污染和保护地下水不受农药渗滤或渗透两类。

注意，单一的预防措施不一定适合预防水源的污染。最有效的方法是，单一的预防措施应组合到全面的预防方法中去。全面的预防方法需要考虑到潜在污染源的性质、目的、成本、可操作性、维护措施的需要、水源的易被污染性、公众的接受程度以及公众对降低危害的需求等因素。

有许多将对农药的需求减到最小的有效选择。综合防治（IPM）指以兼容方式（化学的和非化学的）控制害虫以减小农作物的损失。当害虫实在难以控制时，才最后选择使用农药。

综合防治包括定期监控，通过检查害虫数量水平和它们的损害来决定是否使用农药或者其他控制措施，监控可通过受训雇员（如设备主管）来实现。综合防治还包括非化学控制措施，如机械的、植物栽培的、生物的控制措施，强烈推荐采用卫生设备和抗农药植物。在任何可能的情况下，采用农作物轮作、选择抗性农作物品种、清理拖拉机、防止杂草种子进入土地并在耕作中控制杂草的生长都是非常可取的办法。应该最大化地利用天然的生物控制方法（图 3-19），仅在必需的时候使用农药。许多农药都是广谱材料，因而对益虫和节肢动物也有影响。

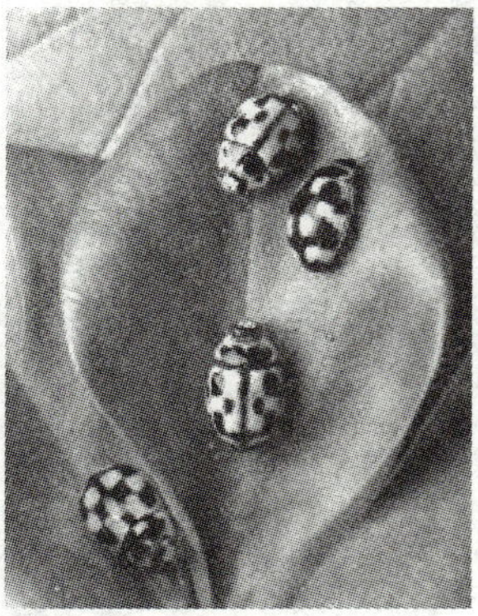

图 3-19 瓢虫可以自然防治蚜虫

图 3-20 正确地应用农药

阅读农药容器上的标签是最简单而又最重要的预防措施之一（图 3-20）。标签表明了适当的使用量、应用率、农药是广谱还是选择性的（杀死所有还是只是一种特定类型的昆虫）以及农药正确的操作方法。标签还提供有关合理存储和使用的消息，意外摄入时的紧急联系电话。如果农药是高毒性的，标签将包括特别的警告和使用限制，如混合和应用时远离井和饮用水水源的 setbacks 标志。阅读标签并遵循说明将确保农药不被滥用，并且其使用与虫害问题相一致。

应适当应用农药以减小地面使用的化学物质的量，减少农药购买量，为土地所有者节约资金。应校准应用设备以正确应用，遵循农药生产商的说明，并选择抗渗滤的或“缓慢释放”农药。大滴使用，以防止被风吹散。只在非受损表面如水泥固定和装载农药，且水泥中不含有地面排水管或雨水排水管的入口，这些水管可能传送溢出物到地下水源。农药应用过程中应检查农药标签，不滥用农药。

农药不能在降雨前或降雨后马上应用，因为这可能导致在应用点的泥土径流和农药的再次应用。径流中的泥土可携带农药进入当地雨水管，从而污染当地的水源。

3.7.4 减少农药使用的方法

选择健康的已知对疾病有抵抗力且适合所在地气候的种子和树苗。强壮的种子长成成熟的植物甚至可能不需施用农药。种植抗害虫植物品种和当地植物物种也将减少对农药的需求。

每年改变耕种的植物；度过冬季的植物将不易受害虫攻击。昆虫将迁往另一它们能找到营养的地点，而杂草则保持休眠状态直到它们的营养得到补充。

手动行为（图 3-21），如翻地、锄地、手选杂草和害虫、设置陷阱和覆盖地面，都是不使用农药除去害虫的好方法。住户往往有过度使用农药的倾向，应该只在需要时小心使用。

图 3-21 减少农药的手动行为

适当的植物管理可以改善植物的生长状况，减少对农药的需求，并且减少径流和渗透。利用牧草和灌溉技术使草坪保持健康并使化学处理的需要减到最小。保持适当的排水和通风以促进可降解农药的微生物的生长。减少灌溉以控制农药向地下水的渗流，这将节约用水并减少径流。

利用生物控制可减少对化学农药的需要。某些植物能引来鸟类、蝙蝠等，种植这些植物，既可美化景观又可天然地减少害虫。

正确的农药存储和管理

正确的存储在预防地表水和地下水受污染方面是很重要的。将农药存储在完好的容器中，并贮藏于仓库内或覆以非渗透性的表面（如水泥）。必须遵循农药标签上的存储说明，虽然这些说明通常很普通，如“在存储和处理时勿污染水、食物或饲料”。不要将农药存储在有可能发生水淹的地方。农药应保持在其最初的容器中；如果标签不清楚，产品要进行适当的处理。

溅出物清扫（图 3-22）是另一项重要的预防措施。迅速打扫干燥的溅出物并按正确方法再使用农药；干燥的溅出物通常容易清扫干净。对于液体溅出物，尽可能地回收并按正确方法再使用。移走一些受污染泥土是很必要的。用猫砂或其他吸收性材料吸收地面上无法回收的液体。确保有一紧急联系号码在必要时求救。检查标签，确保对化学物质进行正确的管理。

图 3-22　溅出物的清扫

如果容器存放或清理不当，农药容器的处理可导致地下水污染。在容器中的化学残留物会向地面泄漏。比起农民，住户和其他使用者可能只有较少量的农药和空容器，其处理方法也有所不同。

住户通常使用不可退回的容器，可参与其所在社区组织的家庭有害废物收集活动。半满或空的容器可以交给家庭有害废物收集站。若住户能够马上使用漂洗水时，如用于需要农药的植物上，则应采用三次漂洗处理容器；漂洗水绝不能向排水管倾倒或倾倒入下水道系统。在可能时回收塑料和金属容器，对于非毒性容器可不必回收。空容器可以在常规垃圾中处理，打开袋子并对其进行捆绑或包裹以减少尘土，再将其放入常规垃圾中。不要在私人场所掩埋或燃烧农药容器或袋子。住户把不用的农药送给其他农药使用者，这样做远胜于扔掉它。

农民和大量使用农药的用户（如高尔夫球场管理者）可能须存储和处理大量的农药，而他们常常不能参加社区家庭有害废物收集活动。为了预防地下水污染，应尽可能经常地使用可回收容器，并将它们送回经销商。对于不可回收容器，当容器用空后，立即采取高压漂洗或三次漂洗，因为当残留物干燥后就很难除去了；适当地利用漂洗水（如在需要农药的植物上）。许多州有针对农民和其他农药用户的多余农药的收集项目，通常叫做清洁清除项目；许多州还有农药容器和回收项目。根据所在州的规定，刺破不可退回的容器并将它们存贮于非露天的场所直到它们能被处理。打开袋子并对其进行捆绑或包裹以减少尘土，再将其放入允许的垃圾掩埋场中。不要在私人场所掩埋或燃烧农药容器或袋子。联系所在州的农业部门或环境质量部门进行咨询。如果容器是满的或半满的而且农药处于良好状态，可以将其送给其他农药使用者。不过如果农药的标签对其使用有限制，则只能对其分类并由有合格证明的申请者使用。

附加说明

以下资源包括农药管理措施的信息，所有的文件都可在互联网上免费获取。如果有关于农药管理的法规，请联系所在地的地方政府部门获取。

AgSafe 联盟，安全管理农药 （Safely Handling Pesticides），2001 年 2 月 15 日于以下站点检索： http://www.agsafe.org/series_1/pesticide.html。

加利福尼亚州环境保护署农药管理局，安全管理农药提示 （Tips for Handling Pesticides Safely），2001 年 3 月 12 日于以下站点检索：http://www.cdpr.ca.gov/docs/factshts/safeuse.htm。

EXTOXNET FAQs，农药：如何影响人类与环境（Pesticides: How They Affect You and The Environment），2001 年 3 月 8 日于以下站点检索：http://ace.orst.edu/info/extoxnet/faqs/。

佛罗里达州农业和消费者服务局和佛罗里达州环境保护局，农业化学物管理和农场机器维护的最佳管理经验（1998 年 5 月）（Best Management Practices for Agrichemical Handling and Farm Equipment Maintenance.（1998， May），2001 年 5 月 30 日于以下站点检索： http://www.dep.state.fl.us/water/slerp/nonpoint_stormwater/documents/pubinfo.htm#Best Management Practices。

Home*A*Syst，国家 Home*A*Syst 项目 （National Home*A*Syst Program），2001 年 5 月 22 日于以下站点检索：http://www.uwex.edu/homeasyst/index.html。

马萨诸塞州食物和农业局农药科，对环境无害的草坪维护之户主指导（A Homeowner's Guide to Environmentally Sound Lawncare），2001 年 6 月 4 日于以下站点检索：http://www.massdfa.org/pesticides/publications/homeowner.htm。

马萨诸塞州食物和农业局农药科，家庭农药存储和管理实践 （Pesticide Storage and Handling Practices in the home），2001 年 6 月 15 日于以下站点检索：http://www.massdfa.org/pesticides/publications/publications_storage_home.htm。

马萨诸塞州食物和农业局农药科，农药的存储，混合和负载：原则 （Storage， Mixing and Loading of Pesticides: Guidelines），2001 年 5 月 30 日于以下站点检索：http://www.massdfa.org/pesticides/waste/index.htm。

国家农药通讯网络，农药情况说明（Pesticide Fact Sheets），2001 年 6 月 4 日于以下站点检索：http://nptn.orst.edu/nptnfact.htm。

自然资源防护委员会，农药对婴儿和儿童的暴露与毒性 （Pesticide Exposure and Toxicity to Infants and Children），1998 年 3 月，http://www.nrdc.org/health/kids/cdw0398.asp。

新英格兰地区州际水污染控制委员会，水源保护：对新英格兰小型地表水供给的指导手册（Source Protection: A Guidance Manual for Small Surface Water Supplies in New England.），1996 年 3 月。

农药观察、农药与人类健康（Pesticides and Human Health），2001 年 3 月 12 日于以下站点检索：http://www.pesticidewatch.org/Html/PestProblem/HumanHealth.htm。

Schueler，Thomas R. 和 Heather K. Holland. “向低投入草坪进军”流域保护实践：保护我们国家的水流、湖泊、江河和港湾的技术(“Toward a Low-Input Lawn.” The Practice of Watershed Protection: Techniques for protecting our nation's streams，lakes，rivers and estuaries），2（1）：254-264。

西北地区农药替代联盟、替代情况说明（Alternatives Fact Sheets），2001 年 1 月 24 日于以下站点检索：http://www.pesticide.org/factsheets.html#alternatives。

有毒警戒，草地中的毒药：草坪农药的危害和后果（Poison In The Grass: The Hazards And Consequences of Lawn Pesticides），2001 年 3 月 12 日于以下站点检索：http://www.cqs.com/elawn.htm。

美国环境保护局环境健康危害评价办公室，农药规划（Pesticide Programs），2001 年 1 月 23 日于以下站点检索：http://www.oehha.ca.gov/pesticides/programs/index.html。

美国环境保护局农药和有毒物质预防办公室，健康草坪，健康环境——以环境友好的方式养护草坪（Healthy Lawn，Healthy Environment－Caring for Your Lawn in an Environmentally Friendly Way），700-K-92-005，1992 年 6 月，2001 年 1 月 24 日于以下站点检索：http://www.epa.gov/oppfead1/Publications/lawncare.pdf。

美国环境保护局农药和有毒物质预防办公室，害虫控制和农药安全的市民指导（Citizen's Guide to Pest Control and Pesticide Safety），2001 年 1 月 24 日于以下站点检索：http://www.epa.gov/OPPTpubs/Cit_Guide/citguide.pdf。

美国地质测量、国家水质量评估及农药国家综合项目，地下水中的农药（Pesticides in Ground Water），2001 年 1 月 23 日于以下站点检索：http://water.wr.usgs.gov/pnsp/gw/index.html。

3.8 管理家畜、家禽和马匹粪便以防止饮用水的污染

出于公众卫生的考虑，长期以来人们将动物的废弃物或粪便进行隔离。然而，目前，每天都有动物的废弃物被排放到江河、小溪和其他水体中。这些废弃物会对人们的健康造成持久的危害，因此必须使用合适的方法来降低危害、防止饮用水源的污染。本节介绍了一些防止家畜、家禽和马匹等对水源的污染，以及提高水质和减轻饮用水处理设备负荷的方法（关于宠物和野生动物废弃物的管理信息，可以参考本节中与这些动物相关的内容）。

3.8.1 动物粪便的来源

家畜和家禽是废弃物的主要来源（图 3-23）。据统计，在美国家畜废弃物的量是人类产生的废弃物的 13 倍。来自敞开式饲育场、畜舍、畜棚和牧场的家畜家禽废弃物可以通过直接倾泻以及对土地进行施肥而回到环境中。

用于演出和娱乐项目的动物，如马等，产生的废弃物也需要进行污染预防。与家畜相似，马也被饲养在农场中，因此可以采用选择性的预防措施。每匹马每天平均生产 45 磅的废弃物，这个数目对于郊外小型的农场是很难承受的。很少有地方马的饲养头数超过 50 只。尽管相对于家畜来说，这种饲养密度较低，仍可将许多用于家畜的污染预防措施用于马的废弃物处理。

图 3-23 家畜饲养场

3.8.2 对饮用水水源附近的动物废弃物进行管理的重要性

动物废弃物中包含许多能够对地表水和地下水饮用水水源造成污染的物质。在家畜、家禽和马的废弃物中，对人类健康威胁最大的可能是病原体。一旦被摄入体内，许多在动物废弃物中的病原体都会传染人体。一些微生物如隐性芽胞虫菌、蓝氏贾第虫、沙门氏菌等能够引起诸如皮肤疼痛、胸腔疼痛这样的症状。在许多州，可能引发痢疾和腹泻的大肠杆菌就曾导致疾病的暴发。尤其大肠杆菌的强毒株可引发疾病甚至导致死亡。隐性芽胞虫菌具有很好的抗氯能力，应特别引起注意。这种原生动物引起的胃肠疾病可持续 2 到 10 天，这对于免疫系统较弱的人来说可能会产生致命的危险。在米尔沃基供水系统污染事件中，隐孢子虫造成了 50 人死亡和约 403 000 人染病。牛粪便肥料的流失可能是隐孢子虫的来源。

动物的废弃物是饮用水中硝酸盐的主要来源。过量硝酸盐的摄入会造成婴儿的高铁血红蛋白症（有先天性心脏缺陷的婴儿），这种疾病会降低血液携带氧气的能力。如果不进行治疗会引起致命的危险。由于硝酸盐的健康危害，美国 EPA 规定了饮用水中污染物的最高含量，以氮元素来计算的话，就是硝酸盐的质量浓度（mg/L 或 ppm）。

动物的废弃物中还包含许多能够引起人类健康和水质问题的其他污染物。这些污染物包括能够杀死鱼类和恶化水质的耗氧类污染物。动物废弃物中的固体物质还会增加水的浊度，并影响水的味道和气味。此外，在动物饲料中含有的金属物质，如砷、铜、硒和锌，会导致人体中毒。在动物饲养中使用的抗生素、农药和荷尔蒙等也会成为危险的污染物。

3.8.3 防止动物废弃物污染的实用方法

许多预防措施，可以大大减少家畜，家禽以及马匹粪便对水供应的影响。这些措施在复杂性和成本上存在很大差异。应当指出，单一的预防措施可能不足以防止水源污染。

预防措施应采取整体污染防治，并应同时考虑到动物废物的性质，饮用水源的脆弱性，以及成本、可操作性和维护措施上的要求。禽畜废物的妥善管理，包括防止动物及其粪便与径流和水源接触，应适当运用粪便作为作物和牧草的肥料，并妥善管理牧场。

a. 饲育管理措施

通过在屠宰过程中进行恰当的储藏和肥料处理，有一些方法可减少肥料的沉积或流失。这些方法包括建造用于废弃物储藏的污水池、修建垃圾储藏建筑、引调清水、堆积肥料以及流失处理。

污水池或废弃物储藏池是通过土地挖坑来提供动物废弃物的临时储存地点。这项措施可以减少进入地表水的有机物、病原体、肥料。不过，如果建造不合理或维护不恰当，污水池也会污染地下水。污水池包括液体、淤泥和固体三个截然不同的区域。这些废弃物在将来可以被抽出来并用做农作物的肥料。

集中喂养动物作业的许可

根据国家污染物排放削减制度的有关法规，集中喂养动物作业被定义为污染点源，并且受到排放或将要排放地区的许可限制（《联邦条例法典》第 40 卷第 122 部分第 23 节）。美国 EPA 法规对集中喂养作业的定义则依据喂养动物作业的范围或者与排放方式结合的排放范围而定。当某个动物喂养作业被授权当局认为是一个重大污染源时，也可以被认定为集中喂养作业。国家污染物排放削减制度许可授权并对排放采取强制条件。该许可必须包括基于技术的限制，如有必要时还可发布更为严厉的基于水体质量的限制。美国 EPA 已经对《联邦条例法典》第 40 卷第 412 部分的饲养场颁布了基于技术的限制（例如废水排放政策）。该方针包括量化限制、非量化的排放限制以及设施使用特定最佳管理实践时的要求。美国 EPA 于 2001 年 1 月 12 日在《联邦公报》上发布了一条提议条例（66 FR 2960），该条例对集中喂养作业的定义和饲养场排污方针都有更新和修正。这些修正寻求解决由畜牧业变化引起的水质问题，以及更有效地解决因集中喂养作业导致的施肥和废水处理对土地使用产生的问题。更多关于该提议的补充信息可以登录 http://www.epa.gov/npdes/afo 获得。

图 3-24 污水池

由于可能污染地下水，在使用储存动物废弃物的污水池（图 3-24）时，好的计划、设计和维护是非常重要的。其中两个重要的因素是位置和污水池的衬垫。污水池应该按照国家和地方的要求，距饮用水井有一定的距离。污水池应被安置在水井的下坡而绝不能放置在河漫滩。污水池的设计应满足至少 25 年一遇，24 小时的暴雨和污水过程（25 年一遇的意思是在一定的年份里有 1/25 的概率发生）。

污水池应带有由合成材料、纺织品、压缩黏土或其他土壤材料制成的低渗透性衬垫。一旦衬垫完工，在污染物移动完成过程中一定要保持其完整。一旦被侵蚀，就会发生泄漏并污染地下水。保护衬垫有两个方法：一是建造污水排出设备的专用混凝土进口斜坡台；二是在干态操作下首先去除掉液体并使固态物质保持干燥。

家禽的垃圾储藏设施的设计应阻止雨水将家禽储藏室废弃物冲刷掉，这些废弃物将来会用做农作物的肥料。垃圾储藏可以确保家禽的废弃物在恰当的条件下应用，以保护环境并且保证其与土壤和农作物的需求相符合。垃圾储存建筑物的类型（从最低到最完善的水源保护）包括打开库存、覆盖库存、掩盖储藏库和建造带有顶棚的储藏结构。储藏室结构的合理尺寸主要由移动垃圾的量和家禽饲养场清理的频率来决定。

引调清水是防止降水或地表漫流污染的一项有效措施。饲养场和牲畜场及其周围合理的雨水管理，包括对农业排水井入口采取适当的保护（或隔绝），是预防地下水污染的根本途径。牲畜饲养篷屋顶的雨水檐沟和落水管通过引导降雨远离肥料来保持径流的清洁。另一项避免径流污染的策略是表面改道，例如建造土脊、饲养场或在谷仓上建造导流阳台来引导表面漫流从而远离废物。

堆积肥料可以消除病原体和减少废料的体积。堆积肥料就是控制有机物质的生物分解，这种过程既可能是好氧的（需要氧气才发生），也可能是厌氧的（不需要或很少需要氧气就能发生）。这可能是处理家畜的废弃物最为普通和最经济的方法。堆积肥料的地点应该远离饮用水水井和水源，以避免被暴雨冲走。同时，桩基应该设计在水不能蓄积和冲刷的平坦位置。一旦肥料完全分解为可用的堆肥，就可以作为肥料用恰当的方法进行施肥。堆肥应该在合适的温度下保持适当长的时间以消除肥料中的病原体。带有氧化池的养猪场如图 3-25 所示。

图 3-25 带有氧化池的养猪场

一旦径流被污染，作物的滤土带和其他的方法可用来控制坡面漫流。这些方法通过吸收营养物质、细菌和化学品来处理从饲育场或牧场冲刷出来的物质。关于这些预防措施更多的信息，在本章中控制暴雨径流的部分将会提及。

b. 合理的土地肥料应用

营养物质的有效管理可以最大限度地减少其损失。通过实施全面的营养管理计划以及施用营养物质仅仅选择农作物生长所必需的种类和数量，在恰当的时间、应用恰当的方法，实施额外的农业操作来减少肥料的损失，并按照正确的程序来保存和管理肥料等，都可以减少肥料的损失。

肥料在根系区域的正确放置可以显著提高农作物对营养的吸收，并降低肥料的损失（图 3-26）。肥料不能简单地用于地表，最好混合用于地下，以减少流失和蒸发。废弃物肥料不能用于冰冻的、冰雪覆盖的或饱和的地面上。灌溉水的良好管理也能够帮助提高肥效和减少流失。

图 3-26 动物的废弃物作为肥料

合适的肥料应用率也是非常重要的。在农作物吸收的最佳时机进行施肥可以降低地表水土的流失，并降低农作物需要的肥料的数量。最佳施肥率的计算应考虑到土壤中氮和磷的其他来源。此外，恰当的施肥量还应基于生产者对农作物的预期产量的预测。每种作物和农田的预期产量与土壤性质、可用水分、历史产量和管理水平有关。土壤取样对确定农作物的营养需求和制定准确的肥料需求量都非常必要。

水土保持耕作和设置缓冲带能够减少喂养场、牧场和家畜运输途径中废弃物对水源的污染。在水土保护耕作中，农作物的生长要有宽松的土壤条件。植物残体不应完全混入土壤中，而应该覆盖在土壤表面以减少流失。通过在地表水体附近种植密集的植被来建造缓冲带和滤土带，因植被可减少过滤沉积物和化学品的流失。对于缓冲带和滤土带的更多信息可以在本章中控制暴雨径流部分找到。

在美国的某些区域，动物产生的废弃物量超过本地区所有农作物对肥料的需求量。在这种情况下，规划将过量的肥料从流域或水源保护区中移出，或者开发肥料的其他用途（除土地应用之外）也是必需的。

作物轮作通过减少肥料和农药的用量来提高产量和经济效益。在轮作中种植豆类作物可以为后面种植的农作物提供氮肥。深根系的农作物可以为浅根系的农作物提取遗留在土壤中的氮肥。参考本章中肥料的农业应用部分，以获取预防措施的附加信息，例如激光控制土地平整、保护性耕作以及建设缓冲带。

c. 牧场管理

一些方法对控制家畜远离水体是很实用的。除了保护河床免受损害，修筑栅栏也可用来阻止家畜靠近河流和水井。栅栏的种类包括标准的和传统的（带刺的和使用光滑金属的）、悬浮的、铁丝网和电网。地形的高度、尺寸、间距和金属丝的数量和动物一样需要引起关注。优化的设计标准要依据特定的形式和遵照生物学专家的建议。在家畜附近使用备用水源和坚固的跨河桥，以减少它们对水质的影响。如图 3-27 所示。

图 3-27 牧场管理

附加说明

这些资料包含动物废弃物污染预防的措施，它们都可以在互联网上免费获取。

联系自然资源保护署，保护区和所在地区的农业推广服务代表可以获得营养物质管理方面更多的信息，还有其他成本分担的项目，如美国的环境品质改进计划（EQIP），环保休耕计划（CRP），增加保护性储备计划（CREP），以寻求水源保护措施实施的资金支持。

流域保护中心，雨水管理资源中心，污染预防情况说明书：动物废弃物的收集。

2001 年 2 月 19 日于以下站点检索：http://www.stormwatercenter.net。

Fulhage，Charles D.（1993 年 10 月）保管家禽垃圾 密苏里—哥伦比亚大学，农业工程系水质量处倡议出版 WQ212。

2001 年 5 月 21 日于以下站点检索：http://muextension.missouri.edu/xplor/envqual/wq0212.htm。

Hammond，C. 动物废弃物与环境保护 佐治亚大学农业学院和环境科学合作推广服务。

2001 年 2 月 19 日于以下站点检索：http://www/ces.uga.edu/pubcd/c827-w.html。

Kellogg，R. L.，C.H. Lander，D. C. Moffitt，and N. Gollehon（2000 年 12 月）

农田和牧场吸收粪便养分的能力：美国的时空变化趋势，美国农业部，自然资源保护部门经济研究部门。

2001 年 5 月 21 日于以下站点检索：

http: //www.nhq.nrcs.usda.gov/land/pubs/manntr.html。

Koelsch，R.（1999 年 2 月）厌氧污水池以及径流控制塘的污泥管理。

2001 年 2 月 27 日于以下站点检索：

http: //www.ianr.unl.edu/pubs/wastemgt/g1371.htm。

自然资源保护部门，水科学研究所（2000 年 6 月）农业流域中的水生病原体。

2001 年 5 月 1 日于以下站点检索：

http: //www.wcc.nrcs.usda.gov/watershed/products.html。

北卡罗来纳州大学水质组织（2000 年 8 月）。控制来自于农业的非点源污染的国家管理措施（草案）。EPA 水资源办公室，非点源资源控制处。

2001 年 5 月 1 日于以下站点检索：

http: //www.epa.gov/owow/nps/agmm/index.html。

美国农业部，自然资源保护部门（1999 年 8 月），保护实施培训指南。

2001 年 4 月 30 日于以下站点检索：

http: //www.ftw.nrcs.usda.gov/tech_ref.html。

美国农业部，自然资源保护部门（2000 年 12 月），综合营养物质管理计划——技术指南。

2001 年 4 月 30 日于以下站点检索：

http: //www.nhq.nrcs.usda.gov/PROGRAMS/ahcwpd/ahCNMP.html。

美国 EPA，地下水及饮用水办公室（1999 年 4 月），暴露式水库指导手册. EPA-815-R-99-011。

2001 年 2 月 19 日于以下站点检索：

http: //www.epa.gov/safewater/mdbp/pdf/uncover/ufw8p.pdf。

美国 EPA，科学与技术办公室（1999 年 2 月），初步数据汇总：饲养场点源分类的研究.EPA-821-R-99-002。

2001 年 2 月 19 日于以下站点检索：http: //www.epa.gov/ostwater。

以下网站提供了关于家畜管理和相关预防方法等信息的文章。

爱达荷州单一计划（http: //www.oneplan.org）提供了最佳管理操作目录。

爱荷华州州立大学推广 http: //www.exnet.iastate.edu/Pages/pubs/fm1.htm。

密歇根州农业部，农业权益项目 Program.http：//www.mda.state.mi.us/right2farm/farm.htm。

得克萨斯州农业扩展部门 http: //agextension.tamu.edu。

美国农业部 自然资源保护部门操作标准网站提供了国家保护措施以及其他相关文件的链接。http: //www.ftw.nrcs.usda.gov/practice_stds.html。

美国 EPA 废水处理办公室，有一个致力于动物饲养经营的网站。

美国 EPA 湿地海洋和流域办公室 http: //www.epa.gov/owow/nps/agriculture.html。

3.9 治理暴雨径流以防止饮用水污染

暴雨径流是由雨雪融化产生的水流经土地、街道、屋顶和草坪所引起的。径流中夹杂的沉积物和污染物可以污染地表水或者渗入土壤从而污染地下水。本节主要探讨对城市环境中径流的治理，而由其他污染源引起的污染（如农药、动物饲料和洗车等）则在其他的章节中进行讨论。

3.9.1 暴雨径流的来源

城市和郊区有许多密闭的区域，如道路、人行道、停车场、建筑物和其他结构的屋顶，这些区域降低了水流可流过的面积（压实土）。类似的区域有充满污垢的停车场、步行街、棒球场和郊区的草地。在暴雨中，雨水会流经不透水的表面，这种流动使污染物发生了移动，从而将这些污染物夹杂到水体中。城市和郊外的各种因素都将对暴雨径流产生影响，如油类、汽油以及汽车滴落在路上和停车场上的液滴（图 3-28）。大型购物中心和零售中心所产生的暴雨径流也会夹杂汽车产生的碳氢化合物。私有住房的景观美化、周边公司以及公众场所都会给地表径流带来沉积物、农药、肥料以及营养物质。道路和建筑的结构也对排水沟中含沙量的多少起到了至关重要的作用。此外，未覆盖的物质，如使用不正确方法储存的有害物质（如家用清洗剂、泳池化学品或草坪护理产品），宠物和野生动物的排泄物和垃圾都会夹杂到溪流或地下水中。由非正当途径渗入到排水沟中的物质（如发动机润滑油）也能够污染水源。

图 3-28 停车场径流

雨水也可以直接通过Ⅴ类排液井灌注到地下。这些排液井被广泛地用做转移道路、屋顶和面层产生的暴雨径流。在商业和轻工业设施中，对这种直接灌注应予以重点关注（如在材料填实区的内部和周围、汽车服务区或停车场）。

3.9.2 治理饮用水水源附近暴雨径流的重要性

建立密闭的区域防止雨水通过土壤自然渗透到地下水中，这种方法可以在雨水到达地下水之前过滤掉污染物。同时，不透水的表面层可以使表面径流快速流动。发展减少了可被植被利用的土地，这降低了减缓快速径流和过滤污染物的作用。当不透水地面覆盖率达到区域面积的 10%～20%时，水质的下降将会变得非常明显。不可控径流有 3 点值得注意的地方：（1）暴雨发生时增大了的最大流量和流速导致洪水和侵蚀；（2）使局部补给减小；（3）传输污染物质。当径流被限制在一个狭窄的区域（如街区）时，水的流速随着深度的增加显著增大。这将会加大没有植被覆盖区域的冲蚀（图 3-29），并增大低洼地区的水流速度，促使沉淀在水体的表面沉积。溪流中的沉淀能够增加水体的浑浊度，并为病菌和病毒的传播提供媒介，同时降低了水库的容量。沉淀物也能导致水生物种的缺氧，造成生境损失，降低水生动植物的生物多样性。快速径流是没有机会渗透到地表以下的，地下水量也不会由于下雨而增多。

美国 EPA 认为包括暴雨径流在内的非点源污染源是国家水体污染最重要的来源之一。根据一项全国范围内的调查，127 项主要污染物质中的 77 项是在城市径流发现的。在暴雨径流中发现了一些主要的污染物质，如重金属、有毒化学品、有机化合物、农药和除草剂、病原体、营养物质、沉积物以及盐类和除冰剂。这些物质中的一部分是致癌的，其他部分如长期接触也会引起一系列生殖、发育或其他健康问题。即使是短期接触，病原体也能够导致疾病，这对某些人甚至是致命的。

城市径流主要由雨水道收集（图 3-30），并由未经处理的排水沟排出，因此暴雨径流夹杂的污染物被排放到人们饮用水水源的水体表面。此外，美国大约 20%的人口使用这种合流（厕所废水和雨水）排水系统，在暴雨期间厕所水道直接将污染物排放到未经处理的排水沟中。

图 3-29 冲蚀

图 3-30 城市径流的收集

3.9.3 暴雨径流的预防措施

多种治理方法可以用来减轻暴雨污染，如污染防治和处理设备。最有效的暴雨污染防治计划是把这些预防措施与当地的土壤、降水量和土地使用情况联系到一起。下面介绍一些最广泛使用的治理方法。注意，单一的预防措施不一定适合预防水源的污染。最有效的方法是，单一的预防措施应组合到全面的预防方法中去。全面的预防方法需要考虑到潜在污染源的性质、目的、成本、可操作性、维护措施的需要、水源的易被污染性、公众的接受程度以及公众对降低危害的需求等因素。

污染源防治和控制方法包括，对私有业主进行公共教育，对商业业主进行家务管理培训，适当地使用和存放家用有毒物质，维护草坪和绿化带，涂刷暴雨水沟，搜集有害化学物质以及降低有害物质的非法排放。结合了建筑和厂址选择的最佳管理措施，如果可行则可用于推广。在车行道上维护道路的通行，对化学物质和营养物质进行控制，扫除和清洁街道，清洗暴雨下水道，减少除冰剂的使用或使用替代产品，以及清洗设备均能降低径流中污染物的含量。

除了合适的冲蚀和沉淀控制方法以外，建设活动在很大程度上决定了暴雨径流的沉积。临时栽种快速生长植被能够控制冲蚀现象，如草和野花。把土工织物或密封盖覆盖在土壤上也能够保护土壤免受径流的危害。常用的建筑场地维护方法有修建入口垫，以及清洗汽车以使沉积物和泥土不致被带走。建筑物应该避免与土壤接触，或者施工活动实时配合低降雨和低冲刷能力，如在秋季降雨期施工好于春季降雨期。其他的方法包括沉淀物沉积池，沉淀物围栏，风蚀控制以及沉淀物、化学物质和营养物质控制。

如果有必要，可以制定有关建设活动的条例和规章制度或者采取冲蚀和沉淀控制方法以确保在建筑过程中将冲蚀的危害降低到最小。需要随时检查和纠正冲蚀和沉淀控制措施的执行情况，以确保工作顺序和利益最大化。当地政府可以使用各种土地使用控制措施来保护水资源免受潜在的污染，例如对控制进行细分，以确保预期结果不会对饮用水水质或地下水补给造成危害。在新发展地区和再发展地区需要建造合适的暴雨治理系统以确保径流并不随面层面积的增加而增加。低影响阶段包括维护前期开发水文条件，考虑过滤技术和改道水补充蓄水层。

使直接相连的密闭区域最小化（DCIAs）是减小径流流速和体积的一种很重要的方法。制订计划的人应在地表水沉积之前将产生于屋顶、人行道和其他表面的径流引导至植草带以促进渗透和过滤污染物。停车场多孔的设计也能够为雨水渗透到土壤提供空间。装有沙子、沙砾或草等渗透性材料的混凝土格（图 3-31）被放置在沙土或沙砾的空隙处。雨水通过孔洞进入底土层。植物绿化带低于街道高度能够促进排水。

图 3-31 混凝土格

结构设计用来控制径流或者临时存储雨水。一系列的结构设备用来发展过滤、渗透或沉淀悬浮颗粒技术。下面介绍一些最常使用的方法。

铺上草皮的滩槽很浅，分布在沟渠中可以减小径流速度和体积。土壤通过渗透和过滤作用带走了污染物。植被或草皮避免了土壤冲蚀，过滤掉了沉淀物，同时摄取营养。草皮滩槽的维护包括日常割草，再播种和杂草控制，并经常检查冲蚀情况以确保植被的完整性。为了使滩槽完全发挥其功能，流入到滩槽的物质必须流经一片过滤带或者不透水面层（也就是不要从水管的末端开始）。通过证实，滩槽可以除去超过 80%的土壤。除了铺上草皮的滩槽以外，铺上草皮的排水沟（带有草皮的宽且浅的沟渠）也通常被用做径流的出口。

缓冲带是将树木、灌木和草丛平行地种植在溪流旁的植物带。缓冲带应该由三个区域组成：四排或五排紧邻溪流的树木，一排或两排灌木，和外围 20～40 英尺宽的草丛区。缓冲带降低了径流流速，缓冲了水流，并能防止溪流冲蚀。植被和土壤也能够过滤沉淀物和化学物质。应控制野草的生长，每年割草 1 到 2 次来维护缓冲带。从长期来看，每一个区域都应进行收割和再种植。通过证实，缓冲带可以除去 10%～20%的固体物质。但是，这些缓冲带不能够增加过滤量。

过滤带（图 3-32）是与表面水连接、种植在轻斜地面上的密植植被。过滤带的作用是固定土壤，也有部分渗透性，并可将暴雨径流中的固体颗粒过滤掉。具有发达根系系统的植物是这一区域的首选。针对不同区域选择最理想的物种以及植被搭配形式。过滤带的宽度和长度取决于排水坡的坡度和大小。维护方法包括检查，割草，去除沉淀物。虽然过滤带也能够去除氮磷化合物，但是对过滤杀虫剂效果甚微。当水流平且浅以及草在雨季生长的时候过滤带最为有效。

暴雨塘（湿塘）由一个永久性的池塘和一个自然沼泽植被区组成（图 3-33）。在暴雨中或暴雨间隔期，固体物质可以被池塘沉淀下来，而自然沼泽植被区可以用来溶解污染物，并通过生物化学过程将其除去。湿塘通常在一个区域经发展而具有了水源特征，从而增加了周边环境的产业价值。不同于绿化带的维护，湿塘仅需每年检查一次出口以及岸线。植被每隔 3～5 年需要收割一次，而沉积物每隔 7～10 年清理一次即可。湿塘可以去除 40%～60%的磷化物和 30%～40%的氮化物。

图 3-32 过滤带

图 3-33 暴雨塘

人工湿地与湿塘相似，由更多的自然水生植物和更小的开放水域组成。暴雨湿地与自然湿地不同，暴雨湿地被设计用来治理暴雨径流，与自然湿地的明显区别是缺少生物多样性。如果具有显著的逆流土壤冲蚀现象，那么湿地将由沉淀池或前池组成。大颗粒被截留在前池中，维护工作则在较小的池中展开。就像湿塘通过固体沉淀作用和生化过程来去除污染物一样，湿地同样具有这样的功能。湿地的维护也与湿塘相似。

图 3-34 渗透池

渗透作用（水池和沟渠）利用长且窄，通常有 3～12 英尺深的装满石头的渠道来实现。径流被储存在这些水池或渠道石头的空隙中，并慢慢地渗透到土壤基质以下，这一过程可以将污染物过滤掉。渗透设备不能够单独除去污染物，而应与预处理过程（如通过洼地或沉淀池）联合使用，以防止过早堵塞。维护过程由每年的定期检查，以及大雨过后的检查和碎片清理过程组成，并应将主要精力集中在入口处和溢流槽的检查上。渗透设备和联合过程可以去除 70%～98%的污染物。

旋涡式浓缩器具有一个地下拱顶式结构，用来通过运动使油类和油脂类杂质沉降下来。可以快速地滤除水流中可沉淀的粗砂和漂浮物，经浓缩处理后的水流变得更加清洁，可以排放到受纳水体中。经证实，旋涡式浓缩器对悬浮固体和 BOD 的去除率超过 60%。

第Ⅴ类暴雨排水井的最佳管理操作包括选址，设计和排水井的操作等问题。暴雨排水井最佳管理实践工地的选址因素要考虑最小化表面水体逆流，饮用水水井或地下水位。暴雨排水井也必须避免与某些关键区域接触，例如水源保护区，土壤性质对暴雨排水井不利的区域。暴雨排水井最佳管理操作的应用设计包括沉淀物去除设备（如油类/沙砾分离器或过滤带），油类油脂分离器和预处理设备（如前文描述的沟渠或湿地）。保持最佳管理操作对于正常运转至关重要。相关的管理方法包括溢油应急，监测和维护程序。应设计将水源分隔开或者使来源于工业区的径流远离暴雨排水井（如使用围堵设施-护坡道或路缘石）。

EPA 国家污染物排放削减制度计划审批来自市政分流制排水系统和工业活动（包括建筑物）产生的暴雨径流。当前的审批规则要求为美国范围内 5 000 多个市政分流制排水系统建立许可。国家污染物排放削减制度暴雨许可证要求对市政分流制排水系统建立必要的法律权威来减少暴雨中污染物的排放，从而达到最大限度的可行性，并制定和实施暴雨管理方案，其中包括：

- 实施结构和水源控制措施以减小径流中来自商业区和居民区污染物的排放，包括维护，监视和计划编制；
- 监测并纠正违法向雨水管的排放和不恰当的处理方法；
- 检测和控制某些工业区的暴雨排放；
- 建筑点设置雨水控制装置。

此外，对某些小的市政分流制排水系统暴雨则要求后建设暴雨管理控制机制。除现有的联邦规定以外，地方规定还要求大于 1 英亩的建筑物的局部控制需经国家污染物排放削减制度许可。近来，EPA 制定了一份最佳管理实践目录，这份目录提供了 100 多种的情况说明书以供小的市政分流制排水系统控制城市暴雨径流，这本目录可以从 EPA 的网站上找到（www.epa.gov/npdes）。

附加说明

这些原始资料来自暴雨管理办法，列出的所有文档均可在网上免费使用。美国国家交通部或农业部的联系方式也可在网上或电话簿中找到，这些部门同样是很好的信息来源。

为了使影响暴雨控制的地方条例和规章制度得以通过，可以联系城市/县的公共建设部、分区办公室，审批办公室或交通部，这些部门是当地权威管理部门。联系当地政府的权威部门以确定其是否具有合适的暴雨管理条例。与本地各种潜在污染源相关的水源保护条例的大量案例可以在以下网址找到：http://www.epa.gov/r5water/ordcom/，http://www.epa.gov/owow/nps/ordinance/和 http://www.epa.gov/owow/nps/ordinance/links.htm。

以下资源可以提供具体管理方法的选择和设计信息：

暴雨流域保护资源中心（www.stormwatercenter.net）提供暴雨管理问题的技术支持。

北亚利桑那大学提供阴雨天气流量管理的相关课程，具体资料参见 http://jan.ucc.nau.edu/~dmh3/egr499。

得克萨斯非点源手册（www.txnpsbook.org）包含四本有关暴雨最优管理和实践的手册，包括“城市非点源管理”和交互式最佳管理实践选择器。

美国 EPA，地下水和饮用水办公室（1999 年 9 月）。第Ⅴ类地下水排放控制研究，第三卷：暴雨排水井。EPA/816-R-99-014c。

2001 年 5 月 2 日于以下站点检索：http://www.epa.gov/safewater/uic/classv/stw-fact.pdf

美国 EPA，科学与技术办公室（1999 年 8 月）。最佳城市暴雨管理方案原始数据摘要。EPA-821-R-99-012。

2001 年 2 月 7 日于以下站点检索：http://www.epa.gov/OST

美国 EPA，废水管理办公室（1992 年 9 月）。工业区暴雨管理：发展污染防治计划和最佳管理实践。2001 年 2 月 6 日于以下站点检索：

http://www.epa.gov/owm/sw/indguide/index.htm。

美国 EPA，湿地、海洋、流域管理办公室（1993 年 1 月），海岸水域非点源污染的具体管理办法手册。EPA-840-B-93-001c，2001 年 2 月 15 日于以下站点检索：http://www.epa.gov/OWOW。

华盛顿州立交通部（1995 年 2 月）。高速公路径流手册，2001 年 2 月 15 日于以下站点检索：http://www.wsdot.wa.gov/fasc/engineeringpub- lications/manuals/highway.pdf。

怀俄明州环境质量部 （1999 年 2 月），城市非点源污染最优管理办法草案，2001 年 2 月 21 日于以下站点检索：http://deq.state.wy.us/wqd/urbbmpdoc.htm。

大学推广服务是水质问题信息最重要的来源之一，其中包括暴雨管理。俄勒冈州农业部提供这些网站最全面的链接（http://www.oda.state.or.us/Natural_Resources/wq_ces.htm）。

下面的一些推广服务提供了多种暴雨管理方法的情况说明书，包括最优管理方法：

爱荷华州立推广服务（http://www.extension.iastate.edu/Pages/pubs/）。

北卡罗来纳合作推广服务（http://www.ces.ncsu.edu/resources/）。

俄克拉荷马州立大学，农业科学和自然资源部（http://agweb.okstate.edu/pearl/wqs）。

普渡大学合作推广服务（http://www.agcom.purdue.edu/AgCom/Pubs/menu.htm）。

3.10 为预防饮用水的污染对小剂量化学品的使用管理

许多小公司、政府部门和学术单位使用化学品来完成他们的业务。尽管在目的上有所不同，但这些化学品的小剂量使用都有可能造成饮用水的污染。许多小公司非常了解他们的日常商业操作，但对化学品的恰当使用以及管理缺乏认识。本节介绍防治少量化学品污染的预防措施以及举例说明在各个领域的具体情况。产生危险废弃物的机构——《资源保护与回用法案》中定义的那些，需要针对合理的处理方法咨询所在州的危险废物局。

3.10.1 小剂量化学品使用的地点

小剂量化学品的使用者包括干洗店、美容店、照片冲洗店、汽车维修厂、印刷厂、实验室、自来水供水设施、学术机构、疗养院和医疗机构等（图 3-35）。在日常工作中，这些机构使用一些化学品并产生化学废弃物。脱脂、清洗、磨光、油漆的制备、除锈和照片处理只是小公司的部分所为。

图 3-35 化学品的使用

使用者不合理处置的化学品会通过各种路径进入地下水和地表水中。如果这些机构不小心或故意地将化学物质倾倒进下水道中，就会导致地下水和地表水的污染。不恰当处理的物质进入下水道会危及公共污水处理厂对污水的处理能力。倾倒进化粪池系统和干枯水井中的化学品会渗透进地下水并引发水处理系统的故障。化学品的使用者通常应确保运输人员是被许可的，并且确保将这些化学品废弃物运送到合适的处理地点。

3.10.2 对靠近饮用水水源地小剂量化学品的使用进行管理的重要性

许多机构使用的化学品以及产生的化学品废弃物如果被摄取进人体，会危及人类的健康。这些机构使用的化学品种类包括溶剂、腐蚀性化学品、干洗剂、重金属、无机物、墨水、油漆、酸性铅电池、电镀化学品、氰化物和木制品防腐剂，每种污染物都会对环境和人体健康造成危害。例如，干洗产生的全氯乙烯滤渣会对人类和动物的肾和肝脏造成损害。在地下水中，这些小剂量的化学品掺杂在大多数的污染物中，并且极少量就会污染数千加仑的地下水。氰化物是金属表面精整所产生的一种常见污染物，其被认为极具危险性，即使是极少剂量的氰化物也会造成严重的污染。化学品的制造商可提供一个材料安全数据单以便对产品及其废弃物进行分类，这个数据单列举了多种危险材料，并将制成的产品和废弃物进行了分类。

3.10.3 小剂量化学品的实用预防措施

由于众多的机构使用化学品（图 3-36 为涂料——译者注），因此预防措施的种类也很多，许多措施都是针对于某些特定的重要设备。本节讨论了大多数机构的一些常用预防措施。在贯彻执行某一预防措施前，需要首先评估所使用化学品的种类以及使用方法。对化学品的监测可以帮助操作人员决定哪种方案是最有益的。应以较为简单和便宜的方案开始，再去考虑耗费更高的措施，如设备和过程的改进。一些最简单且花费最少的措施一样能获得最有效的污染预防效果。

图 3-36 涂料

注意，单一的预防措施不一定适合预防水源的污染。最有效的方法是，单一的预防措施应组合到全面的预防方法中去。全面的预防方法需要考虑到潜在污染源的性质、目的、成本、可操作性、维护措施的需要、水源的易被污染性、公众的接受程度以及公众对降低危害的需求等因素。

a．避免过量使用化学品的方法

好的废弃物减排和管理措施可以显著减少有害污染物对饮用水水源的污染危害。在混合和使用化学品时，使用者务必严格遵照制造商的说明，以防止产生大量无用的废弃物。在生产的过程中，可以通过使用低毒性和低浓度产品的方法达到降低废弃物毒性的目的。这些方法包括使用水溶性的涂料，或者在水溶性涂料不能使用时用高含量固体涂料来代替。用危险性较低的溶剂和产品替代清洗时所用的高毒性和强刺激性的化学品。在印染机构中可使用不含重金属色素的无毒性墨水。

负责任地采购也可以大大降低处置废物的量。购买者应按需求订购基本材料并将不用的材料部分返回给卖主，这样可以大量减少废弃物的排放量。将有害物质混合进无毒的废弃物中也可能产生额外的有害物质。避免此类操作可以大大减少废弃物的毒性和增加材料循环的可能性。另一种减少污染物的方法是将工业污染物提供给其他的机构。废弃物交易可以减少处理费用和处理量，减少对自然资源的需求并提高废弃物的价值。

b．化学品的合理使用和处理

仔细阅读化学品储存容器上的标签是预防措施中最简单和最重要的方法（图 3-37）。这些标签提供了恰当使用、储存、倾倒废弃物的信息，还可能会有关于在产品偶然溢出或被摄入人体时的紧急处理信息。在使用高度危险的化学品时，标签应该说明特殊的警告和使用限制。应对员工进行培训，以防止因使用设备引起化学品对饮用水水源的污染。尽管许多预防措施看起来比较简单，但如果操作者不按照说明执行就可能导致严重的后果。全体职员经过培训都应该能够做到合理储存材料，了解溢出控制以及应急响应方法。通过定期培训、工厂污染物预防措施的培训、制定激励和奖励制度来鼓励职员积极学习和掌握正确的化学品使用方法。

图 3-37　正确地使用农药

c．化学品的正确储存和处置

化学品的审计是良好的起步。了解这些设备对化学品的需求并就这些情况与化学品的库存供应进行比较是非常重要的。当适量时，多余的化学品应被转移（或正确处置）或调整日后的购入以减少存货总量。要严格执行化学品的管理计划，包括使用的化学品清单、处置方法（如回收利用或外运），以及确保有毒化学品不被倾倒进水源中的程序等。

选择恰当的地点来储存有毒物质可以防止储存区域和容器的意外泄漏和应用。选定的储藏区域应该铺砌或带有密封的表面、保护性的覆盖，并且在所有储罐周围都应该设有二次安全壳以收集溢出的产品。储藏容器应该带有明显的标签，写明购买日期以及分装商原始标签上的所有信息。物质标记了年代，使得设备可以首先使用年代较早的材料。在不使用时，储藏容器必须密封以防止泄漏和蒸发。储藏区域和容器每周都应进行全面的检测，并防止未被授权的原料进入。对化学品的储存和处理区域应小心处理，防止暴雨径流造成污染。美国 EPA 已经制定了最佳管理实践的全面指导方案，用于进行工业设备中的雨水管理。

危险废弃物不应该倾泻到地面排水管、暴雨下水道、盥洗室、水槽、其他不适于倾倒的区域以及通向公共下水道的管路、腐化系统或旱井等。化学品废弃物应该按照制造商的说明以及国家和地方的要求来进行处理。许多地方团体都赞助有毒废弃物处理项目，以收集和合理处置小剂量的化学品。

在制定处理方案时，材料安全数据单是一个有用的工具。这些数据单提供关于工业化学品含量的重要信息，以及确定某个设施是否会生产出有毒废弃物。材料安全数据单的数据（例如化学品名称、成分、可能的致癌作用以及其他已知的危害等）对化学品的使用、储存和溅出控制是十分重要的。材料安全数据单文档可以向制造商索要，并应保存在随手可及的地方。

当危险物质被无意释放出来时，该事件被认为是一次溅出，应进行适当处理。溅出防止与控制包括溅出响应方案，当出现大型泄漏事件时，其可对操作者起到指导作用。一个好的方案可以减少化学品对环境的影响，清除污染的费用以及可能造成的身体伤害。在混合和贮存地区附近，它应该放在员工们比较容易看到的地方。除了给员工详细的指导，泄漏响应方案还应该包括一张图表，在图上要标出所有化学品、地面排水管、出口、灭火器和泄漏应急用品的位置。泄漏应急用品（如拖把、桶、海绵和吸收材料）也应该列好。在这些过程中受过培训的人必须在工作岗位上或者在实施过程中可以很快到达。其他控制溅出的措施还包括传送有害物时漏斗的使用和在龙头、阀和泵下放置油滴盘以防止意外泄漏等。倾斜的地板可以使泄漏物流入收集区。三分之一的突发性泄漏发生在码头，这里收集池的设置有助于将有害化学品重新收集。所有方法都应采用可将泄漏物回用或者循环的方式来进行。（图 3-38 和图 3-39 分别显示了化学药品的使用和清理工具——译者注）

图 3-38　化学药品的使用

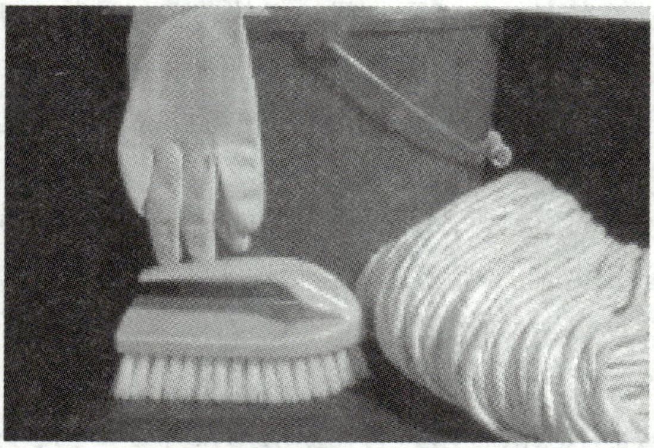

图 3-39　清理工具

附加说明

这些资料包含小剂量化学品的一些污染预防措施，所有文档都可以在互联网上免费获得。

公众期望通过立法来获取帮助，以保护供水系统免受小剂量化学品使用或者是小企业为了促进运营而采取的管理措施而引发的污染。地方消防部门和卫生部门有权通过法律和规章制度对化学品的使用和安全进行管理。

联系所在地区的政府部门看是否有对小剂量化学品的使用进行管理的法令，对于多种潜在的污染源，地方有许多相关的水源保护法令，具体实例可以在下列网站找到：

http://www.epa.gov/r5water/ordcom/。

http://www.epa.gov/owow/nps/ordinance/。

http://www.epa.gov/owow/nps/ordinance/links.htm。小企业环保主页（http://www.smallbiz-enviroweb.org/fundstat.html）提供了全部50个州的金融资助项目和其他有用资助的网页链接。

以下资源提供关于具体管理措施选择和设计的信息：

马萨诸塞州环境保护局，资源保护办公室，饮用水公告 （1996年6月），保护饮用水系统的建议 在万维网上于2001年2月26日检索：

http://www.state.ma.us/dep/brp/dws/files/donts.htm。

明尼苏达州污染控制处（1999年7月），工业污水的处置和替代物。2001年2月21日于以下站点检索：http://www.pca.state.mn.us/water/pubs/8-02.pdf。

新罕布什尔州环境服务局（1999 年 2 月），地下水保护的最佳管理方法，WD-WSEB-22-4。2001 年 2 月 26 日于以下站点检索：http://www.des.state.nh.us/factsheets/ws/ws-22-4.htm。

纽约环保局，污染防治组（1998 年 3 月），少量发生器的环境适应性和污染防治指南，2001年2月26日于以下站点检索：http://www.dec.state.ny.us/website/ppu/ecppsqg.pdf。

俄亥俄州 EPA，有毒废弃物管理部门（1997 年 8 月），你的事业与危险性材料的管理，2001年2月26日于以下站点检索：http://www.epa.state.oh.us/dhwm/dwatt/brochure.htm。

美国 EPA，环境意识（1993 年 2 月），个案研究：阻止地下水的污染#1903，2001年2月21日于以下站点检索：http://es.epa.gov/techinfo/case/michigan/michcs15.html。

美国 EPA，新英格兰（2000 年 4 月），每个人的工作在保护饮用水水源中的角色（EPA-901-F-00-001）。2001年2月21日于以下站点检索：

http://www.epa.gov/region01/eco/drinkwater/sourcewater.pdf。

美国 EPA，固体废弃物办公室（1996 年 4 月），了解有毒废弃物的控制（EPA530-K-95-001），2001年2月21日于以下站点检索：

http://www.epa.gov/epaoswer/hazwaste/sqg/handbook/sqg_pdf.pdf。

美国 EPA 污水管理办公室（1992 年 9 月），工业活动中雨水的管理：研究污染预防措施和最佳处理方法。2001年5月1日于以下站点检索：

http://www.epa.gov/owm/sw/indguide/index.htm。

下面的站点可以提供小剂量化学品使用的预防措施：

downthedrain.org是一个致力于减少危险材料对饮用水供给系统威胁的站点。网址为：http://www.downthedrain.org。

迈阿密—戴德环境资源管理局提供了一些管理不同类型设施的情况说明表：http://www.co.miami-dade.fl.us/derm/。

小企业环保主页（http://www.smallbiz-enviroweb.org/）帮助了解小企业的环境友好程度和污染防治信息。其出版物部分为小剂量化学品使用者提供了一些文件和网页站点。

美国环境局执法和援助办公室（U.S. EPA's Office of Enforcement and Compliance Assistance，http://es.epa.gov/oeca/main/compasst/index.html）为有关的小剂量化学品使用者提供了一些文件和网页站点。

一些废弃物交易的信息可以再访问美国环境保护局环境意识网址：http://es.epa.gov/program/iniative/waste/waste.html。

第二篇

法律法规篇

第 4 章 《安全饮用水法》综述

本文是由饮用水研究院（Drinking Water Academy，DWA）编写的，介绍了环境保护局的水源保护计划，地下灌注控制计划以及公共供水管理计划。饮用水研究院提出了一系列的培训单元。这些单元是由饮用水研究院工作组确定的，作为对实施《安全饮用水法》的最重要支持。

这一单元是针对刚到《安全饮用水法》项目的新人编制的。作为一个介绍性的单元，其中许多议题并不包含详细的细节。这一培训单元是将三个为期一天的介绍单元结合起来，读后将全方位了解《安全饮用水法》以及项目的情况。本文总览了《安全饮用水法》，其目的是：说明饮用水威胁的类型，以及为确保良好的公共健康而进行饮用水防护的重要性；阐述饮用水的来源以及可能遭受污染的途径；介绍饮用水供应的主要防护计划；叙述了在联邦《安全饮用水法》制定之前，涉及饮用水的州和地方性管理条例的发展历史，以及制定《安全饮用水法》的背景和计划。

4.1 1974 年之前

4.1.1 饮用水管理发展历史

人们很早就认识到受污染的水供应和瘟疫暴发的关系，例如，在公元前 4 世纪，希波克拉底就开始建议人们饮用煮沸和过滤了的饮用水以预防声嘶。

19 世纪中期，相关人士就开始认识到并着手与饮用水相关的公共卫生事宜。据称，最早采用氯化消毒措施的是奥地利维也纳的一家产科医院，其目的是预防“产褥热”。相关人士开始刊印该类公共卫生事宜以提高公众意识。1854 年，霍乱导致 616 人死亡，其元凶正是受到生活污水污染的饮用水井。

19 世纪 60 年代，路易斯巴斯德首次提出“细菌致病论”，该理论后经欧洲的罗伯特科赫于 19 世纪末证实。19 世纪末，美国人认识到伤寒症暴发与未经处理的地表饮用水的关系。但是，直到 19 世纪初，“细菌致病论”才为人们所广泛接受，至此，水处理（为控制经未经处理的饮用水传播的疾病）迈出了意义重大的一步。

19 世纪末，城市人口聚集，从水井中采集饮用水的方式减少，逐渐过渡为区域供水系统从河流或湖泊中采水并进行配送。

20 世纪初，鉴于大量伤寒症和其他疾病的暴发，各州和地方政府开始订立公共卫生计划以保障饮用水供应。第一个是“水污染控制计划”，着重于通过鉴定和限制污染源来保障地表水供应安全。早期水污染控制计划注重于限制原污水进入地表饮用水源中。

早期“饮用水计划”的目标是向社区供应安全充足的饮用水。起先，这些计划并没有从水污染控制计划中分离出来，因为它们都注重于鉴定和保护安全饮用水源。例如，在排污口的上游定位取水口以采集饮用水。

饮用水处理也起始于 20 世纪初，频繁暴发伤寒症的城市在这方面最为表现突出，如费城。最早的处理方式是对地表水源进行消毒（有时也进行过滤）。

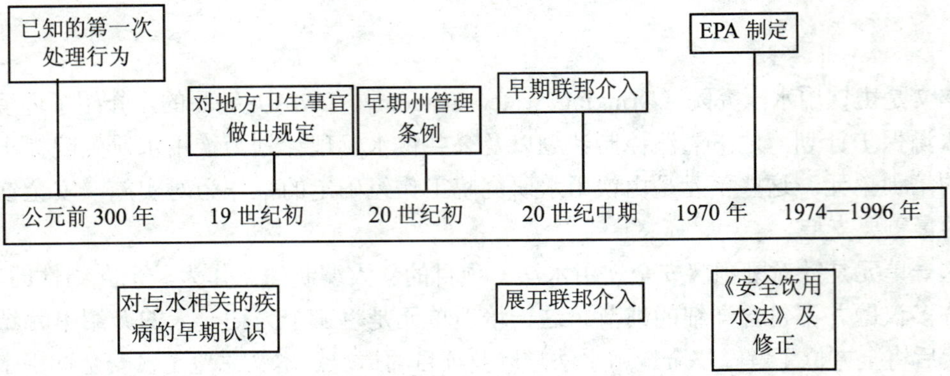

图 4-1 饮用水管理发展历史

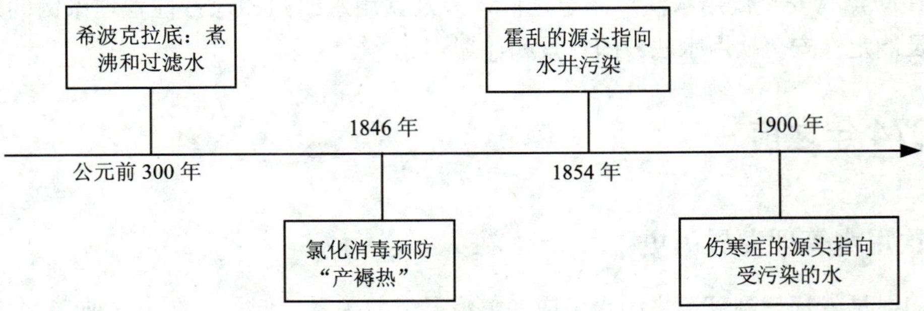

图 4-2 有关对饮用水的关注的早期证据

20 世纪初，随着水质和饮用水计划在各州和地区的广泛普及，因伤寒症死亡的人数大大减少。氯化消毒和快慢砂滤取得明显效果。例如，在纽约州的阿尔巴尼，1899 年以前，伤寒症的死亡率是每 10 万人中 110 人死亡；1900—1910 年，采取了过滤措施之后，伤寒症死亡率降为 10 万人中有 20 人死亡。1910 年开始采用氯化消毒法，1924—1929 年的伤寒症死亡率为零。从全国范围来看，1910 年死于伤寒症的人数占总人口的比例与今天死于车祸的人数所占比例接近。

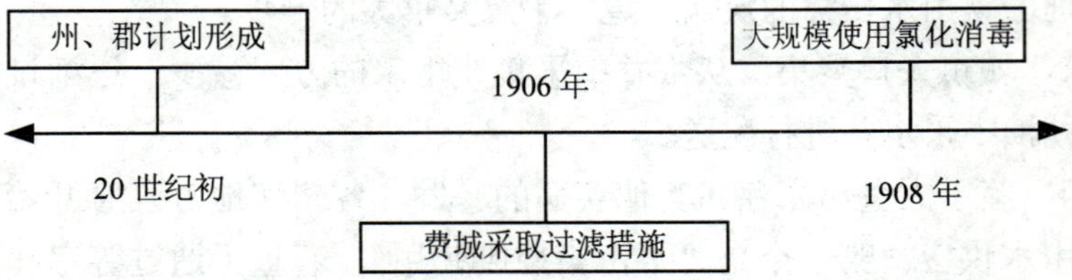

图 4-3 20 世纪初：地方卫生管制措施

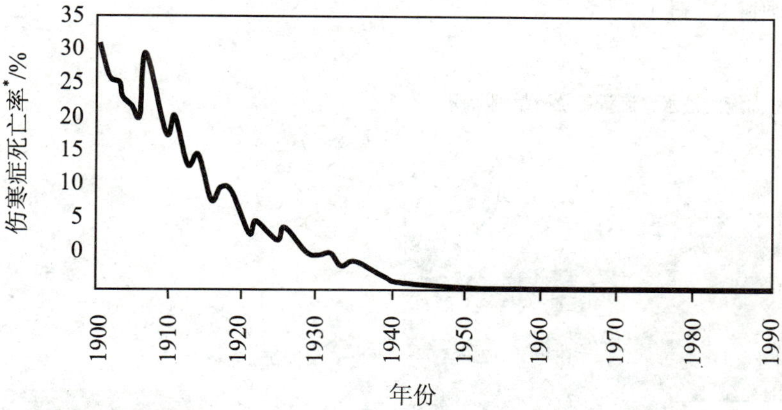

注：* 指每 10 万人中因伤寒症死亡的人数。

图 4-4　饮用水保护成效

4.1.2 饮用水的早期处理工艺

早期处理系统相对简单，并且受诸多因素限制，如场地实用性、生水质量以及当时对水传播疾病原因的理解等。加氯消毒用于减少水中的微生物。慢砂滤是指用过滤速度较慢的大型沙床过滤，慢砂滤处理过程中，沙层顶部会形成 1～2 英寸厚的生物“膜”，水缓慢滤过沙层时，通过筛分和微生物净化作用可达到对颗粒和病原体去除的目的。早在 17 世纪，西班牙的传教团就在北美的加利福尼亚使用过慢砂滤的方法。

图 4-5 所示的慢砂滤池位于北爱达荷州的优质地表水源处，操作员只需定期清理顶层砂砾，没有复杂的操作程序。这种滤池非常适合于以优质（低浊度和色度）地表水为水源的小型供水系统。

图 4-5　慢砂滤池

快砂滤池也可用做去除病原体，处理过程中使用过滤速度较快的小型滤床。通过化学处理方法使粒子脱稳，以此来去除微粒和病原体，在通过滤垫的过程中这些颗粒聚集沉淀并最终吸附在滤料上。

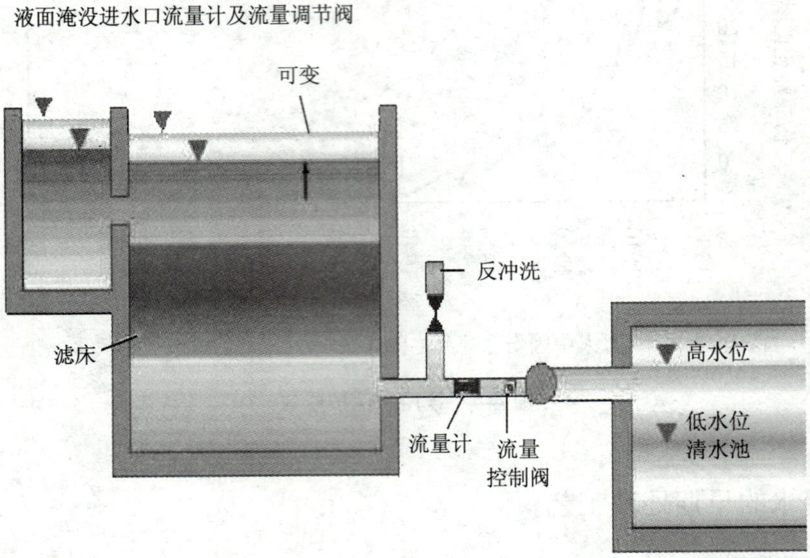

图 4-6 恒速过滤

图 4-6 所示恒速滤池是快速滤池中的过滤流量控制类型。在常规过滤处理中，通过降低或消除颗粒所带负电荷颗粒的稳定性（凝结/脱稳），使颗粒逐渐聚集碰撞并形成更大颗粒（絮凝），大的颗粒在重力作用下发生沉降（沉淀），然后通过过滤去除剩余颗粒（过滤）。沉降下来的颗粒作为污泥被清除，应定期反冲洗沉淀池以清除滤床中淤积的颗粒。

为了清洁过滤池，需不断搅拌滤料以清除过滤时附着其上的黏粒及颗粒物。有时也需借助表面冲洗或者空气冲洗来帮助搅拌。

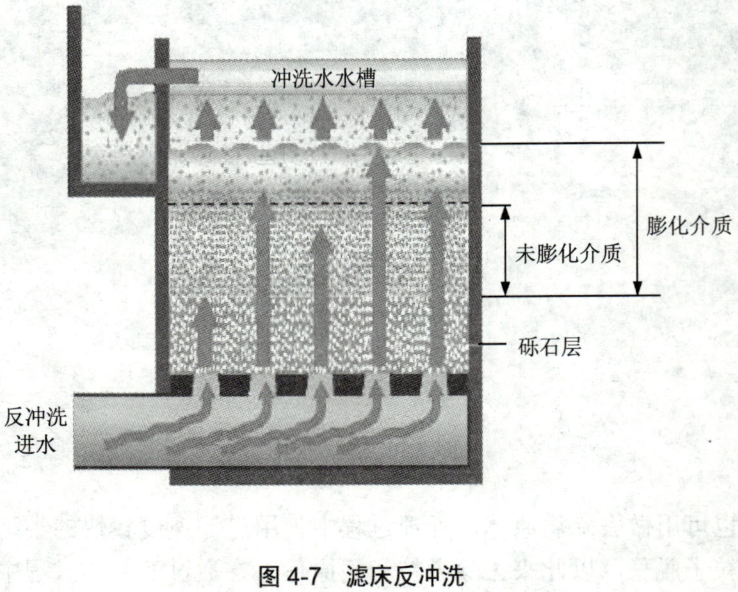

图 4-7 滤床反冲洗

4.1.3 早期监控技术

早期的水质监控有两种方法：大肠菌总数监控和杰克逊烛光浊度测量法。这个阶段采用的监控方法的重点是，如何去除用杰克逊标准烛光仪器测出的水的浊度问题。惠普尔和杰克逊两人研发了一种标准悬浮液，即每升蒸馏水中含有 1 mg 硅藻土。此悬浮液可稀释成系列浊度标准液，并与水样比较进行目视比浊测定。他们也创造出了一种相应的测试方法来比较水样。这种测试方法所需的仪器由一个平底玻璃管和一根特殊的蜡烛构成。它是这样来测量浊度的：慢慢地向玻璃管里面倾倒水样，直到从管口处看到火焰图像刚好消失；这个点称为消失点。这种仪器与硅藻土浊度标准液组合在一起，就是著名的杰克逊烛光浊度计。

水样中细菌总量是通过分析水样品中大肠杆菌的数量来表示的。直到 20 世纪中叶，人类的平均寿命仍然不超过 50 年。虽然防止传染病的预防措施在不断地发展，但仍处于早期阶段。

4.1.4 早期州管理条例

早期州管理条例以蒙大拿州为例，蒙大拿州的条例规定了水源保护。它要求向饮用水源或者冰源排放的废水必须预先经过处理。因为各城市和相关行业抱怨成本太高，所以立法机关于 1911 年修改了该法案，规定只有当地方卫生局证明有必要时才需进行废水处理。后来，两次大范围的伤寒暴发使立法机关确信预防才是更好的办法，故而该条例在 1915 年又被重新修订回它最初的形式。

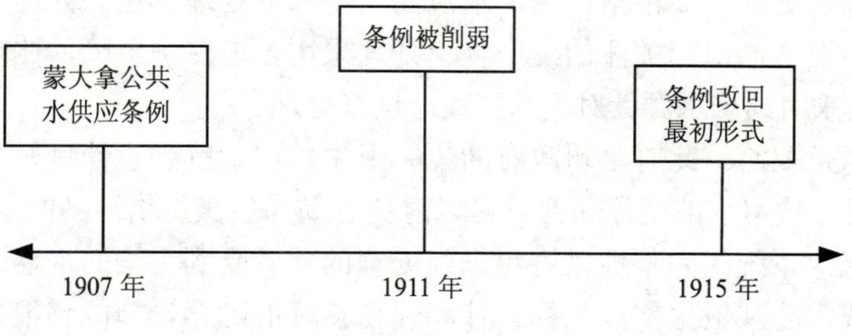

图 4-8 早期的州管理条例（蒙大拿）

4.1.5 早期联邦政府对饮用水的立法

在南北战争以后，美国成立了公共卫生局并归医事总署管辖，开始着手研究与受污染的饮用水相关的疾病。然而，早期的联邦法律仅限于州法律管辖之外的活动，主要是州际贸易。

1899 年的《河流和港口法》主要适用于清除那些妨碍航行的物体，如尾矿、暗礁或其他的物体。《州际检疫法》授权联邦政府制定饮用水条例，防止疾病从外国传到美国或者美国各州之间的疾病的蔓延。这促使联邦政府于 1894 年颁布了第一部州际检疫规定。1912 年制定的第一部水务规章规定，禁止在州际贸易运输工具上（如在火车上）使用公用杯子。1914 年，公共卫生局确立了第一个联邦饮用水标准。该标准适用于州际运输工具上的饮用水供给——主要是客运列车。标准将平板细菌总数限制为 100 个/cc[①]（每毫升 100 个菌落），并进一步规定不能有超过五分之一的 10cc 试样中含有大肠杆菌。

该标准仅对州际运输工具上的饮用水供应具有法律约束力，但是许多州和地方政府还是采用了该标准来作为指导。

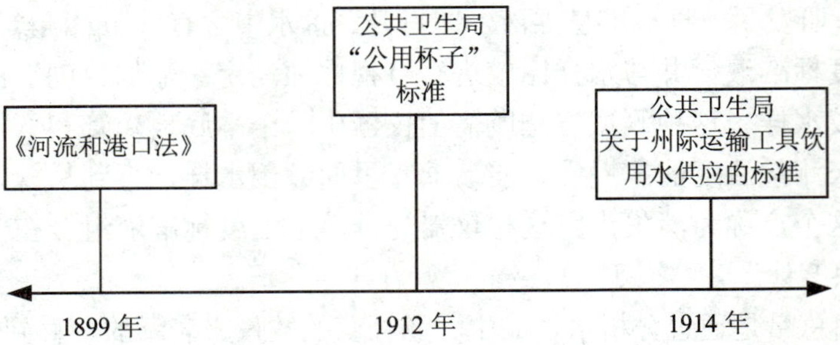

图 4-9 早期联邦政府饮用水立法

4.1.6 多重屏障方法

到 20 世纪中叶，各州政府才很好地建立起公共卫生部门作为管理机构。那时候主要相关的污染物是微生物，各州采用了“多重屏障方法”来防止饮用水受到微生物的污染。

第一道屏障是选择适当水源并保护水源。对于地表水源，这意味着需要选择和建造取水口，保证水源少受甚至不受粪便细菌的污染。对于地下水源，这意味着要选择在适当的地点、以适当的深度以及经批准的建造方法（比如，套管和灌浆）来修建水井。

第二道屏障是处理，要根据饮用水水源的质量选择处理方法。处理方法是用来去除饮用水源检测中发现的引起关注的污染物。处理采用多道保护屏障，比如，沉淀、过滤和消毒都可能用来对同一水源针对不同的成分进行处理。

第三道屏障是配给。此时，州政府的公共卫生部门了解到设计良好的配给系统的重要性，它能够促进饮用水的全流通并且可以避免容易产生微生物污染的水体污浊的状况。他们定期检查配给系统的完整性以避免未经处理的或者受到污染的水通过任何形式的交叉接口进入系统。公共卫生部门声称设计和建造良好的贮存设施能够很好地防止饮用水被污染。

各州使用多种管理方法来保证这些控制措施。大多数州要求，在新的饮用水供水系统开工建造（或者对现有系统进行大改造）之前，其计划和技术指标必须先经过核准。一些州甚至需要对建造完工的系统进行验收，以确保它们符合已批准的计划和技术指标。

此外，各州的卫生专家或者工程师通过常规的卫生检查，从源头到水龙头，对饮用水供水系统的各个部分进行检查。操作员的培训和认证也是非常重要的组成部分。

4.1.7 工业活动的扩张加强了对健康的关注

从 20 世纪初到中叶，科技的创新推动了工业化的发展。在过去的 50 年中，不断增加的化学品的使用使得科学家们不仅关注饮用水的微生物污染，而且关注化学污染。科

① cc 为废弃单位，相当于 mL。

学家们开始鉴别许多与污染物相关联的健康风险。例如：许多工厂直接把重金属和挥发性有机物排放进河流或者通过水井直接排到地下。第二次世界大战以后，一些原来制造有毒化学武器的工厂改而生产杀虫剂产品；杀虫剂的使用变得普遍起来。到 20 世纪 60 年代这些污染物不断地引起一系列的问题，就像 Rachel Carson 在她的《寂静的春天》里所写的那样。化肥里面的硝酸盐和磷酸盐以及杀虫剂和化肥里面的合成有机物作为农业生产的“副产品”也被排放到河流以及地下水里。随着原子时代的到来，核放射污染的问题开始出现，这些问题来自人造核放射源（如核电站）和自然核放射源。

4.1.8 联邦政府参与行为的演变

在 20 世纪 40 年代末，联邦政府启动了新的项目来增加公众获得安全和足够的饮用水以及污水处理设施的机会。

1798 年授权公共卫生局为商业海员提供航海医疗。1944 年国会制定了法律加强了卫生、教育和福利部（现在叫卫生和公共服务部）的公共卫生职能。公共卫生、教育和福利部开始关注地下水保护和化学污染。公共卫生、教育和福利部几乎没有法律的授权，但是它开展了广泛的研究项目。

印第安事务局根据 1921 年的《施耐德法》成立了印第安卫生局。1955 年印第安卫生局转而隶属于卫生、教育和福利部成为公共卫生局的一部分。印第安卫生局的任务包括在印第安人原住区建造饮用水和污水处理设施。

早期的联邦水法主要针对废水问题。1948 年的《联邦水污染控制法》设立基金支持各州的研究，1956 年的《联邦水污染控制法》启动了建设拨款项目来资助公共污水处理厂的建设以收集和处理社区污水。1965 年的《水质量法》要求各州审查、制定和修改饮用水质量标准。各州和各部族采用了水质量标准来保护地表水。水质量标准由“水体指定用途”（例如公共饮水供应，娱乐或者农业）、保护水体用途的定量和定性指标与防止水质恶化政策这几个部分组成。实际上，这些早期联邦实施的项目没有强制执行力。

4.1.9 EPA 成立

1970 年，EPA 作为一个独立的机构成立了。促使该局成立的一个重要原因是联邦政府需要执行权威。饮用水、空气污染控制和固体废物项目都从公共卫生局转由 EPA 负责。对水污染的控制也从内务部的联邦水污染控制局转移到 EPA。

1976 年 EPA 组织制定了第一个社区供水系统的统计目录，该目录显示，过去对美国 20 000 个社区供水系统的评估是不足的。该调查显示绝大多数系统都是小规模并且是私有的，而大部分的人却是大型公共给水系统的用户。

4.1.10 联邦管理层次

联邦制定的法律法规等主要包括：法律，总统令，规章，政策，指导和方针，它们之间的层次关系如图 4-10 所示。

法律——法律由国会制定，并且由总统签署，在总统否决的情况下，如国会三分之二议员通过，也可以批准。典型法律如《安全饮用水法》和《清洁水法》。

总统令——总统令是官方文件，通过这种文件美国总统可以控制联邦政府的运转。

例如，第 13045 号总统令确立了“在法律允许和适当的范围内，在遵从政府部门的使命下，各个联邦政府部门必须高度优先地鉴定和评估可能对儿童造成严重影响的环境卫生风险以及安全风险；并且必须确保针对可能对儿童造成严重影响的环境卫生风险采取相应的政策、项目、行动和标准”。

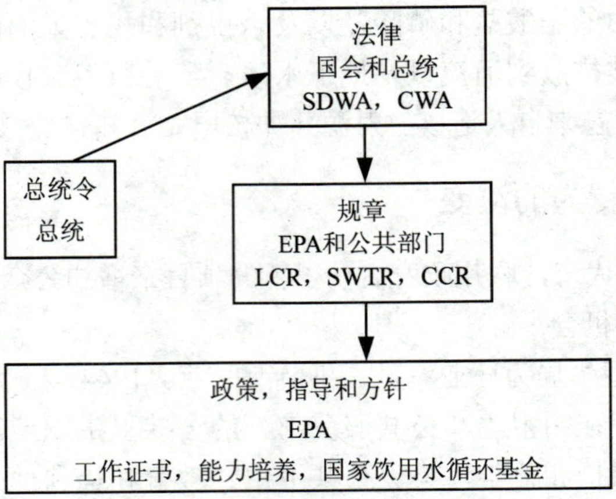

图 4-10　联邦管理层次

规章——规章（或者法则）是由联邦政府机构为了实施联邦法律而制定的，是有法律执行力的。EPA 可以就法律的实施，制定更为详细的规章，但是这些规章不能够与法律相冲突。例如，《铅和铜法则》（LCR），《地表水处理法则》（Surface Water Treatment Rules，SWTR）和《消费者信心报告法则》（Customer Confidence Reports，CCR）都是基于《安全饮用水法》而制定的。规章由 EPA 听取公众的意见而制定。规章需要在联邦公报上发表，并且必须在美国联邦法规中注册备案。

政策，指导和方针——EPA 制定政策、指导和方针来为如何贯彻实施提供建议。EPA 通常自行制定政策、指导和方针，但是也常常咨询管理和预算部门，鉴于将来要付诸实施，EPA 也常常向各利害关系方咨询。

州政府也有相应的管理结构层次。在执行州法令条例规定的饮用水计划时，具有优先权的州与联邦具有同等效力。

4.2 1974—1986 年

4.2.1 1974 年《安全饮用水法》制定背景

20 世纪 60 年代末到 70 年代初，美国进行了几个关于饮用水质量的调查。1969 年公共卫生局的一份研究显示只有 60%的被调查的供水系统传送的饮用水完全符合公共卫生局的标准。超过半数被调查的处理设施存在消毒、净化或者配给系统压力不足等方面的重大缺陷。小型的系统则存在更多的缺陷。1972 年进行的一项研究在一个自来水厂的水中检测出了 36 种化学物质，该厂位于路易斯安那州，它是从密西西比河中取水的。在新奥尔良，使用公共饮水供应系统的人群癌症的发病率比使用私人水井的人群要高。

这些调查引起了公众的关注，促使公共卫生局启动了一项全国性的调查，详细地摸清饮用水的质量。该调查显示全国范围内的饮用水普遍地受到污染，特别是受到合成有机物的污染。大城市的饮用水污染问题尤其令人担忧。该调查唤起了公共卫生部门和普通大众对饮用水问题的关注。公众对饮用水污染问题的关注促使国会在 1974 年制定了《安全饮用水法》。

制定《安全饮用水法》的目的是为饮用水质量确立一个全国性的强制标准和确保饮用水提供者监测他们的饮用水使之符合国家标准。

4.2.2 1974 年《安全饮用水法》条例

《安全饮用水法》1974 年法案要求 EPA 颁布国家一级饮用水管理条例，制定公共供水系统监督、地下灌注控制和唯一源含水层计划，各州参照执行（优先权）。

美国的《安全饮用水法》最初是于 1974 年由美国国会通过的，该法案从两个重大方面重构了饮用水计划：

第一，相对于已有的联邦条例，在管理饮用水体系上设定了更高级别的责任——一个新形成的国家条例：公共供水监督计划（PWSS）。

第二，它从已有的供水体系规划和防止污染方面，扩展到了发展标准、污染监测和所需采取强制措施等方面。

联邦法律要求制定联邦规章。不管怎样，该法案意识到保护饮用水安全依然是各州的首要责任，《安全饮用水法》已经将大部分注意力放在法案执行上的首要责任方面（优先权）。

（1）饮用水标准的制定

国家临时饮用水标准对于输送到用户水龙头中的饮用水制定了每种污染物最大允许限量或最低处理要求（也就是《安全饮用水法》1986 年修订案中提到的国家基本饮用水标准）。

建议最大污染物浓度（recommended maximum contaminat level，RMCL）指对健康没有任何已知的或预期的有害影响的饮用水中的最大污染级别。1986 年修订案重新命名为污染物最高浓度目标（maximum contaminant level goals，MCLGs），污染物最高浓度目标是非强制性公共健康目标。

污染物最高浓度是强制性的，它规定了公共供水系统输送到用户的饮用水中污染物的最大污染级。出于成本—收益还有技术的可操作性考虑，污染物最高浓度的设定应尽量与污染物最高浓度目标一致。

对于某些污染物来说，缺乏一种经济上或技术上可行的方法来检测它们，尤其是浓度较低的污染物。在这种情况下，EPA 制定了处理技术。处理技术是指为控制污染物，公共供水系统所必须遵从的可执行的程序或技术水平。

危险废弃物和超级基金计划也用污染物最高浓度界定受污染水的可接受污染级。

（2）《安全饮用水法》的三项计划

《安全饮用水法》包括以下三个主要计划：公共供水系统监督计划，地下灌注控制计划，唯一源含水层（sole source aquifer，SSA）计划。

公共供水系统监督计划在国家基本饮水法案下贯彻执行，可在法典第四十卷 141 节找到，该计划也为提高供水系统操作水平提供了实施方案。

地下灌注控制计划通过控制地下深井灌注来保护饮用地下水源的安全。该计划控制灌注污水进入地下饮用水源（法典第四十卷 144—148 节）。该法案赋予 EPA 限制出现概率高的污染物向深井或靠近深井地域排入以至威胁到饮用水水源安全的权利。1974—1986 年，地下灌注控制计划是 EPA 保护地下水资源的主要工具。而今，排入地下是处置液体废弃物的主要方式之一。全国范围内，120 万多口井被用于危险或无危险废弃物的处置。

唯一源含水层计划（法典第四十卷 149 节）将在特定区域代表主要饮用水源的地下蓄水层提高到了特殊的地位。而这种地位的确定使得 EPA 有能力审查和评估联邦政府资助的项目，由此项目在设计和执行上都更加关注地下水的保护。

（3）优先权的概念

《安全饮用水法》提出：如果各州能够符合联邦政府对条例的严格性和充分执行力的最低要求，EPA 将委以各州实施《安全饮用水法》的执行责任。联邦饮用水计划，在优先权州中得以实施。对于公共供水系统监督优先权的要求在法典第四十卷 142 节中有规定，对于地下灌注控制优先权的要求在法典第四十卷 145 节中有规定。

为了获得公共供水系统监督和地下灌注控制的优先权，各州和各部落必须符合这些要求。唯一源含水层计划不是强制计划并且不具有授权。《安全饮用水法》允许政府视部落为州。出于优先权的考虑，《安全饮用水法》把以下地区：哥伦比亚特区、关岛、波多黎各、北马里亚纳群岛、维尔京群岛、美属萨摩亚和太平洋群岛的托管领土视为州。

要对优先权进行维护。当 EPA 颁布新的法规时，优先权州必须在州法律许可下，采用新的法规并且申请“优先权”（在幻灯片中可以看到公共供水系统项目修订过程）。优先权申请（初版和修订版）必须提供可实施的章程条例、计划说明、可实施条例执行力说明、法定代理人声明和相关文件的复印件。要求地下灌注控制和公共供水系统监督的批准过程包括公示和提供公众议论听证的机会。

在非优先权州，EPA 拥有主要的执行权力。EPA 在这些州直接执行地下灌注控制和公共供水系统监督计划，所以这些州也被形象地称为“直管”或 DI 州。

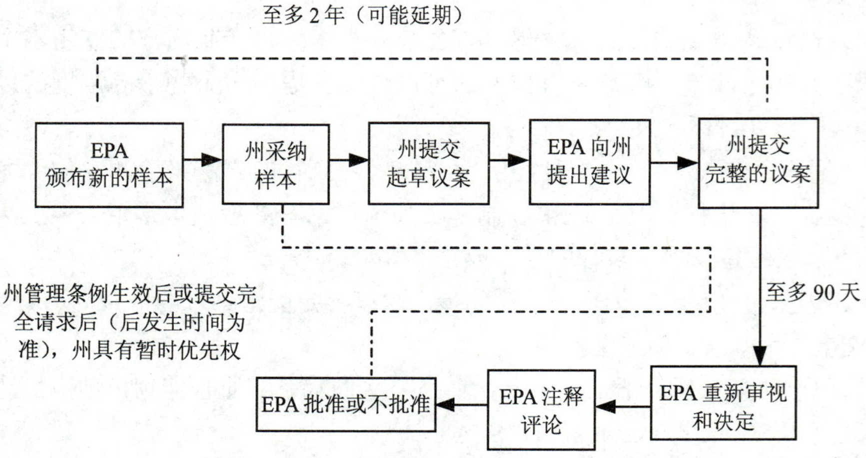

图 4-11 公共供水系统监督优先权修订过程

4.2.3 州强制实施的计划

在《安全饮用水法》中拥有优先权的州有权在联邦条例下各自执行。对于各级政府，管理机构在决定采取何种强制措施和何时处以罚款上有相当的处理权限。

各州最成功的工作在以下两方面达成一致：预防工作和非正式强制执行措施。预防工作以培养一个在严格要求下熟练的操作员为目标，从而防止出现致命性错误。这些行动基于以下理念：在供水者理解并知晓如何以及为什么应该这样做的情况下，他们不会出错。预防工作包括很多，例如：卫生调查，监控提醒信，现场会议和技术协助，操作员资格证书和培训等。为了提高法规的理解力和认可度，各州也组织拓展和培训活动。

（1）非正式的强制性措施

非正式的强制性措施是这样一种哲学延续：对于自愿的操作者来说，对于遵守法规来说，教育和帮助是最有效的方式。

非正式措施是针对较小的违法行为采取的措施，例如操作失误或收集水样失误。经常在不严肃或者文书工作出现违规行为时采取非正式的措施。非正式措施包括：

- 对初犯、情节轻的违反情况发出警告信；
- 违规情况通报；
- 现场会议或技术援助等；
- 发布未能遵守的情况。

连续不服从将导致各州采取更加正式的执行措施。

（2）正式的强制性措施

正式的强制性措施包括行政命令和行政处罚，司法判决。

对于那些对执行措施没有响应的所有者和操作者、对公众健康有重大威胁的设备或存在不良记录的设备来说，各州和 EPA 总是保有最强有力的执行手段。

EPA 和优先权执行机构可以发布行政命令。行政命令包括公众听证和处罚（1996 年修订案要求公共给水系统监督优先权执行州有权进行行政处罚）。

在州法院颁布司法判决或处以处罚之前，各州倾向于作为民事诉讼处理。民事诉讼要求重要机构介入执行并对有严重不一致情况的供水系统保有该权利。

当州立法没有这方面的规定或先前的州处理不是很成功的话，诉诸 EPA 是最后的方式。EPA 可以引入行政行为或将案例以民事（或刑事）行为移交司法部门。EPA 和各州在执行方面将通力合作。如果优先权州执行失败，经过适当提示后，EPA 也可以独立执行。

4.2.4 1974 年《安全饮用水法》主要计划

前面已经提到，1974 年《安全饮用水法》主要有三个计划，公共供水系统监督计划，地下灌注控制计划，唯一源含水层计划。下面就对每一个计划进行阐述。

（1）供水系统及其管理

供水系统为家庭、工业、灭火和灌溉供水。供水系统类型很多，小的供水系统只服务很少人群；大的供水系统可服务上百万人口。处理系统有的复杂，有的简单；有的只用地下水源或地表水源；有的受联邦政府的管理，有的不受其管理。大部分供水系统主要都包含以下几个部分：水源，处理系统，储存设备，分配、传输和水泵设备。这些组成部分见图 4-12。值得注意的是，并不是所有的供水系统都是在水配送之前处理水源。

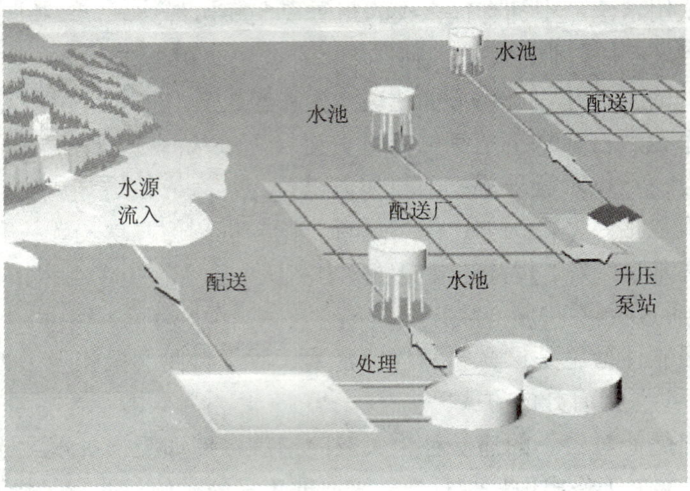

图 4-12　供水系统组成

图 4-13 是图 4-12 的外形图。从该图可以看到有多种产生水压的方法，这就是供水系统的关键所在。该图也解释了为什么需要使用提升泵站将水传输到服务区的高处。在配送系统中，维持正压对于去除污染物和安全配送来说，都是很关键的。

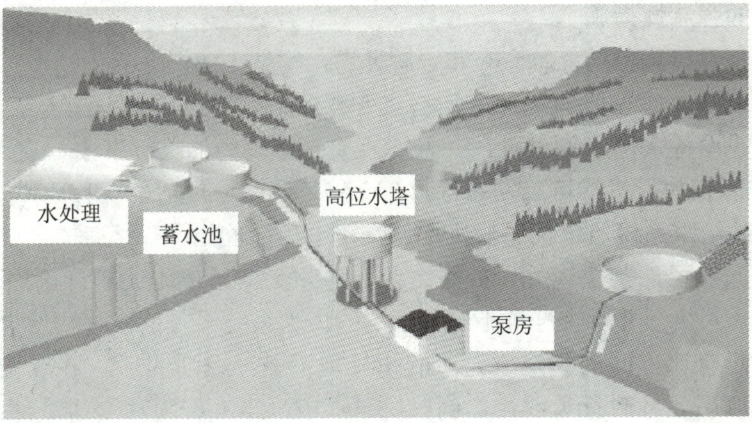

图 4-13　供水系统组成（外形）

① 供水系统的分类

《安全饮用水法》是这样定义公共供水系统的：通过管道或其他修建的配送工具提供公共用水的系统，且该系统至少有 15 个服务接点，或每天有规律地至少有用户 25 人［第 1401（4）（a）章节］。因此，虽然有些州管理小型供水系统，但是只服务于很少用户的深井水或供水系统不在联邦管理范围内。联邦管理着公共供水系统，因为其服务对象是公众，但这不是说所有权属于公众。值得一提的是，一个公共供水系统有可能是公有的（例如国家所有的），也有可能是私有的（例如投资公益事业的投资者经营或移动房屋的所有者经营）。

《安全饮用水法》把公共供水系统进一步分为社区供水系统和非社区供水系统：

社区供水系统为每天服务 25 个人或有 15 个服务接点的公共供水系统。例如城市的家用住宅、停放的可移动住宅或其他居住人群都是使用这一供水系统。

非社区供水系统是不为固定的居民服务的公共供水系统。以下分类更进一步明确该系统包括两种类型：第一，永久性的非社区供水系统，包括一年中要有 6 个月以上的时间是为至少 25 人（相同的人群）服务的供水系统，例如一些教堂、学校和工厂。第二，暂时性的非社区供水系统，包括有自己的供水设备、一年中至少有 60 天服务于临时人群的供水系统，如路边停车站、商业野营地、旅馆和饭店等。每种类型的公共供水系统都可以是公有的或私营的。

1974 年，国会讨论并有些武断地决定，只管理拥有 15 个服务接点或服务 25 人以上的供水系统。有趣的是，1974 年，当国会界定公共供水系统时，符合此项界定的供水系统的数量还是个未知数，但肯定为数不多。现今，在美国，大约有 162 000 个供水系统为联邦政府所管理。

因为供水系统服务人群的风险度呈现不同，所以公共供水系统分为社区供水系统、暂时性的非社区供水系统和永久性的非社区供水系统。

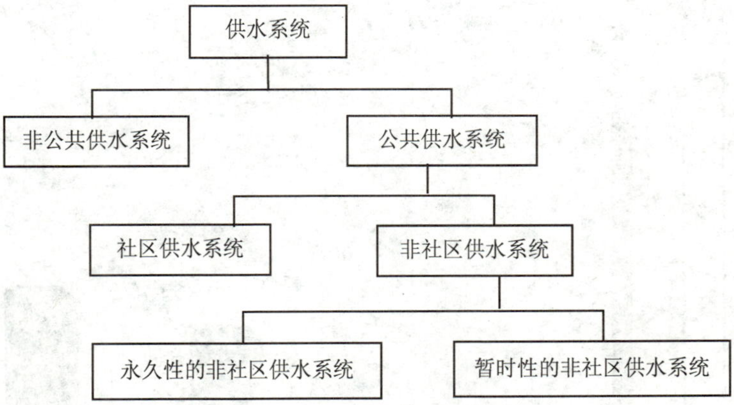

图 4-14 供水系统的分类

如图 4-15 所示，大部分公共供水系统是暂时性的非社区供水系统。虽然这些系统很多，但是它们并没有服务于大多数人口，因为每个系统服务的人数是很少量的。然而，在某种程度上，几乎每个人都接受过暂时性的非社区供水系统的服务（暂时性的非社区供水系统是指包括有自己的供水设备、一年中至少有 60 天服务于短暂人群的供水系统，如路边停车站、商业野营地、旅馆和饭店），例如，在野营地或饭店喝的水很有可能来自暂时性的非社区供水系统。因此，虽然这些系统只服务于很少的人群，但是管理这些系统是很重要的。

② 社区供水系统

管理的供水系统数量很大。在符合社区供水系统界定的 53 437 个系统中，93%是很小的系统，服务人口少于 10 000。虽然这些小系统很多，但是它们的服务人口只占很少一部分。例如，全国范围内，服务 3 300 人或少于 3 300 人的系统占了社区供水系统的 85%，但只服务10%的人口。另一方面，服务多于100 000人口的361个系统（只占社区供水系统的1%）向由社区供水系统服务的45%的人口提供饮用水（图4-16）。在遵守《安全饮用水法》上，小系统面临了巨大的挑战。出于此考虑，《安全饮用水法》1996年修订法案提出了对于小系统在执行和监测方面考虑额外机动性的条款。

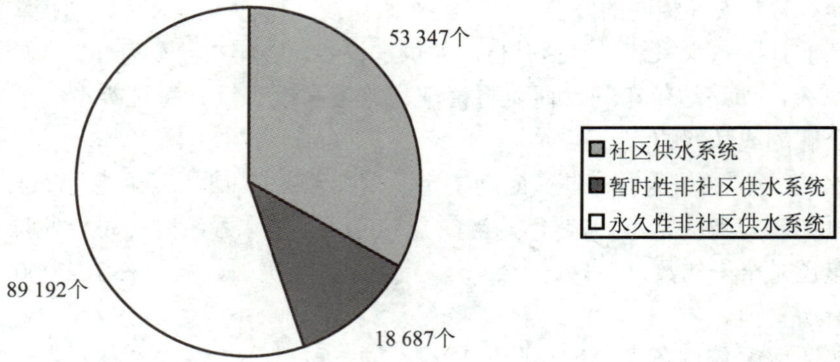

图4-15　各供水系统的数量

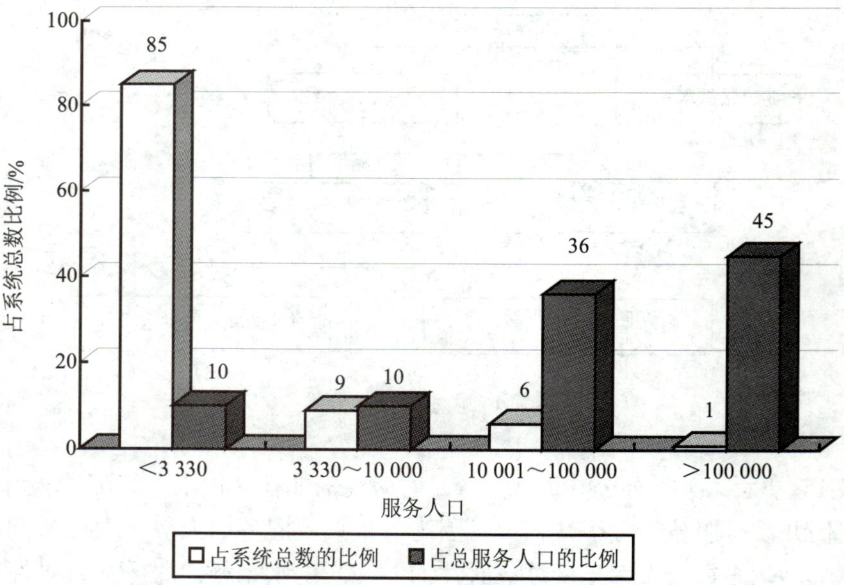

图4-16　社区供水系统的规模

较小的供水系统一般倾向于选择地下水源，地下水源需要较少的处理和资金投入。图4-17显示，随着供水系统服务人口的增加，主要水源由地下水源转为地表水源。大系统常常选择地表水源，可以提供较高的水产量。对很多供水系统来说，只能使用一个类型的水源。例如，系统可能会远离地表水源，并受限于地下水源。而在其他区域，地下水源也许很稀缺或水质很差。

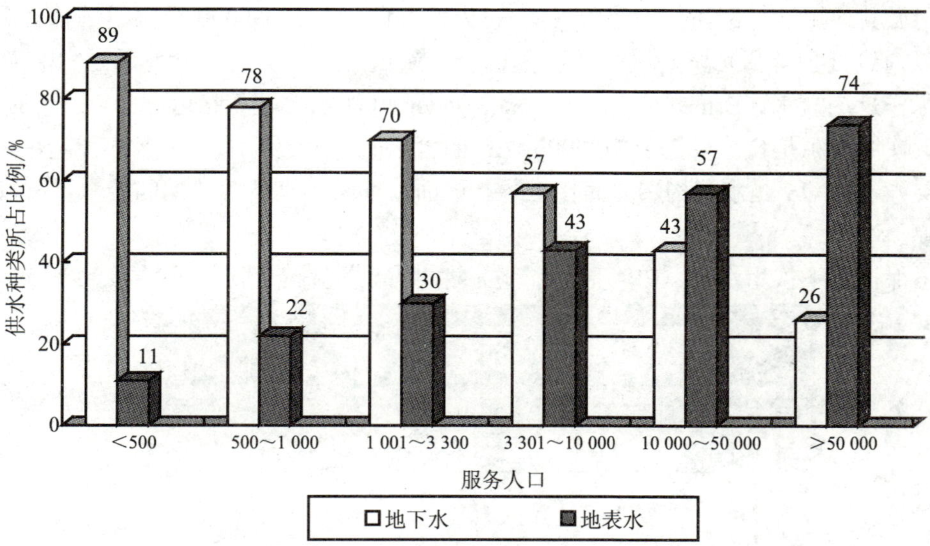

图 4-17　不同水源种类占社区供水系统的比例

公共所有权为州或当地政府或特别区域所有。图 4-18 显示，随着服务人口的增长，公共所有权也逐渐增加（从 14%到 84%）。私有权包括投资者所有或其他形式的私有权。私有经营权在一定程度上有所减少，从服务最少人口时占 83%到服务人口最多时只占 14%。其他的系统代表了在 SDWS 数据库中没有分类信息的系统。

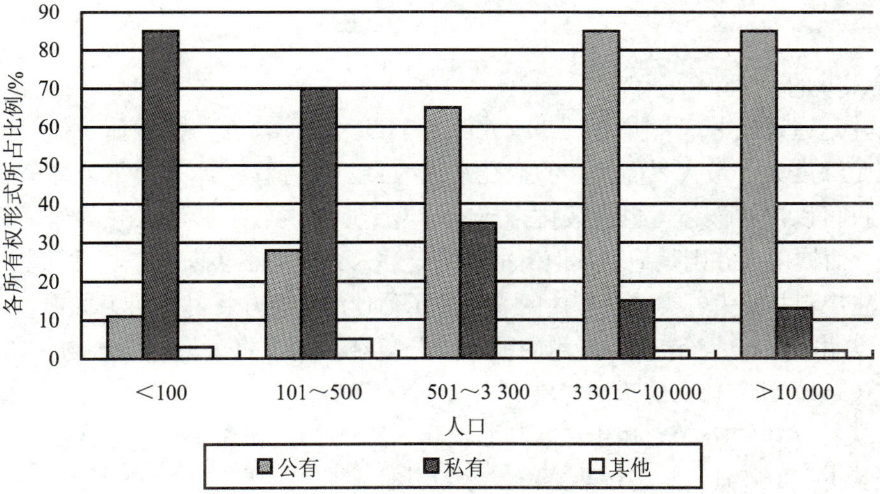

图 4-18　供水系统的各所有权形式所占比例

（2）地下灌注井及其控制

① 地下饮用水源

地下饮用水源是很重要的饮用水来源。为了更好地理解地下饮用水源的定义，必须明确以下几个基本概念。

水包括可溶解的矿物质，特别是盐。水的盐度用总溶解固体来描述，以 mg/L 或质量分数计量。对于人类使用来说，含盐量为 0～500 mg/L 的水是合适的。比饮用水含盐量高的水用做其他用途（例如，农业和工业）。另外，含有少于 10 000 可溶解固体（TDS）的水可以通过处理降低可溶解固体的含量以至达到饮用水质标准。含有超过 10 000TDS 的水被称作是浓盐水（Brine），或盐水（Salt water）（海水含盐量接近 20 000 mg/L）。因此，地下饮用水源是含盐量低于 10 000 mg/L 的含水层（聚集的水足够支持一口井或泉水的地质层）。图 4-19 是水层构造的简化描述。地面以下是否有高含盐量的淡水层，取决于地理位置。

为了保护地下饮用水源，EPA 制订了地下深井灌注控制计划。

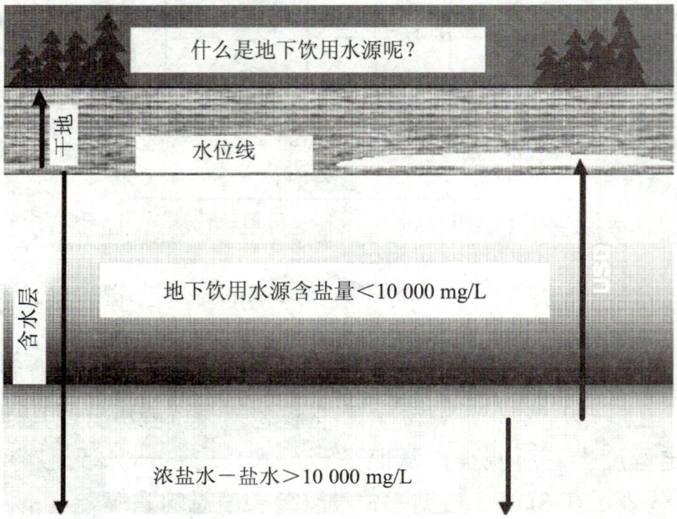

图 4-19 地下水层构造

② 注入井的管理

注入井是通过钻井、管井、机井或井深大于最大表面尺寸的挖井使液体侵入地下的管道；或是深度大于最大表面尺寸的挖孔，或改良的阴井口；或是地下流体分配系统。注入井不仅可以灌注液体，也是液体排放或渗透到地下的管道。注入井的作用是把液体注入地下，而饮用水井则是把水从地下抽出来。注入井种类很多。为了管理这些井，EPA 将地下灌注控制井分为五类（括号内的数字表示估计的全国注入井数目）。

a. 一类井（486）。这类井采用的技术十分复杂，用于将大量危险废物（122）或非危险废物（364）注入孤立的深层岩层中。

b. 二类井（146 878）。用于注入与石油和天然气生产相关的液体。

c. 三类井（16 741）。将过热蒸汽、水或其他液体注入矿物层，然后用泵抽到地面，萃取矿物质。

d. 四类井（5）。将危险和辐射废料注入地下饮用水水源或水源之上。这类井已被禁用。现有的部分注入井按照《环境应对、赔偿和责任法》和《资源保护与回收法》要求清洁；其他井将被封和废弃或改变废物流以便继续运行。《资源保护与回收法》和《环境应对、赔偿和责任综合法》规定：修复井必须要根据水处理要求的标准，在将抽出的液体回灌到原水层前操作。

e. 五类井（650 000）。其他类别里不包含的灌注方法。五类井的差异很大。有些采用了技术先进的废水处理系统，有些是技术含量很低的地洞。

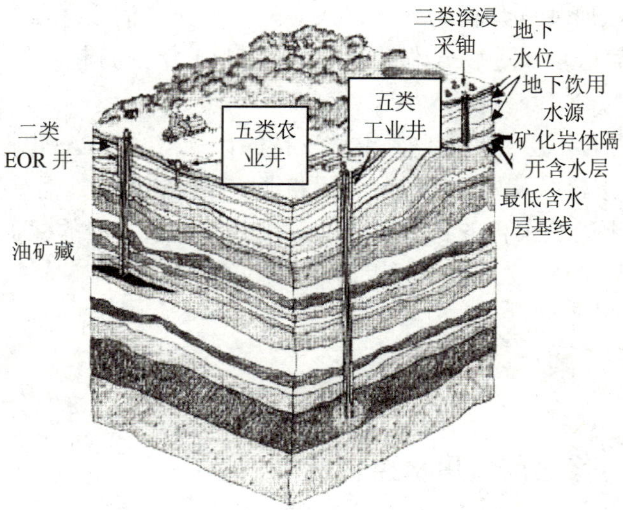

图 4-20　注入井剖面图

对注入井的管理还要考虑以下几个方面：

a. 深井和浅井要采用不同管制方法

深注入井要使用不透水层，以便液体不会流回地面。注入的流体类型以及一类井使用的压力会对地下饮用水源构成潜在的威胁。因此这类井受到深井灌注控制项目的最高监管。州管理此类井的法规比联邦法规更严格。第五类浅井，不透水隔层可能在灌注层下，这样可以保护下面的地下饮用水源。

b. 对油气相关的井进行单独管制

石油和天然气利益相关方游说国会，最终在《安全饮用水法》中获得了对其有利的条款。1421（b）（2）条规定美国 EPA 的地下灌注控制条例“不能允许干扰或妨碍（A）盐水或在石油和天然气生产或天然气储存作业中带出地面的液体的地下灌注”，或石油和天然气二次采油和三次采油进行的地下灌注，除非该要求是确保该灌注不危及地下饮用水源的必要条件（注意，其他法令中也有类似的例外规定，如《资源保护与回收法》对危险废物的管制）。此外，1425 节为石油和天然气相关的优先权提供了一个新的解释。

c.“其他”类别的注入井

五类井（其他类型）是数量最多的一类井。五类井之间的差异很大且遍及各地，因此很难获得详细的目录。五类井包括安置在公路下、路边停车场以及私人院落的雨水排水井；农场的农业排水井；接收来自加油站、干洗店和其他商业及工业用途等不同来源废物的干井；供 20 人以上或多户住宅使用的污水净化系统。这类井的多样性以及大部分井的低技术性能意味着它们可以安装在任何地方，致使其极难管理。

③ 唯一源含水层及其保护

唯一源含水层计划是依据《安全饮用水法》1424 节授权批准的。对可能污染唯一源含水层地区的项目不提供联邦财政支持。

唯一源含水层指至少能为这一含水层之上的地区供给 50%的饮用水。这些地区没有其他的水源可以为人们提供健康、经济、合乎法律规定的饮用水。

任何人都可以提出唯一源含水层申请。这里的人是指个人，法人，公司，社会团体，合伙企业，州、市政府或联邦机构。申请人必须提供充分的技术信息（比如水文地质信息以及水利用情况信息）以便 EPA 做出裁决。自 2001 年 9 月起，美国已指定了 72 个唯一源含水层。

可能污染唯一源含水层又需要联邦财政支持的计划需经 EPA 审批。审核工作需要与《国家环境政策法》审核以及相关的联邦、州和地方政府的配合。需审批的计划包括公路、废水处理设施、暴雨处置工程的管理、公共供水井和输水管线的保护、涉及动物废弃物管理的农业项目以及《社区发展整体资助法》资助的项目。

4.3 1986 年修订案

4.3.1 1986 年修订案之前饮用水控制现状

1974 年的《安全饮用水法》要求 EPA 分两步对饮用水进行管理。第一步，根据 1962 年的公共卫生局标准建立《国家饮用水暂行基本条例》。这些临时最高污染物浓度在修订之前都是强制性的。第二步，在美国国家科学院就污染物对消费者产生的健康危险进行综合评估后，对标准进行必要的修订。

1975 年首先针对 6 种有机合成化学物质、10 种无机化学物质、浊度和大肠杆菌制定了 18 个暂行标准（制定了大肠杆菌和浊度水平，虽然并非出于健康考虑，但如这两项指标均为高浓度则表示存在病原体）。

1976 年颁布了放射性核素暂行标准。1979 年颁布了总三卤甲烷（TTHMs）暂行标准。

从 1974 年到 1986 年《安全饮用水法》修订，州法规在很多方面发生了变化。例如各州对地下水消毒、强制过滤、有机化学物质监测以及操作人员认证要求各不相同。

在此期间，各州的重点是卫生调查和现场工作。监测要求相对简单。州和联邦对潜在有机污染物的知识在逐步增加，但多数公共供水系统并没要求对有机化学污染物进行监测。

操作人员认证和培训也是这期间州计划的重要组成部分。尽管认证种类和要求多种多样，但人们已经普遍意识到持续培训和认证的必要性。

贾第虫病的暴发是因为没有预防它的过滤标准，特别是当原水水质很高时，即高质量的水通常不采用能够预防贾第虫的过滤方法。有必要对操作人员进行改进的污水处理措施的培训，但此要求并非强制性的。

还需要特别注意的是州优先计划刚开始利用个人电脑进行数据管理（地表水系中的大肠杆菌、无机化学物质以及有机化学物质）。由于要求监测的污染物数量有限并且目前水系仅分为两类——社区供水系统和非社区供水系统，因此数据管理相对简单。

4.3.2 1986 年《安全饮用水法》修订案

国会担心 EPA 在制定饮用水法法规，以及微生物污染、有机合成化学物质和其他工业废物方面的法规上进度太慢，于是在 1986 年修订案中规定了标准设定的最后期限。

1986 年修订案是说明性的，要求 EPA 在 3 年内对 83 种污染物进行管制。该修订案宣布 1975 年颁布临时性标准是最终的，要求 EPA 对所有公共供水系统消毒并对地表供水系统进行过滤。此外，要求 EPA 每三年管制 25 种污染物（由 EPA 确定）并为受管制的每种污染物指定最可行的处理技术。有优先权的州必须采用这些规章，并且在 EPA 颁布此规定的 18 个月内予以执行。

大量规章制度增加了州饮用水计划的监管责任，其中很多州资金和人员严重不足。因此，这些修订案对饮用水计划产生了重大影响。

修订案还提出了地下水保护计划，包括源头保护计划。源头保护计划是保护地下水源的一种经济而有效的手段。EPA 研究表明预防比补救更能节约成本。以源头保护的方式预防污染，所需费用仅为社区治理污染投入的 1/200。保护地下水免受污染，为地下供水系统提供了更清洁的水源，从而促进成本节约，符合《安全饮用水法》。

另外，唯一源含水层演示计划被纳入现行的唯一源含水层条款。该计划提供资金来识别唯一源含水层并为其提供所需的特别保护。

1986 年修订案取得了一系列的成果，但是同时也给供水系统带来很多的压力。

1986 年修订案建立了一个新型供水系统——永久性非社区供水系统。法案要求该供水系统类别和社区供水系统一样受到严格的管理。实际上，这明显增加了要求各州管理的供水系统数目。

有机物质的监测——更高的监测要求以及对更多供水系统有机化学物质的监测使检测出的化学物质增多。检测频率的增加也使人们很多有机化学物质存在潜在的问题。在没有增加监测频率之前，并没有发现这些问题。此外，还发现了以前未发现的微生物问题。

风险沟通——以前未知的供水系统污染物问题的不断发现，要求供水系统操作人员和各州加强风险沟通技巧，以便告知公众污染物对其身体健康的影响。

接触时间的计算——对贾第虫知识的增加，改进了病原体检测的方法。另外，不断暴发的疾病促使地表水处理的任务越来越紧迫。这包括降低浊度标准，消毒和接触时间（CT）计算以及避免渗透的严格标准。因为精确地测量饮用水中的病原体浓度是不可行的，所以 EPA 要求地表供水系统使用特定的技术将微生物污染物的风险降至最低。通过测量待处理的水的浊度，可以确定过滤是否充分。如果浊度比较高，则表明过滤没有发挥预期的作用。

受地表水影响的地下水——随着对地表供水系统的处理要求显著提高，一些地下水源被认为是导致地表供水水质高低的关键。这些水源由于地表水回灌而导致受病原体（如贾第虫包囊）污染。这些水源被称为直接受地表水影响的地下水。和地表供水系统一样，判定直接受地表水影响的地下水并对其进行管理是必需的。

公告要求——供水系统与消费者之间直接的沟通越来越多，进一步提高了对饮用水污染的认识。公告的要求有严格的规定，根据污染问题的严重性，公告分为广播通知和印刷通知两种形式。

有限的资源加剧了各州的负担——受管制的污染物数量的增加以及监测要求的显著提高给州基础计划带来许多新问题。

大肠杆菌检测要求更加严格——1986 年修订案增加了大肠杆菌检测的频率。初次检测暴露出更多的问题，提高了对后续监测的要求。这使人们认识到即使经过处理，水源仍然存在不足。

化学监测放弃和豁免条款——该条款增加了各州的行政工作量同时要求获得更多有关场址的具体信息。

铅铜法则及腐蚀控制——铅铜限制需要应用在所有的供水系统中，这是一项浩大的工程。由于防腐需要相对较高的 pH 值，而微生物处理需要较低的 pH 值才能进行有效的絮凝和消毒，这两者是相互矛盾的，所以铅铜要求很难执行。水化学特性、处理需求以及法规的遵守之间的平衡是一项严峻的挑战。

4.3.3 州公共供水系统监督优先权机构的服务能力

1986 年的修订案使得大部分的高级权力机构面临着增加现场的污染物监测，大范围的监测以及与供水系统的沟通等。州的财政和人力资源有限，无法进一步扩展满足所有这些新的要求，这时就需要执行其他的资金体制和优先计划。因此，州和供水系统共同合作为通过水使用费和服务费寻求支持。另外，还要增加资金数量以保持优先权。

4.4 1996 年修订案

4.4.1 1996 年修订案主要的措施

《安全饮用水法》1996 年修订案主要解决了大多数利益相关者关心的问题。首先，该修订案通过改进管理解决了现有监管架构负担沉重的问题。国会取消了 1986 年规定 EPA 每三年管制 25 种污染物的要求。相反，允许 EPA 在科学基础上建立遴选应受管制污染物的程序。该法也意识到了在减少致癌的氯化副产品和出于减少细菌目的的氯化消毒之间的风险收益平衡。

该法案还增加了新的、更有力的预防措施。《安全饮用水法》1996 年修订案采用了综合性的预防措施，其结合了早期州计划采用的多重屏障方法以及 20 世纪 70 年代和 80 年代联邦计划采用的标准、监测以及执行重点。1996 年修订案引入了非管制水源评价和保护计划。

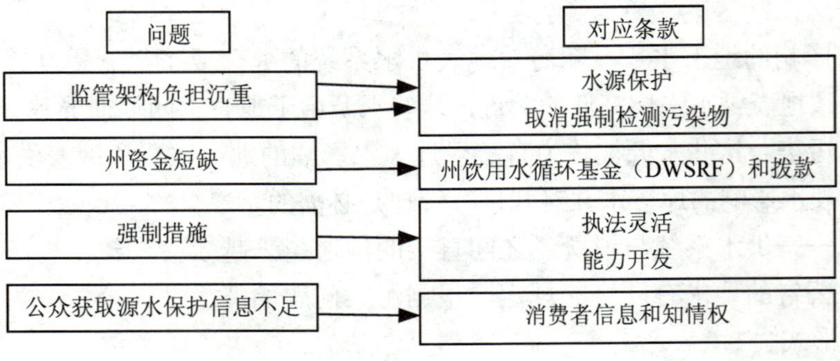

图 4-21 解决的问题

其次，本修订案通过建立州饮用水循环基金解决了公共供水系统基础设施以及州计划管理所需的资金问题。州饮用水循环基金是以州清洁水循环基金为模板建立的，将在后面的模块中予以说明。

再次，本修订案包括一些要求灵活管制以及对小型供水系统监测的条款，要求 EPA 对新规则进行成本—效益分析以及分析该规则可能对公共供水系统服务能力的影响。

最后，国会认为应为公众提供更多有关饮用水的信息。这一问题在本法案的条款中也得到了解决，包括各个供水系统提交年度报告。

4.4.2 执法的联邦基础部门

图 4-22 中给出了执行《安全饮用水法》的联邦基础部门的设置。

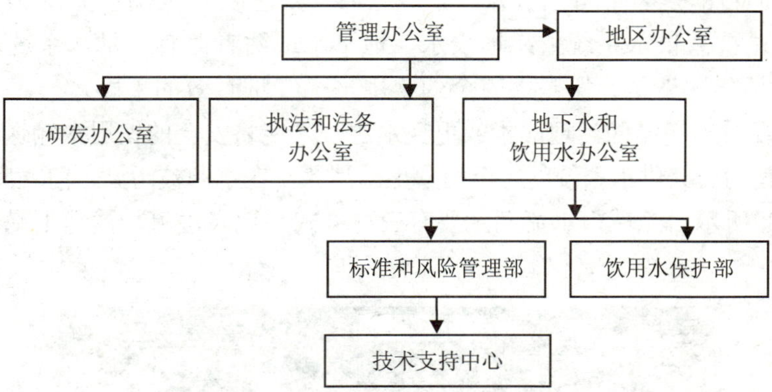

图 4-22　执法的联邦基础部门

EPA 的地下水和饮用水办公室是《安全饮用水法》国家计划的管理者。同样，它为饮用水计划制订国家目标和优先计划。地下水和饮用水办公室由两个部门构成：标准和风险管理部以及执行和法务部。标准和风险管理部负责制定饮用水标准和监测要求，确立新标准的优先顺序，研究供水系统可用的技术，以遵守新标准和现行标准。

标准部包括技术支持中心。该部门负责为饮用水规章的发展和执行提供科学技术支持，管理执行信息收集法则，管理饮用水实验室认证计划，支持水安全伙伴计划，治理工厂优化以及分析方法的开发。

饮用水保护部通过公共供水系统监督、水源评估和保护、唯一源含水层以及地下灌注计划监督《安全饮用水法》的执行情况。该部门还负责通过计算机数据库和网络维护饮用水信息，管理州饮用水循环基金以及提高消费者饮用水安全意识。

其他 EPA 办公室也负责执行《安全饮用水法》：执法和法务办公室负责执行法令和法规，研发办公室负责健康风险评估、污染对健康的影响、工程技术、监测以及饮用水问题的质量保证等相关研究，十个地区办公室执行 DI 州饮用水计划。

EPA 地区办公室监督和跟踪州执行工作，直接执行 DI 州的法规。监督和执法的重点是严重违规者，而不是单一的监测违规。重大违规可能导致严重的公共健康问题。各 EPA 计划（例如空气、有害废物、地下储罐）分别定义了严重违规的行为。

1992 年 EPA 发布了公共供水系统监督计划优先指南，制定州-EPA 协议（SEAs）框架。在这些协议中，EPA 详细区划了用于州计划监督的要求。

4.4.3 水源保护计划

水源保护计划是 1996 年修订案的重要条款之一，条款给出了确定和保护所有饮用水水源（地表水和地下水）的措施。水源保护区是会对水源造成污染的流域或地下水区域。整个地区都需要保护，以便将水源的污染降至最小。流域是指水排入小溪、河流和水库的陆地区域。流域保护区是被保护的流域的一部分，目的是防止地表水源被污染。流域保护区可以包括井源保护区，因为地表水源保护可能涵盖补给地下水井的地区。井源保护区是指饮用水井或井区（包括一个或一个以上能产生可利用水量的饮用水井）周围的区域，保护其的目的是为了防止水井污染。这个区域包括“补给区”，即为含水层提供补给的地域。无论公共供水系统依靠地表水、地下水或两者兼有，供水系统水源保护总是十分重要的。预防污染是确保提供安全的饮用水最经济有效的手段之一。一旦水源受到了污染，就需要付出高昂的治理成本或更换水源，才能将安全的饮用水输送给用户。治理成本则转移到使用公共供水系统的每个用户上。因此，在水源被污染之前就应进行保护。

如图 4-23 所示，流域内水流动主要有三种方式：地表漫流，浅地下暴雨径流以及地下水流。

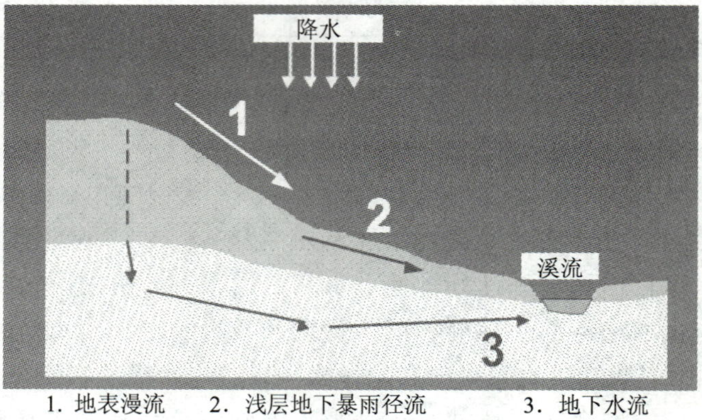

图 4-23 流域内水流路径

了解水流的种类对确定需要保护的地区是十分重要的。地下水流中的污染物可能致使井水变成受地表水影响的地下水。

（1）划分保护区保护饮用水源

根据图 4-24，为确保饮用水井得到保护，在确定需要被保护的地区时，应考虑以下因素：

地质学。在确定需要被保护的地区时要考虑地质因素，因为区域地质情况会影响污染物在地下到达饮用水源的速度。

地表水体可能会对地下水产生影响，因为如图 4-24 所示水井似乎可以泵吸地表水，这表明应对该地区的地表水体进行保护。

应考虑当地实际情况和现行区划法规。

井的抽水量会影响作用区（zone of contribution）和影响区（zone of influence）的范围。

对井水的未来需求也应加以考虑。

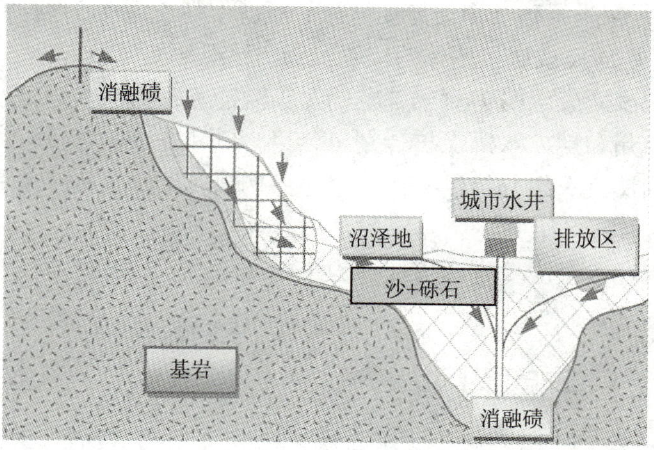

图 4-24 地下水水井的地质条件

水源保护计划不是联邦管制计划。土地利用是州和当地政府的问题。联邦政府对土地的使用权是有限的。并且征用私人土地用于公共用途有很多困难，比如，土地所有者必须得到全部赔偿，并且“征用”在法律上来讲很复杂。因此联邦不能购买水源地附近的所有土地来保护饮用水源。

同时联邦也不能管制所有排放到地下和地表水的污染物，这是因为虽然有关排放的法规在不断增加，但是排放法规有的不切实际，而且也没有为制定法规提供足够的排放风险证据。

（2）水源评价

1996 年的修订案增加了 1453 节，要求具有公共供水系统监督优先权的各州开展全面的水源评价计划，要求各州在 1999 年 2 月 6 日之前提交水源评价计划到环境保护局（EPA），EPA 已批准所有的计划。EPA 批准水源评价计划之后，各州有两年（最多有 18 个月的延期）时间来完成其所有水源评价。

各州必须对所有的公共供水系统进行水源评价，可以以“地区”为基础开展评价，可以包含多个供水系统。一个完整的地方水源评价必须包含以下四个部分：

划分水源保护区（source water protection area，SWPA），即流域或地下水区域中可能会对水供应造成污染的部分。

鉴别水源保护区内潜在的饮用水污染源，污染源清单必须按具体位置区域指出污染源或污染物的类别。

确定供水系统对污染源的易感性，易感性分析可以是公共供水系统潜在受污染的绝对度量值，也可以是水源评价计划内各水源的相对比较。

向公众公布水源评价结果。

联邦政府不得对水源保护计划进行管制，州和地方政府可以（《安全饮用水法》并不要求）在水源评价的基础上执行管制或非管制保护计划。

水源评价完成后，其结果可用于饮用水保护。环境保护局建议将水源评价与水源保护计划相结合。水源保护计划不是联邦级的法规管制计划，很多都是地方政府在实施。地方水源保护有三个关键步骤：1）组建地方水源保护团队，2）确定和实施管理办法，

3）应急方案。地区应当组建一个地方团队来管理源水保护活动，该团队至少有一名以上公共供水系统和当地居民或居民团体的代表，例如已退休的志愿者。

地方水源保护团队应当研究对已确定的污染源的管理方法，以减少或消除它们对饮用水供应的威胁。州和地方水源保护计划可使用管制和非管制办法保护水源和流域，管制办法包括：区划法规、细分控制条例、卫生条例以及湿地法规。非管制办法包括教育和推广，土地征用以及水保护。

应急方案是指在水供应受到污染或外力中断的情况下，开展并实施供应安全饮用水的长期和短期策略。

4.4.4 管理的改进以及产生的重大影响

1996 年，国会改进了遴选新管制污染物的程序。不过，该修订案在带来更多合理的管制办法的同时，所颁布的法规对公共供水系统和耗水率带来的影响也是前所未有的。

《安全饮用水法》1986 年修订案要求 EPA 每三年增加 25 种管制污染物，《安全饮用水法》1996 年修订案更改了程序，要求管理条例要立足于科学研究。

EPA 每五年至少审查五种污染物，审查完成后可自主决定是否对某种污染物进行管制。该有危害污染物遴选程序要求 EPA 使用“最可行且经同行验证的理论科学和研究方法”执行标准设定部分所述措施，“政府行动必须立足于科学理论”。

此外，法令要求 EPA 在 1998 年初公布国家饮用水污染物候选名单，饮用水污染物候选名单有助于为今后的管理条例和预防行动鉴别污染物。

（1）标准设定过程

1996 年修订案规定了制定国家一级饮用水管理条例的步骤，其中，公众参与、经同行验证的科学方法和数据是制定新管理条例的关键因素。该程序有三个步骤（图 4-25）。

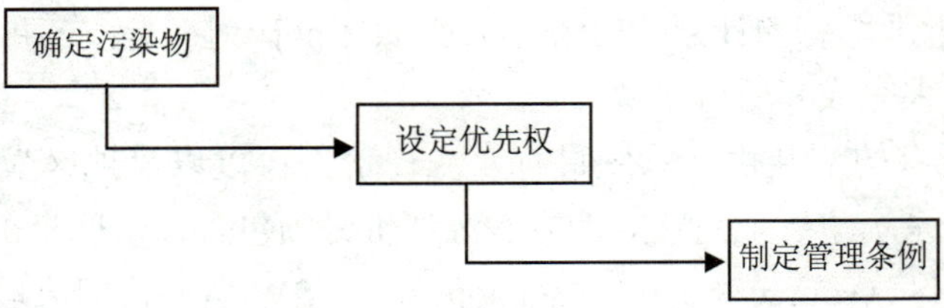

图 4-25 标准设定的三个步骤

第一步，EPA 必须首先决定对哪些污染物进行管制。根据 1996 年修订案，污染物候选名单说明了新污染物的科学评估方法。污染物候选名单步骤有助于评估污染物，以决定是否对该污染物进行管制或采取预防措施。按照先后顺序对污染物制定管理条例、进行饮用水研究（包括健康危害研究、处理效果和分析方法）或进行监控。EPA 于 1998 年 3 月 2 日公布了最初的污染物候选名单，包括 50 种化学物品和 10 种微生物。在 2001 年之前，必须做出五种污染物的管制措施决定，同时拟议法规。污染物候选名单需每五年做一次更新，提供相应的评估步骤并做出管制污染物的相关决定。

第二步，环境保护局基于公共输入、现有数据和科学方法设定管制的优先权。《安全饮用水法》第 1445 节要求对一些供水系统进行监控并报告非管制污染物情况，以帮助 EPA 检测饮用水中非管制污染物的出现情况，并决定今后是否需要做出管制。该要求要用于有 150 条给水线路的循环给水和永久性非社区供水系统。

基于污染物候选名单，修订的非管制污染物监控管理条例要求对非管制的污染物做出监控，以评估候选污染物在环境中的出现情况，从而帮助制定新的标准和管理条例。

EPA 必须在 1999 年 8 月之前列出非管制污染物，并出台管理条例进行监控，其后每五年重复一次（EPA 颁布最终的《非管制污染物监控管理条例》，1999 年 9 月 17 日）。

UCMR 得出的监控数据将保存在国家污染物数据库中，储存管制污染物和非管制污染物的数据。由于污染物候选名单每五年更新一次，《非管制污染物监控管理条例》应持续提供所需数据。EPA 于 1999 年 7 月 30 日发布了第一批数据库。

为给出污染物的优先管制次序，EPA 应当使用经同行验证的科学方法和数据进行细致的技术评估，评估因素包括：该环境中污染物的出现情况；人体接触情况、对一般人群和敏感人群的健康危害；检测分析法；技术可行性；管理条例对供水系统、经济和公共卫生的影响。

第三步，EPA 发布最终管理条例。EPA 结合污染物数据和第二步中的健康危害数据做出管制决定，如果 EPA 认为有必要使用联邦管理条例来保障公共卫生安全，EPA 必须制定最大污染物浓度或处理技术，以及监控要求。

对于 1996 年之后颁布的所有饮用水标准，EPA 必须进行透彻的成本效益分析，包括管理条例对公共供水系统生命力的可能影响的评估。此外，EPA 必须向公众公布翔实易懂的信息。

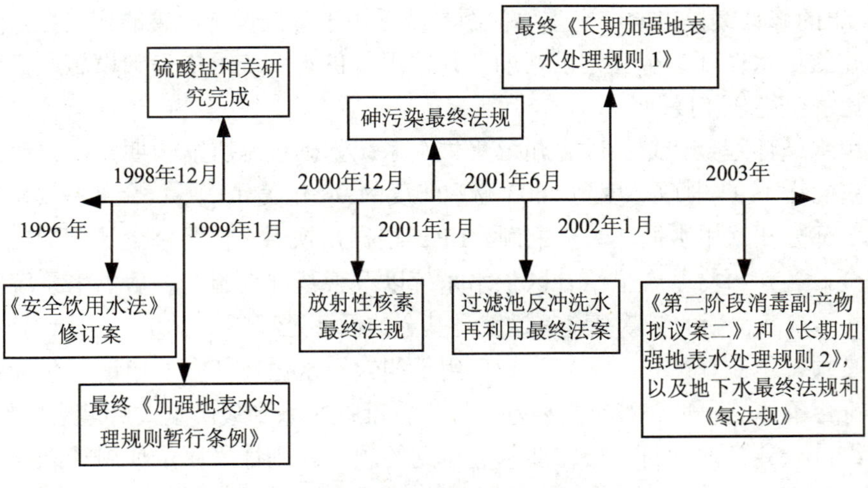

图 4-26　制定《安全饮用水法》规章的时间表

小型供水系统通常会出现与中型或大型供水系统完全不同的问题。小系统由于经济原因未能采用大型供水系统采用的技术标准，针对这个情况《安全饮用水法》1996 年修订案包括了针对小型供水系统的多种补救方法。EPA 必须提出具有经济可行性的技术使小型供水系统达到标准，尤其是针对小型供水系统。此外，如果没有经济可行性技术，EPA 必须提出一个“不一致”技术，不必达到严格的安全标准，但是能够在小型系统可负担的基础上达到最大保护。同时法案还要求公众广泛参与整个管制过程。

管理条例在很多方面较之以前都作出了改进，1996 年修订案延长了公共供水系统执行条例的时间限制，从 18 个月延长到了三年，这个时间是比较合理的。1996 年修订案延长了具有公共供水系统监督优先权的各州执行的时间，以采用与新联邦标准或修订的联邦标准具有同等效力的管理条款。《安全饮用水法》将时间从 18 个月延长到两年，并赋予了各州在其修改公共供水系统监督优先权计划的申请审核期间的优先执法权。1996 年修订案改革了监控要求，允许各州批准公共供水系统监控时间表，该进度表可反映出公共供水系统对于超过 EPA 标准的污染级的易感性。对于个别公共供水系统中不可能出现危害的污染物，该可变监控时间表可以改为五年一次或十年一次。可变监控时间表不适用于微生物污染物、消毒剂或消毒和腐蚀副产品。

本规定平衡了新法中两个关键目标：允许各州根据当地条件和需求灵活制订饮用水计划；以及确保主要的公共卫生保护。

《安全饮用水法》1996 年修订案出台了砷、氡、微生物、消毒剂、消毒副产品以及隐孢子虫相关管理条例的颁布时间表，并颁布了硫酸盐研究的时间表。这些法规已被多次讨论过。此后，EPA 颁布了更多微生物和消毒副产品的相关法规：地下水法规、第二阶段消毒副产品法规、长期加强地表水处理规则 2。EPA 当前并未对氡制定条例，EPA 于 1999 年 11 月 2 日拟议了 64FR59245-59294 号《氡法规》。EPA 预期可于 2003 年颁布该法规。1996 年的《安全饮用水法》修订案也批准了 EPA 和疾病控制中心联合开展硫酸盐研究，《安全饮用水法》强调该研究必须使用最可行且经同行验证的理论科学和研究方法，并与相关的州协商进行。该研究于 1999 年 1 月结束。

（2）州饮用水循环基金

1996 年的修订案提出的一个重要问题是缺乏用于基础设施改善的州资金，该法案批准了一个州饮用水循环基金计划以帮助公共饮用水供水系统筹措基础设施所需资金，各州可通过竞争获得联邦援助。

州饮用水循环基金计划鼓励各州筹集供水系统基础设施所需长期资金。该州饮用水循环基金获批从 1994 财政年度到 2003 财政年度的 96 亿美元。不符合某些要求的州可能会被扣压一部分州饮用水循环基金配额。EPA 根据州饮用水循环基金计划配额向各州提供贷款基金，各州再将基金借给社区供水系统以改善基础设施。之后供水系统将偿还贷款基金，并再次获得新的贷款基金。这就是基金的循环过程。

各州必须每年制订“预计使用计划”用于州饮用水循环基金的申请，预计使用计划用来鉴定符合条件的项目。鉴定主要基于以下标准：关系到最严重人身健康风险的项目；可保证或维持一致性的项目；最需要基金援助的项目。制订“原定使用计划”要求公众参与。

州应当预留出 31%的基金用于其他合格饮用水计划的相关活动；4%的基金用于管理州饮用水循环基金计划和提供技术支持；10%的基金用于源水保护、能力开发、操作员资格认证以及州饮用水计划；15%（但是用于同一目的的基金不能超过 10%）用于供水系统的预防工程，包括水源保护贷款、能力开发的技术和经济援助、水源评价以及水源保护。州应当预留 2%的基金对用户少于 10 000 人的供水系统提供技术援助。

（3）公共供水系统监督的强制性规定

修订案对公共供水系统监督计划采取以下措施以便于更有效地执法和增加一致性，

确保供水系统的安全性：

➢ 完善行政程序，处以最高5 000美元的罚款；
➢ 加大行政和紧急处罚的力度；
➢ 由于与另一系统合并而造成违规情况，可进行至多两年的执法延期；
➢ 委托行政处罚当局获取或保留公共供水系统监督的州优先权。

（4）供水系统能力开发

公共卫生署和EPA于20世纪70年代的研究指出了小型供水系统在供应安全饮用水能力上的明显缺陷。为使小型供水系统符合要求，《安全饮用水法》1974年和1986年的修订案设定了不一致和免除程序，但是资金援助不能为小型供水系统设立优先权。

20世纪80年代末和90年代初，小型供水系统明显不易快速执行《安全饮用水法》管理条例。有些州正在实施“能力开发”优先权，通过确保系统具有必要的技术、管理和经济手段，以望提高小型供水系统对法律的遵守效力，并解决小型供水系统的一些缺陷。“服务能力”的概念为《安全饮用水法》1996年修订案所述的“能力开发”。《安全饮用水法》第1420节要求EPA协助各州发展供水系统的经济、管理和技术能力。各州必须制订计划以“确保所有新的社区供水系统和永久性非社区供水系统在1999年10月1日之后开始运行，并于运行之日对已生效或即将生效的所有国家一级饮用水管理条例所述技术、管理和经济能力进行演示。”根据本条规定，对于并未研究出防止形成新的不可行供水系统预防方案的州以及并未研究出对现有饮用供水系统问题解决方案的州，EPA必须扣留20%的州饮用水循环基金。此外，各州不能向缺乏相应能力或不符合饮用水标准的供水系统提供州饮用水循环基金援助。该法案也向进行能力开发的州提供肯定的经济鼓励——这些州可以使用饮用水循环基金预留资金的一部分来发展并实施其能力开发措施。

供水系统能力开发还有很多可用的资源，《安全饮用水法》第1420节（f）要求EPA为小型公共供水系统设立高等教育院校技术支持中心，该中心开办多种活动，包括培训、研究和案例分析，并且对小型供水系统的技术、经济和管理能力的开发提供技术支持。中心所在院校有：

——阿拉斯加大学
——加利福尼亚州立大学
——伊利诺伊大学
——西肯塔基大学
——查尔斯县社区学院
——密苏里州大学
——蒙大拿州立大学
——宾夕法尼亚州立大学
——西弗吉尼亚大学

EPA也已设立环保金融中心（EFC）以向州和地方官员及小型供水系统提供咨询服务；教育、出版和培训服务；技术支持；以及融资方式分析。EFC所在院校有：

——加利福尼亚州立大学（海达德）
——博伊西州立大学
——路易维尔大学
——马里兰大学
——新墨西哥大学
——锡拉库扎大学
——北卡罗来纳大学（教堂山）
——克里夫兰州立大学

技术支持中心（TAC）和环保金融中心（EFC）的联系方式见http://mtac.sws.uiuc.edu/about.asp。

详细信息请参见 EPA 小型供水系统和能力开发主页 http://www.epa.gov/safewater/smallsys.html。

（5）操作员资格认证

确保供水系统具有合格的操作员，是增强供水系统运作能力的公共供水系统监督计划的另一方面。1996 年修订案要求各州对所有社区供水系统和永久性非社区供水系统的操作员执行操作员资格认证（和换发新证）程序，所有的州当前都有操作员认证程序。然而，操作员认证程序的全面性却因州而异。有些州已经给予了小型供水系统免认证资格，这将随着《安全饮用水法》1996 年修订案的要求而改变。

EPA 的职能是：与州、供水系统以及公众一起监督操作员资格认证；发布指南，说明公有和永久性非社区供水系统操作员认证与再认证的最低标准；依据系统的规模和复杂性，确定不同的要求；通过拨款给州，为服务用户等于或少于 3 300 人的系统操作员报销培训和资格认证费（通过州饮用水循环基金拨款），包括按天付费、按要求参加培训的无固定薪水的操作员的费用；1999 年 2 月 6 日在“联邦公报”发表 EPA 指南（EPA 已于 1999 年 2 月 5 日发表了该指南[64 FR 5916-5921]）。

各州应该为系统制定适当的经验、教育程度以及培训要求。此外各州有责任对供水系统的操作员进行认证。

（6）公众参与

《安全饮用水法》1996 年修订案扩大了法案的知情权条款，鼓励 EPA 通过消费者信心报告促使公众广泛参与。其他领域也需要公众参与。州水源评估和水源保护计划要通过 EPA 的审批，必须有公众的参与。预期用途计划为公众在各州解决基础设施需求和州饮用水循环基金拨款的优先权问题上提供了发表意见的机会。

联邦咨询委员会授权国家饮用水咨询委员会，向 EPA 提供制订饮用水计划方向的建议。会议完全向公众公开。

关于公共供水系统是如何警告消费者违反饮用水标准所产生的潜在健康风险的，公告做了规定，而且正在修改这些，使其简单易懂。

有优先权的州必须制定《年度合规报告》并自 1998 年 1 月 1 日起予以公布。此后该报告必须在每年的 1 月 1 日予以公告。各州还必须向 EPA 提交《年度合规报告》。相应地，EPA 必须在每年不迟于 7 月 1 日制定一份《国家年度合规报告》（自 1998 年 7 月 1 日起），并必须进行公告。

协商立法是指所有主要的利益相关者通过合意程序制定规则。通过协商制定规章程序，EPA 召集利益相关者小组，比如工业和环境小组，通过获得的支持数据和管制方案制定一个规则。利用此程序，能够确保规则建立在最完善的信息和可行性方案基础上，同时听取各方的观点。

（7）消费者信心报告

消费者意识和知情权是 1996 年《安全饮用水法》重新授权的一个重要主题。另外，EPA 管理者将消费者意识作为 1995 年饮用水再指导策略的头等大事。《安全饮用水法》1996 年修订案认可了教育消费者的重要性，同时赋予了 EPA、州和该地区的供水系统更多的新责任。

从 1999 年 10 月开始，供水系统必须给消费者提供一份年度报告，称为消费者信心报告。该报告提供了各系统的饮用水质量信息并自2000年7月开始于每年7月1日提交。消费者信心报告对饮用水标准及其健康影响的解释必须简单易懂。还需为消费者提供有关供水系统水源、监测结果以及检出污染物对人体健康影响的信息。消费者信心报告包括安全饮用水热线电话，为消费者提供一个获得有关污染物和其他问题相关信息的渠道。

（8）基础设施需求评估

《安全饮用水法》1996年修订案1452（h）规定："管理者应对美国有资本增长需求的合格供水系统进行评估，并在《安全饮用水法》1996年修订案生效后180天内向国会提交一份评估报告。此后，该报告每四年提交一次。"

EPA对饮用供水系统进行了第二次全国调研，主题是"全国饮用供水系统未来20年基础设施需要多少钱"。该报告评估了遵守现行和未来联邦法规、更换老化基础设施保护公众健康以及巩固或从邻接系统获取安全的饮用水供给方面的需求。约4 000个供水系统参加了两年的研究。来自各州、印第安健康服务机构以及美国印第安部落和阿拉斯加土著居民的代表参与了调查的设计和执行。第二次饮用水基础设施需求调研报告于2001年完成。报告称需要1 509亿美元的资金（按1999年1月美元价格计算）。目前正在规划第三次需求调研。

（9）《安全饮用水法》1996年修订案总结

经过前面的叙述，我们对《安全饮用水法》也已经有了一定的认识，下面对《安全饮用水法》1996年修订案进行一下总结。

《安全饮用水法》1996年修订案包含很多具体的要求，旨在鼓励EPA地下水和饮用水办公室对所有计划进行整合，包括公共供水系统监督计划、地下灌注计划以及地下水和地表水保护。这样的整合有助于地下水和饮用水办公室实现他们的使命，即保护公众健康。保护公众健康主要通过以下几个方面实现：污染物标准的制定，水源保护，地下灌注控制，公共供水系统监督。

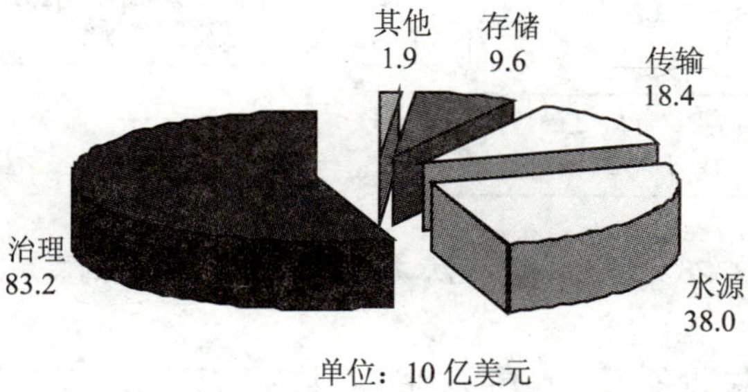

图4-27　所有社区供水系统未来20年基础设施花费需求

该修订案修改了制定污染物标准的程序。现在，这些标准是通过污染物候选清单和非管制污染物监测规则共同制定的。另外，还鼓励利益相关者参与规则的制定，确保管制方案的广泛性。

该修订案还特别强调了预防的重要性。地下水和饮用水EPA办公室计划认识到，水源的质量是饮用水安全和成本的决定因素。本法案用三个不同条款保护水源质量。1996年修订案的要求以及EPA的行动有利于促进这些计划的整合，从而更有效地保护现有和潜在的饮用水源。

水源保护是以流域或源头为基础，对整个水源（包括地下水和水源）进行保护。

地下灌注控制阐述了地下水污染的潜在特定来源，以及地下水是大部分公共供水系统的主要来源。

涉及地下水的相关问题比地下灌注控制广泛，包括规划、教育以及唯一含水层水源的保护。

公共供水系统监督计划的重点是标准、监测、执行、技术支持、财政支持。它确保公共供水系统为公众提供安全的饮用水。地下灌注控制、地下水以及水源保护计划用于保护水源，从而增强了公共供水系统实现公众健康目标的能力。

保护公众的健康是联邦、州以及地方制订公共供水系统监督计划、地下灌注控制计划以及水源保护计划的共同目标。水办公室前任助理管理员把地下水和饮用水办公室计划比作“挂毯”。这个比喻十分贴切，因为这些计划是互相支持和补充的。

地下水和饮用水办公室的三项计划在许多方面是相互关联的。图 4-28 只显示了这三个计划的一部分联系。

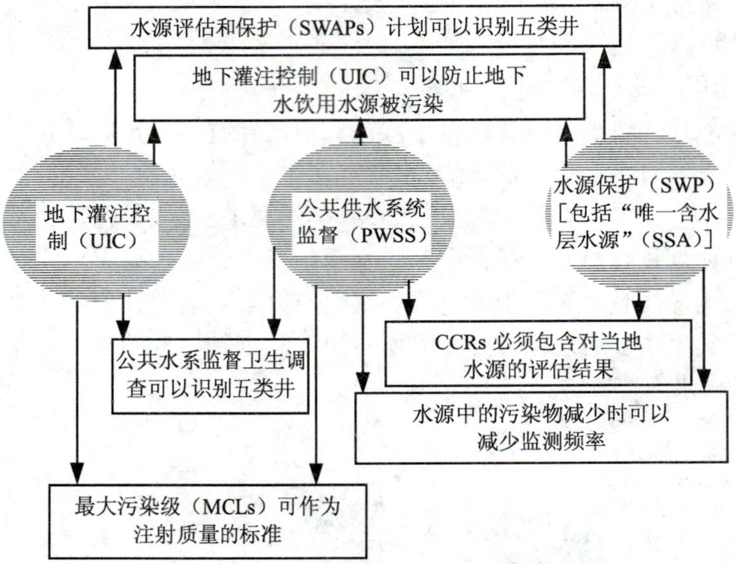

图 4-28　地下水和饮用水办公室三项计划之间的关系

地下灌注控制计划陈述了地下水污染的潜在特殊来源（注意：地下水是 80%以上社区供水系统的主要来源）。该计划的基本目的是确保地下灌注井不会污染地下饮用水源。

水源保护计划以源头或流域为基础对整个地下水源或地表水源进行保护。水源保护计划可以帮助识别五类井；降低某些供水系统的监测要求；收集的信息可以用来制定新规则（比如：地下水法则）。

公共供水系统监督计划依靠优质水源提供安全的饮用水。该计划与地下灌注控制计划和水源保护计划是密不可分的，因为地下灌注控制和水源保护计划保护的水源正是公共供水系统监督计划中的饮用水水源。

总之，所有这些计划旨在实现为美国人民提供安全的饮用水的目标。

第 5 章 《清洁水法》综述

5.1 立法背景及其发展历程

美国的《清洁水法》是 1977 年对 1972 年《联邦水污染控制法案》的修订案，它制定了控制美国污水排放的基本法规。《清洁水法》的目的是恢复和维持国家水域的化学、物理和生物成分的完整性。《清洁水法》使 EPA 可以委托各州政府执行多种许可程序、行政管理和强制执法的各种任务。在各州有权实施《清洁水法》的各项计划的同时，EPA 仍然保留其监督的责任。下面简单介绍一下《清洁水法》立法背景及其制定历程。

5.1.1 准备时期（1965 年之前）

在 1948 年之前，美国水质保护的联邦法律仅有 3 个，最早的是 1899 年国会通过的《废料排放法》（1899 Refuse Act），该法案规定须经美国陆军工程兵团的批准方可向通航的河流或海港排放废料。这项法律仅适用于可能对通航水体造成危害的固体物质，但并不适用于对排放废水的管理。1960 年，法庭裁决重新解释了这项法律，纳入了城市和工业化学污染物管理。第二个联邦法律是 1914 年制定的《公共健康标准》（Public Health Service Standards，PHSS），对州际交通工具（船、火车）上的饮用水水质作了规定。第三个联邦法律是 1924 年颁布的《石油污染控制法案》（Oil Pollution Control Act，OPCA），规定了船只的油料排放，保护公共安全和船运，但这项法案仅针对船只，并不包括工厂和城市，而且仅适用于海岸水域。

意识到污水对人类健康和财产产生的威胁，国会颁布了《联邦水污染控制法》（Federal Water Pollution Control Act，FWPCA），目的是“提高水资源的质量和价值，制定预防、控制和减轻水污染的国家政策”。《联邦水污染控制法》及其修订案给予了联邦管制水质的基本权限。

最原始的法律于 1948 年通过，它的修订案扩大了联邦政府对水污染控制的权限，同时计划给地方政府拨款和提供低息贷款。这项法律首次批准联邦政府对州际河流污染采取法律手段，包括：通知当事州和污染物排放者，安排申辩机会提供解决方案，在受影响州同意下通过联邦诉讼提出行动方案。1956 年的修订案增加了强制性条款，应州污染控制机构的请求，对减排作了适当规定。在居民健康受到威胁的时候，联邦政府不必征得各州的同意。1961 年对此法又进行了修订。

5.1.2 成型时期（1965—1980 年）

1965 年美国国会通过的《水质法案》（Water Quality Act，WQA）引发了环境治理的根本改变。该法的核心是制定水质标准，并且强制执行，该水质标准成为各州制定水质标准的基础；要求各州确定辖区内水体的使用功能、制定相应的水质标准和实施计划。该法进一步扩大了联邦政府的角色。1966 年的《清洁水恢复法》（Clean Water Restoration Act，CWRA）规定对于没有按要求提交报告的污染者征收 100 美元/天的罚金。1970 年的《水质改进法》再一次扩大了联邦政府的权力，建立了一个州认证程序，防止水体降级。

尽管每一个修订案都取得了进展，但是这些法律只是构成了一个法律的汇集。联邦机构职责的 11 次改编和重组导致很难有效地实施该法。为了解决这些问题，1972 年国会对《联邦水污染控制法》再次修订，对水污染控制的权限进行重整，加大了 EPA 的管理权限。经过 1977 年的修订，该法成为人们所熟知的《清洁水法》。该法加强了对有毒物质的控制，规定有毒物质排放必须达到基于最佳实用技术的标准。

《清洁水法》在水环境管理领域产生了巨大影响。该法案致力于规范向水体排放污染物，恢复和保持国家水体化学、物理和生物的完整性。该立法目的明确，将生态目标放在第一位。《清洁水法》的最大贡献是设置了一个强制执行的配套计划，即“国家污染物排放削减制度”计划，该计划授权 EPA 或执行计划的各州政府给点源污染者颁发排污许可证，并要求所有的点源排放都必须遵守许可证规定的排放限制标准和污染排放时间表，否则将被认定为违法。美国最初的排污标准大多是基于技术的标准，它需要某些特定技术的合法应用，以易于执行和监督。随着点源污染对水体的影响日益突出，排污标准逐渐由基于技术的标准向更严格的基于水质的标准转化。《清洁水法》第 303 条要求水质不达标的州制订“最大日负荷总量”计划。

表 5-1 列出了《清洁水法》和主要的修订案。

表 5-1 《清洁水法》和主要的修订案

时间	法案	公法
1948	《联邦水污染控制法》	P.L.80-845（Act of June 30，1948）
1956	《水污染控制法》	P.L. 84-660（Act of July 9，1956）
1961	《〈联邦水污染控制法〉修订案》	P.L. 87-88
1965	《水质法案》	P.L. 89-234
1966	《清洁水恢复法》	P.L. 89-753
1970	《水质改进法》	P.L. 91-224，Part I
1972	《〈联邦水污染控制法〉修订案》	P.L. 92-500
1977	《清洁水法》	P.L. 95-217

5.1.3 完善时期（1980 年至今）

1987 年，国会通过了《清洁水法》修订案，其中第 319、402、404 条是控制径流污染的重要工具。第 319 条制订了控制非点源污染的国家计划，要求各州提交径流污染评估报告并制订实施污染管理计划，鼓励各州实施“最佳管理实践（Best Management Practice，BMPs）”，同时要注意这些措施在减少地表径流污染的同时可能会使污染向地下水中转移。第 402 条要求城市和工业区具备“雨污分流制系统”雨水外排的国家污染物排放削减制度许可证。第 404 条对疏浚和填方污染物等作了规定。

1989 年，EPA 规定了雨污合流下水道溢流（Combined Sewer Overflows，CSOs）的控制政策；《清洁水法》第 320 条的“国家河口计划”针对重要河口地区的点源和非点源污染问题提出了相应的管理计划；国家污染物排放削减制度规定不得将天然湿地用于处理径流污染，除非这些径流符合有关排放标准。

美国最近一次修订《清洁水法》是在 2002 年，《北美五大湖遗产法》（The Great Lakes Legacy Act of 2002）的有关内容纳入《清洁水法》框架，规定了五大湖沉积物污染修复工程及其投入资金的使用情况。

5.2 《清洁水法》的主要内容

《清洁水法》是地表水保护的基础（该法并不直接管制地下水和水量问题）。该法令用许多管制和非管制的工具来迅速减少直接排进水道的污染物，对市政污水处理设备进行财政援助，管理污染的径流。采用这些工具来达到“恢复和保持水体的化学，物理和生物的完整性”的目标，使水体能够支持“保护和供养鱼类、贝类和野生生物，在水上和水里娱乐”的功能。

图 5-1 为《清洁水法》的主要内容，本部分将按照此路线图展开介绍《清洁水法》的主要内容。

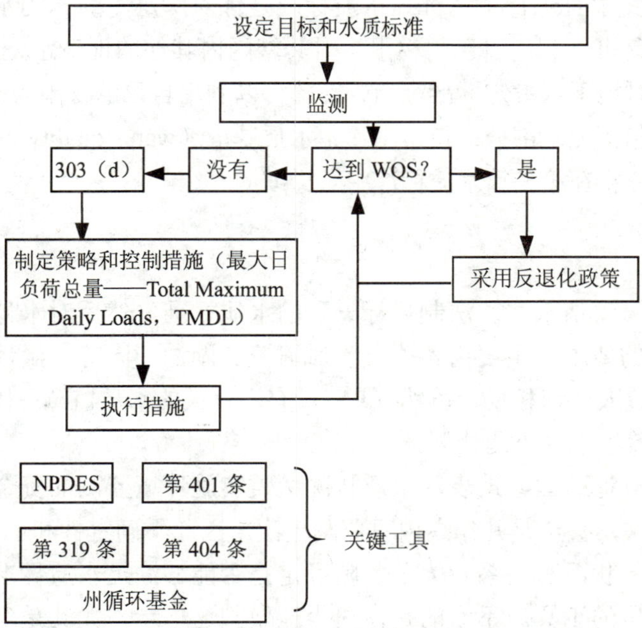

图 5-1　《清洁水法》的主要内容

首先，设定水质标准（water quality standards，WQS），水质标准和《清洁水法》设定的法令目标保持一致。然后监测水体是否达到了水质标准。如果满足了水质标准，那么就要采取反退化策略和计划，使水质保持在可接受的水平。如果水体没有达到水质标准，那么就制定一些措施使水体达到水质标准。通常普遍采用的一个方法就是制订最大日负荷总量计划。最大日负荷总量计划确定要满足水质标准的污染物负荷，然后在各个污染源之间分配这些负荷削减量。

必要的污染物负荷削减是通过执行《清洁水法》批准的以及联邦政府，州和当地政府及非政府组织提供的一些措施来实现的。《清洁水法》中关键的工具有：

- 国家污染物排放削减制度许可证计划 对排放进地表水的点源进行控制。
- 第 319 条 解决非点源污染问题，例如农业和林业运转产生的污染。
- 第 404 条 管制向湿地和美国其他水体挖掘和填充的材料。
- 第 401 条 要求联邦政府只有从州、地域或印第安部落获得证明，即证明增加的负荷不会导致水质超标，才可签发可能会导致水体污染物负荷增加的许可证。
- 州循环基金 以贷款的形式为市政点源、非点源和其他的活动提供大量的资金。

采取了这些措施以后，再对环境条件进行检测，并且同环境水质标准相比。如果满足了标准，那么只需要进行偶尔的监测。如果还没有达到水质标准，那么就要重新制定和实施策略，进行更多的环境监测。这种迭代过程要一直重复，直到达到水质标准。

5.2.1 水质标准

水质标准的目的在于把《清洁水法》宽泛的目标转化为具体水体的目标。水质标准只适用于《清洁水法》中定义的“美国的水体”。“美国的水体”和其他水体之间准确的分界线很难确定，事实上，边界的划分在不断地改变，例如，发布了新的法庭规则，新的法规，或者是法案本身进行了修订。水质标准是针对满足“美国的水体”定义的地表水制定的。州、部落可以利用自己的权限，对其辖区内其他的地表水采用水质标准。《清洁水法》没有要求对地下水设定标准，州、部落可以利用自己的权限为地下水设定目标。

水质标准主要包括三个部分：指定用途、水质基准（water quality criteria，WQC）和反退化政策。这部分将在第二篇水质标准中做详细的介绍。

5.2.2 监测

首先要设定和《清洁水法》法制目标一致的水质标准。然后对水体进行监测确定是否达到了水质标准的要求。主要由各州负责对河流、湖泊、海湾、湿地、河口以及近海岸的监测。和大部分人认识相反，虽然 EPA 没有运行大的水质监测站国家网络，但是它却在国家范围内涵盖了许多监测计划。

大部分的州没有追踪国家地表水水质状况所需实施环境监测的资金。美国的水体一年中并没有监测多次，甚至是几年之内只监测一次。因此不确定性和已知的河流、湖泊、海湾与其他地表水的状况有关系。为了实际确定是否能够满足水质标准，就要采用能够实施连续监测和分析的工具。不幸的是，很少能做到这一步，尤其是对像合成有机化合物这一类型的污染物的监测。因此机构通常只能进行统计推断（这通常具有较高的不确定性）来判断水体是否达到了水质标准。

一方面，当有确凿的证据证明没有达到水质标准时，此时就需要相当少的数据。这种对数据需求的不对称仅仅取决于短期（分钟，小时内）暴露于高浓度的污染物中可能对水生生态系统（实际上是所有的生命）产生的严重损害。因此，证明在给定的时间内绝不会发生这种短期的情况则需要连续的监测。另一方面，如果现有的数据仅代表指定时期内的一小段时间，那么这些有限的数据点则包括一个以上在数量级或在一定时段内超标的数据点，这就表明，如果收集更多的样品，则会有更多的超标。因此，可以确信在指定的时期内会在个别的时候出现未达到水质标准的情况。

决定什么时候，在哪里监测哪些项目是非常重要的，需要根据监测计划的目的给出这些问题的答案。

例如，如果想要监测《清洁水法》管理条例对点源的管理效果，则通常要在点源排污口的上游和下游进行监测，而且要重点分析排污许可证中规定的污染物。另外，如果想要整体上描述州内水质状况（比如，达到水质标准的水体占的比例是多少），最好利用统计学随机抽取一系列的采样点。此外，检测的污染物的种类要比从排污管中排出的已知的污染物种类多。目前，州的环境监测计划的重点是州宣布为受损的水体或者是怀疑受到污染的水体。

州、部落、领域要以两种报告的形式把水质监测的结果上交给 EPA，并使公众可以看到。这些报告通常在每一个偶数年的 4 月 1 日上交（如，两年一次）。

第一种报告就是“305（b）报告”，这是按照《清洁水法》的要求设定的。它必须包括州、部落、领域对水体的了解情况——健康、受到威胁、受损。

第二种就是“303（d）清单”，清单中只给出受到威胁或受损的水体（达到水质标准的水体不应被列在该清单中）。

从 2002 年开始，EPA 要求州、部落、领域提交一个报告，这个报告要整合 305（b）和 303（d）这两个报告的内容。在这种情况下，所有的水体要被放在五个类别中的一类中。分类是根据水体和水体状况的大量有用信息进行的。除了这些信息外，305（b）的报告中还应该给出通常会引起水体受损的污染物（化学药品，沉积物，营养物质，金属，温度，pH）和应激源（流量的变化，河道的改变，引进外来入侵种）的信息，以及这些应激源的来源。报告中还应该讨论自上一个 305（b）报告后，达到《清洁水法》目标的进展情况。

如果监测和评价表明，对于一些参数和用途，水体或河段没有达到水质标准，那么这时水体则被认为是“受损”，并将被列入到一个称为“303（d）”的清单中，是以《清洁水法》的一个条款命名的，这个条款号召州、被授权的部落和领域要建立这样一个清单。303（d）清单不仅仅要包括目前受损的水体，还应包括认为是受到威胁，在提交下一个 303（d）清单时可能受损的水体（如，没有满足水质标准）。目前 EPA 的法规要求 303（d）清单中只包括受到“污染物”损害的水体，不包括受到其他类型的“污染”（流量的变化/河道的改变）而引起损害的水体。如果确定水体的受损不是由于污染物引起的，而是由于另一种类型的污染，比如，流量引起的，那么该水体就不需要被列入到 303（d）的清单中。然而，如果生物监测表明水生生物的用途受到损害，但是不清楚是不是由于一种污染物引起的，这个水体就应该被列入到 303（d）的清单中，并进一步地分析其原因。由“非污染物的污染”引起的受损应在 305（b）的报告中进行说明。303（d）清单中还应该包括需要优先制定最大日负荷总量计划的水体。

表 5-2 是由 EPA 根据州在 1998—2000 年提交的 305（b）报告中的信息汇编的。给出了被认为是应激源引起损害的水体的数量。这里的沉积物（sediment）指的是清洁的沉积物/淤泥，而不是有毒的底部沉积物。营养物（nutrients）是指磷和氮。“其他生境的改变”（other habitat alterations）是指大坝，渠道化，河岸扰动，去除滨水地带的植被，但是通常不包括流量的变化。有机物（organics）指的是合成的有机化合物，而不是天然的有机材料。有害水生植物（noxious aquatic plants）包括水华和蓝－绿藻以及入侵种，如软水草。引起水体受损最主要的两个原因是营养物（氮和磷）和清洁的沉积物，目前 EPA 和大部分的州对这两个参数都没有数值型的水质基准。EPA 正在为营养物制定基准指南。要注意：表 5-2 中的数值并没有太大的意义。不同的应激源在表中的位置不能认为是具有权威的。可以相当确定的是最常见的三种引起水体受损的原因就是营养物质、病原体和沉积物。相反，一些有毒物质，如金属、杀虫剂、合成有机物和氨并不常见（但这并不意味着当这些有毒物质引起水质问题时可以忽略）。

表 5-2 美国 1998—2000 年高发水污染类型

水体受损原因	发生次数（1998—2000 年）
沉积物	6 133
病原体	5 281
营养物质	4 773
金属	3 984
溶解氧	3 772
栖息地改变	2 112
温度	1 884
pH	1 798
生物群落受损	1 440
农药	1 432
流量改变	1 099
汞污染	1 088
有机污染物	1 069
有害水生植物	831
氨	752
总计	37 448

在过去的 30 年内，通过采取《清洁水法》的法规计划对点源污染进行控制，工业和市政污水处理厂已经不再是导致国家地表水污染的重要来源。相反，州、授权部落、领域在 303（d）报告中列出的受损水体有一半是仅仅由沉降－径流非点源污染导致的。而在剩下的 50%受到点源和非点源共同损害的水体中，非点源比点源的贡献要大得多。

5.2.3 最大日负荷总量计划

如果监测和评价表明水体或河段受到一种或多种污染物的损害，因此被列入到 303（d）的清单中，这时就要求相应的组织（州、领域、授权的部落）制定一个策略可以使水体满足水质标准。

注意：《清洁水法》要求，受到污染物损害的水体，采取了《清洁水法》和 EPA 法规制订的针对于点源的基于技术的控制措施后，如仍然不能达到水质标准要求，则需要对水体制订最大日负荷总量计划。在《清洁水法》的历史上，为大部分的点源发放了基于技术的排放限制国家污染物排放削减制度许可证。此外，相当一部分的点源还有更为严格的基于水质的许可证限制。但是因为非点源是引起许多水体受损的主要来源，这些对点源更加严格的限制并不能使水体达到水质标准。此时就需要制订策略帮助水体达到或保持水质标准。这些策略必须包括最大日负荷总量或者其他的和最大日负荷总量具有同等功能的综合性策略。从本质上看，最大日负荷总量计划是对具体水体或河段的“污染预算”，最终可以使水体达到水质标准。

另一个策略是由《清洁水法》第 320 条款授权的独特的计划，称为“国家河口计划”。该计划指定了 18 个州以及波多黎各的共 28 个河口，为其中 17 个河口制订了全面养护和管理计划（comprehensive conservation and management plans，CCMPs)。为制订全面养护和管理计划计划给予大量的资金支持，但是用于实施的资金却很少。

此外还有其他的整体基于流域的策略。

最大日负荷总量计划适用于“污染物”，但不是所有的“污染”形式。污染物包括清洁的沉积物，营养物质（氮和磷），病原体，酸/碱，热，金属，氰化物，有机合成的化学物质。正如前面提到的，污染既包括所有的污染物，也包括流量的变化和物理生境的改变。

应该为每一个受到一种或多种污染物损害的水体或河段至少制订一个最大日负荷总量计划。一个污染物要制订一个最大日负荷总量计划。但是如果一个水体或河段是由两种或两种以上的污染物引起的，则可以同时制订每一个污染物的最大日负荷总量计划。EPA 鼓励州、部落、领域在“基于流域的基础上”制订最大日负荷总量计划（也就是说把最大日负荷总量计划“捆绑”在一起），目的是体现计划的效率，进行更加整体的分析。理论上来说，最大日负荷总量计划应该被采纳到综合的流域策略中。这样的策略可以保护高水质的水体（反退化），同样可以使受损水体恢复（最大日负荷总量计划）。还可以解决影响水体水质的一系列问题。最后，这样的策略应该是各个利益相关者之间共同合作的产物。

最大日负荷总量计划应该上交给 EPA 进行审查批准。如果最终 EPA 确定不能批准提交的最大日负荷总量计划，那么 EPA 应该制订并发布一个他认为可以接受的最大日负荷总量计划。这样做需要进行正式的联邦决策。

最大日负荷总量计划的第一个要素就是“允许的负荷”，也被称为是污染物的“帽子”。它本质上是对一个水体中一种特定污染物的预算，或者表示为“负荷能力”。这个负荷率是为了使所讨论的污染物能够达到水质基准而计算得出的。允许的负荷通常是通过数学模型计算得出的，多半是基于计算机的。

《清洁水法》要求所有的最大日负荷总量计划包括一个安全系数作为环境保护的额外措施，它考虑了估计可接受的负荷时的不确定性，这被称为安全系数（margin of safety，MOS)。

计算出允许的负荷（包括安全系数）之后，接下来就是把负荷总量在各个污染源之间进行分配。从根本上说就是把“馅饼切成片”。

最大日负荷总量计划为单个的污染物，如清洁的沉积物、氮、磷、大肠杆菌、温度、铜、汞和多氯联苯等制订负荷量。还可以使用一组污染物指标，例如生化需氧量（BOD),

当为低溶解氧的水体制订最大日负荷总量计划时通常使用生化需氧量（注意：非污染物引起的污染不需要最大日负荷总量计划，例如，流量模式和河道的改变）。州、授权的部落、领域可以自由地为这些污染物制订最大日负荷总量计划，只要他们认为是合适的。

虽然《清洁水法》使用最大日负荷总量，但是 EPA 可以用周、月甚至是年负荷来表示。选用哪种时间单位要根据需要制订最大日负荷总量计划的污染物种类来确定。可表现出急性影响的有毒化合物可能需要日或周负荷，而营养物和沉积物可以用月或年负荷来表示。

《清洁水法》允许季节性的最大日负荷总量，也就是说允许在一年中不同的时间内有不同的负荷量。比如，和暖水相比，冷水可以吸收较多的需氧物质，因此冬季允许的负荷量比夏季要高。

EPA 法规用废物负荷分配（wasteload allocations，WLA）和负荷分配（load allocations，LA）来描述分别分配给点源和非点源的负荷。通常要求为申领国家污染物排放削减制度许可证的点源分配单个的废物负荷。虽然在理论上，应该为单个的非点源分配负荷，但是这通常是不现实的，并且在科学上也是不可行的；因此，可以为同一类型的非点源（例如，流域内所有的大豆田）或者同一类地区的非点源（某一子流域内的所有污染源）分配负荷。虽然《清洁水法》没有规定非点源要减少它们对水体的污染负荷，但是该法律要求州（授权的部落和领域）为受非点源影响严重的水体制订最大日负荷总量计划。最大日负荷总量计划不会制订新的联邦法规赋予管理任何类型污染源的权力。相反，对于非点源，最大日负荷总量计划仅能作为回答下列问题的一个信息来源：

- 非点源对于这个受损水体来说是一个重要的污染物贡献源吗？
- 在整个流域内，来自所有的非点源的导致水体受损的污染物目前总量是多少？
- 关注的污染物总负荷来自点源和非点源的比例是多少？
- 流域内来自主要非点源的总负荷量近似是多少？
- 为了使水体达到水质标准，非点源的负荷需要削减多少？
- 为了达到需要的削减量，可以采取哪些措施和实践？

对最大日负荷总量一个普遍的误解就是：EPA 已经发布了法规，规定了如何在各个污染源之间分配负荷。比如，相等的削减量或者是相等的负荷。事实上 EPA 没有这样的法规。州和部落可以以他们认为合适的方式自由分配负荷，只要分配的总量不超过总负荷。然而，在考虑改变各个源之间允许的负荷时，重要的是要了解在除较小面积水体外的所有小水体的负荷所在位置。在许多案例中，离负荷进入水体系统的影响区域越远，负荷对受损区域的影响越小。举例来说，对较大流域的研究，例如长岛，表明在靠近受损区域排放 1 磅的污染物和在远处排放 10 磅的污染物造成的影响是相同的。而且，解决了和位置相关的相对影响问题后，还应该注意确保局部的水质标准超标并不是由于把负荷从一个支流/河段转移到另一个支流/河段造成的。

最大日负荷总量计划不是“自我实施”。因此要采用其他的权限和计划来达到 TMDLs 要求的负荷削减以达到水质标准。州、授权的部落、领域使用的计划和权限要根据污染源类型来选择，同时还要考虑社会、政治以及经济因素。

一个完整的 TMDLs 计划分为三个大的步骤：

（1）制订最大日负荷总量计划

制订最大日负荷总量计划首先要识别受损水体，所谓受损水体，指那些即使实施 1972 年《水污染控制法》修订案所规定的排放限制，也无希望达到水质标准的水体。第二步是按优先顺序，确定需要优先制订最大日负荷总量计划的水体。一旦目标水体确定后，在综合考虑所有污染控制措施的情况下，州应该使用具体的排序方法对目标水体进行优先控制排序，排序方法一般由各州自己制订。目标水体的优先等级排序必须考虑水体的污染程度和水体的使用功能。对于不能短期内解决的水质问题，EPA 和州应制订多年计划，优先治理那些水质问题最严重、水质污染威胁最大以及最有使用价值的水体。接下来就是制订最大日负荷总量计划，通常包括以下 5 个步骤：筛选主要的污染物；目标水体同化能力的计算；排入目标水体污染物总量的计算；水体污染的预测性分析，确定水体允许的污染物负荷总量；将污染物负荷进行分配。当制订完最大日负荷总量计划后，应该提交给 EPA 接受审查和批准，鼓励州在正式提交最大日负荷总量计划之前同 EPA 协商。

（2）实施最大日负荷总量计划

确定了需要的负荷削减，并通过 EPA 批准之后，应该更新州水质管理计划，实施控制措施。

（3）国家污染物排放削减制度对点源的控制

通过国家污染物排放削减制度许可程序实施基于技术和基于水质的控制措施。根据最大日负荷总量制订的许可证限制称为基于水质的限制。废物分配确定了保护接收水体的水质所需要的排放水平。一旦为特定的污染源制订了允许的负荷，国家污染物排放削减制度中就要制订限制。一方面，营养物质和生物积累性的污染物的分配可以用平均排放污水质量来表示，因为关注的是这些污染物的总负荷。另一方面，有毒污染物的限制要用短期的要求表示，因为对这种污染物的浓度的关注要大于对总负荷量的关注。

1987 年的修订案为特定的排放优先控制有毒污染物的点源制订了单个控制策略。《清洁水法》授权可以强制要求运行者和所有人对点源排放进行监测和数据收集。包括环境和生物学评价，毒性削减估算，厂内监测等。

除了为点源制订许可证之外，还要对非点源实施最佳管理实践以达到地表水的目标。这些措施都要以最大日负荷总量计划制订的负荷分配为基础。当为流域内的点源设置了许可证时，记录应该表明未来任何非点源的削减情况：①确保非点源控制措施的实施和保持；②通过监测计划验证非点源削减。担保可以采用很多种措施，包括强制手段，例如当不能证明完成非点源负荷削减时，可以为非点源制定一个更为严格限制的许可证。

为了全面地解决非点源对水体造成的损害和威胁，州应该对流域内所有的污染源实施非点源管理计划并采取控制措施（最佳管理实践）。州非点源管理计划可能包括强制实施的管制和非管制计划、技术协助、财政支持、教育、培训、技术转让等，很难确保采取的非点源控制措施可以达到预期的削减负荷。非点源控制措施可能由于选择最佳管理实践不够充分，设计或实施不充分，或没有把所有有贡献的非点源包括进来而不能够完成工程或化学污染负荷削减。州应该在最大日负荷总量文件中说明非点源负荷削减以及建立一个审查和修正最佳管理实践的程序。记录削减目标和审查程序的主要目的是为受到明显非点源污染的水体建立一个合理的具体评价程序。州应该为协助制订合适的监测和评价方法商定一个非点源指南。

（4）评价

一旦实施了控制措施，就应该对受损水体进行评价以确定是否达到了水质标准，并且不再受到威胁。用来收集数据进行评价的监测计划应该根据特定的污染问题或污染源制订。如果评价表明水体已经达到水质标准，那么可以从清单中把水体去除；如果水体没有达到水质标准，那么就要修改最大日负荷总量计划的点源和非点源负荷分配，重新实施最大日负荷总量计划。

《清洁水法》提供了许多法规和自愿工具，可以有效地完成需要的削减。（然而，很有可能仅仅使用《清洁水法》提供的工具不能有效地达到需要的削减，特别是在非点源污染占优势的情况下。这时就需要采用其他的联邦计划，州和当地政府、学术机构、非政府组织如土地信托等其他的资源。）

下面介绍一些《清洁水法》中给出的工具。

第 402 条——国家污染物排放削减制度许可证计划。《清洁水法》第 402 条中规定，它管制着属于《清洁水法》定义为点源的排放源。

第 404 条——本条中设定的许可证计划规定了向湿地或其他“美国的水体”安放挖掘或填埋材料。

第 401 条——要求在联邦机构为建设工程或其他的活动发放执照或许可证之前，必须要从州获得一个书面的证明，说明这些活动不会导致违背相关的水质标准。可能会受到联邦批准的活动影响的下游的州可以在第 401 条实施过程中起到一定的作用。

第 319 条——《清洁水法》第 319 条设立了一个联邦计划为州、部落、领域制订和实施计划提供资金，目的是减少非点源的污染。和点源相比，《清洁水法》并没有赋予联邦对非点源的管制权力。

到目前为止，联邦政府通过 CWA 法案拨出的资金主要是划拨给各州投资和运行州清洁水循环基金计划。

第 106 条——本条授权联邦拨款给州、部落、领域用来制订和运行州计划。

5.2.4 国家污染物排放削减制度计划

《清洁水法》规定点源向美国水体排放污染物是违法行为。《清洁水法》第 402 条设定了国家污染物排放削减制度计划。点源必须要从适当的权威机构（通常是州，有时是 EPA，部落或领域）获得一个排污许可证。虽然《清洁水法》规定长期的污染物排放目标为 0。但是这些许可证没有这样的规定，正如这个计划的名称所表示的，只是“没有排放”。相反，规定了在给定时间内，允许点源排放的各种污染物量的限值。

在多数情况下，国家污染物排放削减制度计划只应用于直接向地表水排放污染物的情况。在一些情况下，向地下水排污通过水文直接影响到地表水，这种情况也被包括进国家污染物排放削减制度计划中。

许多种人造的运输工具被认为是点源，包括管道、沟渠、通道、隧道、特定类型的船只以及海上石油钻机。

国家污染物排放削减制度许可证适用于工业和市政排污，大城市的雨水管道系统排水、与大量工业活动相关的暴雨、超过一英亩的施工现场的径流、采矿工作和一定规模的水产养殖和动物养殖场。

5.2.5 第 319 条：非点源计划

非点源污染代表了整个国家最重要的污染源。根据州 305（b）和 303（d）的报告，多数的河流和湖泊都是由于牲畜养殖场、牧场以及其他类型的非点源的地表径流引起受损的，而不是受工业设施、市政污水处理厂、市政雨水系统和工业活动引起的径流等点源的影响。最近一组 303（d）的报告指出，有 40%的受损水体是由于非点源引起的，而只有 10%是由点源引起的。《清洁水法》没有提供对非点源详细的定义。然而，可以用排除法来定义，《清洁水法》和 EPA 的法规规定的点源之外的污染源即为非点源。所有的非点源都是由于降水（雨或雪）径流导致的。正如前面提到的，在《清洁水法》中许多类型的由降雨导致的径流被当做点源而不是非点源进行管制，包括与工业活动相关的雨水、建筑径流和市政雨污分流制排水系统（municipal separate sewer systems，MS4s）的排放等。

大气沉降也是一种非点源污染：污染物排放到大气中，然后以降雨或降雪的形式直接或间接返回到地表水中，同时还包括干沉降（当然，排烟工业例如化石燃料发电厂应该是大气点源污染源。但是这些设备排放的污染物扩散沉降形成水污染则被认为是非点源）。

非点源污染物通常包括营养物质（氮和磷）、病原体、清洁的沉积物、油和润滑脂、盐、杀虫剂等。

国会决定不用法规解决非点源问题。在 1987 年《清洁水法》中添加了第 319 条，设立了一个联邦拨款计划为州、部落、领域制订和实施非点源管理计划提供资金。根据《清洁水法》第 319 条的规定，要求州、授权的部落、领域为非点源污染制订管理计划（如果想要得到第 319 条拨款的话）。

一旦州非点源计划得到批准，EPA 将按照 319（h）条的规定为这些机构拨款。第 319 条是执行非点源管理计划的一个重要的资金来源，但是还有其他的联邦（如农业法案）、州、地方以及私人计划。

最初每年只拨款 3 800 万美元，但是随后资金逐渐增多。在 2002 财政年度，国会拨款 2.37 亿美元用于第 319 条的拨款。这些联邦资金的接受者必须要提供拨款的 40%的相应资金，可以是现钱，也可以是实物。州和领域把从 EPA 获得的一小部分第 319 条拨款用于支持当地的非点源污染管理工作。地方可以拿出相应的资金，这取决于州或领域。

虽然《清洁水法》中没有对非点源进行联邦法规授权，《清洁水法》也没有要求州制订自己的法规计划来获得第 319 条拨款，但是州、部落、领域可以自行判断，使用第 319 条的拨款制订自己的非点源管制计划。

当非点源成为导致流域水体受损的实际污染物贡献者时，第 319 条拨款还可以用来为这些流域制订和实施最大日负荷总量计划。州第 319 条拨款的 5%可以用于清洁湖泊计划，第 319 条拨款也可以用于保护地下水的工程。

获得第 319 条拨款的州、部落或领域必须完成非点源管理计划，并且每 5 年更新一次。下面讨论这种州范围策略的一些要素。

州和部落必须要辨别受到非点源损害或威胁的水体，制订一个短期或长期的目标使这些水体变清洁，确定要使用的最佳管理实践。州和部落的非点源管理计划必须要包括监测和评价计划，这通常要包括到州 305（b）的评价和报告计划中。

计划中最佳管理实践部分需要识别最普遍的应激源类型，这些应激源的来源分类，以及解决这些确定的应激源和来源时既有效又负担得起的最佳管理实践种类。（应激源包括污染物，流量变化，河道的改变，入侵物种和其他等）最佳管理实践的工作包括“全州范围的”和有针对性的要素。前者包括的工作范围是在所有可能产生非点源污染的土地利用中实施基本水平的最佳管理实践，包括农场、森林等。有针对性的最佳管理实践是指对受损或受威胁的水体采用的具有额外的数量和类型的最佳管理实践。

非点源管理计划和其他机构以及私人组织共同制订策略。例如，美国农业部的自然资源保护署（Natural Resources Conservation Service，NRCS）在农业地区是非常值得合作的伙伴，因为自然资源保护署可以得到农业法案 2002 年授权的环保休耕计划和环境质量改进计划以及其他计划提供的技术人员和重要的成本份额基金。

在 319 计划的初始，EPA 强调制订管理策略，同开展最佳管理实践相结合，用于教育、示范和研究的目的。最近，EPA 增强了对计划有效性的评价，包括试图记录水质从实施的最佳管理实践获得的好处。同样，EPA 已经告知一些州，从 2003 财政年度开始，只要他们和整体的流域计划或者是流域内的最大日负荷总量计划相关，相当大的一笔第 319 条拨款会用于最佳管理实践。

5.2.6 第 404 条：关于湿地的定义

虽然大部分的相关活动都涉及湿地的填埋，但是第 404 条实际上只处理一种主要类型的污染——堆放从水体挖掘或向其填埋的物质。湿地只是“美国水体”的一部分，美国水体还包括许多其他的类型——间歇河、小的常流河、河流、湖泊、海湾、河口以及部分海洋。第 404 条最具争议的一条就是什么是湿地。联邦法规对湿地的定义为：那些被地表水、地下水经常性地和持续地淹没或浸透，在正常情况下足以支持适合于在水饱和的土壤中生长的植物盛行的地区。[33CFR328.3（b）]

被划分为湿地的地区通常应该具备三个特性：沼泽水文地理、依赖湿地的植被以及潮湿的土壤。然而一些类型的湿地，例如滩地、硬木沼泽地在某些时期是干旱的。如果植被和土壤表明经常呈现出湿地条件并且水文数据支持这种结论的话，在某一时期没有水或饱和土壤并不能说“不是湿地”。

404 许可证计划由 EPA 和美国陆军工程兵团共同管理。陆军工程兵团负责许可证的发放（个体和综合许可证）；他还要确定一块地是湿地还是属于美国的水体。虽然 EPA 在强制执行上也起到一定作用，但是工程兵团对确保遵守许可证的要求负主要责任。美国渔业和野生动物局由于他们对野生生物生境的专业知识而负责重要的咨询工作。EPA 负责发布指南和政策。同时还负责决定是否把 404 计划分到州、部落或领域。当授权给州进行 404 计划时，EPA 要监督计划的实施。如果有必要的话，EPA 可以收回计划。

5.2.7 第 401 条：水质标准证明

《清洁水法》第 401（a）条要求在发布允许向水体排放的许可证或执照之前，联邦机构必须要从拟议计划中的州获得一个证明，证明排放是符合《清洁水法》的，也达到了州环境水质标准的要求。《清洁水法》第 401 条适用于陆军工程兵团发放的第 404 条的许可证，以及 EPA 发放的国家污染物排放削减制度许可证。

5.2.8 州循环基金

1987 年，国会经投票决定，逐步停止为市政污水和废水处理厂提供基金的旧的捐款计划，用州清洁水循环基金来取代。按照州清洁水循环基金，EPA 为州提供年度资金，州再以低息贷款的形式发放给各种水质项目。相应地，州必须提供联邦资金的 20%。通过联邦资金拨款，州相匹配的资金、偿还贷款、债券、州清洁水循环基金的总资金达到 400 亿美元。其中 30 亿～40 亿美元均来自全国州清洁水循环基金的贷款（图 5-2）。

这些基金也可以拨款给领域和部落用于市政污水处理工程。领域必须提供相应的 20% 的资金，而部落则不需要。

贷款通常利息很低（有时候甚至没有利息）。虽然大部分的贷款都拨到地方政府，但是也可以发放给商业和非营利组织。偿还期限长达 20 年。

目前大部分的州清洁水循环基金的贷款都用于工程扩张、维修、市政污水收集和处理系统的升级。但是州清洁水循环基金贷款也可以用于：①和第 319 条计划一致的非点源控制工程；②为实施国家河口计划制订的管理计划。

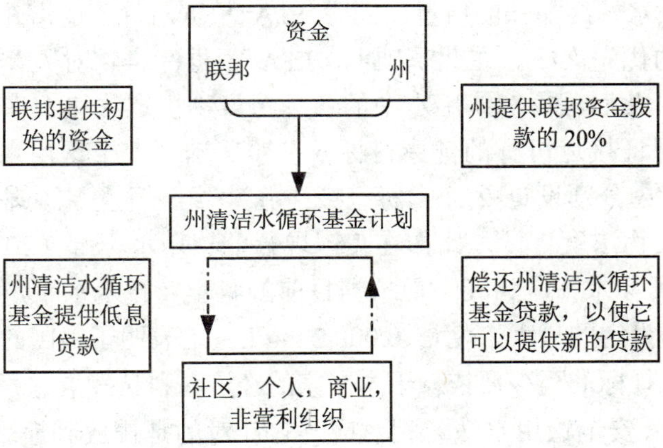

图 5-2 州循环基金

在 2001 年底，超过 30 个州清洁水循环基金为非点源工程提供了 14 亿美元贷款。这些工程包括：

- 私房屋主维修和改良化粪系统
- 土地信托基金，用来购买敏感的土地/土地权
- 购买和修复退化的湿地
- 用干洗剂清洗土壤和棕壤地区的地下水污染
- 改进农民的设备和结构，使农田径流减到最少
- 管理州循环基金必须遵守
- 保护基金中的本钱。确保在州清洁水循环基金中流动的资金是可以循环的，在长期的循环后不会减少
- 制订“有针对性的使用计划”。列出获得下一个财政年度的贷款后实施工程项目的清单
- 使公众参与到“有针对性的使用计划”中，接受公众的评论

➢ 设立一个类似于国家环境政策法案的程序，即对获得贷款的项目进行环境影响分析，考虑所作的选择。

5.3 两大水法的比较

美国目前两个主要水管理的联邦法律分别为《安全饮用水法》和《清洁水法》。一般来说，《安全饮用水法》针对的是饮用水（包括饮用水水源地）、地下水以及输送饮用水至公众的供水系统。起初（1986 年以前），《安全饮用水法》主要关注饮用水处理方法。《安全饮用水法》1986 年修订案是美国供水法规发展史上重要的里程碑，它要求限期制订饮用水质新条例，严格控制各种饮用水源体中的有害污染物。在实施《安全饮用水法》1986 年修订案的过程中，人们逐渐认识到制定国家标准并不是保证饮用水安全的唯一措施，指导供水系统高效运行，为供水企业提供资源和帮助、信息收集保障等也很重要。在 1996 年修订后的法律中增加了水源保护、操作人员培训、水系统改进资金支持以及公众信息发布这几项重要内容，确保了饮用水从源头到终端出口的全过程保护，EPA 建立的饮用水标准确保了美国供水始终如一的质量。同时 EPA 根据对健康的潜在威胁和在水中出现的概率确定污染物的优先次序。在此基础上，EPA 根据污染物对人体健康所构成的危害建立公众健康目标，此后，再对饮用水中的各种污染物规定法律上许可的限度和技术处理，以最大限度地保证接近可行的健康目标（按照美国《安全饮用水法》的要求，EPA 应该基于人体健康考虑分别设定 2 个目标（或措施），第一个是完全基于人体健康的指标体系，称为最大污染物浓度目标，比如在美国现行的饮用水标准（2006）中规定苯并[a]芘（B[a]P）的健康目标水平应为 0，而依据目前的科学及技术水平，考虑到经济等诸多因素，目前他们实际设定的最大浓度是 0.000 2 mg/L。这表明了美国的水质标准是一个动态的发展过程，其执行标准至少要依赖于本国家的经济、科技发展水平而定）。

《清洁水法》与《安全饮用水法》相对应，它针对的是排放到地表水的污水。《清洁水法》的目标是，在水体中可以钓鱼、游泳以及进行水生生物保护等。

这两个法规之间有明显的重叠区域，如图 5-3 所示。

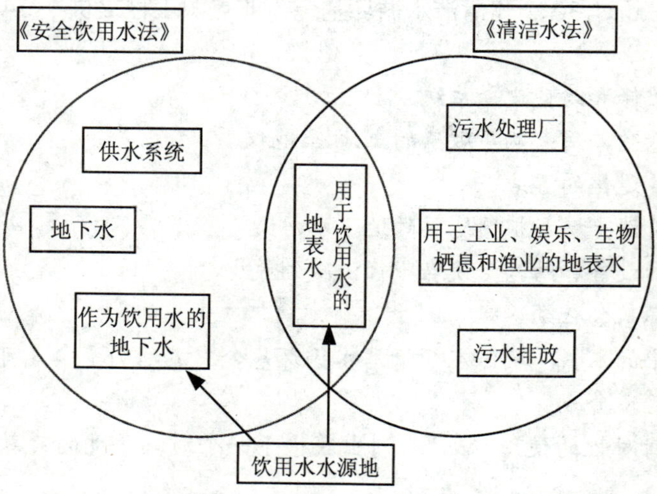

图 5-3 《安全饮用水法》和《清洁水法》的重叠区域

第6章　水质标准

6.1 水质标准制定的发展过程

美国的水质管理以水质标准为基础。美国是联邦制的国家，各州拥有较大的自主权，包括立法权。尽管19世纪的公共卫生系统改革运动确立了联邦政府对市政供水、污水及废物管理的责任，但是在战后时间这些职权几乎全部下放到州和地方政府的手中。然而各州的水质管理政策发展缓慢，加之“二战”后经济的迅猛发展，水质逐步恶化。为了缓解这样的状况，改善全国的水质，联邦于1965年出台了《水质法案》。该法案要求各州在两年内建立起环境水质标准，并且授权联邦政府为那些未能自己设立令人满意标准的州制定标准。20世纪70年代初各州就已经制定了他们的水质标准，并不断地对其进行修订，以反映新的科学信息、经济发展、水质控制政策对水质的影响。

随着1972年《联邦水污染控制法案》修订案提出了国家污染物排放削减制度许可制度，以及1977年《清洁水法》的颁布，水质标准急需新的法规以适应这些法律的条款要求。因而，联邦政府于1987年颁发了《水质标准法案》，增加了许多新的标准的规定（如规定了有毒物质的标准）。从而使水质标准成为污染控制技术的基础和流域管理的基本组成要素。其后经过不断的修改而更为完善，终在2000年后规定，各州的水质标准均要接受EPA的核准，核准后方能发布使用。美国地表水水质标准制订由各州基于《清洁水法》完成，但是其制定原则、参照基准由EPA发布。美国的饮用水标准与其他水质标准不同，由EPA统一制订，各州没有制订的权限（《安全饮用水法》赋予EPA的权力），以确保美国供水始终如一的质量。

6.2 水质标准的内容

《清洁水法》中对水质标准的制订做了详细的规定。

水质标准的目的在于把《清洁水法》宽泛的目标转化为具体水体的目标。水质标准只适用于《清洁水法》中定义的“美国的水体”。“美国的水体”和其他水体之间准确的分界线很难确定，事实上，边界的划分在不断地改变，例如，发布了新的法庭规则，新的法规，或者是对法案本身进行了修订。水质标准是针对满足“美国的水体”定义的地表水制定的。州和部落可以利用自己的权限，为其他的地表水采纳标准。《清洁水法》没有要求对地下水设定标准，州和部落可以利用自己的权限为地下水设定目标。

水质标准主要包括四个部分：指定用途、水质基准、反退化策略和通用政策实施。

指定用途 水体的指定用途是社会通过不同的政府单元，确定水体应该达到的用途。指定用途是为水体设定的目标，但是有时候水体的状况并不能支持所有的用途（图 6-1）。

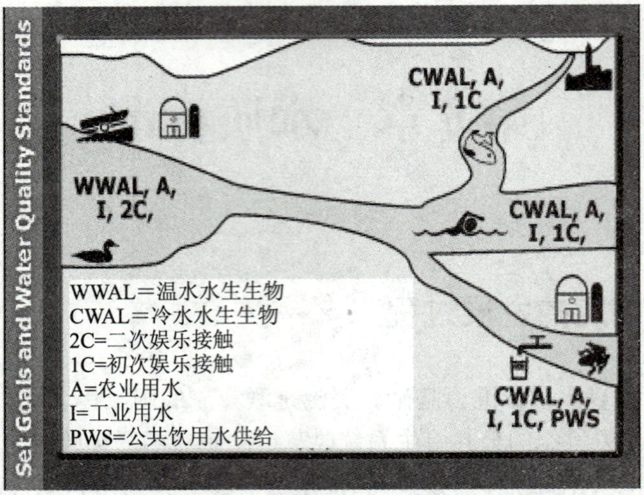

图 6-1 水体的指定用途

水质基准 描述水体支持其指定用途所具备的条件。可以用污染物的浓度、温度、pH、浊度、毒性或其他定量的方法。水质基准也可以用叙述性的描述，例如“有毒化合物的无毒剂量”。

反退化策略 反退化策略是州/部落水质标准的一部分，它设定了一系列的规则，当要采取的措施可能使高水质水体（水体的状况好于指定用途的水体）水质降低时，就要采取这些策略。

通用政策实施 同时，各州也会在制订标准的时候考虑通用政策（general policies），从而保障极端情况下的水质安全（高污染物浓度）。

为了理解应用于指定用途的规则，就要先了解几个关键的定义。

指定用途是指水质标准中为每个水体指定的用途，可能已经达到，也可能没有达到（可以理解为想要达到的用途）。

“现行的用途”稍微有点不同，并不是指实际的或目前的用途，它不仅是指水体目前能够支持的这些用途，还包括自 1975 年 11 月 28 日及其之后水体事实上达到的用途。即使水体目前并不能支持 1975 年 11 月 28 日起的用途，对于《清洁水法》来说，它仍是一个“现行的用途”。

通常指定用途包括：

➢ 饮用水

一需处理/无须处理

➢ 休闲娱乐用水

一非直接接触/短期/长期接触

➢ 钓鱼/食用

➢ 水生生物

一温水物种/栖息地

—冷水物种/栖息地

➢ 农业用水

➢ 工业用水

上面给出的加粗字是子用途。举例来说，一个水段可以用做“饮用水供应－使用前不用处理”。如果取自河流或湖泊的水在送到配水系统之前先过滤，那么原水中某一污染物的浓度可以比不需处理的原水中要高。高出的浓度要和饮用水处理厂去除该种污染物的水平成正比。

当水体被指定为饮用水且不需要进行处理时，水质标准可直接采用饮用水水质标准。

通常来说，不同的水体、一个水体的不同部分都被给定多种指定用途。当为水体制定指定用途时要考虑经济因素。相反，在制定保护指定用途的水质基准时不能考虑经济因素。

在为水体制定指定用途时要考虑以下原则：

（1）如果水体有一个“现行的”用途，那么在水体的指定用途中必须要有这个用途（通常称为分类）。“现行的”用途在水质标准中有着特殊的含义。

（2）要简单地反映出《清洁水法》“可以钓鱼和游泳”的目标（保护和供养鱼类、贝类、野生生物，在水体上和水体里娱乐），EPA 的规则中已明确说明，这些用途应该制定给所有的水体，除非证明事实上不能达到这些用途。只有在发生这种“降级”过程的情况下，这些用途才能从水体的指定用途中去除。

（3）废物运输是一个不可接受的指定用途，在 1972 年通过的《清洁水法》中，国会提出，国家地表水已经不能再用来运输或处理废物了。

（4）当水体被指定为多于一个的用途时，那么管制活动和其他的计划都应该按照要求水体更加清洁的那个用途规定进行。如果一个指定用途要求一个污染物的浓度 X 为 50 mg/L，第二个用途要求 25 mg/L，那么满足了第二个用途要求自然就会满足第一个指定用途和相应的水质基准。

（5）最后一个设定指定用途的关键原则是可以考虑经济和社会因素。

EPA 法规禁止从水体的指定用途中拿走“现行的”或实际的用途。然而，在有限的情形下，可以去掉没有达到的指定用途（降低等级）。州、地域和部落颁布“降低等级”需经过的一个关键部分就是用途可达性分析（use attainability analysis，UAA）。在用途可达性分析中，州必须要证明有限的情形是存在的。

首先，必须表明目前的指定用途即使采取了以下措施仍然不能达到：① 对点源采取基于技术的限制；② 对非点源采取成本效益和合理的最佳管理实践。如果表明采取以上措施后仍不能达到指定用途，那么就要考虑其他可能导致未能达到指定用途的因素，包括：

➢ 天然本底条件

➢ 人为原因造成的不可改变状态

➢ 为达到指定用途，而可能造成严重环境损害的因素

➢ 达到这个用途可能会需要广泛的经济和社会成本

如果用途可达性分析表明需要除去一个或多个指定用途，那么用途可达性分析和降低指定用途等级的提议都必须通过公众的审查，最终必须获得 EPA 批准，这是改变水质

标准必需的过程。

水质基准是指单个污染物的浓度，或者是水质特征，或者是描述达到指定用途的水体状态。对于一个给定的指定用途，可能会有不同条件下的数值标准，也可能是特定化合物的浓度。因为大部分水体都有多个指定用途，因此水体的水质基准数量上是真实的。水质基准必须和指定用途保持科学上的一致性。制定水质基准时可以不用考虑经济和社会的影响。水质基准可以按照目的分为多种类型。例如，数值标准（溶解氧的周平均浓度为 5 mg/L）和叙述性标准（底部沉积物没有腐败物质）。基准也可以按照水生系统的类型来分类：水体本身，底部沉积物，水生有机物（鱼组织）。接触时间是划分水质基准的另一个方法，可分为短期暴露（急性）和长期暴露（慢性）。基准也可以按照要保护的有机物类型进行分类。水生生物基准目标是保护水生有机体群落，包括动物、植物和微生物。这个可以用具体的参数（铜日均浓度为 30 μg/L）或者用直接测量数量、质量和水体中物种多样性的单位表示。

人体健康基准适用于两个暴露路径：① 饮用水；② 消费水产品。

大部分的州/部落水质标准要求所有的地表水都不能出现下面的情况：

- 腐败的或者其他底部沉积物
- 油、浮渣和漂浮的碎屑达到影响感官的量
- 气味、颜色和其他条件达到损害水平
- 令人厌恶的或者是引起公害的水生生物
- 对人类和水生生物达到致毒剂量的物质

把这些主观描述转变成定量参数并不容易。可以参见 EPA 的水质标准指南手册。“没有毒性的有毒剂量”有助于进行定量测量。毒性测试可以将叙述性基准转化成定量测量。

数值性基准通常针对具体的参数，可以表示具体测量的条件，例如，溶解氧、温度、浊度、氮、磷、重金属、汞、镉以及合成有机物。它们不仅仅由浓度或标准等数值来表示，如 15 μg/L 或者 pH 大于 5.0，通常还要给出达到这种状态需要的时间。这就是指水质基准的“持续时间”。把这个浓度/数量同持续时间结合起来就得到“污染物 X 四天的平均浓度不应超过 50 μg/L”。数值性的水质基准还应该给出每隔多久出现一次可以接受。这通常称为频率或重复出现间隔。举例来说，为了保护水生生物，通常，EPA 推荐重复出现间隔为三年一次。重复间隔的目的是明确水生生态系统在有毒条件下暴露后可以恢复，但是要使这种情况出现的频率很低以保证水生生物群落能有足够的时间恢复。因为一个样品超过水质基准规定的浓度并不意味着违背了水质基准，影响了指定用途。EPA 发布的推荐水质基准相当于许多关键的指定用途。水生生物指定用途，包括短期（急性）和长期（慢性）的基准。淡水系统和海水系统有不同的基准。大部分的人体健康基准，除了病原体，都指长期暴露。并不要求州、部落采用 EPA 发布的准确数值，但是一旦 EPA 为一个参数发布基准，那么它们必须要采用相应的基准。

生物基准只用在水生生物指定用途中，并且采用生态学和生物学评价要求花费相当多的时间进行野外收集有机物和其他数据的工作。不同的生物如鱼、大型无脊椎动物、植物等需要不同的技术。

EPA 法规授权州、部落在特定的情况下可以“放弃”使用水质标准。两种豁免的普

通形式是：① 混合区域；② 设计流量的溪流。因此，混合区域可以认为是“空间豁免”，设计流量被认为是“时间豁免”。混合区域使水体的一部分不用满足指定用途和水质基准。下游的点源排放通常采用这种豁免。

有时混合区域可以分成几个分区。在最内部的分区，也就是最接近排污管道的地方，可以允许均超过急性和慢性的水质基准。在外部区域，必须要达到急性水质基准，但是可以超出慢性的基准。

设计流量豁免主要在管制点源污染时采用，是指在某一特定时间放弃采用水质标准，最常见的就是在流量极低的情况下发生事故时。

反退化政策的目的是防止高质水体水质退化，当水体水质高于鱼类、贝类和野生生物生存繁殖，在水中和水上进行娱乐所需的水质时，就要采取一系列措施，称之为“反退化”。这些措施的目的是保持清洁水体的状态。州、部落通常把这个政策作为水质标准的一部分。

反退化通常包括三个部分，或三个保护“等级”：① 保护和维持水体现行的用途；② 保护高质量的水体；③ 重要的国家水体资源。反退化的重点是那些高于水质标准的优质水体。可以采用两种方法来实现高水质水体的反退化政策。每一种都有它的优点。一种方法是根据水体支持鱼类、贝类和野生生物生存繁殖以及在水上和水中娱乐所需的各项基准参数值鉴别和保护高水质水体。第二种方法是利用各种因子判断水体的整体水质。不管采取哪种方法，州都应该使反退化政策接受公众的审查，确定是否批准可能会影响水质的活动。

反退化政策可以按照参数或者按照水体制定措施，这要根据州采取的方法来确定。针对具体参数，水体可以对某一基准采用反退化政策，但是清洁对策，比如最大日负荷总量可能适用于其他参数。水体不同，政策各异，需要清洁对策的水体通常不会采用反退化。

图 6-2 总结了反退化的所有条款。在假设的情况下，污染物 X 的慢性基准是 18 mg/L，水体中 X 的浓度是 10 mg/L。当环境中 X 的浓度比基准浓度低时就要采用反退化政策。

反退化意味着在任何情况下都不允许州、部落出现会使 X 的浓度超过基准（18 mg/L）的情况。X 浓度超过基准会导致现行用途受损。从现行的浓度（10 mg/L）指向基准（18 mg/L）的箭头表明反退化等级 2 并不禁止水质从较高的水平降到仅仅比采用的基准稍好的水平，但是这只在非常有限的情况下发生。等级 3 表明，对于这类水体不允许水质退化（等级 3 只针对有特殊用途的水体）。

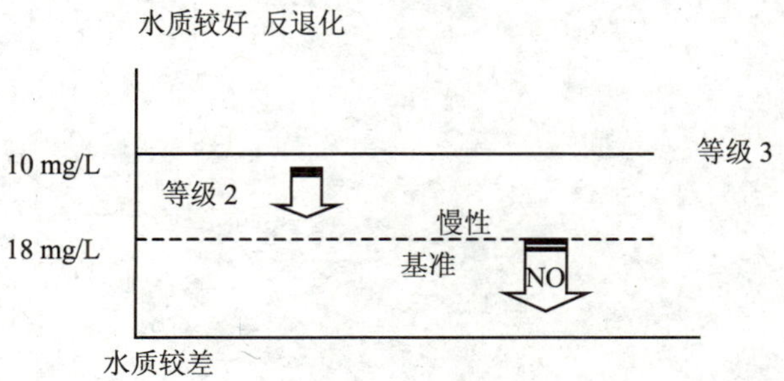

注：NO 指低于等级 1，水质无法达标。

图 6-2　反退化

水质标准的制定分为以下几个步骤：

- 州、授权的部落和领域制订水质标准；
- 在水质标准生效前必须要通过 EPA 的审查；
- 如果 EPA 没有批准州、领域、部落的水质标准，那么各州、部落不能再修订，应由 EPA 发布一个水质标准；
- 公众审查并对标准发表意见；
- 州、授权的部落和领域必须每三年修改一次水质标准，并上报 EPA 批准。

各州、授权的部落采用的水质标准要经过 EPA 的批准。如果 EPA 最终确定这个标准不能达到州、部落的协议，那么 EPA 可以通过联邦政府决策过程公布一个替代的水质标准。在批准的过程中，公众可以对拟发布的水质标准进行评论。州和领域负责制定水质标准，然而部落必须经 EPA 授权制定水质标准。《清洁水法》第 518 条规定，在以下情况下，EPA 应该“把部落按照州来对待”，包括：

- 制定水质标准
- 水质监测和报告
- 最大日负荷总量计划国家污染物排放削减制度
- 各种《清洁水法》授权的项目

部落在授权制定水质标准之前要通过一些测试。在部落获得授权之前，EPA 必须要为其制定水质标准。

第7章 饮用水标准

7.1 饮用水标准制定的发展过程

美国的水质标准最早颁布于 1914 年，是人类历史上第一部具有现代意义、以保障人类健康为目标的水质标准。在 1914 年由当时美国的公共卫生部（Public Health Service，PHS）针对饮水中的致病微生物，制定了饮水标准。但这个标准只应用于向顾客提供饮水的国内运输行业，并主要控制肠道传染疾病在州际之间的传播。随后这个标准于 1925 年、1946 年几经修改、补充。至 1962 年，形成了一个有 28 个指标的最终标准，其中控制微生物的指标为“总大肠菌群”。至此，全美 50 个州均采用此标准或将它作为水质指南。1974 年受美国国会授权，美国 EPA 对全国的公共供水系统制定了强制执行的污染物控制标准，即《美国饮用水水质标准》。该法案要求美国 EPA 分两步制定饮水标准：①建立《过渡性一级饮水条例》，该条例主要以 1962 年颁布的 28 项标准为基础，它不仅包含最大污染浓度，还包括监测和分析这些污染物的要求；②对该标准进行补充和修改。由国家健康风险科学研究院（NASHR）综合评价污染物的健康风险，修改制定污染物的指标值。随后在 1986 年和 1996 年对《安全饮用水法》又进行了两次修改：①1986 年的修正。20 世纪 80 年代以后，由于人工合成有机物及农药对环境的污染增加，美国原有的水质标准内容还有待进一步完善。此外，美国国会认为原标准对以水为传播媒介的微生物疾病的风险控制上存在缺陷，为此须对原《安全饮用水法》进行修订。此次修订的主要内容为：制订 83 个污染物的最大污染浓度和最大污染浓度目标值；要求所有水厂均对饮水消毒；对所有取用地面水的供水系统提出过滤工艺要求；对主要污染物质如：病原体、有机物、无机物和消毒副产物，提出采用“最佳处理工艺”的要求。②1996 年的修正。由隐孢子虫引发的肠道流行疾病的暴发促使了第二次对饮用水标准的重大修改，这次修改着重考虑了消毒副产物致病风险与肠道致病微生物风险之间的平衡。主要修改内容为：所有供水系统必须每年向公众提供其供水水质和水源水质报告；加强对饮水中致病微生物特别是原生动物如隐孢子虫和贾第虫的控制；加强对饮水中消毒副产物的控制；政府每年为提高水质向供水企业提供专项贷款；EPA 向供水企业收集水质数据，以利于今后制定水质标准等。

《安全饮用水法》1996 年修订案规定了制订国家一级饮用水管理条例的步骤，包括确定污染物，设定优先权以及制订管理条例。首先，EPA 应该确定需要管制的污染物，制定一个污染物候选名单，污染物候选名单给出了新污染物的评估方法。此污染物候选名单每 5 年更新一次。其次，EPA 根据现有的数据和方法等因素确定管制的优先权，同时还要掌握非管制污染物的出现情况，决定今后是否要对该污染物做出管制。最后 EPA 发布最终管理条例。

7.2 饮用水水质标准的内容

美国饮用水水质标准包括国家一级饮用水管理条例和国家二级饮用水管理条例。

7.2.1 国家一级饮用水管理条例

国家一级饮用水管理条例（或一级标准）是法定强制性的标准，它适用于公用给水系统。一级标准限制了那些有害于公众健康的及已知的或在公用给水系统中出现的有害污染物的浓度，从而保护饮用水水质。见表 7-1。

表 7-1 各污染物最高浓度、潜在影响和来源

污染物	MCLG①/（mg/L）④	MCL② TT③/（mg/L）④	从水中摄入后对健康的潜在影响	饮用水中污染物来源
无机物				
锑	0.006	0.006	增加血液胆固醇，减少血液中葡萄糖含量	炼油厂，阻燃剂，电子、陶器、焊料工业的排放
砷	未规定⑤	0.05	伤害皮肤，血液循环问题，增加致癌风险	半导体制造厂，炼油厂，木材防腐剂，动物饲料添加剂，防莠剂等工业排放，矿藏溶蚀
石棉（>10 μm 纤维）	7×10^7 纤维/L	7×10^7 纤维/L	增加良性肠息肉风险	输水管道中石棉，水泥损坏，矿藏溶蚀
钡	2	2	血压升高	钻井排放，金属冶炼厂排放，矿藏溶蚀
铍	0.004	0.004	肠道损伤	金属冶炼厂，焦化厂、电子、航空、国防工业的排放
镉	0.005	0.005	肾损伤	镀锌管道腐蚀，天然矿物溶蚀，金属冶炼厂排放，水从废电池和废油漆冲刷外泄
铬	0.1	0.1	过敏性皮炎	钢铁厂，纸浆厂排放，天然矿藏的溶蚀
铜	1.3	作用浓度 1.3TT⑥	短期接触使胃肠疼痛，长期接触使肝或肾损伤，有肝豆状核变性的病人在水中铜浓度超过作用浓度时，应请教个人医生	家庭管道系统腐蚀，天然矿藏溶蚀，木材防腐剂淋溶
氰化物	0.2	0.2	神经系统损伤，甲状腺问题	钢厂或金属加工厂排放，塑料厂及化肥厂排放

污染物	MCLG①/（mg/L）④	MCL② TT③/（mg/L）④	从水中摄入后对健康的潜在影响	饮用水中污染物来源
氟化物	4.0	4.0	骨骼疾病（疼痛和脆弱），儿童得齿斑病	为保护牙，向水中添加氟，天然矿藏的溶蚀，化肥厂及铝厂排放
铅	0	作用浓度 0.015TT⑥	婴儿和儿童：身体或智力发育迟缓，成年人肾脏出问题，高血压	家庭管道腐蚀，天然矿藏侵蚀
无机汞	0.002	0.002	肾损伤	天然矿物的溶蚀，冶炼厂和工厂排放，废渣填埋场及耕地流出
硝酸盐（以N计）	10	10	“蓝婴儿综合征”（6 个月以下婴儿受到影响未能及时治疗），症状：婴儿身体发蓝，呼吸短促	化肥泄出，化粪池或污水渗漏，天然矿藏物溶蚀
亚硝酸盐（以N计）	1	1	“蓝婴儿综合征”（6 个月以下婴儿受到影响未能及时治疗），症状：婴儿身体发蓝，呼吸短促	化肥泄出，化粪池或污水渗漏，天然矿藏物溶蚀
硒	0.05	0.05	头发，指甲脱落，指甲或脚趾麻木，血液循环问题	炼油厂，排放，天然矿物的腐蚀，矿场排放
铊	0.000 5	0.000 2	头发脱落，血液成分变化，对肾、肠或肝有影响	矿砂处理场溶出，电子，玻璃，制药厂排放
有机物				
丙烯酰胺	0	TT⑨	神经系统及血液问题，增加致癌风险	在污泥或废水处理过程中加入水中
草不绿	0	0.002	眼睛、肝、肾、脾发生问题，贫血症，增加致癌风险	庄稼除莠剂流出
阿特拉津	0.003	0.003	心血管系统发生问题，再生繁殖困难	庄稼除莠剂流出
苯	0	0.005	贫血症，血小板减少，增加致癌风险	工厂排放，气体储罐及废渣回堆土淋溶
苯并[a]芘	0	0.000 2	再生繁殖困难，增加致癌风险	储水槽及管道涂层淋溶
呋喃丹	0.04	0.04	血液及神经系统发生问题，再生繁殖困难	用于稻子与苜蓿的熏蒸剂的淋溶
四氯化碳	0	0.005	肝脏出问题，致癌风险增加	化工厂和其他企业排放
氯丹	0	0.002	肝脏与神经系统发生问题，致癌风险增加	禁止用的杀白蚁药剂的残留物
氯苯	0.1	0.1	肝、肾发生问题	化工厂及农药厂排放
2,4-滴	0.07	0.07	肾、肝、肾上腺发生问题	庄稼上除莠剂流出

污染物	MCLG[①]/（mg/L）[④]	MCL[②] TT[③]/（mg/L）[④]	从水中摄入后对健康的潜在影响	饮用水中污染物来源
茅草枯	0.2	0.2	肾有微弱变化	公路抗莠剂流出
1,2-二溴-3-氯丙烷	0	0.000 2	再生繁殖困难，致癌风险增加	大豆、棉花、菠萝及果园土壤熏蒸剂流出或溶出
邻-二氯苯	0.6	0.6	肝、肾或循环系统发生问题	化工厂排放
对-二氯苯	0.075	0.075	贫血症，肝、肾或脾受损，血液变化	化工厂排放
1,2-二氯乙烷	0	0.005	致癌风险增加	化工厂排放
1,1-二氯乙烯	0.007	0.007	肝发生问题	化工厂排放
顺 1,2-二氯乙烯	0.07	0.07	肝发生问题	化工厂排放
反 1,2-二氯乙烯	0.1	0.1	肝发生问题	化工厂排放
二氯甲烷	0	0.005	肝发生问题，致癌风险增加	化工厂排放和制药厂排放
1,2-二氯丙烷	0	0.005	致癌风险增加	化工厂排放
二乙基己基己二酸酯	0.4	0.4	一般毒性或再生繁殖困难	PVC 管道系统溶出，化工厂排出
二乙基己基邻苯二甲酸酯	0	0.006	再生繁殖困难，肝发生问题，致癌风险增加	橡胶厂和化工厂排放
地乐酚	0.007	0.007	再生繁殖困难	大豆和蔬菜抗莠剂的流出
二噁英（2,3,7,8-四氯二苯并对二氧六环）	0	0.000 000 03	再生繁殖困难，致癌风险增加	废物焚烧或其他物质焚烧时散布，化工厂排放
敌草快	0.02	0.02	生白内障	施用抗莠剂的流出
草藻灭	0.1	0.1	胃、肠出问题	施用抗莠剂的流出
异狄氏剂	0.002	0.002	影响神经系统	禁用杀虫剂残留
熏杀环	0	TT[⑦]	胃出问题，再生繁殖困难，致癌风险增加	化工厂排出，水处理过程中加入
乙基苯	0.7	0.7	肝、肾出问题	炼油厂排放
二溴化乙烯	0	0.000 05	胃出毛病，再生繁殖困难	炼油厂排放
草甘膦	0.7	0.7	胃出毛病，再生繁殖困难	用抗莠剂时溶出
七氯	0	0.000 4	肝损伤，致癌风险增加	禁用杀白蚁药的残留
环氧七氯	0	0.000 2	肝损伤，再生繁殖困难、致癌风险增加	七氯降解
六氯苯	0	0.001	肝、肾出问题，致癌风险增加	冶金厂，农药厂排放
六氧环戊二烯	0.05	0.05	肾、胃出问题	化工厂排出
林丹	0.000 2	0.000 2	肾、肝出问题	畜牧，木材，花园所使用的杀虫剂流出或溶出
甲氧滴滴涕	0.04	0.04	再生繁殖困难	用于水果、蔬菜、苜蓿，家禽杀虫剂流出或溶出
草氨酰	0.2	0.2	对神经系统有轻微影响	用于苹果、土豆、番茄杀虫剂流出

污染物	MCLG[①]/（mg/L）[④]	MCL[②] TT[③]/（mg/L）[④]	从水中摄入后对健康的潜在影响	饮用水中污染物来源
多氯联苯	0	0.000 5	皮肤起变化，胸腺出问题，免疫力降低，再生繁殖或神经系统困难，增加致癌风险	废渣回填土溶出，废弃化学药品的排放
五氯酚	0	0.001	肝、肾出问题，致癌风险增加	木材防腐工厂排出
毒莠定	0.5	0.5	肝出问题	除莠剂流出
西玛津	0.004	0.004	血液出问题	除莠剂流出
苯乙烯	0.1	0.1	肝、肾、血液循环出问题	橡胶、塑料厂排放，回填土溶出
四氯乙烯	0	0.005	肝出问题	从PVC管流出，工厂及干洗工场排放
甲苯	1	1	神经系统、肾、肝出问题	炼油厂排放
总三卤甲烷（TTHMs）	未规定[⑤]	0.1	肝、肾、神经中枢出问题，致癌风险增加	饮用水消毒副产品
毒杀芬	0	0.003	肾、肝、甲状腺出问题	棉花、牲畜杀虫剂的流出或溶出
2,4,5-涕丙酸	0.05	0.05	肝出问题	禁用抗莠剂的残留
1,2,4-三氯苯	0.07	0.07	肾上腺变化	纺织厂排放
1,1,1-三氯乙烷	0.2	0.2	肝、神经系统、血液循环系统出问题	金属除脂场地或其他工厂排放
1,1,2-三氯乙烷	0.003	0.005	肝、肾、免疫系统出问题	化工厂排放
三氯乙烯	0	0.005	肝脏出问题，致癌风险增加	炼油厂排出
氯乙烯	0	0.002	致癌风险增加	PVC管道溶出，塑料厂排放
二甲苯（总）	10	10	神经系统受损	石油厂，化工厂排出
放射性核素				
β粒子和光子	未定[⑤]	4 mRem/年	致癌风险增加	天然和人造矿物衰变
总α活性	未定[⑤]	15 pCi/L	致癌风险增加	天然矿物浸蚀
^{226}镭，^{228}镭	未定[⑤]	5 pCi/L	致癌风险增加	天然矿物浸蚀
微生物				
贾第虫	0	TT[⑧]	贾第虫病，肠胃疾病	人和动物粪便
异养菌总数	未定	TT[⑧]	对健康无害，用作为批示水处理效率、控制微生物的指标	未定

污染物	MCLG①/（mg/L）④	MCL② TT③/（mg/L）④	从水中摄入后对健康的潜在影响	饮用水中污染物来源
军团菌	0	TT⑧	军团菌病，肺炎	水中常有发现，加热系统内会繁殖
总大肠杆菌（包括粪型及艾氏大肠菌⑩）	0	5.0%⑨	用于指示其他潜在有害菌的存在	人和动物粪便
浊度	未定	TT⑧	对人体无害，但对消毒有影响，为细菌生长提供场所，用于指示微生物的存在	土壤随水流出
病毒	0	TT⑧	肠胃疾病	人和动物粪便

注：① 污染物最高浓度目标——对人体健康无影响或预期无不良影响的水中污染物浓度。它规定了适当的安全限量，最大污染物浓度目标是非强制性公共健康目标。

② 污染物最高浓度——它是供给用户的水中污染物最高允许浓度，最大污染物浓度目标是强制性标准，是安全限量，确保略微超过最大污染物浓度限量时对公众健康不产生显著风险。

③ TT 处理技术——公共给水系统必须遵循的强制性步骤或技术水平以确保对污染物的控制。

④ 除非有特别注释，一般单位为 mg/L。

⑤ 1986 年《安全饮水法》修订案通过前，未建立最大污染物浓度目标指标，所以，此污染物无最大污染物浓度目标值。

⑥ 在水处理技术中规定，对用铅管或用铅焊的或由铅管送水的铜管现场取龙头水样，如果所取自来水样品中超过铜的作用浓度 1.3 mg/L，铅的作用浓度 0.015 mg/L 的 10%，则需进行处理。

⑦ 如给水系统采用丙烯酰胺及熏杀环（1-氯-2,3 环氧丙烷），它们必须向州政府提出书面形式证明（采用第三方或制造厂的证书），它们的使用剂量及单体浓度不超过下列规定：

丙烯酰胺=0.05%，剂量为 1 mg/L（或相当量）

熏杀环=0.01%，剂量为 20 mg/L（或相当量）

⑧ 地表水处理规则要求采用地表水或受地面水直接影响的地下水的给水系统：（1）进行水的消毒；（2）为满足无须过滤的准则，要求进行水的过滤，以满足污染物能控制到下列浓度：

- 贾第虫，99.9%杀死或灭活。
- 病毒 99.99%杀死或灭活。
- 军团菌未列限值，EPA 认为，如果一旦贾第虫和病毒被灭活，则它就已得到控制。
- 浊度，任何时候浊度不超过 5 NTU，则采用过滤的供水系统确保浊度不大于 10 NTU（采用常规过滤或直接过滤则不大于 0.5 NTU），连续两个月内，每天的水样品中合格率至少大于 95%。
- HPC 每毫升不超过 500 细菌数。

⑨ 每月总大肠杆菌阳性水样不超过 5%，每月例行检测总大肠杆菌的样品少于 40 只的给水系统，总大肠杆菌阳性水样不得超过 1 个。含有总大肠杆菌水样，要分析粪型大肠杆菌，粪型大肠杆菌不允许存在。

⑩ 粪型及艾氏大肠杆菌的存在表明水体受到人类和动物排泄物的污染，这些排泄物中的微生物可引起腹泻、痉挛、恶心、头痛或其他症状。

7.2.2 国家二级饮用水管理条例

二级饮用水管理条例（National Secondary Drinking Water Rules，NSDWRs 或二级标准）为非强制性准则，用于控制水中对美观（皮肤，牙齿变色），或对感官（如嗅，味，色度）有影响的污染物浓度。美国 EPA 为给水系统推荐二级标准但没有规定必须遵守，然而，各州可选择性采纳，作为强制性标准（表 7-2）。

表 7-2　二级饮用水管理条例

污染物	二级标准
铝	0.05～0.2 mg/L
氯化物	250 mg/L
色	15（色度单位）
铜	1.0 mg/L
腐蚀性	无腐蚀性
氟化物	2.0 mg/L
发泡剂	0.5 mg/L
铁	0.3 mg/L
锰	0.05 mg/L
嗅	嗅阈值 3
银	0.1 mg/L
pH	6.5～8.5
硫酸盐	250 mg/L
总溶固体	500 mg/L
锌	5 μg/L

7.3 饮用水水质标准的特点

国家一级饮用水管理条例中把指标分为无机物、有机物、放射性核素及微生物。其中，无机物有 16 种，有机物有 55 种，放射性核素为 4 种，微生物指标有 7 种。美国饮用水水质指标将有机物列为重点控制对象，有机物指标比例达到 64%，同时对消毒副产物也较为重视，所列项目较多，包括总三卤甲烷等，美国很注重对微生物指标的监测，表中所列的微生物指标多达 7 项，包括大肠杆菌、贾第虫等。从美国制订饮用水水质标准的过程来看，美国水质标准是一个动态发展的过程，随着监测手段和技术的不断发展以及突发事件的发生，不断地发展和完善水质标准。按照《安全饮用水法》的要求，EPA 应该基于人体健康考虑，分别设定 2 个健康目标，第一个是完全基于人体健康的指标体系，称为最大污染浓度目标，是指对人体健康无影响或预期无不良影响的水中污染物浓度。但是根据目前的科学和技术水平，考虑经济等诸多因素，还设定了一个最大污染浓度，是供给用户的水中污染物最高允许浓度。最大污染浓度目标是安全限量，确保略微超过最大污染浓度限量时对公众健康不产生显著风险。比如在美国现行的饮用水标准（2006）中规定苯并[a]芘（B[a]P）的健康目标水平应为 0，而依据目前的科学及技术水平，考虑到经济等诸多因素，目前他们实际设定的最大浓度是 0.000 2 mg/L。

第三篇

方 案 篇

第 8 章　饮用水水源保护计划

这一部分介绍了《安全饮用水法》的饮用水水源地保护计划。目的是说明以下内容：解释水源保护的概念和计划组成；描述国家和地方保护措施的类型；描述与《清洁水法》计划的相互关系；说明水源地保护计划的筹资机制。

8.1 水源评价

《安全饮用水法》1996 年修订案的第 1453 条和第 1428（b）条要求 PWSS 中的重点州完成该州所有公共给水系统的水源评价。这些评价可以针对一个系统或在一定地区范围内基于多个公共供水系统进行。水源评价为执行保护计划提供了重要信息。“了解资源和系统的易感性”，这是保护计划的一部分，包括确定向饮用水源排水的土地区域，以及其中最突出的潜在污染风险。为了考虑全面，水源评价必须包括四个部分：

（1）划分水源保护区，可能会污染供水源的流域或地下水区域。

（2）确定在水源保护区内污染饮用水的所有的重大潜在污染源。由此产生的污染源清单必须说明污染来源（或各类源）的具体地点或地区。

（3）确定供水系统对已确定污染源的污染物易感性。易感性测定既可以是对公共供水系统潜在污染物的绝对值测定，也可以是水源保护区中源之间的相对比较值测定。

（4）将水源评价结果向市民公布。在将结果传达给公众并进行反馈之前，评价都算没有完成。

州的一些机构有可能会参与制订水源保护区评价计划。一般情况下，以环境保护局或卫生部门为首；农业部门或农业推广项目，以及水土保持部也会参与。还鼓励州开展州际或国际合作，以保护跨越边境的水源保护区。地方政府和供水系统在评价水源和实施地方水源保护计划方面，也是主要合作伙伴。地方的合作伙伴可以提供评价结果，并聚集地方对水源保护管理的支持，特别是在将要实施地方法规管制的地区。

8.2 地区的水源评价计划

以水源评价作为地方保护饮用水的基础，为饮用水的潜在风险提供重要的资料，同时当地机构可以此对保护活动进行排序。水源评价的完成提供了重要的资料。通常情况下，评价过程中收集的资料，包括保护范围的划定，水井和引水口的位置，潜在的污染物来源的清单和位置，饮用水源相关威胁的确定和水文地质资料。水源评价资料结合其他流域评价工作，通过确定水质的相关威胁，可以帮助供水系统和社区确定解决这些威胁的优先保护项目。

8.2.1 部落水源评价计划

由于所有部落都还没有公共供水系统监督计划优先权，在部落土地上水源评价计划只能由 EPA 直接完成。虽然在法律上并没有规定部落完成水源评价或保护计划，EPA 仍坚定地致力于保护部落土地的饮用水源，并鼓励和支持各部落努力这样做。对有兴趣的部落，EPA 将提供技术和财政支持。EPA 的目标是“到 2005 年，部落社区供水系统服务的 40%的人口将从经过水源评价的供水系统获得他们的饮用水，并在需要的地方实施水源保护计划”。

8.2.2 州水源评价计划

EPA 要求所有州都必须在 1999 年 2 月 6 日前提交水源评价计划策略。EPA 已经批准了所有州的提交文件。在 EPA 批准了州水源评价计划后，每个州有两年的时间，最多可以延长 18 个月，完成其所有的水源评价。州必须根据批准的计划执行水源评价。根据《安全饮用水法》第 1453 条，每个州都必须制订并向 EPA 提交水源评价计划，其中包括四项内容：

（1）公众，技术和公民咨询团体参与制订州的水源评价计划。

（2）完成每个公共供水系统的水源评价，以确定为公共饮用水供水系统供水的流域和地下水补给区，完成潜在的污染物来源清单，并确定供水系统对污染物的易感性。

（3）执行选定的水源评价办法，即要有完成评价工作的时间表，各州和其他机构的任务和更新评价的计划。

（4）为市民提供查阅易感性确定的结果的途径。

下面将分别介绍其具体内容：

8.2.3 水源保护区的划分

水源保护区是指污染源可能会污染的供水流域或地下水区域。划分水源保护区的目的是：确定影响水源质的土地区域和确定需要进行水源评价的区域。

由于公共供水系统依赖地表水，划分的水源保护区必须包括整个流域上游的公共供水系统的引水区，直至州边界。只要有可能，州也应将其边界外的流域包括在划分范围内。对于以地表水为基础的公共供水系统，划分范围时一定要考虑到地下水对地表水的影响。水源保护区可包括公共地表水供水源的地表水补给区和地下水补给区。在划分过程中对这两个区域兼顾的考虑，称为“合并划分”。图 8-1 为其标志。

由于公共供水系统依赖地下水，所以水源保护区的划分必须依照井源保护方法。有时，在划分水源保护区时，需要加入或除去典型的井源保护区。井源保护区是指环绕水井的地表和地下区域，通过这些区域污染物能够到达供水源。图 8-2 中，佛罗里达州的 Palm Beach 县在每个受管理的井周围，基于流动时间的条件和水位降深划定了 4 个监管区域。

图 8-1　水源保护区标志

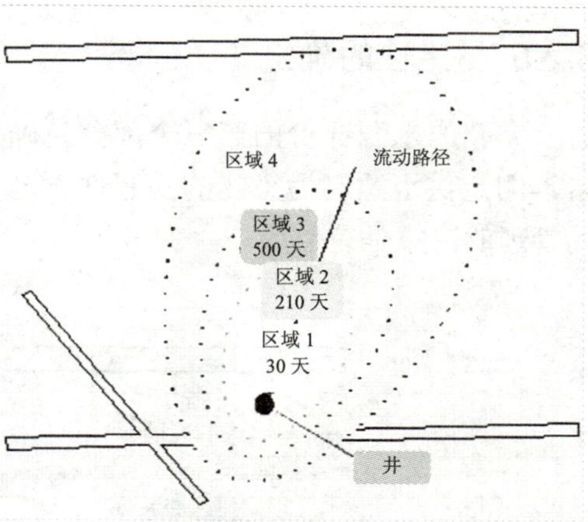

图 8-2　井源保护区

8.2.4 污染源清单

在列出污染源清单时，评价员必须查明所有受关注的污染物和所有产生这些污染物的重要的潜在污染源。

关注的污染物包括：在《安全饮用水法》管制下的原水中的污染物（已确定最大污染物浓度的污染物）；在地表水的处理标准管制下的污染物；隐性芽胞虫菌。此外，州政府应将未在《安全饮用水法》管理下，但会对公众健康构成威胁的污染物列入清单中，如某些微生物污染物（例如，病原性病毒）。

重要的潜在污染源是指，无论受关注的污染物是产品还是副产物，任何储存、使用或生产这些污染物的设施或行为都有可能将这些污染物释放到环境中，并且这些污染物的释放浓度会使公共供水系统的水源保护区的污染物浓度显著升高。污染源清单必须包括对污染物的来源（污染源的类型）的具体位置或地区清晰的描述。清单也可以包括对未来污染源的预测。

调查过程如下：

（1）对现有的数据库进行审查，可以在低成本或没有成本的情况下，提供一个初步的清单。许多联邦、州和地方机构都会保存使用、储存或生产潜在污染物的工厂的数据。如：EPA 的国家重点资助治理土地名单和国家污染物排放削减制度许可证；SARA Ⅲ毒性报告清单；地下储油罐，盐储存工厂，填埋场和地表污水池的状态记录；以及当地的土地利用现状图或商业和工业活动的清单。公共供水系统监督计划工作人员还可以提供脆弱性评价的信息。

（2）现有数据的广泛审查完成后，清单可缩小到侧重于具体的保护目标或取得更详尽的资料。集中清单可以包括驱车调查（在划定的区域驱车记录潜在污染源），邮政或电话调查以及逐户调查，即就相关活动及其风险采访居民个人和企业主。

（3）为当地井源保护计划进行清查时，许多社区都创造性地寻求愿提供协助的志愿者。例如，在一些社区，有多年技术工作经验的离退休老人进行了驱车调查。

8.2.5 易感性的确定

完整的水源评价的第三个部分是确定易感性。这是指基于污染源清单和其他相关因素，测定供水源对污染物的易感性。这一易感性测定对于水源保护区管理和水源保护活动管理的决策是有益的。

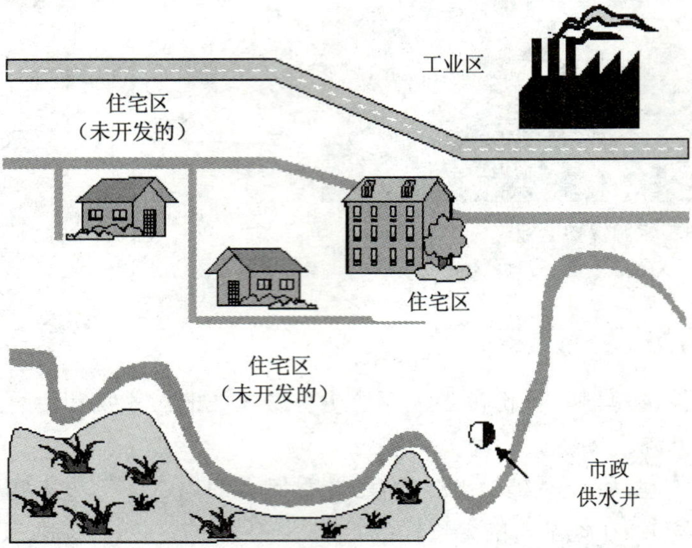

图 8-3　污染源分布

易感性测定基于以下几点：水文及水文地质因素，如地下水或地表水的运动；污染物的特性（如毒性，环境归趋和迁移）；潜在污染源的特征（所处位置，释放的可能性，减缓措施的有效性）；其他因素，如注入井和井的完整性，如图 8-3 所示。易感性测定可能是对公共供水源的潜在污染物的绝对值测定，水源保护区内源之间的相对比较值测定，或者是其他评价结果的相对比较值测定。在确定污染源时，多个单位可被视为一个单一污染源。例如，在一个区的多个净化系统可被视为一个污染源。

8.2.6 向公众发布水源评价结果

当评价完成后，各州必须向公众发布评价结果。结果必须容易理解，并应包括划定的水源保护区和清单中描述的重要污染源的地图。这项规定与 1996 年修订案强调的使更多的公众了解和参与是一致的。公众有多种方式了解评价结果，如图 8-4 所示。

饮用水公共事业单位（drinking water utilities）的年度消费者信心指数报告是发布评价结果或公布其有效性的最有效的方式。消费者信心指数报告让消费者了解饮用水的信息，以及获得介入保护水源的机会。EPA 的"surf your watershed"的互联网网站提供州或流域级的保护工作和饮用水方面的信息（http://www.epa.gov/surfnewi/watershed.html）。流域生物指数目录（IWI）描述了超过 2 000 个流域的情况和脆弱性。Surf 网站和流域生物指数目录向公众提供重要的环境数据，这将有利于水源的保护。供市民查阅和社团跟踪的环境监测（EMPACT）计划是一个新的在城市或社区水平收集、管理并提出有益的、语言通俗易懂的环境信息的方法。在爱荷华州的 Raccoon 和得梅因河开展的一个试点项目，将重点进行饮用水的监测，向市民公布水源质的信息。这个项目目前只对在竞争中脱颖而出的社区施行。通过消费者的水费单，当地图书馆，市政府办公室，或通过电话或网上的计算机系统都可以获取评价结果。

图 8-4 公众获得评价结果的方式

8.2.7 更新水源评价

在最初的水源评价完成后，EPA 建议对评价进行定期复查和更新，以应对水源保护区内调整变化或新的活动。更新评价范围需要考虑以下几点：

（1）污染物将被 EPA 写入新标准中，如地下水标准、化学品监测改革标准和替代性的监测标准，以及Ⅴ类地下水注入控制标准；

（2）新的公共供水系统，井或地表水取水口，或废水排放许可证；

（3）土地用途的改变，如新的工业或农业活动；

（4）额外的当地资料，目前无法获得，但随着时间的推移可获得。

8.3 预防措施的优点

评价是饮用水源保护的重要的第一步，保护计划需要有整个社区参与的实地管理策略。当地社区与州机关合作，可以利用评价过程中所收集的资料来制订一个更广泛的水源保护计划，以解决当前饮用水供水质量存在的问题，并预防未来的威胁。EPA 也将继续通过指导和资助支持州和地方计划。俗语说：一盎司的预防胜过一磅的治疗。水源保护对个人和社会有许多好处。

为了防止饮用水水源受到污染，许多社区都实施了保护工作。这些社区、县、地方出资的水域发现到达污水处理厂的污水越少，其影响范围和保障市民健康的工作花费就越少。研究显示，社区处理受污染的地下水的费用比预防污染的费用平均高 30～40 倍（最高 200 倍）。此外，在我们的生活质量方面，清洁的水和健康的生态系统提供了其他不可计量的好处。本节描述了预防饮用水污染的好处，还描述和比较了污染费用和由于预防措施而减少的费用和获得的收益。

8.3.1 预防可以减少污染费用

社区保护饮用水源的好处可以通过未能保护饮用水源而花费的费用来很好地说明。这些费用既包括那些比较容易从金钱或经济角度衡量的，也包括不易从该角度衡量的。

易于被量化的受污染的饮用水源花费的费用包括：处理和修复；寻找和开发新的水源，并提供紧急代替水；由于污染放弃某个饮用水供水源；咨询服务的支付费用和工作人员的时间；责任方进行诉讼；在水源污染方面的突发事件引起公众和媒体的强烈兴趣时，开展公众宣传运动；符合《安全饮用水法》的标准，如对消毒副产物和监测的要求；财产价值或税收损失；一个湖泊或水库作为饮用水的供水源时划船和钓鱼收入的损失。其中不容易量化的费用包括：暴露于受污染水体，与健康相关的费用；个人和企业的生产损失，防火的中断，失去经济发展的机会；对已处理的饮用水，社区不愿意接纳，消费者信心的丧失。

一个基本的事实是处理污染是昂贵的。以下面的社区经验为例说明。在得克萨斯州的佩里顿，地下水供水源中发现四氯化碳。这个小社区的修复费用估计为 25 万美元。为处理在夏威夷 Mililani 地下水出现的农药和溶剂，需要建立和运营一个新的处理厂。该工厂耗资 250 万美元，每年的营运费用是 15.4 万美元。爱达荷州的 Coeur d'Alene 和密歇根州的亚特兰大，经历过地下水供水源的污染。他们都不得不更换其供水源，费用约 50 万美元。马里兰州蒙哥马利郡由于地下水供水中出现溶剂和氟利昂，要求该郡安装供水管道并向其顾客提供免费的水。这个工程耗资 300 万美元以上，再加上 50 年内每年 4.5 万美元的运营费用。在密尔沃基河水中的隐性芽胞虫菌使数百人染病，要求该市升级其供水系统。系统改进的费用，连同与疾病暴发相关联的水设施，市，卫生署所需的费用共 8 900 万美元。防止饮水污染可节省社区类似的处理费用。

预防可以通过以下方面节省资金。拥有有效的饮用水污染预防计划的社区，可通过遵守《安全饮用水法》或相似的州法规，大幅节省费用。例如，水承办商通过执行计划最大限度地减少藻类生长，防止营养物进入供水水库，可能将消除水中总有机碳并达到消毒副产物标准的费用降至最低。有适当的防止饮用水污染计划的水供应商，可以申请减免一些监测要求，从而减少了监测费用。这种减免在过去 3 年的履约周期已经节省了马萨诸塞州的供水系统大约 2 200 万美元，而得州供水系统在过去的两年半中节省了 4 900 万美元。

此外，水可以被看做是一种商品，供水系统销售和农民使用的一种原材料。水一旦被污染就会失去其价值，因为它不能被出售给顾客，如要出售则必须在被出售或使用之前进行处理。未被污染的水对于公共供水系统是有价值的，由其客户愿意支付的水的价格决定。

8.3.2 其他经济利益

Veryfine Products 的董事长 Sam Rowse 曾说过："一座城市的水的完整性反映该城市里公司的完整性。"因而水还具有其他的一些经济利益。在进行供水源保护的地区，防止饮用水污染也有利于保持房地产价格。在受供水源污染影响的地区，有明显的房地产价格下降的记录，如在马萨诸塞州的科德角。保护供水源也可以防止失去现有的或潜在的税收和就业机会，企业拒绝在已知或怀疑有问题的地方附近选址建设和发展。例如，一项淡水基金会的调查显示，五个明尼苏达州的城市集体失去了超过 800 万美元的税收，因为地下水污染造成房地产的贬值。防止作为一个主要的风景或旅游景点的供水源的污染，可以保障本地旅游及娱乐收入。例如，1996 年在纽约州北部的于丘卡湖流域，每年旅游及娱乐的价值据保守估计为 1 500 万美元。于丘卡湖为 Penn Yan 村、哈蒙兹波特、于丘卡公园和德累斯顿提供饮用水。

一些最佳管理实践，如径流控制的美学设计，除了提供环境效益，还提供财政利益。正确、安全地对人工湖泊或湿地进行设计和选址可以增加周边物业的价值（以及由它们产生的税收）。近池塘的住宅往往会以更高的价格（和更快的速度）销售出去；散步的小路和健身器材可以增加区域的美观度，若提供娱乐用途将进一步提高其物业价值。根据一项国家住宅建设协会在 1993 年所进行的研究，一般而言，邻近的水体会将住宅的价格提高 28%。有几个例子可以说明这点：在科罗拉多州的博尔德的 Sale Lake 区域，环绕人工湿地的地段的价格比那些没有水体景观的地段高 30%。在伊利诺伊州的 Highland Park 的 Hybernia 社区，环绕人工池塘和溪流系统的海滨地段的价格比那些没有水体景观的地段高 10%。最佳管理实践也可以增加租金。在佛罗里达州的圣彼得斯堡的 Lynne Lake Arms，濒临池塘的公寓或城市住宅的每月租金比那些不濒临的高 15～35 美元。类似的趋势也能在商用物业的出租费用中看到，如在弗吉尼亚的费尔法克斯县的写字楼。

8.3.3 非经济利益

防止饮用水源受到污染，除了获得金钱利益之外，还有难以（或具争议性的）转化为金钱的效益。虽然难以从金钱的角度量化，但是它们与生活质量直接相关。其重要性可相当于或超过金钱利益。例如，保护人类健康是国家的水源保护计划的驱动力。其他生活质量的好处，包括为子孙后代保护资源，树立公众对供水源的信心以及维持健康的生态系统和娱乐的机会。

8.3.3.1 健康效益

防止饮用水源的污染可以减少对人类健康带来风险的急性和慢性疾病的发生概率。总体而言，美国在向公众供给安全饮用水方面做了很好的工作，但由于在水源中发现新的水传播疾病和化学品，挑战依然存在并可能增加。虽然水生微生物对于大多数人来说，只会引起轻微的病症，但致病病原生物如隐性芽胞虫菌和一些大肠杆菌菌株可以通过饮用水传染给人，并造成严重的疾病甚至死亡。除了微生物污染物所构成的威胁外，其他物质也能污染水源。人在超过以健康为基础的饮用水标准的水平下，长时间暴露于金属、挥发性有机碳、合成有机物和农药中可引起严重的健康问题。长期暴露于这些污染物中可能引起的潜在健康效应包括癌症，出生缺陷以及器官、神经系统和血液的损害。污染造成的与健康有关的代价包括工资损失、医疗账单以及在极端情况下死亡。

8.3.3.2 提高生活质量

对于关心他们的子女和孙辈的命运的人来说，做好水资源的管理工作是非常重要的。为子孙后代保护水源，可将它理解为成就和遗产，并在社会产生自豪感。管理有素的社区往往会表现出一种普遍的态度——相信当地政府。如果居民对供水部门的能力和许诺有很高的信心，他们更可能会在日常的基础上，以及在城镇或市议会会议上提出计划和预算时，支持这些部门。这个观点对持续提供高品质的供水来说是关键。通过保证干净的水资源，社区能够维持生命依赖的生物系统。植物和野生动物的生态系统与人一样受益于干净的水。除了提供饮用水，清洁的水资源往往利于娱乐活动，如游泳、钓鱼和划船。这些和其他的活动，除了提高参与活动的人的生活质量，还可以为当地经济提供巨大的旅游或其他经济利益。

8.3.4 费用分析

当然，防止饮用水源受污染需要成本。费用对于单独的水供应商或社区来说，很大程度上取决于其选择执行的预防措施的类型。预防措施可以相对简单、廉价（如公众教育计划），也可以昂贵（如购买土地或土地权）。计划的费用包括人员编制；计划的规划，发展和管理工作；土地或土地权的购买和结构性的管理措施。修筑管理设施，如湿地和滞洪池，加上它们占用的土地的价值，每 50 英亩花费约为 10 万美元。内务管理措施，如清扫街道，公共工程部门所花的费用取决于它们执行的频率。这些费用对于不同的社区和地方可以有很大的差别，这将取决于各种因素，如某一特定地区的房地产价格、社区供水源的保护措施。

EPA 在六个小型和中型的社区研究污染及预防费用，他们遭受了地下水供水源污染，并随后制订了一个井源保护计划。污染费用包括修复活动，更换供水源，以及提供用水的费用。

预防费用包括划分保护区域，确定潜在的污染物来源，开发最初的管理计划，并规划替代的供水源和其他应急情况的基本计划的费用。消除污染和井源保护计划的费用的比率为 5∶1 到 200∶1。污染费用和预防费用的比较表明，预防计划作为一种有效的“保险”，相对于污染及其相关费用来说，其费用和努力普遍都是值得的。如果将水源保护计划对生活质量提高带来的潜在好处考虑在内，则证明水源保护计划是值得的。

8.4 联邦水源保护计划

EPA 和其他联邦机构管理的许多项目，都可以用来保护水源，特别是地表水。EPA 的管理项目包括那些在《安全饮用水法》和《清洁水法》控制下的项目。其他管理相关项目的联邦机构包括农业部、交通运输部、内务部、陆军工程兵部队和美国地质调查局。此外，国家环境政策法案提供了一个指出潜在的饮用水影响的重要机会，并建议另觅适当地点或缓解措施。

1912 年美国公共卫生服务局的成立以及该部门在随后的州际贸易（如州际运输）中对饮用水的调控，使得联邦政府首次在饮用水保护上发挥其有限的作用。在 1974 年之前，州在保护饮用水、地下水源和地表水源方面负有主要责任。1974 年的《安全饮用水法》包括地下注入控制计划的相关条款。这一计划保护地下饮用水源免予通过注入井受到污染。1974 年，《安全饮用水法》还提供了另一项计划以通过唯一水源含水层计划保护地下水源。这一计划禁止联邦财政援助可能污染已被 EPA 指定为一个地区的唯一或主要饮用水源的含水层的工程。《安全饮用水法》1986 年修订案在第 1428 条制订了井源保护计划。这种非强制计划包括保护公共饮用水井周围的地表和地下区域的条款，并向社区提供一个具有成本效益的保护脆弱的地下水源的方法。水源申请计划由《安全饮用水法》第 1454 条授权，对州来说是自愿的，并支持本地驱动计划工作，旨在解决在水源评价计划中确定的有限数量的污染物问题。一般而言，EPA 的地下水及水源计划并不是强制的。没有强制执行的国家地下水质标准。这些计划通常旨在教育，促进，协调，并协助地下水保护。

8.4.1 唯一水源含水层计划

唯一水源含水层保护计划由 1974 年的《安全饮用水法》第 1424 条授权。该计划规定，由 EPA 负责审查拟议的联邦财政援助的项目，如公路改善工程、废水处理设施或农业项目等，因其有可能污染指定的唯一水源的含水层。1986 年的修订案重新制订了唯一水源含水层计划，并授权一个示范项目协助地方政府开始着手保护自己的唯一水源含水层。EPA 在这以前从未资助或实施过这些项目。

一个唯一水源含水层，或主要水源含水层，它承担含水层上方地区饮用水消耗 50% 以上的供给。这些区域没有任何替代的饮用水源，饮用水源是可以物理地、合法地和经济地为所有那些依赖含水层的地区提供饮用水的。任何个人或组织均可通过向 EPA 提交一份申请书，申请指定一个含水层作为唯一水源。截至 2000 年 2 月，在美国已有 70 个指定的唯一水源含水层。

联邦政府财政援助的可能污染唯一水源含水层的拟建项目，都须接受 EPA 地下水专家的审查。这项审查工作是配合国家环境政策法案的审查和相关的联邦，州和地方机构进行的。需要进行审查的项目包括公路、污水处理设施，涉及雨水处理、公共供水井和输水线路的建设项目，涉及动物废物管理的农业项目以及由社区发展补助计划资助的项目。项目审查产生以下结果：为了防止污染的发生，EPA 要求进行设计的改进、地下水监测计划、维护和教育活动；通过确定可能引起地下水污染的具体活动，提供直接技术援助。此外，技术援助一般包括在特定地区协调国家和地方的环境和公众健康保护机构的地下水保护活动中。在指定一个唯一水源含水层的过程中，EPA 要求的水文地质及用水量的资料，可以帮助确定水源保护区域，并确定供水源的易感性。唯一水源含水层项目审查是关于在水源保护区的潜在污染源的有价值的资料来源。唯一水源含水层的指定也可以增加社区对含水层使用、价值和脆弱性方面的认识，以及支持落实地方的各项地下水保护工作。水源评价的资料，可以用来帮助评价一个地区是否符合唯一水源含水层指定的标准，并能为项目审查提供有用的资料，如划定的水源保护区的位置，潜在的或现有的污染物的来源，和地方含水层易感性的变化。一些州已决定管制在唯一水源含水层的活动，为地下水提供额外的保护。

8.4.2 地下注入控制计划

地下注入的定义是：流体通过钻井或所在深度大于最大表面尺寸的挖井；或深度大于最大表面尺寸的挖孔；或改进的污水池；或地下流体分配系统侵入地下。地下注入控制计划的任务是通过规范注入井的建设和运作，保护地下饮用水源免予受到污染。保护地下水免受这一潜在污染源的污染具有重要意义，因为在美国有超过 80 万口注入井，这些注入井处理各种废物包括危险废物（只有一小部分注入井被注入危险废物）。

8.4.3 井源保护计划

1986 年的《安全饮用水法》第 1428 条增加了井源保护计划，该计划为社区提供了一个具有成本效益的保护脆弱的地下水源的方法。但这一计划不能解决地表水源的问题。1986 年的修订案要求每个州在三年内向 EPA 提交一份全面的州井源保护计划。EPA 审查州提交的井源保护计划；如果计划没有通过，州就不能收到联邦资金来执行其计划。国会认为，这使得 EPA 可以以最有效的方式，直接使用有限的联邦资金，而让州继续进行其预防性计划。目前，已有 49 个州和两个地区有经 EPA 核准的井源保护计划。

为了建立井水源保护计划，社区划分出脆弱地区，并确定污染物的来源。通过强制或非强制控制措施，地方官员和志愿者管理污染源，保护他们的水源，并制订污染事故或其他供水源紧急情况的计划。图 8-5 为井源保护的图示牌。

图 8-5 井源保护的图示牌

建立和执行地方井源保护计划包括五个基本步骤：

（1）组成井源保护计划团队：聚集一批有知识的人（包括志愿者），来制订和执行井源保护计划。

（2）划分井源保护区域：绘制提供饮用水井补给或可能导致污染的地区的地图。井源保护区是相对于公共饮用水源而言的，而不是任何地下水的周边地区。划分范围的方法可以从简单的井的半径到复杂的水文地质模型。

（3）确定潜在的污染物的来源：确定是否有潜在的发生在井源保护区的危险活动。

（4）选择管理手段：选择强制（如分区条例）或非强制（如公众教育）管理措施，以保护地下水。

（5）制订突发事件响应计划：建立应对短期紧急事件（如有害泄漏）或长期威胁（如提供替代供水源）的方法。

公众对于水源保护信息的要求并不适用于井源保护计划。然而，在其制订和执行计划的整个过程中，教育和推广是地方井源保护工作成功的关键。

在《安全饮用水法》1986 年修订案中，井源保护区被定义为“公共供水系统的供水井或地下水源地周围的地表和地下区域，污染物很有可能通过这些区域移向并到达这些供水井或地下水源地”。井源保护区边界的划分，可以根据井的补给区，或者是更随意的考虑，如在井周围手绘一系列不同半径的圆。确定补给区，必须考虑到水文及水文地质因素。影响区是指影响水位的抽水井的区域。应该注意的是对于一个在潜水面有坡度的地下水源区域的抽水井（大多数情况），影响区仅涵盖补给区的一部分。

图 8-6 为饮用水井示意图。

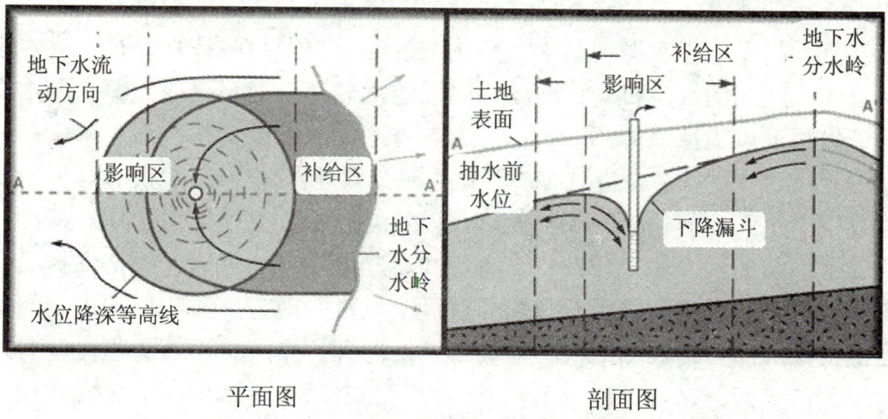

图 8-6　饮用水井影响区和补给区示意图

井源的保护十分重要，因为很多供水系统利用地下水作为其主要的饮用水源。所有的社区供水系统（一个供水系统一年为 25 个人至少服务 60 天，或一个系统至少有 15 个服务连接点），将近 80%依靠地下水作为其主要水源。大多数的这些系统都是小系统（社区供水系统中，有 93%的服务人口少于 10 000 人）。规模较小的供水系统更倾向于选择地下水源，因为这样通常需要较少的处理和基本建设费用。即使依靠地下水的小型系统很多，它们也只为一小部分的人口服务。例如，为 3 300 人或更少的人服务的系统构成了 84%的全国范围内的社区供水系统，然而这些系统只为 10%的人口服务。图 8-7 可以通过数据说明。

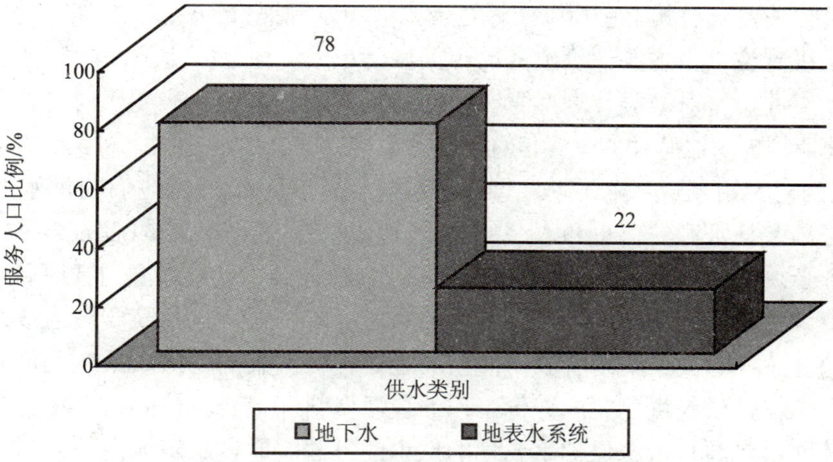

图 8-7　地下水和地表水供水系统服务人口比例

井源保护方面的工作今天仍在继续，并且是水源保护计划中重要的一部分。

8.4.4 水源保护申请计划

《安全饮用水法》第 1454 条建立了一个由州管理的水源保护申请计划，该计划对州是自愿的，并支持本地驱动的工作以解决在地方水源保护评价中确定的有限数量的污染物的问题。申请计划可解决以下问题：EPA 饮用水标准中规定的致病病原生物；在引水口建筑物处，或任何收集、处理、储存和分配的设施中，水源中检测出的污染物浓度并不是“可靠且一贯”低于水源的最大污染物浓度的。根据州的计划，社区供水系统的所有者或经营者，或州的市政机构或地方政府或政治分部可向州提交一份水源水质保护合作申请，请求援助以支持地方的、自愿的、各方之间的激励合作关系，以保护他们的饮用水源。申请计划的重点是，通过解决污染的源头问题，减少或消除供水源中的污染物；获得资金或技术援助，促进水源保护工作，以符合国家主要饮用水法规和标准；为长期保护社区供水系统的供水源，帮助制订自愿和奖励策略。州可以选择把保护工作的重点放在教育，装备，资助地方社区及自然保育区，以进行地方水源的保护上。州可以在任何时候提交待核准的申请计划；而不需要等到水源评价完成。迄今为止，没有任何州制订了申请计划。然而，这个过程是很耗时的，因为必须在许多层次上建立共识。在州制订申请书计划的过程中，评价计划可以继续进行。更多资料见州水源保护计划指南（1997 年 8 月）：www.epa.gov/ ogwdw000/swp/swp.pdf。

水源评价、消费者信心指数报告以及微生物污染风险消毒策略等都可为水源保护标准的制订提供参考。水源评价，可以帮助各州和系统遵守联邦和州的饮用水法规。根据地表水处理标准，以地表水为基础的系统，正在寻找一个无需过滤即可满足水质标准的方法，并建立一个水源保护计划，其中包括划分水源保护区域和清查流域中病原体的潜在来源。评价还可以提供流域中潜在污染行为的资料，并协助各州和系统为过渡性强化地表水处理标准和消毒剂/消毒副产物标准要求做准备，以便进行地表水供水系统的例行卫生调查。在其最终Ⅴ类标准（1999 年 12 月 7 日）EPA 针对高风险的Ⅴ类地下注入控制水井——大容量的化粪池和汽车废物污水井——以及对在地下水临界区内现有的汽车废物污水井提出相关要求，其中包括一些通过国家饮用水源评价和保护计划的评价的地区。Ⅴ类井有时难以定位。由水源评价生成的污染源清单中，通过井定位和确定需要管理的其他类型的Ⅴ类井，可对Ⅴ类计划产生有用的信息。反过来说，Ⅴ类计划的工作人员可以为水源保护计划提供这些井的位置信息，以帮助确定潜在的污染物来源。

消费者信心指数报告要求所有公共供水系统经营者每年报告他们的供水系统的情况。该报告必须包括水源的信息和水源的水质以及地方水源评价完成后的结果。消费者信心指数报告必须具体描述水源（地下水、地表水或两者），以及水源的常用名。如果可能的话，消费者信心指数报告应当包括地区的水源评价资料，包括简要概括该系统对潜在的污染源的易感性和关于消费者如何能索取上述评价结果的信息。系统也可以突出保护水源的额外工作，或提供已完成评价工作的最新资料。消费者信心指数报告是一个提高消费者对其饮用水源和水源保护重要性的意识的办法。通过了解他们的饮用水从哪里来，消费者在使用饮用水方面能作出明智的决定，从而可以推动其一起努力保护水源。

在制订地下水标准时，EPA 正考虑用于控制微生物污染风险的消毒替代策略。这些策略包括划分微生物保护区域，清查潜在的微生物污染源，以及评价水文地质条件和微生物源管理控制方案的效力，上述方案可以根据水源评估工作制定，同时也可用于支持水源评价工作。

8.4.5 公共供水系统监督计划

增加了灵活性的《安全饮用水法》1996 年修订案，允许在符合饮用水法规的条件下，水源评价具有一定灵活性。在供水系统的水源在历史上从未受到污染及其对污染物的易感性是清楚的情况下，州可以灵活地监测该系统。在第 1418 条——临时监测免除、永久监测免除和替代监测中，法规规定了某些测试和处理要求的减免。只有已完成评价的公共供水系统，才有资格选择替代监测。然而，替代监测并不适用于微生物污染物、消毒副产物或腐蚀性副产品。例如，一个社区能够证明潜在的氰化物来源（如金属电镀行业或采矿业）不在水源保护区，或者即使存在它们也被很好地控制使得供水系统不易受到氰化物污染，那么社区就有资格进行监测减免。这种减免使得系统减少对氰化物的监测，大大地节约了成本。由于化学监测改革，所以虽然已提议了这项法规，但尚未最终确定。这些法规将基于每个供水系统的污染物风险，为 64 种化学品修订监测要求，并为这些没有明显或重大污染风险的系统建立一种简便、统一的采样时间表。根据《安全饮用水法》，一个供水系统必须具有技术、管理、财政等方面的“能力”。技术能力，一般的理解为三个方面：水源充足，基础设施充足以及技术知识。水源充足被定义为可靠的水源，意识到水源的问题，并可能包括一个水源保护（source water protection，SWP）计划。水源评价在确定水源充足方面可提供直接相关的资料，反过来这些资料可建设技术能力和能力发展战略。

一个经过充分训练的经营者，作为现场的专业人士，应该明白设置多重屏障以防止饮用水源受污染的好处，并应能洞察到供水源承受的不同的、潜在污染源的风险。州管理经营者的认证计划应符合 EPA 在 1999 年 2 月 5 日公布的指南。从 2001 年起，EPA 要扣 20%的州的饮用水循环基金的资金拨款，除非该州已采用并正在实施一项实质上等同的经营者的认证计划。到 2001 年 8 月 6 日为止，EPA 已批准了 31 个州的计划。经批准的州计划清单见 http://www.epa.gov/safewater/opcert/approvals.html。卫生调查，是检查供水系统从水源到水龙头的所有组成部分。找出潜在的污染物来源，并能为州提供进行水源划分和评价，更新水源评价计划以及加强开展水源保护活动的机会。此外，各州可利用在水源评价中收集的资料（无论是单独还是同时进行）来完善卫生调查信息，并确定所关注的需要优先调查的系统。

8.4.6 紧急处置权

根据《安全饮用水法》第 1431 条，任何《安全饮用水法》计划都可运用这项权力。如果情况可行，EPA 必须在采取行动前与州和地方当局进行协商。如果饮用水中的污染物紧急地、实质地危及公众健康，州和地方当局并没有采取行动，那么 EPA 可以行使这项权力。EPA 可发出行政命令，包括提供替代供水源的命令。EPA 也可以采取民事诉讼，包括要求法院下达禁止令，永久或暂时禁令。违反命令者将处以每天 15 000 元以下的罚款。

8.4.7 EPA 水源保护倡议

目前 EPA 正在与各州和其他伙伴合作，制订一项水源污染预防的战略计划，此计划将作为国家水源保护工作的框架。该计划的目标是为了保护现有的和潜在的饮用水水源以及依靠这些水源的人的健康。远景目标是所有利益相关者运用各种手段，以协调的方式设置屏障以显著降低污染物进入现有的和潜在的饮用水资源的风险。该计划的目标将包括加强协调《清洁水法》、EPA 的其他计划以及其他联邦机构，从而更好地支持地方水源预防重点。

国家农田水利协会已经聘请了新的现场技术人员，以帮助在 11 个州的 27 个项目区的供水系统和地方，到 2001 年年底，制订并实施水源保护计划。环境金融中心网络也正在帮助在 8 个州的 8 个项目区的供水系统和各地制订及实施水源保护计划。五大湖环境金融中心是其中之一。

8.5 水源保护和《清洁水法》

8.5.1 清洁水行动计划

《安全饮用水法》和《清洁水法》在保护作为饮用水的地表水时有重合的地方。清洁水行动计划是 1998 年的总统倡议。其目的就是通过着重在所有影响水体和水体所维持的社区的活动中建立协作战略来保障公众健康和恢复国家的水道。清洁水行动计划规定了州、联邦、部落、地区和地方政府，以及私营合作伙伴的合作关系。它为保护和恢复重点流域提供了战略合作的平台。行动计划的一个关键因素是在确定水域修复和保护的优先次序时，对公共卫生和水生生态系统的目标进行综合考虑。该行动计划优先分配需要保护的饮用水源区。根据清洁水行动计划，州、部落、地方政府、组织和公众必须一起行动，进行统一流域评价。在这个过程中，将评价流域的环境；查明水生系统不符合清洁水和自然资源目标的流域；找出那些最需要优先恢复的流域并采取一系列的恢复行动战略；确定其他问题，如需要加以解决的饮用水保护问题；以及确保所有适当的利益相关者都参与了这个过程。签署清洁水行动计划协议的各方包括：EPA，美国邮政服务，能源部，运输部，内务部，田纳西州流域管理局，国防部，美国农业部和商务部。水源评价完成后，可以帮助联邦机构指挥最高优先等级的水源体的保护计划，并协助各机构做出关于安置和建造新的设施的决定。

《清洁水法》将地表水的污染源划定为“点源”或“非点源”。点源是直接排放到一个单一的点，如污水处理厂排放的污水、注入井以及一些工业源。非点源分散在广泛的区域，其污染物已无法追查到一个单一的排放点。如农田或住宅区的含有过剩的化肥，除草剂和杀虫剂的径流；城市径流内含有的或电力生产过程中产生的油、油脂和有毒化学品的径流和发电；在管理不善的建筑地盘、农田和林地以及受侵蚀的河岸处产生的沉积物。对于点源，《清洁水法》提供的主要强制机制是国家污染物排放削减制度许可证计划。所有通过水管、排污口或其他离散的运输工具（点源）向地表水排放污染物的，都需要许可证。但是，对于非点源来说，是不需要许可证的。根据《清洁水法》，非点源污染通过非强制手段解决。而根据《清洁水法》第 303（d）条，各州必须查明在国家要求的污染控制技术水平实施后仍不符合水质标准的水体，并为这些水体制订最大日负荷总量计划。最大日负荷总量计划是用来决定可排放到受损水体的污染物的最大允许量的。

在此基础上，污染物负荷是在水体各部分分配给各污染源的。最大日负荷总量计划还提供了确定和制订控制措施来减少点源和非点源污染负荷的基础。州列出确定需要实施最大日负荷总量计划的水体清单，制订的具体水体的最大日负荷总量计划是进行水源评价的有用的信息源。

8.5.2 众多的计划的结合

清洁水行动计划和流域方法的概念是充当水源保护计划及它的所有组成部分的保护伞。同样地，水源保护计划是地下水计划和新的水源评价计划的保护伞。图 8-8 为其示意图。水源评价计划并不打算取代现有的污染源寻址计划。反之，通过评价，联邦、州和地方各级的计划都把重点放在安全饮用水供应上。将水源评价计划与井源保护计划、州综合地下水保护计划、唯一水源含水层的划分，以及流域、非点源、农药、废弃物和其他已制订的计划综合起来将有助于各州和地区制订最有效的水源保护计划，以避免代价高昂的污染事件发生。河流和溪涧在历史上只包括在《清洁水法》中。水源保护在《安全饮用水法》中增添了地表水保护这一组成部分。

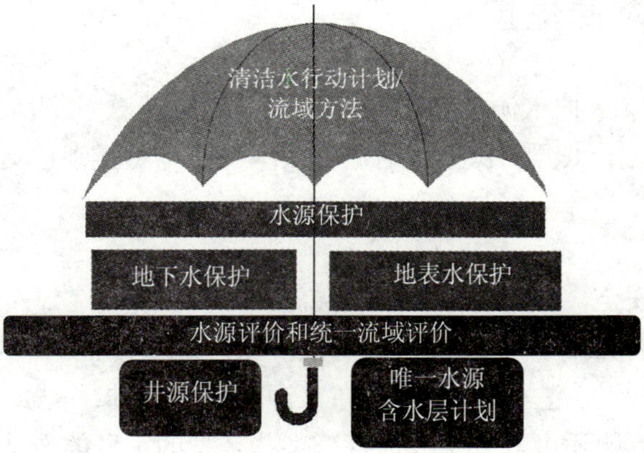

图 8-8 水源保护计划

8.5.3 其他的联邦水源保护计划

还有许多其他联邦机构拥有可有助于水源保护的计划。简单介绍如下：

美国农业部从国家技术委员会处取得意见，国家技术委员会可能包括在环境质量激励计划控制下的有关水源活动的州水务部门（state water agencies)。在美国农业部的保护计划的关注下，州水计划的官员有机会整合水源评价和保护目标。在最佳管理实践方面，自然资源保护署为农民提供技术咨询和部分成本分担援助。美国农业部还赞助 50 个州间的计划农场*A *系统及家居*A *系统网络，帮助农场主、牧场主和屋主找出他们地产中的环境与健康风险，并采取自愿行动以减少这些风险和保护饮用水。美国农业部还有很多其他的计划，以促进水源的保护，其中包括州合作研究教育及推广、林业、农村公用事业方面的计划。美国地质调查为水资源、生物资源、绘图和地质学提供科学资料，以支持我们正确地管理自然资源。美国地质调查会提供水质和土地利用数据，这可用于饮用水源的评价。此外，在成本分摊的基础上，美国地质调查可为水源保护区的划分提供技术援助，其中包括水文地质分析、地下水年龄测定和流程建模，以及使用流程模型划分地下水补给区。EPA 和运输部在执行《21 世纪交通平等法案》时是合作伙伴关系，该法案包括确保环境友好运输系统的条款。运输部也是处于正在查明饮用水异常敏感区的过程中。运输部评价联邦和各州的数据库，以便发现饮用水异常敏感区。这将对交通运输工程对饮用水造成的潜在影响进行评审。

在内务部的美国鱼类和野生动物局有一个全国湿地清查项目，这个项目提供现场的具体分类和定位信息的地图以及数字湿地数据。在美国内务部的土地管理机构，包括土地管理局、国家公园管理处、农垦局和表层采矿办公室，在协调水源评价中也是很重要的合作伙伴。EPA 和工程兵团共同执行《清洁水法》的第 404 节，其中对向美国的水体倾倒的物质作出了规定。这一计划可用于流域和特别保护区管理规划。环境质量委员会执行国家环境政策法案，这就需要为联邦资助的活动进行环境评价或环境影响综述。国家环境政策法案确保通过评价过程消除或减轻不良环境影响。联邦的相关水源保护的数据库的清单见 http：//www.epa.gov/safewater/protect/feddata.html。

8.6 州和地方的水源保护

州采取各种方法来保护水源，其中包括强制计划和拨款及贷款计划。州的地表水和流域保护活动，也有助于水源的保护。这些将在本部分中更详细地讨论。

8.6.1 州的强制办法

为保护饮用水的安全，各州有各种强制措施：

（1）位置及选址标准。州往往可以控制由于生产或泄漏而有可能会污染地下水的工厂的位置。州有时会禁止某些类型的工厂在水源保护区选址；例如，新的填埋场、中转站或大型污水处理厂。州还可以有条件地批准某些类型的工厂的选址，如规定缓冲区。

（2）地下储油罐要求。地下储油罐是一个重要的潜在地下水污染源。州的地下储油罐项目包括要求建立防护区；设计，施工，安装；监测和检查；记录。

（3）雨水法规。州的雨水计划管制市政单独下水道系统和某些工业及建筑活动。涵盖建筑及工业活动的经营者或市政单独下水道系统的必须申领国家污染物排放削减制度许可证，并实施能有效地减少或防止排放的污染物进入受纳水体的雨水管理控制措施。

（4）湿地法规。湿地可以为地方社区提供各种不同的功能和效益，包括拦截和过滤污染物，从而改善水源的水质，并降低处理成本。把湿地的保护和恢复整合到水源计划中可以凸显把湿地和水源作为高度优先保护区的重要性，也可以减少工作的重复或冲突。

（5）州的环境保护法令。各州普遍也有相当于国家环境政策法案的州一级的法令。跟国家环境政策法案一样，对这些法令需要进行环境评价，并须避免或减轻特定活动的不利影响。

（6）水质标准。州的水质标准是基础水源保护的核心框架。如果特定的水体被指定为民用供水源，则人类健康标准是确定这个水体是否满足饮用水的使用要求的基准和建立污染物排放控制措施的基础，并支持确保饮用水合乎使用的管理行动。

（7）农药管理计划。在 1996 年，在州综合地下水保护计划的背景下，EPA 建议通过发展和运用州管理计划限制某些农药的使用，这将使州可以根据当地条件用最适用的方法灵活地保护地下水。

8.6.2 州基金

州内可以用于水源的基金包括州饮用水循环基金和州清洁水循环基金。其中州饮用水循环基金将在后面的章节中更详细地讨论。

州清洁水循环基金中包括了许多可以被用来支持水源保护的条款。根据《清洁水法》第 319 条，各州和部落可以接受拨款，以支持各种活动，包括技术援助、经济援助、教育、培训、技术转让和示范项目，并进行监控以评定特定非点源项目实施的成就。根据第 104 条（b）（3）款，州、部落和地方政府在建立湿地管理计划时可以接受援助。自 1995 年以来，美国国会每年拨款 1 500 万美元，以支持拨款计划。拨款资金可用于开发新的或改进现有的湿地保护、管理或恢复计划，但它们可能不会被用来支援计划的实施。根据第 604 条（b）款，每个州都将保留其分配额的 1%或 10 万美元，以较高者为准，完成根据 205 条（j）款、水质管理计划以及水质量标准第 303 条（e）款规定的策划活动和该活动的实施。

8.6.3 当前的地表水和流域治理方法

通过现有的评价报告和程序，利用现有的、适当的数据和资料的综合，发展统一的流域评价。州、州际委员会和部落监测水质，并确定不符合《清洁水法》的几种方式下的清洁用水目标的水体和流域：利用监测和其他水质资料确定不符合清洁用水目标和需要进行响应行动以恢复水质的水体［第 303 条（d）款］；收集水质资料，并每两年汇报水体的相关情况［第 305 条（b）款］；确定由非点源污染的受损水体（第 319 条）；收集、表征和评价关于有毒物质、营养物质和天然资源的数据，以找出问题，并制订行动计划，以恢复和保护 28 个全美重要河口（第 320 条）。

州还与 EPA 和其他联邦机构合作整合各种有关流域健康的信息，如湿地消失、沉积物污染、违反排放许可证的规定及相关因素的数据，并为国家超过 2 000 个的流域提供这方面的资料。

《安全饮用水法》要求州进行饮用水源体的水源评价。州还进行研究和其他活动，例如，为清洁水和饮用水的州循环借贷基金开发项目优先权制度；与联邦机构合作进行洪泛区研究并制订适当的计划；作为减少被污染的径流进入近海水体工作的一部分，确定沿海水质有问题的区域；对需要特别关注或保护的湿地区域进行评价。

8.6.4 地方水源保护设备和技术

根据情况，地方政府官员可以选择各种法规和非强制措施，来处理已确定的或潜在的供水源威胁。

法规管理措施包括分区条例及细分管理原则，建设和经营标准，卫生法规（如储油罐和化粪池要求），以及许可证或检查。保护饮用水的地下水和地表水水源的地方分区条例的例子，可以在 http://www.epa.gov/r5water/ordcom/ 和 http://www.epa.gov/owow/nps/ordinance/找到。

非强制管理措施包括购买物业或开发权，鼓励使用最佳管理实践，公众教育，家庭有害废物收集计划，以及经济激励，如农业成本分摊计划。

对于有效的管理计划，结合运用这些方法通常是必要的。此外，通常可以通过不同的方法达到同一目的。例如，可以通过许可证或地方条例实现防护区的建设 。一系列可行的工具，将在很大程度上依赖于地方管制土地利用的权力和对污染威胁的实际情况。

可以查阅 EPA 水源保护的地方个案研究编制：http://www.epa.gov/safewater/protect/casesty/casestudy.html，看看社区是如何结合多种保护措施来保护他们的饮用水水源的。有关的地方链接详列于每个案例研究的后面，可以就如何整理自己的保护计划，为您提供一些提示。

8.6.5 选择管理措施

许多管理措施都可以防止污染、控制污染物或进行废水处理。通常单一的措施是不够的，结合多种措施共同使用能达到最好的效果。在选择最适当的措施时，地方政府官员和供水系统经营者应考虑自身的具体情况，而且可能还需要优先实施某些特定措施，以得到大部分可用的资源。地方政府官员应该创造性地看待现行条例和法规。他们可以利用由于其他原因通过的法规来解决水源的问题。例如，必要时，如果通过特定的许可证，可以保护公众安全或健康，则这也可以用来保护水源。管理措施的选择基于多种因素，包括流域的物理属性（年降水量，土壤类型和排水，地下水和地表水的水文以及空间限制），土地用途和潜在的污染物，污染问题的种类（如点源和非点源），使公众接受的措施，成本，维护需求以及美学要求。

8.6.5.1 土地用途控制

控制或从敏感地区移除污染水源的土地用途。地方政府官员可以用细分增长管理原则减少人口密度，或通过分区条例禁止或限制水源保护区内的某些活动。通过购买或捐赠获取土地的开发权，地方政府官员已完全控制了关键领域的活动。购买土地或土地开发权的高成本对许多社区而言是不切实际的。一些州已拨款购置环境敏感的土地，非营利性组织，如地方或区域的土地信托可以通过收购水源保护区内的土地援助社区。非营利性组织，如美国农田信托和大自然保护协会侧重于通过获得土地保护水资源。美国农业部的养护储备计划还管理着一个计划，以取得环境敏感土地的土地权。通常，越过（或超出）土地用途控制规定范围时最大的考虑因素，是限制某些活动的政治可接受性。然而，大多数人认为通过分区条例是地方政府的权利和责任，以及关于保护供水源重要性的公众教育，可以提高土地用途管制的可接受性。下面将说明管理水源保护区的土地用途管制。

（1）细分增长管理的原则

由于国家人口的增加，家庭和企业的扩张和增长，以及相关的活动，如农药和化肥的以及净化系统的使用，都会威胁到饮用水供水源。细分法规管理的过程中，较大面积的区域被细分为不同的较小的区域。细分法规的原意是确保细分的土地适合它们的环境。一般的地点设计标准，如保存环境敏感地区，就是细分法规中的一个例子。可以保护供水源的细分要求的方法包括：确保净化系统和雨水渗透结构不会污染地下水；排水管理（如运用侵蚀控制），以确保径流不会因为这一地区铺筑地表的增加而过度，以及补给含水层。

（2）分区条例

分区是为了规范土地用途将自治市或县分割为区。社区传统上使用分区分开潜在的相互冲突的土地用途。如何进行分区可以保护饮用水源方法包括限制不透水层，鼓励开放空间，使高风险的活动远离饮用水源地，或鼓励集群发展以减少径流。例如，缅因州的不伦瑞克制定了不透水的海岸保护区的土地开发标准开发土地上限不得超过该区域面积的 5%。分区示例如图 8-9 所示。分区，是一个有效地防止水源受到来自新的发展的威胁的管理工具，由于地方政府的特权，分区条例通常是容易接受的。不幸的是，分区在应对现有的土地用途威胁时其作用是有限的，因为当分区法律生效时，它们已经存在（不受新的分区要求的约束）。在地方公民希望鼓励增长和经济发展的地区，分区条例可能很难通过。对水源的保护计划者有用的分区条例类型，包括：覆盖分区图（图 8-10）；集群和规划开发单元（图 8-11）；以及土地用途禁令等。保护饮用水水源的地下水和地表水的地方分区条例的例子，见 http://www.epa.gov/r5water/ordcom 和 http://www.epa.gov/owow/nps/ordinance/。

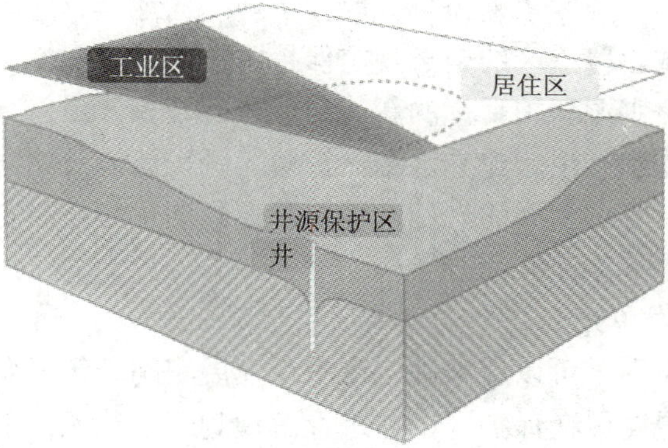

图 8-9　分区示例图

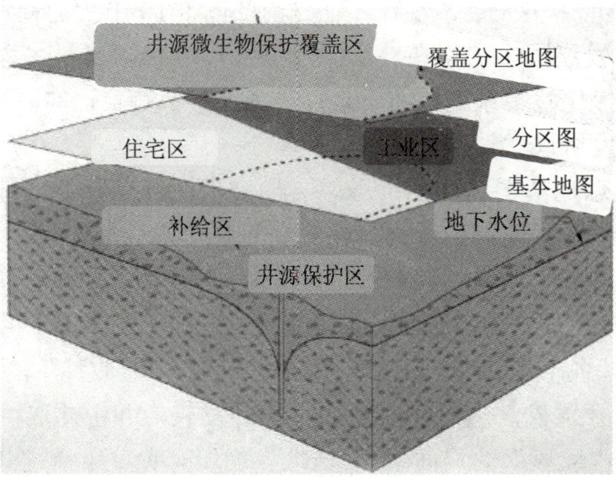

图 8-10　覆盖分区图

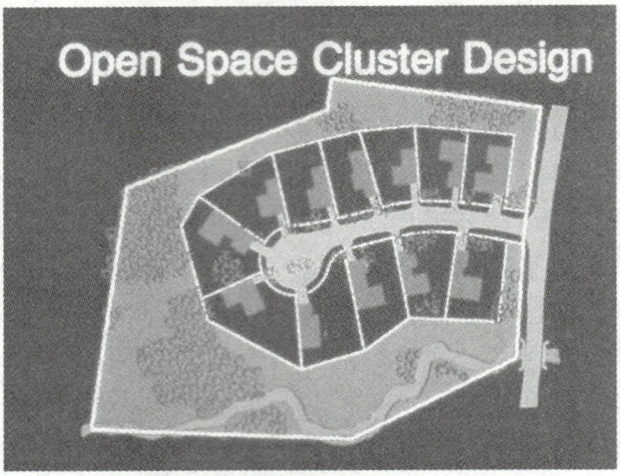

图 8-11 集群和规划开发单元

① 覆盖分区

在一个覆盖区，区域的边界已经划定，制订地方条例及章程以保护或限制该地区特定的土地用途。这样的一个区"覆盖"并取代了现有的地区分区。一个覆盖区可能包括全部或部分的常规区域。覆盖区的全部规定保持不变，包括用途、密度和防护区。变化的是覆盖区制订的满足水源保护目标的新的和额外的要求。覆盖分区，对于额外的井源保护和供水源流域区特别有用。建立水源保护覆盖区可能涉及如限制净化系统的使用或限制低密度住宅的发展等这一类的措施。使用覆盖区的优势是，它可以只关注水源保护区内的变化，并允许区外活动继续进行。

② 集群和规划开发单元

分区及细分管理原则，可以用来确定有多少发展空间。集群发展将更多的建筑放在一个较小的空间，使得发展在保护区以外进行。规划开发单元，是有计划地将多种土地用途，如住房、娱乐及购物，结合在一个发展项目或细分区内。这些密集发展可以降低基础设施成本。以下的幻灯片将展示集群和规划开发单元是如何起作用的。

图 8-11 展示标准的细分发展。现在，在先前的图 8-10 中我们看到同样数目的单位。然而，在这张图中，发展集中使得在补给区没有发展项目。值得注意的是，在集群设计中还会有一个共同的净化收集系统，而不是每一个住户都有自己的系统。

（3）开发权与开发协议

转让开发权的构想是基于这么一个思想，一个土地所有者可以将他的分区允许的土地开发权从其他相关的土地权利中分离开。交易包括"发送地"（在水源保护区或其他需要保护其免受开发影响的区域内的城市或地区）和"接收地"（可以在更高的密度下安全开发的地区）。这些地区均由政府指定。交易进行如下："发送地"的所有者出售他的土地开发权。这个所有者得到有关土地开发权的市场价值。"接收地"的所有者从"发送地"的所有者处购买土地开发权，从而获得他的土地开发权，并由此取回购买土地开发权的成本。这可以是一个"双赢"的局面。"发送地"的所有者可以通过开发他的土地获得市场价值，而实际上不需要这样做。所有者保持低的土地利用率，并保持较低的财产税。"接收地"的所有者开发他的土地并获得开发的利润。这个过程中，资源仍然是被保护着的。

开发协议：土地所有者和政府机构之间的合同。一项开发协议是指两个或两个以上的团体之间的，通常是土地所有者或开发商和政府机构之间的，双方自愿的、具有法律约束力的合同。这是一个管理的工具，只有在这方面的主管团体才有法定的权力来执行它。开发协议可提供某些公众利益，而不与规定的管理明文规则和其他地方法规限制相冲突。开发协议的动机是提取公众利益作为补偿，协助开发项目直到许可证完成。这可以帮助业主，因为合同的保护可以防止法规改变对一个长期项目的不良影响（然而，不能防止州或联邦法规变化的影响）。土地所有者由协议获得的好处包括不受地方法规变动的影响、加快许可过程和赢得公众支持。而地方政府获得的好处包括减少索赔、加强影响以获取公众利益和确保遵守合同法。

（4）土地的获得和保护

土地所有者可以向地方政府或土地信托捐赠土地。土地所有者获得的好处是免除地产、资本增值税和房地产税，以及保险和维护费用。社区控制水源保护区内的土地的最佳方法是购买土地和（或）土地开发权。政府可能付给土地所有者土地的全部或“市场”价值，或者政府可能会付低于市场价值的钱。市场价值和折扣价格的差额是扣除了土地所有者的联邦或州所得税后，作为慈善支出扣除。地方政府亦可获得保存土地权，属于自愿的，可以进行有条件的或限制土地使用。例如，土地权可规定通过某人所有的土地的通行权或要求不开发该土地。土地权附属于土地契约，并且当它被出售或转让时仍然有效。除了限制性公约是由同样受到限制的土地所有者持有和执行外，其他方面限制性公约类似于土地权。购买土地或土地开发权的高成本，对许多社区而言是不切实际的。一些州已拨款购置环境敏感的土地，非营利性组织，如地方或地区的土地信托，可以协助社区收购水源保护区中的土地。

许多非营利性的土地信托独立工作，或者与地方政府合作，购买土地或取得土地权。许多信托侧重于保护水资源。政府和土地信托项目的例子有：有两个家庭将保存土地权捐赠给 Napa County 土地信托（加利福尼亚州），以保持土地保持未开发状态和保护下游城镇及葡萄园的用水。Government Canyon 是爱德华兹含水层的补给区，是得克萨斯州圣安东尼奥唯一的饮用水水源。最近有人建议建 766 间房屋和一个 18 洞的高尔夫球场，这促使政府与私人联合购买了 200 万美元的土地。得克萨斯州奥斯汀市也依赖于爱德华兹含水层。公民投票决定，批准用冻结的 2 000 万美元购买关键的流域土地作为开放空间。600 家自来水公司控制了康涅狄格州提供饮用水的大量的土地。过滤标准增加了利用水库作为公共饮用水源的成本，为此康涅狄格州的法规发生变化，允许私营自来水公司将卖地所获的利润分配给股东。其结果是流域土地的销售量急剧增加。公共土地信托正在与州政府合作制订一项流域管理政策，一项公众教育计划以及设计一个州的公共财政计划以保护流域土地。目前，他们已购买了几个大的流域地区和水库（并获得由保罗·纽曼承诺的 50 万美元来保护 730 英亩的自来水公司待售的土地）。

（5）土地用途禁令

土地用途禁令的目的在于控制使用危险物质的活动（特定污染源标准）或材料本身（特定污染物标准）。特定污染源标准的实例有：禁止加油站建在敏感地区，或要求地下储油罐必须是双壳或抗腐蚀设计；净化系统的要求，例如，地表水最小防护区，地下水位处的离析物，或强制性的维护和检查时间表。特定污染物标准可禁止在水源保护区内重金属、石油产品、溶剂或放射性材料的使用。关于农药、化肥、粪肥以及污泥使用的法规也是特定污染物标准的例子。

8.6.5.2 法规及许可证

管理措施可通过法规或许可证的规定强制执行。地方政府官员可以要求危及饮用水水源的工厂主妥善设计、运作和维护，以符合标准。在某些社区，地方政府官员可能会遇到公众抵制法规的情况，而且执行许可证或检查程序的成本可能会很高。然而，法规仍可以成为一种控制在水源保护区内某些活动的有效的方法。大多数的强制性控制措施符合州的法律规定，并要求认真起草，以避免与法律相冲突。

下面描述当地政府官员可利用的强制性措施。

（1）建造和营运标准

可强制执行建造和营运标准以减少某些活动对供水源的威胁。例如，要求储油罐有一个双壳构造和泄漏检测系统；要求有净化系统的屋主使用经核准的设计建造净化系统，并定期维护其系统。

（2）许可证要求

市政当局可以要求对供水源造成潜在威胁的工厂的业主或经营者取得许可证。许可证要求当局持续建立潜在的污染源清单，定期检查设施是否遵守法令、规定最低限度的建设或营运标准，并定期重新审核污染源或活动是否合格以决定修改（或终止）是否必要。许可证费用可以帮助收回由于跟踪和保存特定源的信息而发生的相关费用。现有的Ⅴ类汽车废物处置井是一个如使用可能要求许可证的例子。许可证中的一条规定是定期检查。检查可以识别哪些人不遵守标准，也可以提供一个教导他们认识正确的程序的机会，并确保他们都是遵守规定的。许可证也可以因地制宜，许可证的要求可以进行调整以适应特定的地点或活动。

（3）特殊的或有条件使用的许可证

一些土地用途可能要求逐案详细审查。例如，有潜在不相容的或棘手的用途，可有条件地使它们适合当地情况。这可能包括：加油站；在含水层保护区，多层单户住宅开发使用化粪系统；任何产生不寻常的运输量的或使用大量水的用途。社区可以在水源保护区内允许这些活动；然而此类设施的许可证，可能会要求经营者采取超出通常会被要求的保护水源措施的额外措施。举例来说，这样的情况可能包括：需要建立防护区，空地，缓冲带，围墙和栅栏；专用道路或街道铺设和入口位置的控制；运行时间和方法以及开发阶段的规定，持续期限和许可证转让。

（4）执行标准

执行标准是基于这样的假设：水源保护区（或其他保护区）有一定的污染物负荷阈值，超过阈值后它们将超过负荷。例如，在氮负荷超过自然环境负荷之前，某地区可处理一定量的氮。营运标准将说明一个相关的保护目标（如氮水平低于生物系统负荷量），但没有说明如何实现这一目标。执行标准基于该地区的综合风险制订，而不是基于每一个单独的水源的风险。例如，在马萨诸塞州科德海角的法尔茅斯，用氮负荷营运标准来保护水质。沿海城市通过水体与南部和西部接壤，并含有几个沿海池塘和公共供水井。水资源研究结果表示，这个城市目前的分区提供了一个发展水平，这个水平将超出其供水源的承载力。这个城市采用了水资源保护区和沿海池塘覆盖区以限制发展对其水井和池塘的影响。作为批准的条件，在这些地区的发展必须符合特定的营养负荷营运标准——饮用水中 5 mg/L 的氮。典型的氮源包括现场的污水处理系统，草坪化肥，农业化肥，雨水径流和大气沉降。减缓措施可包括降低住房密度或提供公共下水道服务来减少来自现场污水处理的氮负荷；限制草地面积可减少草坪化肥的氮释放；可在雨水排入邻近水体前对雨水进行预处理以降低氮水平。

（5）公共卫生法规

由地方卫生部门调控，可以有助于保护水源体。卫生部门监管的区域通常是地下储油罐，净化系统和地面排水管。规定如下：

- 禁止住宅存有地下储油罐或对其进行登记、渗漏测试、地下水监测、制定建筑标准，可以帮助减少这些储油罐造成的风险。
- 一个地区内允许的净化系统数量和规模，建设和选址标准，某些溶剂清洁剂禁令，维护标准，防护区范围，处理以上这些问题的法规能有助于确保净化系统不污染水源。
- 城镇可实行管制措施，在排水管设在一个污染物可进入排水管的地方的情况下，禁止任何地面排水管向地下水排放污水。

卫生部门可调控许多其他的会污染水源体的活动。在地方一级进行协调，确保适当的部门参与水源保护方面的工作是非常重要的。对于地方政府来说，卫生条例通常是公认的调控方案。虽然实施一项新的检查和执法计划可能需要大量资源，但是这些基础设施往往地方政府已经拥有。地方官员可以指挥或协调这些资源，为水源优先权服务。

（6）湿地条例

湿地是指水覆盖土壤，或者是水存在于或接近土壤表面的区域。由于区域和地方在土壤、地形、气候、水文、水化学、植被和其他因素，包括人为干扰方面的差异，湿地会有很大的不同。有两类湿地，分别是沿海的（潮汐的）和内陆的（非潮汐的）。在拦截从更高的旱地处来的地表径流进入开放水体前，湿地具有重要的过滤能力。湿地截留过量的营养物质和某些污染物，减少会阻塞水道以及会影响鱼类和两栖类动物卵的发育的沉积物。除了通过过滤改善水质之外，某些湿地可在枯水期维持河道流量，并且许多湿地可以补给许多人依赖的作为饮用水的地下水。

联邦政府通过《清洁水法》第 404 条，制定经济奖惩措施和收购政策，以保护湿地。许多州已经颁布法律来管制在湿地的活动，部分县和镇都采用地方湿地条例或已经改变允许的发展方式。很少有州有明确的管制内陆湿地活动的法律，虽然有些州和地方政府有非强制计划来保护湿地。

（7）结构措施

建筑的最佳管理实践是为了防止污染而设计的人造系统或装置。它们的作用是，防止渗漏或污染，阻止污染物出现在水源地；收集或转移废水流中的有害或有毒成分；鼓励过滤或废水渗透，运用自然过程来移除污染物。当这些措施不是地方性法规或条例强制执行的地方时（见上文），应当鼓励土地所有者采取这些最佳管理实践。图 8-12 和图 8-13 为示例。

图 8-12 地上储油站上方的防护

图 8-13 滤土带

① 建造的系统或装置

建造装置或改造现有的机械或操作方式以探测设备故障或渗漏，水源地内的污染物，或回收溢出的化学品。例如，外壳安全壳结构，如石油回收池、地面储油罐上方的遏制护堤或油罐位置的不透水表面。在动物养殖场，建造土垄或导流阶梯，以引导地表漫流远离动物废物。储油罐的渗漏检测设备，包括自动罐体压力表，蒸汽监测，缝隙监测和地下水监测。将地面排水管与携带危险或有毒废物的废水隔离，如摄影显影液。为了妥善处理废水，采用收集和储存废水的装置。

② 植被措施

在污染物进入水体或渗入地下水前过滤污染物，在这方面自然植被有显著的效果。它也可以减缓径流的速度，防止土壤侵蚀。植被措施利用这些能力来促进废水的过滤或渗透。它们常常被用来减轻由于径流漫过农田，道路或城市地区所造成的损害。例如，收集径流，促进渗透，减少土壤侵蚀的人工湿地，沿海岸线的植被缓冲带，或铺上草皮的洼地。它们往往需要很少的维护，除了妥善的管理它们收集的径流还可以提高土地价格。例如，在住宅区，若周围有一个人工湿地的物业，其房地产的价格可能会更高。然而，采取这些植被措施的同时也需要妥善管理径流。

8.6.5.3 良好的日常管理措施

业主和企业主应该认识到，谨慎处理有潜在危险的物质和正确使用他们每天使用的设备和化学品，对保护他们的供水源大有帮助。这些“良好日常管理”的措施，通常不需要花费太多，也不会对生活习惯造成剧烈的改变，而且通过消除他们所购产品的污染，往往可以节省金钱。妥善维护车辆、家庭、农场、建筑和工业设备，防止意外事件、渗漏以及污染预防工艺的崩溃。这样不但能延长它们的寿命，也可以节省业主的钱。只要适当地使用，业主使用的大部分化工产品对环境来说都是安全的。其中，妥善储存和使用产品的一个最基本的方面是遵循制造商的说明。土地所有者和企业主应该明白，阅读和遵循农药、化肥和汽车产品上的指示标签可以保护他们的饮用水源。由于容器渗漏和危险物质倾倒（可能是非法的）产生的废物，相对少量却可能污染大量的水。妥善的产品储存和废物处置对于保护供水源极为重要。例如，可以通过社区的有害废物收集日鼓励对用过的石油和汽车液体、电池、农药、化肥及家庭有害材料进行回收。

8.6.5.4 公众教育

公众教育可以提高人们对水源威胁的认识，鼓励自愿的水源保护，并建立公众对监管举措的支持。公众教育工作的第一步是通知企业和家庭，他们位于水源保护区内。在水源保护区或井源保护区的周边张贴公路标志被证明是帮助人们了解水源保护区在哪里的一个很好的办法。公众教育材料可以向每个企业和家庭讲解如何保护饮用水源。适合的家务管理主题包括净化系统维护，对化学品和使用过的油的适当处置以及节水技术。许多社区已经开展旨在鼓励采用最佳管理实践和废物最少化战略的公众教育计划。

最佳管理实践是减少某一特定的工业或商业活动对地下水供水源所造成威胁的标准作业程序。最佳管理实践已经应用于许多存储、处理、运输危险或有毒物质的行业。最佳管理实践可以有助于阻止这些物质的释放或控制这些物质以无害环境的方式释放，并鼓励遵守自愿的设计标准。自来水供应商特别愿意通过开展学校活动进行公众教育，学校活动可以建立公众支持和影响未来的决策者。消费者信心指数报告规则要求所有公共供水系统的经营者每年报告他们的供水系统的状况。

8.6.5.5 责任土地管理

应当鼓励土地所有者以降低对饮用水源威胁的方式进行耕作。对环境负责的土地管理并不意味着人们必须停止某些活动或对他们的事情作急剧的改变，而是他们应该重新思考他们活动的方式。例如，环境敏感型的景观依靠根系稠密的本土植物，以促进渗透，减少土壤侵蚀。这些植物只要最少量的灌溉、农药和化肥就能很好地生存，因此可以为土地所有者节省金钱。妥善的草坪养护包括：土壤曝气，种植适宜当地气候的草类及只需要最少的化学物支持就可茂盛生长的草类。保护性耕作，作物轮作，等高带耕作（图8-14）以及动物放牧管理可以保护宝贵的农田，减少农药和营养物质流失到环境和沉积物当中。综合虫害管理，是对害虫和有关害虫控制方法方面的环境信息的协调利用，采用最经济的手段，尽可能减少对人、财产和环境的危害，防止不可接受的虫害损失。美国农业部的经济激励有利于这些农业措施的实施。图8-14为等高带耕作。

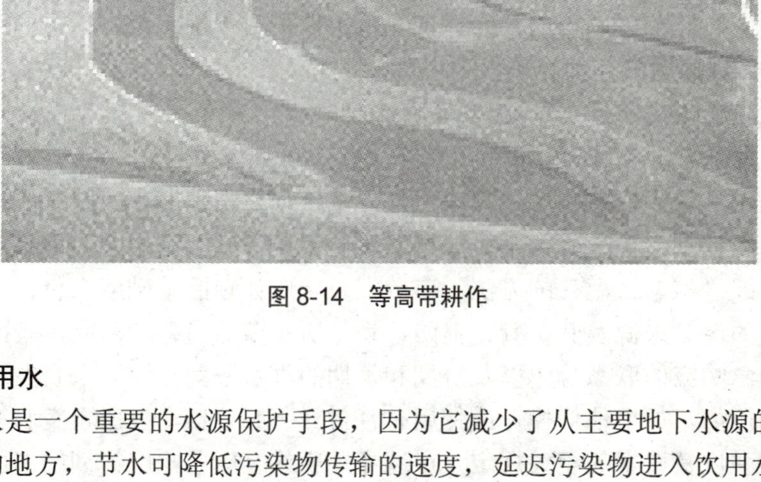

图 8-14 等高带耕作

8.6.5.6 节约用水

节约用水是一个重要的水源保护手段，因为它减少了从主要地下水源的抽水量。污染羽流存在的地方，节水可降低污染物传输的速度，延迟污染物进入饮用水源，为采取预防措施预留时间。节水可以减少沿海地区海水侵入所引起的问题。在某些情况下，节水可减少将来的强制性控制措施。节水可以通过单个消费者的联合行动实现；例如，安装低流量莲蓬头和厕所，修理漏水。实施一些节水措施，也可能受限于公共供水系统的能力或权限；例如，个人家庭的低流量设备。

8.6.5.7 用水权的问题

用水权是有法律保障的权利，这一权利是占有供水源的水资源，并将水资源进行资源化利用。利用以下几个法律原则来管理用水权：

（1）河岸原则赋予毗连水体的土地所有者使用那片土地上的水资源的权利。在大西洋海岸，南部，五大湖的州普遍在这个原则的基础上赋予用水权。许多州（特别是大西洋沿岸的州）赋予管制河岸的权力。

（2）优先占有原则（或优先权）是基于水首先被资源化利用这一原则进行用水权分配。首先使用水的地区保留用水权。所有的密西西比河西部的州（除俄克拉荷马州和加利福尼亚州）在优先占有的基础上赋予权利。俄克拉荷马州和加利福尼亚州使用混合原则。

（3）联邦政府和部落的权利是保留权。他们基于土地被首次搁置的时间。这一权利首次在由美国代表 Ft. Belknap 部落提出的诉讼中出现，当时该部落的水是被上游定居者挪用。最高法院确定部落的用水权是优先和被保留的（这项决定也适用于所有联邦土地）。有别于在优先占有制度基础上的州的权利，联邦政府和部落保留可能仍然闲置的没有丧失的用水权。

州管理用水权的制度有时规定没有权利使用不属于供水范围的水，包括通过节水储存的水。这会给节水工作带来消极影响。有些州的法律规定，如果用户所节约的水是用于资源化利用或转让的，那么他们拥有所节约的水的保留权。

8.6.5.8 地下水监测

监测饮用水水源使得社区可以评价水源的质量和资源保护措施的成效。对地下水和地表水供水系统水质与水量的监测是不同的。社区的地下饮用水源（以及河流和水源附近的水体）的水质监测是一个有效的饮用水保护方法的基本原则。水质监测提供潜在污染问题的早期预警，因此可对污染事件迅速作出反应。通常，运用预警，使社区能够避免代价高昂的水处理或水源替换。社区越早探测出其水源地的水质问题，社区就有越多的时间作出反应。监测可以帮助社区评价其水源保护工作的成效。稳定的监测和数据记录保存是及早发现问题的基础。

8.6.5.9 应急响应计划

即使使用最佳管理实践，意外事故或灾难也有可能会发生。地方政府官员应该为不可预见的情况做准备。应急响应计划或意外事故计划是识别潜在威胁和制订响应情景的过程。应急响应计划，是一套关于“如果”对供水源造成不利影响，地方政府官员如何应对这个事件即“该怎么做”的方法。市政应急响应计划的基础应当包括有关供水系统的信息，潜在的污染来源及其位置，消防计划，所需要的设备和用品，表面泄漏报告格式、名字和应急响应的联系号码以及短期和长期的供水方案。还要求企业主拥有应急响应计划文件，例如，如果他们操作或使用有害材料，必须遵守应急预案和社区知情权法案或资源保护和恢复法案的相关规定。市政当局应该有应急响应计划的书面报告，并且响应部门如警察和消防部门和卫生部的官员，以及对此响应的承包商和公共用水的供应商都应该知道这些计划。

8.6.5.10 边域交界

图 8-15 显示了 Canoe 河流域，含水层及城市的边界。多个司法管辖区必须通力合作，共同保护自然资源的边界。

地下水与地表水不考虑政治界限。水源常常是跨越了各社区和州的管辖区。只要有可能，州和城镇或县应在他们的保护计划中包括流域内超出地区边界的那些部分。有很多的方法来实现这一点。各县之间可以通过签订协议备忘录，谅解备忘录，同意协议，或其他书面协议（提供财政和其他奖励的协议）来保护资源。

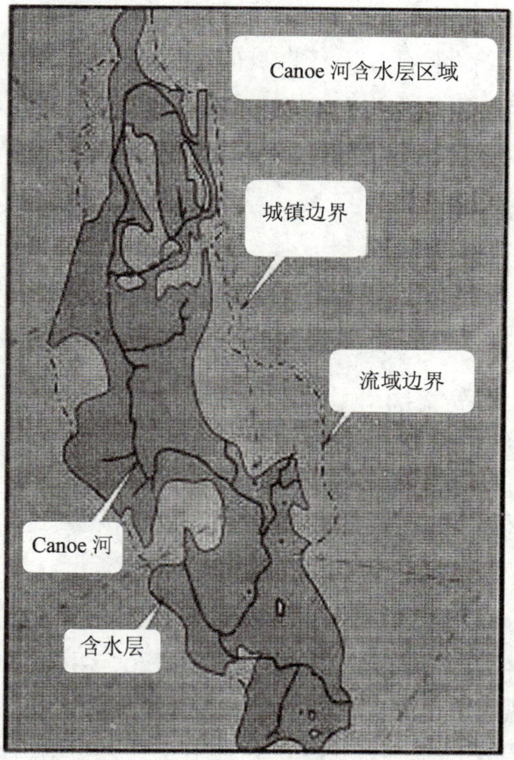

图 8-15 Canoe 河流域水资源图

8.7 水源保护的经费来源

8.7.1 预留州饮用水循环基金

1996 年的修订案授权州饮用水循环基金计划，帮助公共供水系统筹措饮用水基础设施建设需要的费用。州饮用水循环基金计划鼓励各州发展长期饮用水源资金。从 1994 年到 2003 年，国会从财政中拨款 96 亿美元给州饮用水循环基金。不符合某些要求的州，将扣除其州饮用水循环基金分配额。

修订案允许各州从新的州饮用水循环基金中，为符合条件的水源评价和保护活动预留部分款项，包括购买土地。这笔资金的目的是给予各州相应的弹性，形成适应他们需要的水源保护计划。每个州都有机会使用州饮用水循环基金来完成水源评价和保护的工作。

根据《安全饮用水法》第 1452 条（g）款，州可使用多达 10%的州饮用水循环基金拨款，通过水源保护计划来管理或提供技术援助。根据本条规定，各州必须为州所有的为计划管理预留的款项提供一对一的配套资金。第 1452 条（g）款的资金可用于：执行水源保护计划；完成污染源清单和易感性的确定；提供技术援助。根据第 1452 条（k）款，各州可预留多达 15%的拨款，用于资助几种类型的水源保护活动。但是用于同一类型的水源保护活动的资金应不超过拨款的 10%。第 1452 条（k）款的资金可用于：贷款给公共供水系统，以购买土地或保存土地权；贷款给社区供水系统实施自愿的，以奖励为基础的水源保护；贷款给社区供水系统以贯彻落实水源保护的合作关系；曾经 1997 年度预留的财政拨款用于划定和（或）评价水源保护区。许多州采取了预留的最高限额 10%，用于支付 2003 年的评价工作；建立和执行井源保护计划。

8.7.2 州地下水计划拨款

1996 年的《安全饮用水法》修订案第 1429 条授权 EPA 对地下水保护进行拨款，帮助各州制订和执行计划，确保他们的地下水资源得到同等和全面的保护。但是，国会从来没有为这些拨款划拨资金。地下水保护的拨款金额基于州地下水资源的范围，并且拨款的可能性将保证持续的和可靠的地下水水质保护。第 1429 条还授权 EPA 为州防止地下水污染计划的创新活动进行拨款。各州可根据第 1429 条申请拨款，不论它是否有 EPA 认可的全面的州地下水保护计划。州地下水计划目前在《清洁水法》第 106 条资助之下。《清洁水法》鼓励各州使用多达 15 %的拨款供地下水保护之用。

8.7.3 其他资金来源

《清洁水法》的资金可用于资助某些水源保护活动，并且可以通过结合水源保护和《清洁水法》的工作实现成本节约。《清洁水法》州循环基金贷款可用于流域保护；根据《清洁水法》第 106 节分配的资金可预留给州地下水计划；第 319 节的基金，目的是预防非点源污染，亦可用于水源保护；根据第 104 条（b）（3）款，州、部落和地方政府可以在建设湿地管理计划时得到援助。此外，EPA 为学校和组织提供环保教育拨款。虽然这不是一个重要的资金来源，EPA 已经向地方学校团体拨款资助监测和其他饮用水相关活动。

第 9 章 水源评价计划

《安全饮用水法》1996 年修订案（P.L.104-182）对第 1428 条进行了修改，并增加了第 1453 条。其中第 1453 条要求各州在获得批准后制定并向 EPA 提交和实施水源评价计划（Source Water Assessement Programs，SWAPs），并且应在 EPA 发布该最终手册后不迟于 18 个月向 EPA 提交水源评价计划。各州必须符合《安全饮用水法》1996 年修订案第 1453 条及第 1428 条（b）和（c）条的要求。各州必须在 EPA 批准该计划两年内（除非延期），完成对所有公共供水系统的评价工作，其中包括为保护公共供水系统及其利益进行的水源保护区的划分、潜在污染源清单的编制以及易感性测定。

本部分依据《安全饮用水法》1996 年修订案向 EPA 工作人员以及各州提供了有关如何实施水源评价计划以及水源保护计划的指导。同时，还向公众和管辖的区域就 EPA 将如何自由行使实施《安全饮用水法》水源评价及保护规定的裁量权提供指导。

各州必须要设法使公众参与水源评价计划的制订并必须在完成评价后，向公众公开对公共供水系统的评价结果。EPA 这样做的目的，是希望通过这些信息鼓励当地制订和实施全部水源保护计划，其中包括水源评价计划评价职能，增设当地专家小组，水源管理以及应急规划。

对水源保护区进行水源评价的核心目的是为制定、实施和完善水源保护区的水源保护措施提供强有力的依据。此外，各州必须考虑《安全饮用水法》中的许多其他计划和依靠水源评价成功保护公共健康的其他环境保护法，EAP 强烈建议评价活动不应仅从自身利益出发，而应以保护水源，建立“可靠的科学”依据，提供更大的管理弹性，降低成本和保证持续向公众输送安全的饮用水为目的。

为使计划获得 EPA 批准，提交材料中必须包含 9.1 所述的要件。对大部分要件第 1453 条和第 1428 条都进行了详细说明而且按规定必须包含在内；EPA 认为许多其他要件对水源评价计划的实施也是至关重要的。对于州提出的可以进行等效替代的要件，只有能证明该替代方案能够实现同样的职能目标，EPA 才会批准该替代要件。另外，EPA 还对提交的州计划提出了几点建议，但这些建议仅供各州参考。换言之，EPA 不想把该手册作为规章，如合适的话，可以使用等效替代方案实现本法令的职能目标。

部落组织。虽然本法令没有明确要求部落实施水源评价计划，但是 EPA 建议各部落在可获得相应资源的情况下实施该计划。部落在确保对部落领地上公共供水系统进行评价时，可以从中受益。一些部落已经实施了井水水源的保护措施和流域分析方法。这样的话，这些部落已经开始划定各自的水源保护区并开始编制污染源清单。应鼓励这些部落继续执行这些计划。

若部落决定建立并实施某个计划，可将该计划提交 EPA 审批。一旦部落将计划提交给 EPA，则其时间表和程序要按照本章对州计划的规定进行。EPA 与相关部落将根据计划所需资源讨论计划实施的时间表。

如果部落想把州水源保护作为其计划的替代方案或与其计划相结合，则根据本部分规定，可能需要州技术咨询委员会及市民咨询委员会的参与。

部落可以通过各种方式为水源评价计划的制订及实施筹集资金。一种途径就是接受来自州的资助。部落可以向 EPA 提出申请，利用 EPA 的自主资金，为其计划提供部分资金。一些部落已通过《清洁水法》的资金为水源评价工作提供支持。

9.1 提交的州计划的内容

为获得批准，提交的州计划必须包括以下四个部分：

- 公众参与制订州计划的过程。
- 州实施水源评价计划时采取的方法，包括如何使州水源评价计划目标与国家保护公共供水系统及其利益的目标相一致。
- 州如何向公众公布评价结果。
- 州如何选择水源评价计划实施方法。

9.1.1 公众充分参与制订州水源评价计划

《安全饮用水法》第 1428 条（b）要求："各州应尽最大可能建立各种程序，包括但不限于建立技术咨询委员会及市民咨询委员会，以鼓励公众参与制订井源保护计划和第 1453 条中的水源评价计划。"这些程序应该包括在提交州计划之前，通知公众并为公众提供发表意见的机会等。EPA 认为国会的意图在于，通过公众参与获得公众的支持以及对地方供水所肩负的责任。

因此，为实现该目标，并使水源评价计划得以批准，州必须利用公众参与程序来制订和实施水源评价计划。

另外，为了解州如何执行第 1428（b）的规定，提交的州计划必须描述各州是如何通过以下方式确保咨询团体具有广泛的代表性及制订计划时公众的广泛参与：

- 依法在全州范围内召集一个技术咨询委员会和市民咨询委员会。如果州能够在其提交的材料中说明委员会的架构、成员资格及程序能代表技术人员（即技术可行性和州水源评价计划方法的效力）和市民（即愿望及水源评价计划方法的适宜性）的观点等，就可以成立委员会。州需要为以下人员充分提供参加咨询委员会的机会，包括公共利益团体（如江河流域组织）、公共卫生团体（如医疗会）、脆弱人群（如老年人、做过移植手术的患者、透析患者、化疗患者、艾滋病患者）、企业集团（如农药制造商和小企业）、当地政府、部落、土地保护团体、不同类型和规模的饮用水供应者、污水处理厂的经营者、农民和开发商以及其他团体的代表。虽然州必须为这些团体提供参与机会，但如果某些团体决定不参加，它仍可继续制订或实施计划。

由于州对委员会提出的建议的答复必须公开，因此州必须在其提交的计划中记述委员会对计划制订中的关键问题提出的建议，如本部分表中指定的问题（请参阅框图）。

➢ 通过提前发出邀请和基本信息，在全州召开公众听证会或公开研讨会，或焦点小组讨论，电话会议或会议。

各州应通过广泛而有效的预先通知参与程序，为公众提供参与机会；公众能够获得决策规划文件并有足够的时间进行审查；为所有相关当事人提供发表言论的机会；为州计划官员提供直接、真实的反馈。此外，州亦可考虑网络会议或其他措施。

而且，在提交的州计划中必须包含响应性的摘要，说明如何在制订要提交的州计划时利用重要公众意见和观点，包括记录对所有实质性意见的全部书面答复，总结一致意见、不同意见以及根本原因。

各州可以根据已确定的需求，利用州饮用水循环基金的预留资金，报销委员会成员或其他人员的差旅费及其他公众参与的相关费用。然而，EPA 建议这些开支应与为整个评价工作提供的资金水平一致。

如果某州满足以下两个条件，该州只需要承担以前没有完成的公众参与要求：

在制订井源保护计划和流域分析办法（或制订州地下水计划或州地表水计划）过程中，该州已经进行了上述水源评价计划所要求的公众参与活动；

这些计划包含的水源保护区划分、污染源清单以及易感性测定的要求与本手册中的要求类似的活动；

EPA 鼓励州在进行评价时，征求其技术咨询委员会和市民咨询委员会的意见。评价完成后，委员会将为州内的利益相关者提供有价值的链接，以便公众查阅评价信息及结果。另外，关于如何利用评价信息实施预防计划以及改进处理方法的问题，委员会可向州提供建议。

公众参与：咨询委员会亟待解决的关键问题

1. 州是否应该为了给利益相关群体充分提供参与制订计划的机会做更多努力？如果有，该如何做？
2. 州是否应为从技术人员及市民处获取更多建议做更多努力？
3. 在州水源评价计划获得批准后，为使公众持续参与评价活动，州应该做哪些工作？

州技术咨询委员会和市民咨询委员会

俄勒冈州环境质量部（Oregon Department of Environmental Quality，DEQ）：该机构成立了井源保护计划咨询委员会，对井源保护计划进行政策审查，以及提供技术咨询。该委员会由 16 人组成，他们分别来自工业、公用事业公司、环保组织、非营利性组织以及州和当地政府。该委员会在 1992—1994 年共召开了 14 次会议。当成员提出报销要求时，俄勒冈州环境质量部可根据需求报销差旅费。所有会议是面向公众开放的。

在加入委员会之前，准委员应了解和明确自己的职责。俄勒冈州环境质量部阐述各个委员所承担义务的范围和期限，讨论问题以获得充分的信息；实际上委员会的建议不一定会成为 DEQ 政策的最终决策。与公众合作得出最终结果是该程序的最大价值之一。

委员会成功的重要原因在于俄勒冈州环境质量部在首次会议之前所做的规划努力。委员会会议由两人主持：一个人负责做笔记或会议记录以及处理后勤和行政事务，另一个提供技术、政策指导和制定议程。委员会为俄勒冈州环境质量部提供有关井源保护计划的建议。

伊利诺伊州环境保护局（Illinois Environmental Protection Agency，IEPA）：该机构以组建水源保护技术咨询委员会和民众咨询委员会的形式确立了公众参与这一优良传统。委员会的 21 个成员代表公共供水系统、环境保护论者、企业、农民及联邦和州政府。伊利诺伊州环境保护局提供行政支持、会议室并报销差旅费。偿还选项确保委员会的成员资格是依据资质而非地理位置确定的。

首次会议召开前，委员会的成员将收到伊利诺伊州环境保护局规划文件和美国 EPA 州水源评价和保护计划手册草案的副本。该会议专门讨论委员会自身的组织结构和构成，制定新《安全饮用水法》的背景以及伊利诺伊州环境保护局的相关计划，投入以及伊利诺伊州环境保护局对水源评价和划定计划提出的建议。在以后的会议中，委员会将继续加大对伊利诺伊州环境保护局的投入。

委员会将继续满足计划规划和实施过程中的需求。伊利诺伊州有很多公众参与机制，而且有许多技术咨询委员会成员同时也在其他组织供职。因此，委员会决定实行按需满足的策略。委员会的工作重点应放在公共文件的制定上。

除了建立委员会，伊利诺伊州环境保护局就《清洁水法》和《安全饮用水法》循环贷款资金预期使用方案召开公众听证会。提前向 200 多位潜在流域和地下水利益相关者发出公众听证会通知。伊利诺伊州环境保护局拟定的水源评价和划定计划将在该听证会上进行探讨。为获得针对该计划的书面信息，正在计划编制公众意见表。

9.1.2 州评价办法的要求/方案

9.1.2.1 法规要求

州水源评价计划的目标已写入第 1453 条（a）（1）中，其中规定评价应“以保护公共供水系统及其利益，支持监测的灵活性为目的”。

第 1453 条（a）（2）（A）款要求各州“利用州内饮用水水源的水文地理信息，测定这些地区的水流、补给、排放以及其他信息，划定州内为公共供水系统供水的水源评价区域边界”。

第 1453 条（a）（2）（B）款要求各州“判定本条规定的需要监测和控制的污染物（在本部分中，州根据自己的判断选择的、已确定的可能对公共健康产生威胁的非控制性污染物），切实可行地确定区域内这些污染物的来源，测定划定区域内的公共供水系统对这些污染物的易感性”。

第 1453 条（a）（3）中要求：“本条中局长批准的州计划应包括一个时间表，规定该计划必须在批准后两年内完成。”“局长可以延长时间表完成期限，可延长 18 个月。”

9.1.2.2 州基本方法

（1）州政府采取的初步行动

所有水源评价计划的第一步必须对联邦、州及当地的相关可用现有数据（包括易感性测定）进行审查，其中包括收集分析数据，确定完成个人评价和州评价计划可能需要收集和分析的补充信息。在实施第二阶段措施和V类规则以及制订获批豁免计划过程中，已收集了大量相关污染源数据，完成了脆弱性评价，对污染物监测数据进行了分析。许多州在实施井源保护计划时也完成了类似工作。

EPA 强烈鼓励各州在实施水源评价计划初期，系统地收集、审核和适当利用信息，并对这些信息以及其他现有数据，包括第 1453 条（b）（6）中指定的信息源加以分析。这些信息源包括对井源保护计划或州流域分析方法的描述与评价；根据州杀虫剂管理计划进行的脆弱性评价、卫生状况调查、监测计划、描述与评价；以及依据《清洁水法》（包括根据州水质标准特别为饮用水水源设计的州 305（b）报告）、州或当地法令进行的其他描述与评价。有豁免证书的水系统可能已经拥有进行水源评价所需的大量信息，这意味着这些系统有可能是以最快的速度完成评价的候选者。

（2）完成

第 1453 条要求各州必须在获得批准后两年内或经批准，最长不超过三年半的时间内完成水源评价计划。只有当某州执行完了获 EPA 批准的水源评价计划中的所有措施，并且符合《安全饮用水法》1996 年修订案第 1453 条和第 1428 条（b）中的所有要求（包括完成所有公共供水系统的水源评价，以及向公众公布评价结果），EPA 才能确定州计划已“完成”。为使其计划获得 EPA 批准，各州提交的材料中必须包括以下内容：

- 在州认为评价“完成”后，描述每次评价要达到的准确度和详细度（或评价类型）。一份“完成的”PWS 评价报告必须包括：
  ——水源保护区的划定
  ——水源保护区的污染源清单
  ——PWS 对水源保护区内污染源的易感性测定
- 描述每次评价是如何保护州公共供水系统及其利益的，以便 EPA 确定其是否实现了第 1453 条的目标。

对于后一条要求，EPA 无法准确判断某水源评价计划是否能为保护公共供水系统及其利益做准备，除非州说明这些评价与正在进行的或未来进行的水源保护工作之间的联系。因此，提交的州计划要想获得批准，必须描述此联系，包括州是否打算实施水源保护计划，以及水源评价计划与现行保护计划有何联系，比如第 1428（b）条中的井源保护计划。9.4 介绍了几种可供选择的水源保护方法。EPA 希望可以确保水源评价计划中的信息能直接用于保护行动。EPA 打算通过为提交的州计划制订的要求，确保其用途符合国会的意图，防止用于水源评价的州饮用水循环基金拨款使用效率低下或被浪费，以及确保州在制订水源评价计划的过程中向公众描述利用评价的目标供其审查。根据第 1452 条的要求，说明将有助于澄清或与州预期用途规划描述的州饮用水循环基金拨款计划，以及任何依据预期用途规划制订的工作计划保持一致。水源评价计划旨在作为补充用于支持正在进行的和未来的水源保护工作，包括正在实施的井源保护计划（《安全饮用水法》1996 年修订案）。

（3）不同方法

实施水源评价计划所需的大量资金已通过州饮用水循环基金拨款获得。许多州着力通过井源保护计划和流域保护计划以及州 305（b）报告对其水源水质及威胁特征进行评价。因此，EPA 意识到，要对所有公共供水系统的评价获得同样的精确度和详细度，任务很艰巨，仅有资金是不可能完成的，并且也不适用于本评价的目的。

因此，EPA 建议州应为其水源评价计划制定一个策略，对单独或不同类型的公共供水系统进行不同层次的评价，即对划定、清单和易感性测定规定不同的详细度。

① 确定方法的要素。州可以单独或结合使用以下替代方法或要素：

➢ 以前对公共供水系统进行的评价

根据井源保护计划和流域分析方法，许多公共供水系统可能已经完成了正式评价。州必须先确定已达到水源评价目标的系统，这样，在第 1453 条规定的时间范围内可减少工作量。

➢ 威胁类型和程度

即使不进行正式评价，各州也常常能感到其边界范围内运行的系统存在潜在威胁。例如，根据水文地质和影响水源地的土地使用类型等（例如，为现行监测豁免计划收集的信息以及有效监测数据），初步判断系统是否受到了威胁。

➢ 公共供水系统的类型和规模。由于较大供水系统的危害风险更大，各方面都希望能够降低这些风险，所以一些州对较大规模的供水系统展开了更深入的评价工作，而另外一些州由于系统缺乏规模经济效益，在进行评价和了解其水源状况时需要给予帮助，所以这些州把较小规模的系统作为目标进行更广泛的评价。

➢ 水源评价的目标。一些州可能希望通过为供水系统设定目标进行不同的评价工作。例如，一个州可能针对部分系统进行全面保护活动，而对其他系统进行重点保护，预防某些特定污染物（如微生物）或状态（如溢出）的出现。另外，某些州可能对某些系统进行其他监控或保持免过滤，并对这些系统进行不同层次的评价。

② 方法举例。有许多可获批准的方法组合。以下的例子将说明各州如何区分不同的评价活动：

➢ 对于临时性非社区供水系统，州可决定进行评价，判定在饮用水井指定距离内的微生物污染物来源和硝酸盐来源，对所有社区给水系统（CWSs）和非社区供水系统（NCWSs）进行更详细的评价。

➢ 根据从监测豁免计划获得的信息，州得知系统从承压含水层抽取的水是几千年前或几百年前产生的，州就可以判定对这些公共供水系统进行有限的评价，因为可能威胁这些水的污染源类型很特殊且数量极少。

➢ 对于那些想通过规章制度的弹性（例如免过滤）为其公共供水系统寻求利益的系统，或为进行水源保护计划而配备的系统，如各州想进行更详细的评价，则必须了解该地水文模式，判定和分析污染源的威胁性质。

EPA 建议各州选择不同的方法，但必须遵循一致的基本原理（即必须符合各州的具体情况）。另外，为使提交的州计划获得批准，该州必须说明完成评价的方法能够保护公共供水系统及其利益。

③ 评价方法。各州可以采用不同的方法以不同方式进行评价。EPA 建议各州考虑以下的两个或其中的一个流程：

➢ 反复式流程，首先州利用现有数据对所有系统进行评价。然后，基于初步评价结果，对于经州政府判定的准确性和明确性要求高且需要特别认真对待的系统做出更为深入的评价。

- 与反复式流程相似，当完成一个层次的评价后，接着进行更详细的评价，临时评价提供一些初始信息。进行临时评价能为系统的当期利益（如经济有效的监测或处理方法）提供依据。但是，之后还需进行一次更全面的评价，以符合第 1453 条的要求，包括时间范围。

反之，各州利用此程序收集和分析数据，指导选择监测和处理的替代方案，这个过程可以看做是第 1453 条的临时评价，也可以看作是完成第 1453 条的评价，但仅限于那些符合本手册规定且经该州充分论证分析的污染物。

使用此方法进行协调。州采用不同的评价方法能够为州经济高效地开展协调工作提供一个蓝图。州可以使特定的联邦/州计划与不同方法的特定元素相匹配。例如，州可以知道多数临时性非社区供水系统是由州和联邦土地管理局运营的，比如园林土地管理局；州水源评价可与这些机构签订谅解备忘录，选择相应的评价类型完成对这些系统的评价。

同样，反复式流程可能指一个特别的协调策略。实际上，EPA 建议，进行首次评价时，州应与联邦机构、其他州、其他国家和部落合作，收集和审查整个州现有可用数据。首次评价完成后，州协调工作的重心应进行转移，支持当地利益相关者，并与其密切合作。

州采取的策略方法：咨询委员会需解答的关键问题

1. 州是否已对所有获得资料的来源进行了初步审查并确定了补充信息需求的范围？
2. 每次评价的精确度/详细度达到什么水平才能认为已“完成”评价？
3. 评价级别是否应该为保护公共供水系统及其利益做准备？
4. 判定对不同公共供水系统或不同种类的公共供水系统进行不同层次评价完成的依据是什么？系统有哪些类型或规模？存在危险的基本信息是什么？其他的还有哪些？
5. 州水源评价计划如何与其他各类环保计划以及其他州的计划相互协调（如公共供水系统监督计划、水质计划、水资源计划、农业计划、土地使用计划、信息管理计划以及地质计划）？
6. 州评价计划如何产生州流域分析方法，并与井源计划及其他保护计划相联系？

9.1.2.3 保护区划分、污染源清单和易感性测定的要求及方案

对公共供水系统进行水源评价时必须虑及三个基本要素：水源保护区的划定；区域内重大潜在污染源清单的编制；公共供水系统对清单中所列的污染源的易感性测定。评价可在包含一个以及以上的公共供水系统的地区进行。下面介绍 EPA 认为需要做的评价工作以及提交的计划中需要包含的内容，以便满足第 1453 条的要求和意图，从而使计划获得 EPA 批准。州可以对 EPA 认为必须进行的评价提出一个替代方案，前提是州能够证明该替代方案可以实现同样的功能目标。

（1）水源保护区的描述

① 地下水系统。

对于依靠地下水供给的公共供水系统，提交的州计划必须说明水源保护区域的划定符合 1987 年 6 月出版的 EPA 出版物《井源保护区划分手册》及《安全饮用水法》第 1428

条的井源保护计划所认可的方法。如某个州有一个经 EPA 批准的井源保护计划，那么这个州可继续使用那个计划中确定的划分方法。然而，如果两州有共同的水文地质条件，不管一个州是否拥有经批准的井源保护计划，则这个州均可采用另一州经 EPA 批准的井源保护计划使用的划分方法。EPA 建议，无论是何种情况，若州政府考虑修改井源保护计划方法，则在必要时可利用条例中，如《地下水消毒条例》，对各州及公共供水系统提供的灵活性。

除了在典型井源保护区内划分评价区域外，还有在井源保护区之外划分评价区域的情况。如果保护区邻近井或井区，无法保护公共供水系统及其利益，则各州一定不能在井周围或井附近划分补给面积。

② 地表水系统。

对于依赖地表水供水的公共供水系统，提交的州计划必须规定水源保护区的划分政策，保护区区域包括公共供水系统取水构筑物上游的整个流域面积，至州边境。

换言之，划定的公共供水系统水源保护区是地形学边界，至州边境的范围，即为取水构筑物供水的汇水盆地的周界。EPA 建议各州采用美国地质调查局水文单位识别代码（如适合的话）。如果另一流域的水流入该地区，每个导流建筑物上游流域面积亦必须以同样的方式划分。EPA 鼓励各州将在其边界外的流域纳入保护区域，并且如有需要，EPA 将协助各州完成该工作。

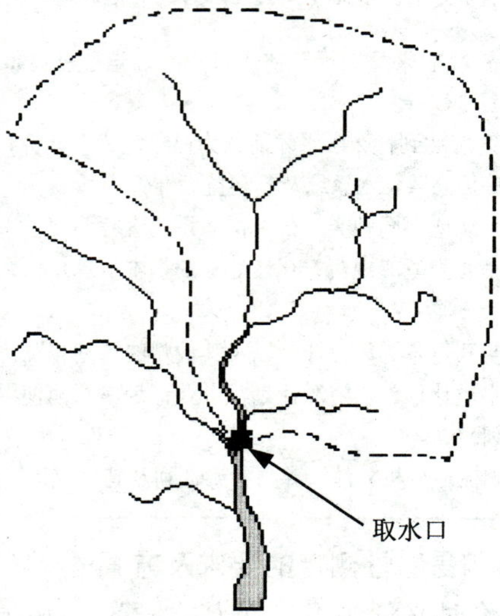

图 9-1　流域面积

如下所述，为了确定重大潜在污染源清单，测定公共供水系统的易感性，州可选择把划定的流域面积（图 9-1）分割成不同的单元（如河段、缓冲带、子流域面积）以进行更经济有效的分析。EPA 建议各州与上游相邻各州或国家合作，获得流域面积的评价信息。流域面积通常是公共供水系统的水源保护区的一部分，但不包括位于州边境以外的流域面积。EPA 还建议各州协调评价内容，以便与边境的流域面积保持一致。

③ 地下水/地表水界面。

EPA 建议各州在为依靠地表水供水的公共供水系统划定水源保护区时，应考虑地下水对地表水的影响。水源保护区可包括地表水补给区和为公共地表水供水的地下水补给区。划定过程中同时考虑地表水补给区和地下水补给区，称为“衔接划定”。

EPA 还建议各州在划定某些依赖地下水且邻近地表水体的公共供水系统时，应考虑地表水对公共水井的影响。这类水源保护区可包括向公共供水系统供水的地表水补给区及地下水补给带。这一点很重要，因为从邻近地表水的井抽水，可能会导致地表水渗入地下水，继而进入抽水井中。（进一步讨论请参阅附录 D）

（2）水源保护区内的污染源清单

提交的州计划必须能说明水源评价计划针对的是哪些“相关污染物”，以及在评价工作中，计划应该把这些污染物中哪些 “重大潜在污染源”列入清单。

① 关注的污染物。

关注的污染物必须包括《安全饮用水法》管制的未净化污染物（规定了最大污染浓度的污染物，地表水处理条例管控的污染物以及微生物隐孢子虫）。把隐孢子虫包含在内是因为 EPA 正在对此类微生物进行管控。EPA 于 1994 年 7 月 29 日颁布了《增强地表水处理条例》草案，该草案将隐孢子虫列为受管制污染物，根据《安全饮用水法》的第 1412 条（b）（2）（C），于 1998 年 11 月颁布了最终法规。EPA 同意接受联邦咨询委员会法案程序的建议，最终法规中应包括清除隐孢子虫的要求。因此，在州水源评价计划提交的最后期限，隐孢子虫将成为受管制的污染物。

此外，在《安全饮用水法》中不受联邦管制的污染物，如果州认为该污染物可能对公众健康产生威胁，那么可以把其纳入受关注的污染物清单。尤其对是《地下水消毒条例》中介绍的其他微生物污染物（如致病病毒和细菌），EPA 建议各州依据评价方法编制这些微生物来源的清单。

② 重大潜在污染源。提交的州计划还必须说明哪种类型的潜在污染源可以称为“重大”污染源，从而编写出清单。

清单必须详细地描述污染源（或污染源分类）的具体位置或区域（也可能是定位坐标，以便于制图）。以此为出发点，附录 E 列出了地下水和地表水的潜在污染源类型。潜在污染源包括使用超级基金的危险物质泄漏现场、有毒物质释放量清单场地、国家污染物削减排放体系获批单位、地下储罐、《资源保护回收法》场地及其他包含在公共数据库以及预计未来可能出现的点源及非点源。

为获得 EPA 批准，州在其提交的计划中必须选择以下一种或两种方法确定哪类潜在污染源是重大污染源：

- 重大潜在污染源是指存储、使用或生产相关污染物的设施或活动（以直接产品或副产品的形式出现），其中的污染物极有可能被释放到环境中，且其浓度可能会对公共供水系统的水源产生重大影响。
- 说明根据对公共供水系统进行的首次易感性测定是如何判定要列入清单的重大潜在污染源类型的。

第一种方法依靠潜在污染源的固有特性（产生、存储或使用的量，释放的可能性，包括现行的削减措施）。一旦确认水源保护区存在重大潜在污染源，则水源保护区内所有符合这些要素限度的污染源均可视为重大潜在污染源。州测定供水系统对这些污染源的易感性。除对小规模井源保护区之外，这种阶梯式的方法可能使用起来比较烦琐。但某些情况下，该方法确实能提供“自动”易感性测定，假设水文地质条件稳定，小规模井源保护区域内的重大潜在污染源的确切位置是无关紧要的（即对于小规模井源保护区域，公共供水系统很容易受这一区域内的任何重大污染源的影响）。

第二种方法是利用现有信息和公共供水系统，通过对污染物的易感性的首次测定来判定水源保护区内的重大污染源。

该方法适用于评价大规模水源保护区内的公共供水系统。EPA 特别推荐州将大规模的地表水源保护区分割成较小的区域，测定重大污染源以及公共供水系统对每个分割区域污染物的易感性（图 9-2）。可发现靠近取水构筑物河段的污染源多数是重大污染源。反之，偏僻河段的污染物类型大多甚至全部为一般潜在污染源。该方法使各州能够集中精力为各河段中的重大污染源编制清单。

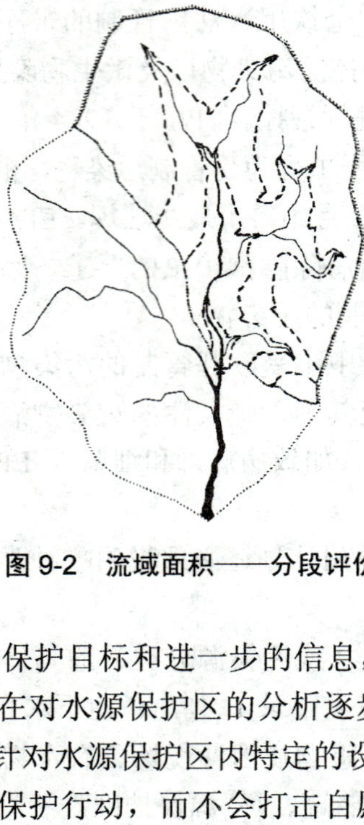

图 9-2 流域面积——分段评价

EPA 推荐的这个方法基于保护目标和进一步的信息，采取逐步缩小范围反复聚焦的方法，建立广泛的初步清单。在对水源保护区的分析逐步细化的过程中，各州可能希望清单能更具体更精确，以便能针对水源保护区内特定的设施或区域实施保护措施。因此，如果州确定这样做能加强水源保护行动，而不会打击自愿实施保护措施的积极性，则州可以：

- 对点源：确定这些污染源的名称和位置。
- 对非点源：确定其地理位置。

遵照联邦、州或当地法令，某一设施或活动为潜在污染源，并不一定意味着公共供水系统不会受到该污染源的影响。各州确定的现行有效的控制和管理措施可能会掩盖对一些潜在污染源的易感性。

EPA 意识到完成这些清单的编制需要大量的资源。EPA 建议各州在州或其他适当的水质监督下建立区域志愿者计划。

这样可以以较低的成本确定潜在污染源的位置（例如，利用手持式全球定位仪）。EPA 建议由各水源保护区内可靠的群体进行清单编制工作，比如参与退休和高级志愿者计划的老年人，或者是美国童子军以及 4H 俱乐部成员。

（3）测定公共供水系统的易感性

提交的州计划必须描述各州对“易感性测定”的定义以及如何通过水源评价计划的努力予以实现。州对“易感性测定”的定义为：公共供水系统从受到清单中所列的污染源污染的水源取水，致使其污染物浓度引起危害的可能性。因此，测定须考虑水文和水文地质因素、污染物的固有特性（比如，毒性、环境归趋和迁移）；以及潜在污染源的特征（位置、释放的可能性、削减措施的效力）。各州须注意，当水源和取水口之间的距离差异很小，且水文和水文地质因素相对稳定时，供水系统的易感性与重大释放的可能性以及污染源的固有特性相关（比如，毒性、趋势和迁移等）。附录 F 中对需要考虑的因素进行了详细说明。

提交的州计划还必须描述易感性分析的结果：公共供水系统污染可能性的绝对测量；水源保护区内的污染源之间的相对比较；与其他评价结果的相对比较，或保护公共供水系统及其利益的其他结果。

易感性测定不一定需要在水源建立模型或进行监测，测定哪些潜在污染源是重大潜在污染源。尽管如此，EPA 仍鼓励各州利用其他资源而非通过州饮用水循环基金获得的资源建立模型或进行监测，以便为建立良好的污染源管理方法提供依据。

通过引用第 1453 条（a）（2）（B）中的说法“测定划定区域内公共供水系统对已确定的污染物的易感性”，国会相信公共供水系统对潜在污染源的易感性分析是州制定有助于水源保护计划的决策和其他可能的用途清单的方法。

立法历史进一步指出水源评价计划打算将清单中的污染源对公共供水系统的潜在威胁分析纳入其中。在描述评价信息和污染源保护计划之间的联系时，内务委员会的商务报告称这些计划是用来“保护水源不受评价中识别的污染物的威胁”（特别强调）。仅仅识别重大潜在污染源本身不能确定其中的哪些污染源可能或不可能对饮用水产生威胁，或为保护饮用水需要对哪些污染源进行优先管理。对水文地质和（或）水文情况的科学分析，对污染物的了解以及现有预防和削减措施的有效性分析是至关重要的，这样各州就能够按照国会的意图将评价结果应用于水源保护计划、监测和其他规章制度的弹性掌握上。对来自这些污染源的风险分析，在第 1453 条（a）（2）（B）称之为“易感性”测定，它是每个水源评价计划的必要组成部分，从而也是每次水源保护区评价的必要组成部分。每次评价的详细度取决于州采用的实施水源评价计划的方法。

划定水源保护区、确定污染源清单和测定易感性：咨询委员需解决的关键问题

1. 对于使用地下水的系统将采用什么划定方法和标准？补给哪些补给地区不包括在内？为什么？
2. 哪些目前不受 EPA 管制的污染物能成为水源评价计划的一部分？
3. 为了获得重点更突出的污染源清单，州应对水源保护区进行分割吗？分割的依据是什么？
4. 州应如何划定和识别重大潜在污染源？州是如何编制水源保护区清单的？
5. 如何表现易感性分析的结果的特征？

9.1.2.4 对州边境或国境线、国境河、州际河和五大湖的水进行充分评价以及 EPA 在协助各州进行评价的过程所起的作用

（1）州的作用

如果州不能证明替代方法能实现相同的职能目标，则州提交的水源评价计划必须包括以下内容：

- 描述州如何划定水源保护区，编制污染源清单和对国境河、五大湖或在其边境内的州际河进行易感性测定（利用Ⅱ.B.3.a 部分中的分割方法）。
- 描述州如何与其他各州、部落或国家通力合作，进行评价工作，尤其是对上游各州的重大潜在污染源。

因为不属于评价技术，所以各州可以选择在其提交的州计划中描述当这些水体发生溢流或其他紧急情况时制定的应急规划政策。

各州可以描述他们为制订保护和应急计划时参与的联合协议或组织。各州应鼓励州的供水、排放和其他受影响当事人建立联盟，开发应急计划和通信网络，以应对溢流和其他紧急事件。例如，宾夕法尼亚州、俄亥俄州、肯塔基州以及西弗吉尼亚州可以描述他们是如何通过美国俄亥俄河流域水质卫生委员会相互合作的。

为了取得最佳的评价效果，各州应向州边境的当地利益相关者（尤其是供水企业、流域委员会、地下水保护小组即政府部分）进行咨询，了解他们对评价范围、重点以及努力程度的看法。

（2）EPA 的作用

EPA 鼓励各州之间进行合作，以便完成对涉及多个州或国家的流域进行的协调和互补的评价。为保护州边境的所有河流或湖泊，很多州已参加了多州联合组织。在某些州，这些工作是自愿的，但是各州如有要求，EPA 将提供区域性支持。

国际水域、州际河及五大湖：咨询委员会需解决的关键问题

1. 为获得更全面和一致的水源评价信息，州应与其他州、部落或国家保持或发起什么协议？
2. 应制订哪些应急计划？
3. 各州可要求 EPA 提供哪些协调/促进活动？
4. 流域内进行的协调互补的评价是与其他各州和国家共享的吗？

9.1.3 向公众公开评价结果的要求/方案

本法令第 1453 条（a）（7）要求各州“向公众公开本条中进行的水源评价结果”。

为符合第 1453 条的要求，获得 EPA 的批准，以下描述了 EPA 认为本法令必须包含的要求以及州在其提交的计划中必须包含的内容。若州能证明其他方案能实现同样的职能目标，只要能满足这些工作要求，则可以提出一个替代方案。

9.1.3.1 向公众公开评价报告

为使评价内容易于理解——将评价信息绘成图，列出污染源清单并向公众公开叙述评价报告。

评价结果反映的是州对水源保护区内的公共供水系统对清单中的污染源的易感性分

析。为使计划获得批准，州必须在评价完成后，以最快和最简单易懂的方式公布评价结果。另外，为对使用州饮用水循环基金完成的程序结果进行说明，如有要求，州需要对外公开每次评价期间收集到的所有信息。此外，州必须制作地图，作为结果的一部分，地图中必须包括划定区域和清单中描述的污染源。

公众常用的易感性测定可以用表格显示，也可以用地图表示。此外，EPA 建议可通过地理信息系统（GIS）制图或制作地形图。

EPA 建议各州确定合适的制图比例，从而使定位更准确。例如，地图必须标明每一个地下储罐（USTs），以便帮助确定拉动储罐或采取其他防护措施需要的资源。比例必须足够精确，以便评价能保护公共供水系统及其利益。

美国地质调查所可以提供全球定位系统，对州地界内或整个地界的水蕴藏情况进行定位。EPA 能够提供河段档案 3，按照 1∶100 000 的比例尺，显示国内的地表水位置及"地址"。

9.1.3.2 向公众公开评价信息程序

为使提交的水源评价计划获得批准，州必须说明它将如何确保在得出结果后，直接或通过授权实体将评价结果迅速向公众公开。州可以通过以下方法进行说明，但必须包括一些合理和有效的手段，以确保结果对外广泛公开。

公众是指所有水源保护区内的消费者以及其他公共成员，包括联邦、州及当地政府机构。对于流域面积或补给面积，EPA 建议相邻的（或其他）各州应尽最大努力为该水源保护区的公共成员提供一致信息。

为证明州符合公开评价结果的要求，EPA 建议各州：

- 在完成评价后迅速编制一份易于公众理解的简要报告。
- 通过网络或其他方式公布报告。
- 广泛发布通知，比如，通过插页广告，详细说明公众如何获取硬拷贝（根据州法规对副本收费）。
- 允许公众以免邮资的回邮卡、免费电话号码及网上发帖的形式获得副本。

EPA 鼓励各州通过将评价结果链接到 EPA 的"Surf Your Watershed"网络系统，流域指标索引系统，州 305（b）水体划定和评价系统以及河段档案 3 系统上，向公众公开评价信息。数据整合的重要性在于准确判定公共水井和取水口的定位坐标系，以及清单中的重大潜在污染源。其他方法还有：

- 通过电话或在线计算机系统，给公众发送评价信息的副本或摘要。各州可利用现有或新建的信息线路或社区给水系统的电话号码。
- 通过水费账单发送通知或每次评价的结果，每年通知消费者如何获取副本或浏览完成的评价信息。该程序可通知消费者报告已完成以及如何获得报告。

通知应作为公共事业部门消费者信心报告的一部分分发给消费者。报告必须每年提交一次，报告可能是发送评价信息或评价结果和通知评价的可用性最有效的手段。标准可适当放宽，但至少必须符合《安全饮用水法》1996 年修订案中第 1414 条（c）（4）中即将公布的规定。

- 制定一个积极推广程序，确保划定区内的每户人家都知道评价报告可用及如何轻松地获取。这类工作可能包括向每户分发公共供水系统相关新闻报道或传单。受影响的当地区域可在当地报纸上刊登广告评价信息。公共供水系统周围的区域可以通过在电台或当地有线电视以及当地政府网站首页宣传评价信息。

- 开发一个全州范围的评价数据库，通过主页链接可对其他地下水和流域数据库进行访问。通过“查询流域”网络系统可将该数据库变成 EPA 流域指标索引的组成部分。如果某个州希望使用“Surf Your Watershed”网络系统，而不想建立自己的网络程序，EPA 将提供技术支持。
- 简要总结全州范围的评价工作，在州《清洁水法》305（b）报告中说明评价的有效性。这些报告向公众公开，评价的有效性以及如何轻松获得应在州报告中其中一条加以说明。

向公众公布评价结果
咨询委员会需要解决的关键问题

1. 评价结果中应包含哪些内容？为方便理解，报告结果应采取什么形式？评价结果应何时公布？
2. 当有人提出要了解每次评价所收集的信息时，州应在何时以何种方式向其提供这些信息？
3. 要显示评价结果应制作哪些类型的图？
4. 州应在何时以何种方式公布在对公共供水系统进行评价过程中所收集的信息？
5. 州或经授权的实体应以什么方式通知结果和收集的其他信息的可用性？

9.1.4 州实施计划的要求/方法

第 1453 条规定 EPA 有权批准或不批准州提交的水源评价计划。因此，EPA 不仅要评价州提出的政策和方法，还要评价该方法成功实施的可能性（拟定的计划是否可行）。下面将说明为符合第 1453 条的明确要求和目标，各州提交的计划中必须包含的内容。关于要获得 EPA 批准需要哪些材料，各州可以提出不同的决策，只要州能证明替代方案能够实现相同的职能目标。

9.1.4.1 时间表

为使提交的计划获得批准，州必须拟定一个实施和完成评价的时间表。“完成的州水源评价计划”和“完整的地方评价”的定义请参阅 9.1.2 部分。

提交的计划中拟定实施和完成评价的时间必须限定在 EPA 批准州计划后两年内。但是，本法令第 1453 条（b）部分允许 EPA 同意州提出的延期请求，即在原规定两年的时间上再延长 18 个月。因此，自 EPA 首次批准州计划至州完成评价的时间最长为三年半。连续实施井源保护计划且已经完成了当地流域的评价工作的州，执行评价的期限超过 6 年零 9 个月，该评价计划在 1996 年 8 月 6 日制定颁布。

为了获得批准，延期完成州水源评价计划的请求必须符合以下条件：

- 根据本法案第 1452 条，各州需考虑州饮用水循环基金的可获得性。即，根据批准的计划，基于对评价所需花费的州饮用水循环基金的分析，州必须说明完成评价需要延长多少时间。鉴于此，EPA 鼓励各州确定完成对其水源保护区的评价需要多少资金，允许最多从 1997 财年中提取 10%。各州可在 1997 财年或 1998 财年申请这些资金。

➢ 考虑其他相关因素，例如，全州范围或下属地区的紧急事件，如自然灾害。

首次提交计划，州可能要为最终延长期限提供一个合理原因，并基于此延长的最终期限制定提交计划的时间框架和优先权。如果州要求扩充原先提交的计划，美国 EPA 将把延长的时间框架作为批准州计划的一部分。

9.1.4.2 可用资源

州应当阐述其如何利用计划分配资源，从而如水源评价计划所述完成评价工作的，以便水源评价计划获得批准。

（1）来自州饮用水循环基金的拨款

读者可查阅 1997 年 2 月 28 日颁布的 EPA 的州饮用水循环基金计划手册，以获取 EPA 州饮用水基金政策详细资料，该手册可通过饮用水热线电话（1-800-426-4791）购买。

州可以从《安全饮用水法》1996 年修订案第 1452 条所述的拨款中最多留出 10%用于第 1453 条所述的公共供水系统评价工作。与其他符合州饮用水循环基金援助条件的水源评价活动不同，第 1453 条所述计划的区域划分和评价资金只能从 1997 财年的拨款中获得。基于这个原因，EPA 要求各州判定其完成水源保护区评价工作所需费用，然后可至多获得 1997 财年拨款的 10%作为活动经费。各州可于 1997 财年或 1998 财年申请该资金。为此目的而预留的资金，必须在该州获得批准后的四个财年内到位，9.4 提供了更多有关水源评价计划中州饮用水循环基金政策的详情。

（2）其他的资金选项

除了州饮用水循环基金之外，还存在其他潜在的水源评价财政支持来源。第 319 条的拨款和州清洁水循环基金中的有限部分可能对各州的水源评价和保护工作提供支持以使其免受非点源的污染。第 319 条的拨款能用来支持水源保护活动（包括评价），最新的第 319 条内容和计划手册指定第 319 条所述拨款可用于支持水源保护措施（包括评价工作）。各州还可申请《清洁水法》第 106 条所述资金以用于井源保护活动（包括水源评价）。

9.1.4.3 工作授权

如果某州要委派评价工作的某些计划，应当提交一份报告，包括叙述如何授权、授权给谁、将委托评价工作中的哪些内容，以及条款、指导手册或其他正式的州政策中所使用的委托的正式定义（或为该计划缔造）。该州提交的评价也需要包括描述某个团体或某些团体的财政承受能力，从而成功地实行评价所指派的计划。依据州立法，各州和指派的团体可能需要其他合适的团体来参与评价。如果当地团体能实施评价的某些计划，那么 EPA 将建议使恰当的利益相关者参与评价。依据第 1452 条（k）（1）（C），各州应谨慎地决定资金是否将伴随州任务的分配而到位。EPA 鼓励各州这样做，因为把资金恰当提供给指派的评价活动，才能确保有效地完成该州批准的水源评价计划。EPA 相信国会所期盼的为评价留出的资金，将足够用来完成评价的各项功能。

（1）州机构职能及其与其他联邦、州和部落计划的协作。

为了便于 EPA 评价某州是否能够依据时间表完成所提交的水源评价计划中的评价工作，该州需要在提交文件中阐述其如何与下列各方进行协调：

➢ 州立环保计划

➢ 部落

➢ 地方利益相关者

- 其他州（像 9.1.2 所述）
- 联邦机构

州饮用水计划，既没有资源也没有单独完成评价所需的足够的数据库信息。评价应当是在地方利益相关者和联邦机构共同协助下的州级团体工作。EPA 建议各州在提交文件中概述协作情况，以确保该协作事宜顺利进行。

（2）计划进展报告。

为使 EPA 了解该州是否能够达到第 1453 条所述目标并达到州计划的目标和方法，州提交文件应当说明将如何周期性地向 EPA 报告工作进展。（报告要求见州饮用水循环基金最终手册。基本上，各州都会被要求在双年度报告中就资金使用情况以及评价工作的预留资金使用情况作出说明）

为了便于 EPA 判定某州是否将第 1452 条（k）（1）（C）项所述资金用于水源评价计划，这些州应当向 EPA 报告下列情况：

- 公共供水系统的总数，可分为地下水、地表水或者混合型（这应该与安全饮用水信息系统报告一致）。
- 完成划定保护区域、编制污染源清单和易感性测定的公共供水系统的数量。
- 水源保护区内公共供水系统的服务人口。
- 完整的地方评价是如何向公众公开的。

各州可向 EPA 提交最新报告或单独报告以作为提供水源评价计划信息的机制。例如，各州可通过其井源保护计划双年度报告来汇报地下水、地表水和混合型系统已完成计划的情况。

（3）更新评价内容。

在充分评价的条件下，依据现有法规和将来的法规（例如，《化学品监控改革法规》《非传统型监测法规》和《地下水消毒条例》），公共供水系统中可获得的一些关键利益具有监管弹性。为了使 EPA 能理解该州计划是怎样继续给公共供水系统提供利益的，EPA 建议该州提交一份计划，作为评价报告中的一个部分，以便更新评价，特别是在系统需要预测中，该州依据即将颁布的法规的弹性决定不修改先前地下水描绘方法确定的范围。这可能包括，一个用来更新评价进程的计划的简明描述，在这段时间内，该州依据经核准的水源评价计划程序完成评价，使它与 EPA 将颁布的最新规定的污染物和法规（9.3 所述）一致。这些法规包括：

- 《地下水消毒条例》
- 《化学品监控改革法规》和《非传统型监测法规》
- 《地下水灌注Ⅴ类井法规》
- 《加强地表水处理法规》

EPA 要求各州定期更新评价型信息，以便将来针对监测的灵活性之类事宜做出充分有根据的决定。EPA 进一步建议各州更新评价内容，使评价对象包括具有灵活性与通用性的新的公共供水系统，以及依据先前的规章，该州在提交给 EPA 的报告中确定的新建的井或取水口。各州为了其他目的也需要更新评价，例如，在没有确定的情况下，土地使用上的新变化将阻碍对公共供水系统的保护。

州计划执行：关于顾问委员会的关键议题

1. 州水源评价计划执行的时间表是什么？
2. 该州应在水源评价计划的开发和执行上投入多少资金？资金应来源于州饮用水循环基金还是其他的来源？
3. 该州是否应该分配评价的计划？如果是这样，应该分配给谁？资金是否应该提供给获得授权的团体？
4. 实施执行水源评价计划时，州各机构之间、各个州之间、州与联邦政府之间、与地方利益相关者之间应如何配合？
5. 该州将向 EPA 汇报哪些有关水源评价计划的情况？如何汇报？
6. 该州应何时更新评价？怎么更新？

9.2 计划提交的程序

9.2.1 提交州水源评价计划及计划执行的程序

第 1453 条（a）（3）规定：“根据该分条款，任何一个州的水源评价计划应在管理人指令发出后的 18 个月内呈递。且应在呈交后的 9 个月内获得批准，除非行政管理人不同意第 1428 条（c）中提出的计划。各州在计划被批准后应立即开始执行此计划。根据该分条款，行政管理人对此计划的批准中应包括一份在与该州磋商中确定的时间表，此时间表要求此计划在批准后 2 年内完成。”

第 1453 条（a）（4）规定：（a）（3）段中提到的时间表“对于评价和其他相关因素，必须考虑到第 1452 条（有关州放贷基金）所提到的州资金的实用性。行政管理人员可以延长任何时间日程，包括：在（3）段里，可以在经批准了的州计划中，额外延长 18 个月来完成计划”。

9.2.2 提交与执行计划的程序概述

基于第 1453 条（a）（3）和第 1428 条（c）（1）的法定规定，成立州水源评价计划有 3 个不同的阶段。

9.2.2.1 计划递交要求

各州须在 1999 年 2 月前向 EPA 的地区相关行政管理人员呈交水源评价计划。正如 9.1.3 中所规定的，美国须通过公众的参与来开展计划。

9.2.2.2 所递交计划的审核程序

对于任何一个州计划，EPA 须在呈交后的 9 个月内决定批准与否。如果在 9 个月内，EPA 无任何反应的话，那么此计划将被认为是确定通过了。在审核任何计划的同时，地区行政管理人员必须将时间表考虑在内，此时间表是为了该计划的完成而与每个州进行磋商后而制定的。当计划被批准通过时，各州必须立即着手执行。除非获得可以延期的批准，否则该州必须在批准认可后的 2 年内完成计划的执行与实施。延期的要求在 9.1.4 已述及。

9.2.2.3 所递交评价的否决程序

如果地区行政管理人员决定不批准任一计划或其部分计划，EPA 必须向该州州长递交一份书面说明，表明没有获得批准的原因。

- 在州长收到 EPA 书面说明后的 6 个月内，州长或州长委托人须向美 EPA 提交一份修正计划。其做出的修改应当以 EPA 的建议为基础。如果 EPA 在 9 个月的审核决定期内，未批准该计划或其部分计划，它将以迅速有效的方式与该州进行协商，目的是为了确保该州有机会能制订另一个可核准的计划。
- 对于任何一个州重新递交的评价，EPA 必须决定通过与否。

9.3 州饮用水循环基金与水源评价计划

9.3.1 预期用途规划：重要的筹资媒介

与 EPA 执行水源评价计划的指导方针相一致，资金拨款申请的核心部分是预期用途规划。预期用途规划描述的是一个州如何计划使用州饮用水循环基金，来完成《安全饮用水法》的目标及促进达成保护公共卫生的目标。任何一个州都须筹备预期用途规划工作，且在经过公众评论和提意见后，将预期用途规划递交给地区行政管理人员，并作为资本拨款申请的一部分。预期用途规划必须包括州在资金拨款（包括如何分配留出的资金）中如何使用全部资金的详细资料。

各州制定预期用途规划包括两部分。一是确定不同的预留资金和州饮用水循环基金的分配和使用；二是仅处理州饮用水循环基金中支持的计划。任何一个州都可以递交资金拨款申请，仅为了获得预留资金中他们应该得到的分配资金。这个选择给各州提供了一个加速获得资金进程的好机会。该州提交的所有的拨款申请中必须包括一份由预留资金所赞助的评价活动的详细描述（或是工作计划）。

9.3.2 向水源评价计划提供拨款的重要性

如果他们曾为此目的而考虑到水源评价需要在有限时间内提供资金的话，EPA 将要求各州在他们的预期用途规划中声明，他们不会留出整整 10%的资金用于评价。评价作为实际水源保护计划程序的基础尤为重要；没有评价，在保护水源免受污染过程中，想要以高效的方式来进一步发展是很困难的。在井源保护计划和杀虫剂的州管理计划中，评价是必不可少的组成部分，且在许多现有及未来联邦政府饮用水保护条例下，评价在提供监管适应性方面起到了关键的作用。此外，通过评价获得的信息，在其他联邦及州计划保护的目标水源领域中是起决定性作用的，这些计划包括Ⅴ类地下灌注控制计划、美国农业部的农场法案计划、非点源计划及流域保护计划。

9.3.3 EPA 批准州立水源评价计划之前的工作计划、融资和执行评价

依据以下条件，在接受 EPA 批准递交的水源评价计划之前，各州可能使用州饮用水循环基金所预留出的 10%的评价资金：

在使用该笔资金对依赖于地下水的供水系统做出评价时，依据《安全饮用水法》第 1428

条，该州必须有一个由 EPA 批准的井源保护计划；或者如果该州没有已批准的井源计划，那么在对依赖于地下水的供水系统进行区划和评价时，必须与任何经批准的州区划政策和程序或 EPA1987 年 6 月的指南、井源保护区的划分手册一致，该州评价方法必须得到 EPA 的临时批准，这是 EPA 审核预留的州饮用水循环基金工作计划的一部分。

对于依赖于地表水的供水系统，必须给出该州用于评价的方法，评价方法应与 EPA 暂时批准的手册一致，而该手册则作为州饮用水循环基金预留工作计划的一部分。

在批准呈交的水源评价计划之前，这些州把州饮用水循环基金中预留的资金用于评价，EPA 将每年对这些支出情况进行审核，同样也审核该州实施评价的方法。

为了让 EPA 对某个州的评价方法提供一个暂时批准，使其成为该州的州饮用水循环基金工作计划中 EPA 审核的一部分，该工作计划需包括：

- 州评价方法的描述应与 9.1.2 的表达方式一致
- 在州水源评价计划批准之前，应精确地叙述预留资金用于评价哪些方面
- 一份州何时将提交水源评价计划给 EPA 以获得批准的时间表

如果 EPA 发现以上这几条内容与本手册有任何实质上的不一致，EPA 将不赞成该州的评价方法，并不允许该州使用预留的资金，直到该州对工作计划作出必要的修改，得以满足 EPA 的目标或获得水源评价计划的批准为止。

9.3.4 向有利于实施州水源评价计划的其他计划提供拨款

国会鼓励使用其他正在进行中的计划和开展的工作，把提供的信息用于水源评价，正如修订案第 1453 条(a)(6)(E)中指出：“为了避免重复和提倡效率，水源评价计划……可能利用……地表和地下水源的划分和评价，是按照联邦水污染控制法案的计划而制定的。”这个目的也明显地反映在 1996 年修订案第 64 页的参议院环境和公共工程委员会报告（S.Report 104-169）中：“强烈地鼓励各州使用现存收集的评价资料，它是由 EPA 依据其他联邦法而制定的其他州和联邦的计划和手册。”

9.3.4.1 最大日负荷量计划

现有一个能为水源评价提供有用信息的例子，就是《清洁水法》中的最大日负荷量计划。最大日负荷量用来反映，流域中污染源应该减少的污染排放量。最大日负荷量定量分析水质问题和污染源地贡献，它给出了污染源排放的指定的某一污染物需要削减多少量，才能使湖泊、江河、溪流、河口满足州的水质标准和指定用途。最大日负荷量计划可以确定点源和非点源应该控制的污染物的排放量。EPA 鼓励各州使用现存的最大日负荷量计划中相关的信息，来帮助完成水源的划分和评价。

目前的问题就是该州是否能通过使用水源评价中所获得的州饮用水循环基金中的部分来实施最大日负荷量计划。EPA 1997 年 2 月的州饮用水循环基金计划手册陈述如下：

在有限的条件下，为了最大日负荷量的发展，各州可以使用此预留款中的资金（注释：依据《安全饮用水法》第 1453 条为水源评价留出 10%的资金）。该州必须制定政策以规定：只有当明显的因果关系证明最大日负荷量的发展对公共卫生保护和继续遵从国家一级饮用水管理条例是必不可少的时候，才能将预留资金用于发展最大日负荷量。只有当实施最大日负荷量计划能够预防或降低水源污染或提高饮用水处理步骤效率时，才能从水源保护预留款中调拨资金进行最大日负荷量的开发。在本文中，最大日负荷量活

动可能比其他水源评价和划分重要活动更为重要。州向 EPA 呈交水源评价计划，如有包括最大日负荷量的提议，则必须确保最大日负荷总量的发展不要延误水源评价的完成。

与这些限制并存的是，有很多方案能使最大日负荷量计划适合获得 1997 财政年度州饮用水循环基金中预留的 10%的资金。为了促进公共卫生目标和《清洁水法》计划的持续一体化，以及按国会设想提高效率，EPA 鼓励各州使用 10%预留款中最多 10%的资金来发展水源的最大日负荷量计划，只要该最大日负荷量计划评价符合以下标准：（1）该最大日负荷量计划评价和公共卫生中的污染物及水源之间有直接的联系；（2）该最大日负荷量计划评价中的污染物是受《安全饮用水法》管制的；（3）该最大日负荷量计划评价将帮助公共供水系统实现和保持服从国家初级饮用水管理条例的规定；（4）该最大日负荷量计划可以实现州水源评价计划所规定的三个功能中的一个或多个（划定水源、确定污染源清单或易感性测定）。

在少数案例中，各州为了提高水源评价计划的质量或效率，可能把 10%的留出资金中 10%以上的资金用于最大日负荷量计划的制订。在州饮用水循环基金计划中，各州向 EPA 提出的双年度报告中的手册所推荐的超过 10%的限制分配，各州必须谨慎处理，虽然州必须清晰地阐述原因，并与以上标准保持一致。此外，最大日负荷量计划的任何资金可能关系到各州预期的用途，如水源保护活动的平台直接关系到公共卫生保护和服从饮用水管理条例。

9.3.4.2 监测或建模活动

如前面 9.3.2 所述，一项水源评价不仅仅是在水源中进行建模和监测以判定哪些是重大的潜在污染源或公共供水系统的易感性。EPA 认为，在大部分案例中，水源评价计划中建模和监测活动的支出费用并不具备成本效益，因为所有公共供水系统都必须完成一定程度的评价。各州更愿意从现有监测和建模工作或成果中获取尽可能多的信息来支持其评价工作。

评价一旦完成，即可帮助该州判定何处需要采取额外的监测和建模措施，并可在适当的联邦和州计划中继续这些工作。因此，除非该州可证明能够提供一个可使该州达成在规定时间内为所有公共供水系统完成评价工作这一目标所需的方法，并且该方法具有成本效益，否则 EPA 会阻止调拨州饮用水循环基金中水源评价计划预留款的部分资金用于这些活动。

9.4 州水源保护计划实施工具

如 9.3 所述，《安全饮用水法》1996 年修订案要求各州制订水源评价计划并提请 EPA 批准。通过 EPA 的批准后，如果不延期的话，应该在批准后的两年内完成对水源的评价。这一部分描述在这些评价完成之后主要的潜在应用，例如制订水源保护计划。

在《安全饮用水法》1996 年修订案中，国会采纳了很多水源评价计划中没有的而又与水源保护计划相关的重要条款，包括：（1）井源保护计划的续篇（第 1428 条）和通过使用州饮用水循环基金对各州授以新的权力以支持他们在井源保护计划上的工作[第 1452 条（k）（1）（D）]；（2）一个新的、非强制性的申请计划（第 1454 条），各州可能使用该计划以帮助克服不同计划之间的协调障碍以及促进自愿性、基于激励的地方合作水源保护的工作，以及授权使用州饮用水循环基金来执行这些计划［第 1454 条（a）（1）（B）（i）项和第 1452 条（k）（1）（A）（iii）］；（3）通过水源保护计划授权给各州使用州饮用水循环基金来执行或者提供技术援助，强制执行除外［第 1452 条（g）（2）（B）项和（D）项］；（4）给各地方提供州饮用水循环基金贷款来从出售者或者让渡者那里购买土地或者土地权，目的是为了保护水源和保证饮用水符合标准［第 1452 条（k）（1）（A）（i）项］，以及（5）授予新的权力给地方提供贷款来实施本地的、自愿的、基于激励的水源保护计划［（第 1452 条（k）（1）（A）（ii）］。

而 1996 年的修订案没有授予各州任何新的饮用水水源保护的监管或者执行权力。其中许多条款要求 EPA 进一步把水源保护计划合并入饮用水规章中，尤其是作为增加的监管弹性的基础。

《安全饮用水法》1996 年修订案中的这些条款明显意在鼓励各州和各地方政府不仅仅局限于水源评价和实施工作，而是以一种可以保障饮用水供应的方式去确定污染的源头。公众要求获得关于水源评价的信息，则进一步强调了该目的，因为这些信息和其他的消费者知情措施可以激发公民和社团促进实施地方水源保护计划。

例如，在国会商业委员会（它的 H.R.3604 法案中包含了水源评价计划的条款）的报告中提到“委员会认为水源保护计划对于保证安全饮用水供应是一个有成本效益的战略。在说明水源保护计划时，该法案创造了一个新的计划，在这个计划里各州主要将是进行一个评价，整理现有的信息和计划，以确定在州的地域范围内饮用水源的弱点。州饮用水循环基金一条一个单独的条款规定了州饮用水循环基金的用途是用于执行州的水源保护计划，除了强制执行的之外设计用来保护水源不受评价所确定的那些威胁”。

此外，参议员的环境和公共建设工程委员会报告指出：“社区给水系统只能对已经发现的污染物进行处理，或者用新的给水系统来代替。为了纠正这个问题，该法案在《安全饮用水法》中增加了新的一条，规定了除处理之外的一种方法来解决公共供水系统的问题或者突发污染问题。”就是说，水源保护计划包括申请计划。

除了水源评价计划的三步之外（水源划定；污染源清单；易感性测定），地方水源保护计划取决于三个关键部分：

9.4.1 地方团体

在制定对水源保护计划有意义的方案之前，需要组织一个可靠的团体来指导它的进程。他们需要强调保护饮用水水源的主要目标，也必须认识到其他流域正在进行的活动的限制，以及支持其他流域保护目标和栖息地的时机。在理论上，一个团体应该至少有一名受雇于公共供水系统的代表。让本地居民参与到水源保护计划中，以便提高他们在水源保护行动中的主人翁感。在过去的饮用水保护行动中，诸如退休志愿者这样的市民团体的参与也是非常有效的。

9.4.2 管理办法

一旦确定了一个易受影响的公共供水系统的潜在污染源，并记录在水源评价计划中，则应确定处理这些污染源的方法。基本的目标是在水源保护区内，通过联邦、州或者地方监管或者立法控制，以及非管制（自愿的）的方法以减少或者消除饮用水供应的潜在威胁。支持保护和来自水域保护的其他益处，可以避免对其他水域保护活动产生不必要的负面影响。而土地使用控制、监管和污染源管理办法，以及其他的方法都一直传统地用于控制土地使用和城市增长的影响，只有到最近才用这些手段来大范围地保护饮用水供应。

9.4.3 应急预案

应急预案仅仅是在发生污染事故或者水体破坏时为消费者提供安全饮用水供应的长期和短期饮用水供应替代战略的开发与实施。

9.5 《安全饮用水法》1996 年修订案为州和地方水源保护提供的支持

州饮用水循环基金是由国会通过第 1452 条授权的，为公共饮用水系统的基础设施建设提供财政支持，以达到或者维持《安全饮用水法》的要求以及保护公共卫生。此外，各州能够使用它们的一部分资金贷款去资助各种不同的州和地方饮用水系统管理计划和方案，包括水源保护计划。各州应该按照第 1452 条规定来为符合条件的拨款活动留出最多 31%的可用资金。

以下是对与水源保护计划直接相关的各种不同的拨款活动的描述（请注意从 9.5.1 到 9.5.6 所描述的拨款活动以州饮用水循环基金拨款总额的 15%为限，并且该上限还包括能力开发活动和水源保护活动。请参阅 EPA 1997 年 2 月的州饮用水循环基金计划手册以了解详情）。

9.5.1 向州水源保护计划提供拨款

各州应使用最多 10%的拨款来执行《安全饮用水法》第 1452 条（g）（2）（B）所述的水源保护计划（以及公共饮用水供应计划，能力开发计划和运营商认证计划）。同时该拨款有相应的附加要求，该条规定给各州使用州饮用水循环基金制订水源保护计划提供了最大限度的灵活性。各州的计划可以采取任何形式，只要他们可以说明水源保护计划合理地使用了纳税人的资金。

因此，下面对这种灵活性的范围做一个概括的讨论。下面所讨论的每一类都主要集中地方、州或者联邦的饮用水保护计划和活动。当然，根据资金来源、时机或者地方拨款情况，州计划也可用于以下各分类或其他概念产生交集的地方。

虽然活动的区域是自愿选择的，但是国会还是再三强调，极力鼓励各州把他们的水源评价结果转变为需要采取的保护行动，以及尽最大可能，决定评价阶段采取的保护措施。如前所述，及时地决定保护方法可以有效地使用评价产生的数据和分析结果，以及在评价活动中充分利用国家的一次性投资。有些州的计划和活动可能属于几个种类，特别是如下几个种类：

9.5.1.1 由地方管理的水源保护计划

在该方法中，各州要把他们的保护努力集中于教育、培训和资助地方及保护区域采取直接的地方水源保护活动。该方法强调地方的土地使用控制、法令和管理措施。

州的技术援助可以帮助地方组织把水源保护计划战略或者特殊的管理措施结合起来以执行本地的战略，许多这样的管理措施都能够得到州政府的资助，获得第 1452 条（k）（1）（A）所述的州饮用水循环基金的拨款。

即使有的州的水源保护计划强调了其他方面，但是该方法中的一些基本原则在任何情况下都是有用的。地方领导能力、合作和协调对于大多数成功的水源保护计划都是至关重要的，并且《安全饮用水法》修订案提供了许多“量体裁衣”的办法来实现许多当地潜在的机会。

9.5.1.2 通过增强和进一步整合现有州管理计划来保护水源

许多州目前都有现行的保护水源不受特定污染源污染的计划（例如地下灌注控制计划，非点源计划），或者保护本州特定区域内的水体或者土地，某些类型的土地（例如农业用地），或者一般的全州范围的土地管理计划。《安全饮用水法》修订案提供了机会，可以更好地把饮用水水源的保护融合到那些被证明了的、正在进行的有一系列的资源管理和水质量保护目标的计划中。

通常，饮用水保护可能已经作为州计划的一个目标得到承认，但是对于地表水和地下水可能并非这样，对于计划的所有相关方面也并非如此。水源评价可能产生标准或者引发这样的计划，或者引起对某些饮用水水源潜在易受影响性的关注。这些容易受影响的水源一旦经过验证，可以提高它们在现行计划框架中保护的优先级。最后，在州饮用水循环基金下可以得到水源保护的额外拨款，这使得在现有计划的行动或者职权之下保护更易受污染的饮用水水源成为可能，而不用破坏现有计划的优先顺序，也不用从那些优先保护的水源计划里做必要的财力转移。

9.5.1.3 水源保护的“重中之重”是其他的联邦/州计划

各州、特别是联邦的一系列计划都赋予了相关的职权和资源以达成水源保护目标。各州可以选择使用该方法来创造或者增强各州相信能够达到这些目标的计划的功能。

例如，一个网络或者票据交易功能可以为州政府、饮用水系统以及区域里面的其他人提供一个重点和援助，使他们都能够获得这些相关的计划和资金。获得援助的州办公室可以为一些援助计划（法定和/或者非法定）工作提供一种方法以及通过不同的申请程序和不同级别的政府获得它们，这些援助计划通过复杂且耗时的鉴定工作来确定并且可能适用于某个特定的地方。在确定了适合的州和/或者联邦计划之后，如果有必要的话，州办公室可以帮助阐明然后把相关计划的申请和文件提交给相应的机构，然后和地方政府一起按照规定的程序把这些申请提交给那些机构。

各州可以根据它的资金和优先级调整该功能的级别。例如，一个州的水源保护票据交易办公室可以对上面讨论的援助请求做出回应，或者可以使用水源评价来确定最高优先级的地区，主动与地方政府一起考虑适当的有计划的援助和给予的关注。通过水源保护评价需求帮助，社区已经了解到它们的情况。州的票据交易办公室可以对这些请求按照州选择的申请标准或者优先级根据它的判断力做出回应。该功能也能帮助改善不同级别的政府相关机构在水源保护目标上的协调，通过各自的过程协力地提供应用和支持信息。

9.5.1.4 水源保护的综合方法

现有的联邦法律主要关注特定的水源、污染物或者与饮用水相关的活动，而并没有说明需要一个完整的、综合的方法进行环境管理。历史上，通过点源控制来防止地表水污染以及通过阻止来自危险废物场所的污染物对地下水造成污染很成功地控制了水污染。各州使用水域方法可以把地表水保护计划和全面的地下水保护工作结合成一个整体，以便把地方、州和联邦政府保护水源的资金作为一个整体集中起来。各州实施全面的水源保护计划需要通过评审以及取得资格，因为他们负责实施大部分现有的水和自然资源计划。

希望实施或者采纳该方法的州可以用水源评价作为一个起点，以确定其他计划中产生的哪些数据可以用于水源评价活动。包含来自多个计划数据的评估结果在保证数据对所有相关的计划适合、适用时，可以在全州范围内提供一个优先级别，这可以提供一种加强上面讨论的方法协调性的手段，通过寻求把饮用水和污染控制计划与州和联邦管理的相关计划协调起来，诸如通过农场法案，通过超级基金的补救努力，地下储罐计划，《资源保护回收法》，以及针对空气、有毒物质和杀虫剂的管理计划，还有适当的州和地方的计划和立法提案。方法越全面，现有的水源保护管理选择的“工具箱”就更大。

9.5.2 向州井源保护计划提供拨款

几乎没有例外，现在大多数州都在实施经 EPA 批准的《安全饮用水法》第 1452 条（k）（1）（D）所述的井源保护计划（WHP），作为《安全饮用水法》（1996 年修订案）要求的水源评价的基础或者“开端”。州井源保护计划（WHP）保持了《安全饮用水法》1996 年修订案第 1428 条要求的条件。在第 1452 条（k）（1）（D）中，州饮用水循环基金的拨款将用于加强现有的这些计划的实施，或者制订计划提交给 EPA 来批准。

9.5.3 向州申请计划提供拨款

《安全饮用水法》第 1452 条（k）（1）（A）（iii）提供了通过向州水源质量保护合作申请计划拨款给区域供水系统贷款的机会，这些在《安全饮用水法》的第 1454 条里有详细的规定。《安全饮用水法》（1996 年修订案）授予 EPA 对这样的计划作出指导的权力，这些内容在 9.6 进行阐述。各州在决定饮用水源保护的方法之前需要注意《安全饮用水法》第 1452 条的计划的益处以及限制。各州可以建立一个改进的申请计划来提出这些限制，并且该计划可以得到上面提到的第 1452 条（g）（2）（B）规定的拨款以及下面描述的第 1452 条（k）（1）（A）（ii）的支持。

9.5.4 对自愿性基于激励的水源质量保护计划的拨款

第 1452 条（k）（1）（A）（ii）规定预留任何一年内收到的总额的 10%的资金以贷款的形式提供给州公有供水系统以支持自愿性，奖励性的水源水质保护措施。这些资金被指定用于根据第 1453 条（或者是在 EPA 批准的水源评价计划之前，经批准的州饮用水循环基金计划）完成的评价所划分区域的水源保护；以帮助达到第 1412 条国家饮用水规章的要求，或者加强公共饮用水源的保护。这些资金可以用于任何一个州的水源保护计划中，包括那些在第 1452 条（g）（2）（B）或者第 1454 条之下规定的行为，只要这些被资助的行为是自愿性的并且是基于激励的。

在评价和区划表明农业是一个潜在污染源时，各州和地方组织应该考虑把拨款资金用于自愿性的农业污染源管理和实施计划中。这些资金依次可以用于土壤和水源保护区，其他的地方组织，以及在水源流内的农业生产者以规划和实施改进的管理措施，这些管理措施是在为保护水资源而制订的资源管理计划（RMPs）中提出的。

9.5.5 土地征用和生态环境资源保护土地权

《安全饮用水法》1996 年修订案第 1452 条（k）（1）（A）（i）的规定使得土地征用和生态环境资源保护土地权有资金可用。当目的是保护饮用水源不受污染时，这些资金将作为贷款以从愿意出卖土地的人那里购买土地，或者从愿意出让土地权的人那里获得土地权。类似于给自愿性的、基于激励的水源保护计划的贷款，在该部分里也规定贷款必须符合第 1412 条中国家饮用水的基本规定，以及贷款项目能够极大地加强对公共卫生的保护。

9.6 州水源质量保护合作申请计划的指导

《安全饮用水法》第 1454 条为一项水源申请计划确立了一个新的职权。对于这个州管理的计划，各州可以自愿参与，并且计划意在支持地方针对在地方水源保护评价确定的有限的污染物的改善所做的工作。申请计划应该写明：（1）EPA 饮用水标准所规定（或者法规所要求）的致病生物；或者（2）在水源取水口或者在采集、处理、存储或者配送设施中检测到的并不总是处于最大污染浓度水平之下的污染物。在州的计划里，区域供水系统的所有者或者操作员，或者市政府、地方政府、州内的行政区域都可以向州政府提出水源质量保护合作申请，要求提供援助支持地方的、自愿性的、基于激励合作的相关利益方，以保护他们的饮用水供应。申请计划的重点是通过寻找污染物的源头来减少和消除水供应中的这些污染物；获得财政资助或者技术支援以推动保护水源行动，以便符合国家基本饮用水规章和标准的要求；以及帮助为区域供水系统的长期水源供应制定资源和基于激励的战略。各州可以在任何时间内提交申请计划以请求批准，而没有必要等到水源评价完成之后。

9.6.1 州/地方的计划程序

9.6.1.1 申请计划的内容和向州政府提交申请计划的程序

一份申请计划应该：有利于促进水源保护区内地方区域供水系统的所有者或者操作员之间、地方政府之间、其他人之间自愿性的、基于激励的合作关系的发展；以及在确定哪些资源可以用来实施合作伙伴的建议，进而控制影响饮用水供应的污染源时得到州的帮助。

申请中所述的污染物仅限于国家基础饮用水条例所规定的致病生物（或者是第 1412 条所要求的），或者是根据第 1412 条所制定的规章中所公布和提到的污染物，以及那些在水源入取水口或者在采集、处理、存储或者公共供水系统的配送设施中通过适当的监测方法检测到的超过最大污染浓度的污染物；或者那些并不总是处于最大污染浓度水平之下的污染物。

在该计划之下提交的申请必须至少包含如下信息：（1）划分为水源保护的区域，该区域是申请计划所涉及的区域；（2）可以用划分水源保护区时设立的申请确定饮用水污染物最大影响范围的来源（包括特定的活动可能对现存的污染物最大影响范围的描述）；（3）信息差距的特性，这种差距可能会阻碍自愿性地方合作关系针对申请中提到的饮用水污染物提出的建议的发展；（4）编制地方自愿合作关系的措施的文件，文件应包括居住在计划涵盖的水源保护区域内的个人申请，这些人很可能会受到全体合伙人所作出的决定的影响，并且他们的参与对于合作关系的成功是非常有必要的，以及市政部门或者其他的地方政府或者州的行政下属部门在划定的水源保护区域内的权限；（5）关于自愿性地方合作关系如何确定、认识，以及考虑任何自愿性或者其他的活动，活动是在联邦或者州法律之下已经执行的并且在计划涵盖的水源保护区域内的，且活动的目的是减少或者消除可能出现在涉及公共卫生的饮用水中的污染物；（6）关于技术支持、财政支持或者其他支持的描述，其他的支持是指自愿性的、地方的合作组织请求州政府帮助制订合作计划，或者实施合作参与者的建议。

9.6.1.2 批准/不批准地方自愿性合作关系申请计划的州建议程序

当申请计划符合第 1454（a）条的要求时，州政府就可能批准该计划。各州必须发布通告以及给公众提供对按照第 1454 条提交的申请计划发表看法的机会，并且州政府必须在申请计划提交后 120 天内全部或者部分地批准或者不批准该计划。

如果州政府批准了申请计划，就必须发布公告，公布如下信息：（1）州将提供一份对技术、财政支持或者其他援助的鉴定，以帮助解决申请计划中确定的饮用水中涉及公共卫生与其他州确定的水质量相关的污染物问题；与在第 1454 条之下任何其他州正在实施或者制订的计划保持协调；以及可以得到的资金（包括通过《清洁水法》或者《安全饮用水法》的州循环基金而得到的资金），以及（2）一个对可以从州或者联邦计划得到的技术或者财政支持的描述，以帮助执行在申请中推荐的地方自愿性合作项目。如果可以获得新的资料，如果作为申请主题的影响水源的情况改变了，或者已经根据请求支援的类型做出了修改，这些情况下，没有通过批准的申请者可以在任何时候重新提交计划。

9.6.1.3 获批申请计划可以提供给地方的技术和财政支持

可以得到支援以帮助实施申请中合作伙伴所提出的建议，包括根据《联邦水污染控制条例》（33 U.S.C.1251 以及下述法案）而制订的计划；根据 1990 年的《海岸带法再授权修订案》（16 U.S.C. 1455b）第 6217 条而制订的计划；根据 1985 年的《食品安全条例》（16 U.S.C.3838 及以下）第Ⅻ编第二章的 D 部分和 1996 年的《联邦农业完善和改革法》（104～127 页）而制订的农业水质量保护计划；根据第 1427 条制订的唯一水源含水层计划；根据第 1428 条制订的地方井源保护计划；所有的杀虫剂和地下水管理计划；任何根据农业部长制订的程序而制订和实施的自愿性的农业资源管理计划或者自愿性的整个农场或者整个牧场管理计划；以及所有的废弃油井关闭计划。

是否能充分利用技术和财政支持，取决于各州鼓励和援助各市政当局、各地方政府以及各公共给水系统的程度，要使他们了解和利用州现有的计划，以有助于找出水源保护区域内的污染源。这些援助包括固体废物管理计划，地下储罐计划，化肥和杀虫剂使用计划，再生和回收计划，地下灌注处理井计划，州的超级基金计划，以及其他的计划。水源质量保护合作申请计划的公众参与主要聚焦于确保合作成员了解和懂得现有的州计划和它们相应的贷款机制，以及与一个全面的水源保护合作计划整合的时机。这有助于节约资源，最大限度地发挥法定和非法定管理机制的作用，以及随着合伙关系的成熟并且开始实施建议时，保证合伙关系中不同的成员能够平等地表达以便在决策的不同阶段达成一致。

9.6.1.4 EPA/州的拨款程序

提交给 EPA 批准的州水源质量保护合作申请计划的程序和内容以及对这些计划的批准。

（1）州提交的计划的内容

州水源质量保护合作申请计划的制订目的可能是“帮助地方政府发展与所有者、操作员，或者政府以及其他可能受合作关系影响的组织的基于激励机制的自愿性合作计划”。在这个法定定义之外，州应该考虑其水源质量保护合作关系申请计划的结构满足下列目标的程度：符合《安全饮用水法》（1996 年修订案）的精神和目的（例如，通过申请程序的使用给各地方发展它们自己的饮用水保护计划的机会）；认识水文地质情况的差异性以及地方上可能遇到的污染源的情况；允许地方组织在涉及和执行请求者建议的时候拥有最大限度的创造力和弹性空间；认识州和地方土地使用及水源分配的主要问题，以及通过提供申请程序资助地方团体完成全面的井源保护计划（WHP），作为所有的州管理的饮用水保护计划的平衡工具，如州的井源保护计划（WHP）、唯一水源含水层计划，以及流域保护计划。

（2）请求拨款援助和请求 EPA 批准计划的州计划提交程序

针对水源质量保护合作申请计划而制订的州计划可随时提交给 EPA。如果在计划提交之日起 120 天后，除非 EPA 确定该计划不符合《安全饮用水法》第 1454 条（a）的法定要求，那么该计划就应该被批准。如果 EPA 在计划提交后 120 天内没有批准该计划（全部或者部分），那么 EPA 应该立即通知州政府，并且应该帮助州政府一起修改或者重新制订符合法定要求的计划以获得批准。一旦 EPA 批准了计划，各州应该立即开始执行针对区域内的水源保护计划的地方的、自愿性、基于激励的合作关系的接收、审查和批准程序。

（3）EPA 批准提交的州计划适当标准

EPA 在批准州水源质量保护合作申请计划时，要根据州的计划过程对地方团体申请的目的进行审查和评估。这些目的包括通过地方政府和生活在受到合作关系决策和建议影响的水源保护区内的人，以及公共给水系统的所有者和操作员的协同合作，州的计划如何推动地方、自愿性、基于激励机制的合作关系，以及州计划如何从该州中识别资源从而获得经济援助，以实施合作关系的建议来处理申请中所述的饮用水污染源（这包括一些特定的活动最大限度导致影响区域饮用水供应的污染物的存在）。申请计划可能提出的污染物在第 1454 条（a）（3）中有详细的规定。

（4）给各州的拨款

拨款可能给予制订了经 EPA 通过的申请计划的州，在可以获得拨款的年份里，把总额不超过 50%的拨款用于执行计划。为了得到该援助拨款款项，各州必须具有已经经过批准并且符合第 1454 条的标准和目的计划，如本手册所描述的那样。注意：在 1997 会计年度没有基于第 1454 条（c）的拨款。如此所述，国会和参议院 1998 会计年度的拨款法案都没有包含第 1454 条（c）的拨款条款。然而，各州可以使用第 1452 条（k）（1）（A）（iii）中州饮用水循环基金提供的贷款来执行申请计划。

只有在拨款是根据《安全饮用水法》第 1454 条的规定以及一个州选择提交并且申请了一项拨款时，才需要这些拨款计划程序和提交程序。

9.6.1.5 地方水源保护申请计划的其他资金

（1） 州饮用水循环基金

根据提交给州的地方合作申请计划执行产生的措施，一个州可以提供贷款以资助公共给水系统，执行自愿性激励的水源保护计划。只有当社区（而不是非社区）供水系统符合援助的条件，以及只有当致病生物和化学物质超过最大污染级或者化学物质不明且总是低于已制定的最大污染浓度时，才能在申请计划里确定其为污染物。如果一个州选择使用州饮用水循环基金的拨款，那么该州就必须制定一个将要接受贷款的公有供水系统的名单，给那些促进服从和保护公共卫生的系统以优先权，并且随后要接受公众对名单的审查和意见。各州都被鼓励去审查 EPA 最新发布的关于州饮用水循环基金的正式手册，以把符合贷款资格的系统排出优先顺序。

（2）国会关于州立饮用水循环基金的判断

《清洁水法》第 606 条（c）（1）规定了一个州措施的目录，这些措施主要是在第 319 条（非点源计划）和第 320 条（国家河口计划）以及《清洁水法》州循环基金预期用途规划规定之下，有资格获得拨款援助的水污染控制措施。国会认为，各州在根据《清洁水法》的该条规定确定优先级时，可能会特别考虑符合该法案拨款条件的工程，以及依照《安全饮用水法》第 1454 条所提交申请中推荐的工程。[《安全饮用水法》1996 年修订案第 133 条（b）]

9.6.2 申请计划的优点和局限性

申请计划可以资助加强其他相关州和联邦的关于水源保护活动计划的工作。旨在提供一个程序，通过这个程序，各州可以鼓励和促进自愿性、基于激励的地方合作关系，作为在解决地方范围内现有的和紧急的问题饮用水汇编的另外一种工具。该程序也是为了获得各种不同形式的财政资助和技术支持，这对地方水源保护合作关系的成功至关重要。对于地方团体来说，一个地方合作关系的构成将是申请计划中至关重要的一个部分；对于各州来说，一个指定的联络员可以筛选申请，并且如果认为申请是有效的，像镜头聚焦一样关注饮用水以及其他的州和联邦计划下不同形式的技术和财政支持，接下来将由各自的计划管理者去决定是否为区域和挑选出来的水源团体提供援助。

申请的过程中有一个短期的公共评审期，以保证饮用水和水源贷款的提供者知道要求并且有机会提供投资。

通过属于超过《安全饮用水法》或者饮用水区域范围计划的权限（例如，《清洁水法》，1996 年的联邦农业完善和改革法），可以获得许多资金来支持申请计划。申请计划尽量要把这些稀缺资金集中用于饮用水保护，鼓励地方合作关系的建立以及探寻一些基本信息的介绍，例如，要论述的问题的本质；核对信息的差距；建立地方合作关系的努力；以及需要的援助的类型。这样的申请的目的是在被请求的援助和完成公共卫生保护之间提供一个坚强的纽带。如果没有建立这种纽带，那么就很难从联邦/州计划获得资金，这些计划对于地方的水源保护很重要，但是并不属于《安全饮用水法》的一部分。

虽然申请计划可以为整个水源保护计划提供有力帮助，但是它也有一些局限性。尽管地方申请计划可以用来防止微生物污染，但是这样的申请计划只有在化学污染已经发生之后才能被制订，而不是一种预防性的方法。因此，这样的计划不完全是一个传统意义上的预防性的方法。特别是，根据第 1454 条规定，地方的饮用水系统只有在其污染物超过了最大污染级（例如，违反了最大污染级）或者饮用水系统取水口出现异常污染物时，才能使用申请计划。各州可能想要一个更具有预防导向的计划方法来取代申请计划提供的方法。例如，州可能想考虑在水源上游的取水口处为一些污染物确立检测标准，作为申请或者一个与潜在尚未向环境释放出污染物的污染源（例如，地下储罐）相关的申请计划的基础。

第 1454 条所述计划对地方和州政府所规定的步骤和条件，可能会对违反了最大污染级或违反预防措施的公共给水系统的处理产生延误。同时，限制某州的自愿性激励计划，可能导致规范管理和非规范管理计划的分裂，但是一个完整的计划可能更有效率。

因为这些原因，各州和地方需要比较第 1454 条的申请计划与其他的方法，看有哪些净利益，这些其他的方法包括经过改进的申请方法，或者更全面的水源保护计划（例如，井源保护计划或者流域保护）在保护公共卫生方面的成本与效益。在决定这些计划什么是全面的之前，州政府应该评价它们的有利条件以及不利条件。

如果某州选择制订第 1454 条所述申请计划，或者根据该州实际需求制订该计划的修改版（对该计划做出修改），其都有资格获得第 1452 条（g）（2）（B）的州饮用水循环基金的支持。此外，根据第 1452 条（k）（1）（A）（ii），第 1454 条的申请计划或其他的自愿性计划，都可作为提供州饮用水循环基金贷款给区域供水系统的根据。根据第 1452 条（k）（1）（A）（iii）的规定，DWSRP 贷款仅能拨给第 1454 条的申请计划项目。

EPA 必须发布关于申请计划的手册，但是只有当一个州的申请计划是为了获得贷款特别是第 1454 条（e）授权的资金来执行该计划时，它才能根据第 1454 条获得 EPA 的批准。到此为止，EPA 没有收到这些贷款的请求，也没有拨出贷款。然而，州政府可能会发现关于申请计划的手册在评价申请计划选项的有用性和不同的选择性方面是非常有用的。该评价可以帮助州调整可用的手段，鼓励地方合作关系以及促进联邦和州计划的协调，这对成功的水源保护是很有必要的。

9.7 水源评价和保护计划与公共供水监督计划之间的关系

根据《安全饮用水法》，预防污染和保证健康饮用水供给是水源保护的首要目标。减少或防止水源化学及微生物污染可让公共供水监督系统避免高昂的治理成本或尽可能降低监测要求。各州还可以节省资源，要么这些资源也本应投入履约援助、监督和实施的工作中的。本章的目的是：识别这些在《安全饮用水法》下已制订或正在发展中的受益于水源保护工作的计划；同时，讨论这些《安全饮用水法》下的举措如何帮助各州和众多系统实现水源评价保护计划的目标。

井源保护计划是一项旨在保护地下饮用水源的污染防治计划，并为国家水源评价和水源保护计划提供了重要的连接纽带。1996 年《安全饮用水法》修订案继续强调了 1986 年《安全饮用水法》修订案第 1428 条中的井源保护计划实施细则。

9.7.1 临时监测豁免

根据第 1418（a）条，对于过渡期服务 10 000 人以下的供水系统，各州可能会降低对大部分污染物的监测标准，如果：（1）在污染物出现时的最敏感时期，原有的样本还尚未监测出来；（2）“国家考虑该地区水文地质及其他相关因素，正式形成书面决定，在此期间该地区污染物是不可能被发现的”。

临时监测豁免期的终止日期，以以下两个日期较前者为准：国家采用和批准的其他监测方式出现的日期，或 1999 年 8 月。临时监测豁免不适用于微生物污染物、消毒性副产物、腐蚀性副产物，但适用于所有其他化学污染物。作为临时监测豁免的最基本要求，监测必须在水源对该污染物最敏感的时候，在国家决定初期着手进行，“在农药事件中，应考虑施洒农药的时间以及农药到达水体所需的时间，并且在其他污染事件中，要考虑季节性降水和污染物转移的时间”。各州可以通过水源评价收集有关的资料，以便确定对待测定系统和污染物的临时监测豁免是否能符合这些要求。评价有助于国家确定这些系统是否有监测资格。然而，EPA 意识到，由于临时监测豁免和水源评价条款的不同时限，很少有新评价（附加到原有资源上的数据）能够及时有效地作用于临时监测豁免决定。

9.7.2 可替代监测

根据第 1418（b）条，各州在已批准的水源评价计划下，可以采取“适合的可替代监测要求”，在此国家“得出结论是：（基于有关易感性、使用情况、突发情况的数据，或井源保护，或来自国家饮用水水源评价计划的可用数据）可替代监测将为遵守管理者的指导方针提供保证”。（强调是后加的）EPA 已为可替代监测颁布了独立的指导方针。可替代监测并不适用于微生物污染物、消毒性副产物或腐蚀性副产品——它适用于所有其他化学污染物。

根据可替代监测，各州可以减少对大部分化学污染物的监测频度，这也是为了符合与本指导意见同时颁布的可替代监测准则的要求。

可替代监测为各州和各系统进行水源评价提供了一个最明显的潜在好处。水源评价计划未获得 EPA 批准的一级州不具有为他们的公共给水系统监督提供可替代监测的资格。对于一个有资格执行可替代监测的公共给水系统，其获得水源的特定一个或几个区域内的评价必须先期完成。

临时监测豁免有时间限制，而国家对于可替代监测是没有时间限制的。这不仅鼓励各州进行水源评价，收集确定采用可替代监测必需的信息，而且还保持了相对灵活且综合性强的评价计划。各州这样做，在回应系统的监测要求和回应公众对于这些决定的科学公平性的疑问上有一定优势。水源评价将为各州关于他们的公共给水系统提供深层次的认知，这些公共给水系统就不仅为可替代监测，也为使用其他规章办法（正如下面所讨论的）提供更大的弹性。

9.7.3 化学品监控改革

9.7.3.1 化学品监控改革又是怎样协助各州和各地区进行水源评价的呢

1997 年 7 月 3 日 EPA 发出了通知，内容是关于在化学品监控改革方面拟议的较先进的规则。这项规则预计将在 1998 年 8 月 6 日前颁布。EPA 现正考虑要求各州筛选各自的系统，标明哪些系统正处于污染风险中，并且在此危险期内建立采样抽查制度。这筛选和系统具体采样计划，通常会涉及确定潜在的污染来源和确定基于这些水源管理时最大污染出现的时间，并且还会附加水文地质或气候特征。这些分析将与各州正在进行的实施水源评价计划相辅相成。基于处于化学品监控改革时期，各州可以在化学品监控改革和他们各自的水源评价保护上采取信息共享。锁定处于风险中的供水系统的过程分析，可以帮助各州确定优先权，进行更加彻底的评价。

9.7.3.2 水源评价又是怎样协助化学品监控改革的发展和执行的呢

一个国家水源评价计划可以，至少部分可以帮助其在化学品监控改革下从技术基础的角度，通过筛选系统以确定哪些处于风险中。对于大部分州来说，通过水源评价收集的信息为符合化学品监控改革的要求提供了必要的元素。

9.7.4 地表水治理/消毒副产物的规则

9.7.4.1 地表水治理规则的实施又是如何协助各州和地区进行水源评价的呢

在地表水治理规则下，一个供水系统只有符合一系列的水质和消毒标准，才能不过滤地表供水，并且该系统要界定一个流域控制计划，以符合该州降低潜在微生物污染的原则。获得该类豁免权的系统拥有水源流域中关于潜在的病原体的具体明细和描述，特别是贾第虫和其他类似病毒。同样，供水系统具有对水源的大肠菌和浊度的监测计划，并且每年都会对流域计划的成效进行检测。在这种情况下，各州在进行系统评价时，鼓励采用地表水治理规则下关于污染的已有可用信息。对于已获豁免权的供水系统，那些常规微生物污染已经在评价中，以至各州或各代表团体在确定易感性病毒前，必须对潜在的化学污染源进行评价。

9.7.4.2 水源评价是怎样协助地表水治理规则的实施呢？未来又是怎样协助优化地表水治理规则的呢

在审视了已批准的过滤豁免后，各州也可从水源评价中得到一些额外的信息。地表水治理规则是仅仅用来降低些许微生物污染（贾第虫、病毒、军团菌）的风险的，并且过滤豁免决策导致了不能监测来自隐孢子虫的潜在污染源，隐孢子虫是一种类似磷或其他化学混合物污染的病原体，该病原体将在优化地表水治理规则中得到管制。此外，评价为水源流域潜在污染源提供了参考信息，也为饮用水蓄水（支流）上游水质标明了潜在的威胁。这类信息可以作为各州和各系统找出问题和防止最终会引发过滤需求的污染源的重要工具。更进一步说，这些信息在各州和各系统（不论过滤和免过滤）在迈向优化地表水治理和消毒性副产品规则的步伐中，在准备未来管理需求的努力中，起到了相当重要的作用。

政府鼓励各州审查免过滤地表水系统的有效信息以防湿地破坏，以便确定是否由于免过滤的决定而使得供水系统对一些微生物污染的脆弱性增加。由此，假如某州发觉微生物污染脆弱性显著增强，就必须找到更加严格的水源保护措施和评价，或者最终，免过滤就不能再继续免过滤了。

对于拥有合格过滤系统的地表供水系统来说，地表水治理规则就不必要求任何水源保护措施了。过滤系统要求进行合理的操作和维护，且一般仅仅要求过滤掉 99%（2log）

的贾第虫和比例相对较少的其他病菌。此外，除非每户水质过滤问题严峻，治理厂也许一直敷衍了事。与湿地保护措施有关的评价可以鉴别潜在威胁，协助此类系统对抗微生物污染，设置双重障碍，保证水质，与此同时，也减少了其他治理环节。因为额外的治理都是缘于日益增加的消毒，所以这也是消毒产品水平提高的负面影响。评价还可以协助各州对水源污染风险日益增加的公共给水系统的监管、技术援助或州饮用水循环基金考虑事项进行缓急排序。如上所述，假如合理设计、操作和保持，过滤将能清除掉水源中 99%的贾第虫，同样，也能清除相同比例的隐孢子虫。由于隐孢子虫对于大部分消毒用品特别是氯气有极度的顽强性，在未来优化地表水治理规则下，水源水质欠缺时就要提升费用，以便用来改良消毒方法或者增添治理措施。假如隐孢子虫造成的水源污染可以适当控制，则以上大开支的措施就可以避免。

9.7.4.3 水源评价优势如何协助未来消毒副产品规则的实施

按照未来优化地表水治理规则，水源含微生物量和消毒副产品前期的水平（通常有机形成消毒副产品），在决定采取何种治理水平中起到关键性因素，就像消毒副产品规则中 1～2 期所讲的那样。如果治理变化很必要，为了符合更加严格的消毒副产品的水平，预算成本会迅速增加。流域特质的了解、污染源、水源水质可变性等因素在评价降低（有机的）消毒副产品前期的可行性上都是很重要的，例如，通过降低来自肥料过量使用或来自污水处理厂排放的营养物质。消毒副产品前期的源常常也是病毒性污染的来源。控制源将会是最经济长期有效的解决方式，如果要达到符合更加严格的消毒副产品水平，还可以避免为了适应未来微生物水平而造成的高昂的治理技术革新。

9.7.5 地下灌注控制：Ⅴ类井

9.7.5.1 地下灌注控制的实施又是怎样协助各州进行水源评价的呢

地下灌注控制计划根据来自个人、商业或者市政工程的废弃液体流入地下的各种深度定义了各种类型的井。不同类型的井受不同管理计划管制。例如，Ⅰ类井和Ⅱ类井分别来自个人或市政和油气工程的灌注废物，最少流入至几千英尺深。而Ⅰ类井和Ⅱ类井遍及各个地域，所以对于饮用水源而言，不会重点考虑其风险性。不仅它们的深度一般都处在饮用水含水层以下，而且Ⅰ类井和Ⅱ类井中的深井受国家或 EPA 地下灌注控制计划中的许可证计划严格控制。这些深井的控制面一般都集中在井的选址、建造、开业和停业。由于这些安全措施在保护，特别是饮用水源保护方面很有效，因此水源计划无需为水源保护区中的Ⅰ类井和Ⅱ类井中做更进一步的风险评价。

相反，Ⅴ类井通常灌注废物至相对较浅的地下饮用水源之上的深度。甚至，Ⅴ类井通常没有指定的经营和建造要求并且完全没有记录。鉴于以上因素，Ⅴ类井对饮用水呈现了很大风险所以必将要包括在水源评价计划中。

Ⅴ类井计划认定了Ⅴ类井在井口和水源保护区是潜在污染源，特别是污染产生对区域给水的风险。Ⅴ类井计划很重要的一点，就是关注在水源保护区的地下浅层的废弃处理井，通过要求所有者或经营者关闭此类井或者采取一些其他管理措施来规避风险，以确保此类井遵从《安全饮用水法》规则。

Ⅴ类井是公共供水中水源污染最重要的污染源之一，是评价时优先考虑界定的重点。但由于此类井包含一个化粪系统，某些企业可能用其处理废水或工业/有害材料处理设备的地面排水，所以不易被发现。此外，一些Ⅴ类井，如合理经营的化粪系统，在同一水源保护区内，相比其他污染源对含水层构成的风险较低。

Ⅴ类井计划可能会列出此水源保护区内的Ⅴ类井目录，可以协助高风险井的查找。

EPA 已经将地下灌注控制计划中此项Ⅴ类井计划的一级执行权推及 34 个州。剩下的 16 个州由 EPA 按区域级别执行该项计划。EPA 区域级别也包括印第安民族和领域，并执行该项计划。

9.7.5.2 水源评价又是怎样协助Ⅴ类井计划的实施呢

国家水源保护计划通过定位水源保护区内的Ⅴ类井位置来支持Ⅴ类井计划。EPA 正在起草建议条款，该条款将在 1998 年 6 月 18 日前颁布，且预期锁定高风险五类灌注井，例如，在水源保护区内的超大容量化粪池和工业废弃物处理井。Ⅴ类井规则一旦实施，如果最终规则在这些区域内锁定高风险井，则对水源保护区域将是相当重要的。水源评价计划通过允许这些条款，以计划的优越性，锁定划分的水源保护区，从而帮助州灌注控制计划实施者节省了大量资源。Ⅴ类井除了化粪池和工业处理井之外，还有其他类别，例如，农业污水井，但因其风险和影响都很有限，故这些井都不在管理之列，除非收集到足够有效的信息。水源评价计划在全国性Ⅴ类井报告中是协助Ⅴ类井计划的，在报告中 EPA 将收集全国水源保护区域内已经确认的Ⅴ类井的所有信息。这些信息，同样，可以用来支持Ⅴ类井的规则制订和决定是否需要采用额外的管理措施。

9.7.6 卫生调查

9.7.6.1 卫生调查怎样协助各州进行水源评价呢

卫生调查的目的就是评价和记载公共给水系统连续供给安全饮用水和鉴别任何误差的能力。一个系统的治理、蓄水、分流网、经营和保养都是调查的评价计划。此外，卫生调查可以为系统提供水源分析。卫生调查提出了对水质和系统依赖性存在的现有和潜在威胁的基本理解。卫生调查为国家安全饮用水部门（或是证实为第三方检察员）进行正式的水源测定和评价提供了机会。如果各州选择依照卫生调查的时间表来进行所有的水源评价，那么问题是：所有评价是否能在方案规定的时间内完成呢？在 40 CFR 142.10 中，各州必须制订建立卫生调查系统的详细计划，优先于公共给水系统，而不必与饮用水条例相一致。1995 年国家 EPA 联合手册为建议各州制订调查计划提出了大量的分析因素。这些计划将与地方 EPA 协商。在很多情况下，卫生调查计划和水源评价计划通过各州努力，会很好融合，以确保水源评价的完成。这样，两个计划将可同期完成。卫生调查将为水源评价计划提供更新方式和为水源保护活动的发展不断提供方案。

9.7.6.2 水源评价是怎样协助各州进行卫生调查的呢

各州可以使用水源评价收集的信息，不管是单独还是合作完成的，来更新卫生调查的信息和确定系统的关注点，这也可能成为调查的优先成果。

9.7.7 地下水消毒规则

——水源评价和保护措施是如何帮助各州和各系统制定地下水消毒规则呢

在为各州发布标准以判定地下水系统是否需要进行消毒处理之后，如有必要，EPA 应当依据《安全饮用水法》中第 1412 条（b）（8），在 1999 年 8 月之后颁布一项条例，针对地下水系统的消毒作出规定。在地下水消毒规则的制订中，EPA 考虑了控制消毒过程中的微生物污染风险的众多策略。这些策略很有可能包括井易感性决策，用来评价以下井源保护活动：

- 微生物保护区的划定（例如，是否基于科学的防卫微生物不活动概率，或者相对保护性的方式）
- 描绘区域重大微生物污染源的完整目录（例如，污染源是否存在？它们代表的相对风险是什么？）
- 符合公共给水系统水源的水文条件评价（例如，供水系统区域内固有的地下水敏感吗？）
- 微生物源管理控制的相对成效（例如，制订的微生物障碍为水源提供的保护与测定微生物保护区域提供的保护同等吗？为降低微生物污染采取的最好的专门管理实践的成效是否在此区域内论证了呢？）

当发展他们的水源评价计划时，各州最好回顾一下地下水消毒规则里考虑的策略。EPA也鼓励各州重视井源保护计划中的因素，并且为潜在微生物源制订距离障碍，以保证他们能够合理地定位微生物污染风险。

9.7.8 能力开发

9.7.8.1 水源评价怎样协助一个有效的能力开发策略呢

1996 年《安全饮用水法》修订案限制了来自供水系统的国家州饮用水循环基金援助对部分系统的发放，这些系统具有或能够发展技术、财务和管理方面的能力以符合《安全饮用水法》的要求。希望获得州饮用水循环基金分配的各州需要备拟一个协助公共给水系统在获得并持有技术、财务和管理能力方面的能力开发策略。

技术能力大致可以在以下三方面考虑：充足的水源、合理的构造和技术知识。充足的水源可以定义为可靠的水源、关注水源问题或包括一个水源保护计划。水源评价直接为水源充足性提供相关信息，依次是技术能力的发展和能力开发的策略。

9.7.8.2 能力开发策略是怎样协助各州进行水源评价的呢

《安全饮用水法》下的能力开发要求是极富弹性的，并且建议各州以各种创造性方式协助系统完善能力。纲领在公众健康保护层面上以较大篇幅强调了水源评价的重要性。如果系统的技术能力不足且水源呈现了较大缺陷，能力开发策略就必须予以重视了。因为能力开发策略不仅包括技术的，还包括管理和财务能力，各州也可利用这个机会以综合发展的态度去增加饮用水系统。

能力开发体现的整体态势很自然地引导出了水源评价或保护的和谐篇章。源于两者都聚焦安全饮用水的根基，能力开发与水源评价和保护相辅相成。

9.7.9 操作员认证

1996 年《安全饮用水法》修订案要求各州据 EPA 制订的纲领于 2001 年 2 月前实施操作员认证计划，设定公共给水系统操作员的最低标准。操作员认证和水源保护都侧重于预防。操作员认证将帮助确保公共给水系统具有技术和管理能力培训，在连续的基础上提供安全供水。成功的州水源评价计划要求较活跃的公共给水系统操作员。鉴于此，资格认证的操作员培训包含水源保护的另一种概念，即作为一种预防技术来保护公众健康。

资格认证的操作员的出现可以协助各州进行水源评价，特别是当操作员认证包括解决地下水和流域保护等方面的知识时。

9.8 水源保护计划与其他计划的协调

为了保护饮用水供给的地下水源和地表水源，需采取诸多措施，包括建立合作伙伴关系、评价重点水体和生物资源的缺陷、识别和控制污染源、土地的利用规划和管理、监测污染物营养物质和其他水质参数以及各地区州和联邦法律的执行。上述努力能得以实现，均得益于不同层次的公共和私有利益群体之间的沟通和协调，并取决于资金来源的范围、规范/许可的条件以及环境管理自愿协议。

《安全饮用水法》1996 年修订案为各州提供了新的契机，即通过吸纳公共、私有部门以及政府机构以利用传统饮用水计划之外的功能。有些州已经按照这种方式行动起来，例如，采用全州的流域管理框架。这一基本框架将针对单一水域或河流域的规划与实施措施结合起来。该方法可以集中技术以及资金力量，解决跨境流域或项目交叉区域内普遍关注的问题。

通过联合其他政府机构并吸纳其他计划，水质计划可以更好地得到实施。这些计划包括交通、农业、矿业、林业、渔业和野生动物、房屋建造、部落事务、公园和公共用地、土地利用和基础设施建设规划、能源利用、危险物质和固体废物以及有毒物质控制。水源评价可提供更佳的基于当地实情的数据。这些数据将组成一个州水质管理综合体系，包括环境水质标准和水质检测、废水排放许可、取水许可、非点源污染控制、污染总量分配、排污权交易、流域规划以及水质保护的其他组成部分。这样，水源保护本身就不只是一项方案，而且会成为各州通过它发现各自优先计划的“透视镜”，并由此可将饮用水重点作为整个水质管理体系当中的一个核心组成部分。

本部分介绍了现存的《安全饮用水法》之外的、由 EPA 或其他联邦机构管理的计划，各州可基于此制订和协调其水源计划。此处所说的联系，对于构建水源评价的强大数据基础，以及启动和暂缓评价、保护和恢复方案、可持续规划和应急响应，都有重要的作用。这些计划配合得怎么样将取决于存在不同州或跨州区域的主要问题以及局部含水层或单一流域、盆地、蓄水系统、河流或者溪水的独有特征与需求。与其他计划的衔接部分将在后续的指南中详细论述。

9.8.1 水质标准

水质标准是流域管理中的一项基本组成部分；各州和部落采用水质标准保护公共卫生，保持水体的化学、物理和生物特性，并提供适于鱼贝类和野生动物保护和繁殖以及水上活动（“捕鱼/游泳”）的水质。该标准考虑到了州和部落水体的公共用水供应、农业和工业用水以及航行的用水。水质标准取决于水体的指定用途，并以 EPA 制订的水质量基准为基础。

水质标准设定了单一污染物的等级或参数，或者规定水体状况以保证水源符合指定用途。迄今为止，EPA 已经制订了 103 种水生生物和野生动物的建议标准和 181 种人类健康的建议标准。

9.8.1.1 水质标准计划是如何支持各州和地区实施水源保护计划的

州或部落的水质标准是核心框架，在此基础上构建水源保护、规划和管理体系。当某一特殊水体被指定为公共用水供给时，人类健康标准就是识别这一水体是否适于饮用的基准，也是污染物排放控制或确保饮用用途的管理措施的基础。当尚未为某一特定水体中高浓度的污染物制订标准时，各州或部落通常将最大污染浓度或者最大污染浓度目标作为水体环境下不能超过的标准。

对于已经符合指定用途的水体，水质标准还包括防止水质恶化条款，以确保水质的持续稳定（除非是经过公开程序识别的为了社会和经济发展的需要而必然出现的水质的降低），并识别水体的特别的生态环境或娱乐功用或稀缺性以及保护此类水体的水质。

各州和部落的防止水质恶化政策应确保尽可能地保持水质，特殊情况下允许降低，并确保受水质降低影响的一方在最终决策中拥有发言权。因此，防止水质恶化政策非常适于支持流域保护计划中的州、部落和地方区域。用于饮用水供给的脆弱的或高质量的水体可被确认并免予水质恶化。对于那些水质超过适于鱼类及水生生物生存和水上娱乐活动的最低必需标准的饮用水供给，水质须保持稳定，除非有经论证的降低水质的需求。州和部落在防止水质恶化的政策和程序中，将制订一项系统的可适用的规划程序，杜绝对水源水质构成不良影响。州和联邦政府之外的其他地区一级政府或许会被允许加入符合流域管理计划的其他保护计划。

流域分析方法的重要组成部分包括：

① 合作伙伴。广泛的个人、水供应商、工业和农业界代表、美洲土著部落、政府机构、民间组织、保护区、专业技术团体等依赖流域中的自然资源生存的人，以及下游使用者，都应参加到规划的制订和实施中来。

② 地理关注点。采取的行动会因不同的地理区域而异，尤其是那些向地表水体排水的或者补给或覆盖地下水的或者前述二种情形都存在的区域。

良好的管理技术是基于决策过程中的强大的科学性和数据的，具体包括：

- 自然资源的评价；
- 基于自然资源和生态系统的状况或缺陷以及区域需求的目标设定；
- 优先问题的识别；
- 具体管理方式和行动方案的完善；
- 方案的实施；
- 必要时，方案有效性的评价和方案的修订。

流域分析方法的内在本质在于鼓励合作各方设定目标，并在持续分析及检验何种信息不完全时，在已有信息的基础上尽最大努力实现目标。

9.8.1.2 流域分析方法是如何支持各州和地区进行水源评价并实施水源保护计划的

水源评价所需数据或许可以从不同计划中的其他流域评价获得（如日平均最大污染物总量评价，其他的评价详见下述）。为了能更好地了解最严重的污染源、更有效地利用资源并增加可持续发展的可行性，应将水源保护计划纳入到流域保护中，通过各项联邦、州、地区和志愿者计划将水源保护区作为优先保护区。

9.8.1.3 水源评价是如何支持各州和地区的流域保护计划的

可将识别水源优先问题的评价纳入到其他流域保护计划当中去，如点源和非点源污染控制、湿地保护、废弃物管理、空气污染和杀虫剂管理。这种整合将使流域的利益相关者得以寻找在有限资源之间权衡以达到共同目标的机会。

州地下水保护综合计划，作为流域分析方法的一部分，将利用对井源保护区和某些补给区域的评价以便能在这些优先区域内更好地完成联邦和州的地下水保护计划。这些区域的分布图由各州负责提供以便所有计划都能知晓他们的准确位置。

州和地区一级的重要流域保护的决策人：所有有利于共同决策的州和地区的公共卫生、环境和自然资源局，公共给水系统监督计划的执行，工业和农业部门的代表，民间组织以及部落。

需要流域保护的更多信息，请浏览 EPA 的主页：http://www.epa.gov/owow/watershed。

9.8.2 《清洁水法》的州循环基金

9.8.2.1 《清洁水法》的州循环基金是如何支持各州和地区进行水源评价和实施水源保护计划的

如前所述，《清洁水法》州循环基金在各州和 EPA 之间建立了合作关系，可为各州灵活提供资金来支持那些具有优先水质需求的计划。在依照传统用于建立和改善废水处理厂的同时，《清洁水法》州循环基金下的贷款正越来越多地用于农业、农村、城市径流控制和河口改善工程以及雨天流量控制（包括雨水和溢流污水）。各州在对水源评价和方案选择进行评价时，可考虑如何获得《清洁水法》州循环基金并制订更为具体的饮用水保护目标，包括适当情形时各州的《清洁水法》州循环基金的优先问题。

9.8.2.2 流域指标索引（Index Watershed Indicators）

流域指标索引是国家首次致力于汇编水生资源信息，并以流域为单位呈现。利用从众多的公共和私人伙伴处获得的数据，该索引以 15 种不同的水资源指标而形成。通过绘制指标图，该索引描述了美国本土 2 111 个流域的状况和缺陷（阿拉斯加州和夏威夷的情况将在以后补充）。制作该索引是为了使国家数据库和每一流域的描述都能在 EPA 主页中的“Surf Your Watershed”一栏中找到，网址为 http://www.epa.gov/surf/iwi.prev.html。通过该索引，EPA 希望市民们能更好地了解他们所居住的流域的状况，并能成为保护或恢复正常水生系统的一分子。这一标明流域状况和缺陷的首次创举是基于现有数据的“又一次进步”。EPA 会定期更新流域指标索引，以反映来自 EPA 其他机构、各州、各部落以及拥有更详细数据的其他机构的更新更全的数据，并反映尚未完全涵盖的新指标的完善情况，如地下水。

EPA 的饮用水计划也包含在这一创举中。15 个数据层中的任何一层都是描述水源状况的数个饮用水数据集的索引。社区给水系统目录和损坏数据已从安全饮用水信息系统中提取出来并且是正在制作的流域索引的一个重要组成部分。

9.8.2.3 流域指标索引和“Surf Your Watershed”网站是如何支持各州和地区进行水源评价和实施水源保护计划的

流域指标索引和查询网站使得州和部落的水质量管理者能随地获得在其他地方未能轻易获得的信息。首先，流域指标索引的流域资料将社区给水系统与识别环境中地下水和地表水污染物的点源及非点源的其他 EPA 数据库在流域一级连接起来。这就为各州及其他人提供了获取地理学上的潜在水源污染的数据。其次，该索引包括一项独立的水源评价数据层，它可将三个数据集组合成为标明水源状况的单个索引。初始索引的发布表明 60%的额定流域对公共用水供给有一定程度的不良影响。

从查询网站得到的流域指标索引和分析工具（包括地质信息系统）将会成为一个开端，有利于识别哪些区域存在最严重的水质问题以及哪些区域需要进一步的评价、监测、教育制定保护计划。

因为是地理相关数据，且能从数据查询管理处获得，各州和地区将能更好地监测饮用水取水点/井口的状况和缺陷并关注保护方案的需求。该索引和查询的范围或许会扩大，以涵盖适于流域的保护方案。

9.8.2.4 水源评价是如何提高流域指标索引和“Surf Your Watershed”网站的可用性的

流域指标索引的首次发布仅仅提供了水源状况和缺陷的流域标准的评价。首版索引还使用水源状况的替代方案，上述状态以流域—流域标准来看其可用性是有限的。水源的划定和评价将补充现有的数据源并首次提供了流域中的饮用水源所面临的风险的综合特征。这将使得 EPA 和各州能更好地达到《清洁水法》的计划目标，从而改善处于污染风险中的流域。

9.8.3 《清洁水法》监测和数据管理计划

《清洁水法》的第 305 条（b）部分要求各州向 EPA 报告各自水域的状况。各州进行环境水体监测以识别其水体的水质、水质的即时变化情况、水质问题的原因以及污染控制计划是否正常运行。水体监测数据将与州标准相比对，以识别水体符合包括饮用水供应在内的指定用途的程度。各州使用其第 305 条（b）水质量报告将其结果与公众沟通，从而更好地管理其水计划。这些州的报告将汇总成一份全国性的报告并呈给国会，其中关于污染来源和原因的结论将有助于识别何处应集中人力和物力进行水污染控制。这份报告还包括州与部落水污染和饮用水计划以及有关人类健康和水生生物的特定问题的数据。

EPA 开发了一大批监测工具，如技术方法和协议，以及即将使用的州监测计划的指导建议。监测要在《清洁水法》的计划（见第 319 条）、国家河口计划（NEP）（见第 320 条）、清洁湖泊计划（见第 314 条）以及各项调研和计划的指导下进行。

EPA 的环境水质数据管理计划以 EPA 的水与生物监测数据存储和检索系统为中心。这一数据库包含了数十年的地表水和地下水的原始数据。许多用于第 305 条（b）水质报告过程的原始数据的分析均存储于 EPA 的存储和检索系统。EPA 的存储和检索系统可在 EPA 的网站上获得，网址为 http://www.epa.gov/owow/storet。EPA 的存储和检索系统目前正在国家水质监测委员会——一个公共和个人监测财团的协助下更新，以便能更有效地满足国家循环监测计划的复杂需求。EPA 和美国地质调查局是该委员会的共同上级。

EPA 关于由国家污染物排放削减制度许可的污水排放的数据包含在许可系统数据库中。

9.8.3.1 EPA 监测和数据管理系统是如何支持各州和地区进行水源评价的

水源评价并非一味地追求耗费大的、新的环境监测。所有为评价而进行的监测都必须是经济而有效的；与现有的州监测计划合作，可避免出现重复检测，并确保所有收集的新数据真实可信。与 EPA 数据管理工作人员的协调也将确保更新后的 EPA 的存储和检索系统能容纳水源保护计划所有需要的数据。

对于那些需要其他现场污染数据的水源，EPA 的技术监测工具（如监测协议和手册文件）或许会很有用。

在 1994 年，EPA 要求各州准备多年水质监测数据核心的计划内容，包括与像水源或国家污染物排放削减制度之类的具体监测计划的整合。EPA 将继续与各州一起制订全面的多年监测方案，这一方案可作为《安全饮用水法》计划的基础，而且最少要与特定水源的监测和评价紧密联系。1998 年法案 305（b）报告的手册要求各州在其方案中包含如何能对其区域内所有水体进行全面监测，以及饮用水的指定用途是否合适的评价。

更新后的 STORET 数据管理系统将能包含水源评价获得的所有数据。其范围广泛，包括数据的所有人、计划和调查的类型、现场活动、取样位置、样本类型以及取样结果都将存入更新后的水与生物监测数据存储和检索系统，同时存入的还有确保数据可靠性的质量保证检查。

EPA 的水体系统允许各州以电子格式提交和存储其《清洁水法》305（b）数据，包括指定的饮用水源是否适合该种使用的数据。

EPA 还致力于加强州的地理参考能力，以便能更好地查找分布图和地质信息系统应用的监测数据。地质信息系统工具，包括作为美国水体的地区性唯一标记的美国地质调查局 HUC 代码和 EPA 的水文档案 3 系统，在水源评价中十分有用。如需要档案 3 方面的信息，可拨打 EPA 存储和检索系统的热线 1-800-424-9067。

9.8.3.2 监测和数据管理系统是如何支持各州和地区实施水源保护计划的

通过广泛使用技术监测工具，在上述计划中收集到的监测数据，将允许水源保护计划的管理者：（1）区别水体的种类；（2）识别问题；（3）制订计划；（4）衡量行动的有效性；（5）识别结论的趋势；（6）优化配置资源。相应地，EPA 的数据管理系统能满足分析者和决策者对获取监测数据并能灵活应对不同数据的要求，并确保存储的数据具备文档化质量。这将有助于在水源保护区内实现最有效的控制和管理技术。

9.8.3.3 水源评价是如何支持监测和数据管理系统的

水源水质数据要加入到州和联邦机构收集的监测数据中去，提高州和国家水质评价水平。国家级别和流域级别（通过流域指标索引）的水环境指标报告工程包含水源保护计划数据，同时水源评价将使得上述数据更为全面。

州和地区一级的监测和数据管理系统的重要决策者有：州 305（b）的水质评价协调员、监测系统管理者和计算机信息服务提供商。要是由监测来提供评价结果的数据，那么实施合作关系的设计者就显得极为重要。需要更多信息，请浏览 EPA 的主页：http://www.epa.gov/owow/monitoring。

9.8.4 非点源计划（NPS）

《清洁水法》1987 年修订案的第 319 条规定各州：（1）要对全州内的水体进行评价，识别因非点源污染而受损的水体（不完全符合州水质标准）或受威胁的水体（现在符合但以后可能不再完全符合水质标准）；（2）制订非点源污染管理计划，对其非点源污染评价中识别的受损或受威胁水体进行说明；（3）在 EPA 批准其评价和计划报告后，有权获得 EPA 对其实施非点源管理计划的年度津贴。

EPA 已经批准了所有州和地区的评价和管理计划。许多州正着手修改其管理计划。

整个 1997 财政年度，总共有 57 150 万美元奖金发给各州、地区和某些印第安部落，以帮助他们实施其非点源污染计划。目前这一计划的国家手册发布于 1996 年 5 月。

作为海岸区域法的一部分，国会于 1990 年要求所有经联邦批准实施海岸区域管理法计划的州（29 个）制订海岸非点源污染计划。这些计划目前已经得到 EPA 和国家海洋大气管理局共同批准，为在海岸区域实施 EPA 识别的管理方案提供条件，并将政策和方案整合到州一级执行以确保既定方案的实施。

9.8.4.1 非点源计划是如何支持各州和地区进行水源评价的

某些评价活动或许有资格获得第 319 条所规定的基金。另外，为非点源污染计划而进行的评价，可作为陆域污染源有关信息和数据的有效来源——陆域污染源现在或将来可能会引起饮用水取水点和取水井的污染，还可识别已知的和可能的被非点源污染的地表水。在大多数州，非点源评价已经被纳入到国家水质目录当中［305（b）报告］并将作为各州的水体水质评价的一部分定期进行更新。

9.8.4.2 非点源计划是如何支持各州和地区实施水源保护计划的

首先，海岸水体非点源污染源的管理方案的手册（EPA，水务办公室，840-B-92-002，1993 年 1 月，网址为：http://www.epa.gov/owow/nps/coastnps.html，综合了各种管理方案以防止和减少非点源污染对地表水和地下水的影响，适用于内陆和海岸的非点源（农业、林业、城市径流、航海、水文特性修改、湿地保护)。对于各州和地区制订计划和方案而言，该手册或许在防止饮用水源免受陆基污染物污染方面的价值不小。其次，第 319 条为各州和地区提供的支持其实施非点源管理计划的奖金，已被用来实施保护饮用水源的方案，这些措施在其非点源管理计划中有所涉及。每个州的 319 条基金有大约一半都授予地方团体和组织进行地面实施活动。另外，纳入到州海岸非点源计划中的强有力的政策和制度都可用于海岸地区的水源保护计划。

9.8.4.3 水源评价是如何支持各州和地区的非点源计划的

如上所述，非点源评价要定期更新并作为国家水质目录的一部分。联邦、州和地区的评价结果通常还不足以描述所有水体的状况。因此，这些更新必须利用来自不同组织和机构的信息和数据。来自水源评价的信息和数据将有助于大多数的州扩大其水质评价的范围，并将促进联邦、州和地区资源的有效使用，从而改善和保护地表水和地下水的各种用途。

州和地区一级的非点源计划的重要决策者为：在每个 EPA 区域和每个州各有一名协调员，尽管该协调员有时在州的保护局或农业局，但他通常是州水质局的一员。拥有广泛基础的非点源任务小组既能代表州政府，又能代表其他利益相关者，该小组负责有关奖金和计划优先问题的决策。需要更多信息，请浏览 EPA 的主页：http://www.epa.gov/owow/npsl。

9.8.5 最大日负荷量计划

最大日负荷量计划是一项识别水体仍需要努力才能达到水质标准的计划。在《清洁水法》第 303 条（d）部分要求各州识别那些即使在实施国家规定的污染物控制技术之后仍不符合水质标准的水体，并在 EPA 的监督下为这些水体设定最大日负荷量。该法还要求各州对其水体所需的最大日负荷量建立优先顺序。最大日负荷量在流域内的污染源之间分配污染物总量，并为识别和建立减少点源和非点源污染物总量的控制措施提供基础条件。

9.8.5.1 最大日负荷量计划是如何支持各州和地区进行水源评价和实施水源保护计划的

州会将需要最大日负荷量的水体以及为特定水体制订的最大日负荷量列一张表单，它是进行水源评价的有用的数据来源之一。第 303 条（d）部分把因特殊污染物或环境应激源造成的未达到水质标准的水体列成一张表单；这些信息将有助于识别水源的污染问题。特定水体的最大日负荷量可提供更多有关污染源的数据，并可用于制订流域中的污染源之间的污染总量分配方案。对于用于公共用水供给的水源，作为最大日负荷量评价的一部分的数据可为实施地区的水源保护计划提供基础。

9.8.5.2 水源评价是如何支持州的最大日负荷量计划的

州的最大日负荷量计划要求使用制作 303（d）列表时“已有的、可得的”数据，而且水源评价或许可以提供其他数据来进行清单决策并为特定水体制订最大日负荷量。例如，因为最大日负荷量是为特定的污染物或应激源设定的，因此，特殊水源保护区内水源评价中的污染问题的识别有助于州最大日负荷量计划的实现。

州和地区级的最大日负荷量计划的重要决策者为：州最大日负荷量计划通常由州水质管理局负责。在地区一级，各种利益相关者都会参与其中，包括地区和区域政府机构、点污染源、农场主、林业所有人、土地开发商、城市规划者以及地区环境组织。需要更多信息，请浏览 EPA 的主页：http://www.epa.gov/owow/tmdl/index.html。

9.8.6 国家河口计划

根据《清洁水法》1987 年修订案，设立了国家河口计划，其宗旨在于发展经济和娱乐活动的同时保护和保持河口的健康状态。政府机构与以河口为生并决定其生活质量的人群建立了合作关系，EPA 以合作关系来制订地区河口计划，其中前者负责河口资源的监管。这些组织根据本地区的需要来制订和实施计划。目前，已有 28 个地区计划开始走切实的和新兴的道路来保护和发展自己的河口。

对于每项地区的国家河口计划，多方利益工作委员会和所有的管理会议均说明河口及其流域的特征（生物学、地理学、化学和社会学的参数），河口的优先问题，优先问题的补救措施以及支持该措施的财政途径。通过这个工作，所有的计划都可以产生一个详细的综合管理方案。必须进行地区评价以协助河口区域制订其未来的增长计划。

9.8.6.1 国家河口计划是如何支持各州和地区进行水源评价和实施水源保护计划的

在制订其综合保护和管理计划的过程中，大多数的国家河口计划已识别出威胁河口的优先问题（例如，现场排放的污染物、极快的人口增长、水生生物的过度养殖、海水浸入）。上述问题中的许多都可能威胁地区水源。各州和地区可以从使用国家河口计划编制的数据开始其各自的水源评价。

大多数河口计划目前都具有数个像国家海洋与太空管理局之类的合作伙伴。国家海洋与太空管理局的计划是根据包含保护地表水在内的海洋保护、研究和保护区法制订的。将水源保护计划纳入州和地区的国家河口计划委员会，将会提高河口利益相关者的认识，并可通过建立财政资源来节省成本以及提高利益相关人参加河口流域行动的积极性。

9.8.6.2 水源评价是如何支持单个国家河口计划的

尽管大多数国家河口计划将注意力首先集中在其他区域，但是水源保护仍是所关注的问题。沿海地区饮用水源对过度利用和飞速发展增加的污染物的易感性已经在这些地区显现出来。已完成的水源评价将为国家河口计划及其利益相关者提供有用的数据，使得地区计划能利用这些信息采取行动减少对水源的威胁。例如，海岸区域多不会控制深层供水含水层的水质。利用现成的评价资料，州和地区政府可共同规划对补给区域的保护。

州和地区一级的国家河口计划的重要决策人：在制订计划阶段，每一国家河口计划都召开了管理会议，其参加者通常包括政策委员会、管理委员会、科学/技术咨询委员会和民间咨询委员会。委员会的代表包括来自 EPA 和其他政府机构、州和地区政府机构、环境组织、教育机构、本地企业以及普通大众的个人代表。需要了解具体计划的内容，请访问国家河口计划的主页，网址为 http://www.epa.gov/owow/estuaries/nep.html，或者电话咨询州海岸或航务办公室，或者国家河口计划办公室总部 202/260-1952。

9.8.7 清洁湖泊计划

清洁湖泊计划是在监测和保护行动中利用流域保护方法控制大范围污染源的早期计划之一。这一计划依据《清洁水法》第 314 条在 20 年间向全国范围内的主要湖泊监测、评价和保护计划提供超过 14 500 万的资金支持以及合作协议。需要了解更多关于清洁湖泊计划和其他湖泊的数据，请访问其主页：http://www.epa.gov/owow/lakes。

9.8.7.1 清洁湖泊计划是如何支持各州和地区进行水源评价和实施水源保护计划的

许多湖泊评价和保护行动是根据清洁湖泊计划进行的，而且上述研究获得的数据有利于对那些作为水源的特定湖水进行水源评价。清洁湖泊计划的全州湖水评价和特定湖水的一期研究有助于对湖水状况的评价。二期工程为实施行动提供支持，还会有三期存储后检测工程。某特殊湖水可能只需进行一期工程，而有的则需完成所有三期工程。

9.8.7.2 水源评价是如何支持清洁湖泊计划的

根据水源评价计划对湖水进行的新型分析，更好地掌握重点湖泊的缺陷，从而更加需要其他的湖泊恢复和保护行动。上述某些需求在《清洁水法》州循环基金第 319 条以及州资助的湖泊计划中有所说明。

州和地区一级的清洁湖泊计划的重要决策人：州湖泊计划通常由州水质办公室负责。在地区一级，各类利益相关者均可参加进来，包括地区政府机构、湖泊协会和湖滨居民以及地区环境组织。

9.8.8 湿地计划

美国 EPA 与其他联邦机构和州、地区及部落政府一起负责恢复和维护包括湿地在内的全国水体的物理和化学特征。由美国陆军工程兵团和 EPA 共同实施的《清洁水法》第 404 条，制订了一项计划以控制向美国水体倾倒挖掘物和填埋物的行为。第 404 条计划通常只以个案的方式管制挖掘物和填埋物的倾倒行为，该授权条款容许以一种较为全面的方式管制水生资源。例如，流域规划、特殊区域管理规划和提前识别。

EPA 的湿地计划尽可能将湿地的保护纳入到已有的 EPA 计划中（如《清洁水法》）。

另外，一些州已经或者正在制订州湿地保护计划，提供了将众多州的湿地计划整合起来的框架。EPA 湿地计划经历了为制订综合湿地计划提供支持、参加制订上述计划、审查其他州和地区的计划的过程。

9.8.8.1 湿地保护是如何支持各州和地区进行水源评价和实施水源保护计划的

湿地保护计划通常需要对流域生态系统的卫生状况进行评价，估算人类改造活动对湿地和其他水体的影响。由联邦、州和地区政府为保护湿地而进行的评价活动所获得的数据对水源评价或许有用。

湿地对地方区域有各种作用和益处，包括对污染物的拦截和过滤从而提高水源的水质并尽可能地减少处理成本。人工湿地可提高下游河流的水源的质量。将湿地保护和恢复纳入水源计划可凸显将湿地和水源作为重点区域来保护的重要性，并可减少重复工作和冲突行动。

9.8.8.2 水源评价是如何支持湿地保护的

水源评价可识别重点湿地，这些湿地的改善和恢复可以提高流域内的水质。

州和地区一级的湿地计划的重要决策人：EPA 分局和州/部落/地区自然资源/水务办公室。需要更多的信息，请访问 EPA 主页：http://www.epa.gov/owow/wetlands/。

9.8.9 国家污染物排放削减制度计划

在《清洁水法》的授权下，国家污染物排放削减制度计划管制点源向地表水（如湿地、湖水、河流、河口、海湾和海洋）的排放。点源排放包括工业过程中的废水，市政废水处理厂的废水，工业和市政雨水，混合污水溢流以及生活污水溢流。国家污染物排放削减制度计划还管制生物颗粒（废水处理过程中产生的半固态渣滓）以确保这些生物颗粒能得到很好地处理，并且管理全国的预处理计划以降低从工厂排入市政污水系统的污染物水平。

许可制度以人类健康和水生生物的保护为目的来控制排放。如果被管制的工厂未能遵守许可的规定，他们可能会遭受一定的强制措施。EPA 和各州利用各项技术监控被许可人的遵守情况，包括现场调查和对被许可人提交数据的审查。

9.8.9.1 国家污染物排放削减制度计划是如何支持各州和地区进行水源评价和实施水源保护计划的

大约有 25 个州已经制订或正在制订州流域管理框架，如果饮用水管理计划活动能够符合本章前面所讨论的流域分析方法，并在区划流域和支流域内能得以协调一致的话（包括地表水排水地区以及与含水层相邻的区域），就可获得水源评价的有用数据。

最近，国家污染物排放削减制度计划已经启动了一场关于制订一种可描述流域内多个污染源的机制（流域许可）的讨论。流域许可这种框架完全将国家污染物排放削减制度计划纳入所有流域方法的下一环节。流域许可的实施包括地区流域监测、评价以及识别适当的强有力的地区控制措施的规划（包括非点源控制）。水源评价可作为这些流域评价和规划行为的一部分。国家污染物排放削减制度计划提出了联邦咨询委员会向 EPA 提供控制城市雨天点源（例如，雨水、混合污水溢流、生活污水溢流）的策略的建议。EPA 与城市雨天流量联邦咨询委员会进行合作，目前 EPA 正在制订有关地区流域评价和规划的手册，该手册对水源评价很有帮助。最后，与国家污染物排放削减制度计划相关的监测要求提供了获得对水源评价有用的数据的诸多机会。许可证包含排放、环境和生物颗粒检测要求，这对于识别划定水源区域内污染物的来源及其现状极为重要。EPA 和城市雨天流量联邦咨询委员会正在制订在流域规划框架内协调流域监测数据的建议和手册。当为流域规划和评价的监测提供手册并为国家污染物排放削减制度许可的监测要求提供建议时，最终文件将会考虑水源评价的需求。

EPA 雨水综合许可证通常要求企业制订所有工业性的雨水污染物来源目录，进而确定污染预防的时机。如果向国家污染物排放削减制度许可证管理局申请并基于流域进行收集和分析，这一目录将会成为一个有用的数据来源。如果企业有危险物溢出，EPA 雨水综合许可证要求报告这些溢出物，因为这可能将成为另外一个有用的数据源。

EPA 雨水综合许可证还要求某些企业监测含有可能由其工业生产引起污染物的雨水径流。尤其是，要求进行监测的企业是指那些向雨水和径流超标排放污染物的企业。

在受国家污染物排放削减制度雨水许可证计划管制的城市和村庄里，均制订了雨水管理计划以减少从市政雨水污水系统排放的城市径流中的雨水污染物。所有受管制的市政部门都要在其五年的许可证有限期内实施雨水监测计划。这些监测计划可能得到大量的有用的地表水水质数据，尤其是在那些地表水径流作为饮用水蓄水的主要水源或饮用水含水层由雨水径流补给的流域。例如，某些市政部门已经制订出自己的整体雨水管理系统以全力保护饮用水资源（得克萨斯州的奥斯汀市和弗吉尼亚州的费尔法克斯县）。

各州和地区完成评价阶段后实施水源保护策略；国家污染物排放削减制度许可证计划将是确保对可能威胁公共给水系统监督计划的污染进行控制的一项重要策略。为实现水源保护计划的目标，国家污染物排放削减制度计划将提出强有力的管制要求。对废水排放以及生物颗粒的利用和处置的控制是确保获得适于公共用水供给和其他水源保护目标的水质标准的重要方式。另外，流域许可证可提供对聚集扩散污染物进行评价的方式，以及基于流域的点源和非点源污染控制策略的方法，进而实现上述目标。

9.8.9.2 水源评价是如何支持国家污染物排放削减制度计划的

许可证颁发人须确定需要哪种水质基准的许可限值，以及基于少量的数据制订限值。水源评价可通过其他有关污染物水平的现有数据源，以及评价本身存在的重要潜在来源的方法获取数据，这些都可用来评价污染物的许可限制的需求并计算这些限值。同时，流域许可证的状况部分取决于水源评价中收集的数据以及由水源评价识别的目标。

州和地区一级的国家污染物排放削减制度计划的重要决策人：已有 43 个州和地区被授权实施国家污染物排放削减制度计划。在这些州，该计划通常由州水质办公室负责实施。该机构通常还负责制订水质计划，制订水质标准、强制措施以及与国家污染物排放削减制度计划有重要联系的所有计划。在未授权实施国家污染物排放削减制度计划的州和地区，EPA 是颁发许可证的机构。在这些州，EPA 与实施相关计划的州政府机构紧密合作。

除了州机构，如果某城市拥有预处理的市政废水处理系统，则可被授权制订预处理规范，降低由当地工厂进入市政污水系统的污染物水平。

9.8.10 唯一水源含水层保护计划

唯一水源含水层保护计划是根据《安全饮用水法》的第 1424 条（e）授权制订的。

该条款允许 EPA 在含水层污染物可能对人类健康构成极大危险时宣布某一含水层为该地区的“唯一的或主要饮用水源”。唯一水源含水层的划定可由任何利益相关方向 EPA 提交的申请来识别，如公共用水供应商、地区卫生部门或环境组织。在识别之后，关于含水层的联邦财政支持计划须接受 EPA 的审查。EPA 可通过协商改正措施来改进计划甚至否决那些因唯一水源含水层受污染而对公共健康构成极大风险的计划的贷款。

9.8.10.1 唯一水源含水层保护计划是如何支持各州和地区进行水源评价和实施水源保护计划的

EPA 划定过程中收集的水文和水利用数据将有助于划分保护区并确定水源的易感性。计划审查会是水源保护区内潜在的污染源数据的一个来源。

唯一水源含水层的划定可增强公众对于含水层的用途、价值和缺陷的认识，并为实施各项地下水保护计划提供支持。计划审查常常可通过识别可能引起地下水污染的现场行动而提供直接的技术支持。另外，技术支持通常包括州和地区的环境机构与公共卫生保护机构之间地下水保护行动的现场协调。因为该计划集中于地下水并包含许多可能影响地下水水质的行动，它为或许不能通过正常的联邦环境/公共卫生影响评价完全描述的计划提供了更多的保护。

9.8.10.2 水源评价是如何支持唯一水源含水层保护计划的

水源评价获得的数据可用于评价某一地区是否符合唯一水源含水层划定标准并为计划审查提供有用的信息，如划定的水源保护区的位置，潜在的或已有的污染物来源以及含水层的地区差异。

州和地区一级的唯一水源含水层保护计划的重要决策人：计划审查权不可转让。EPA 联合州和地区机构，如卫生、环保和规划机构，协助评价联邦支持计划是否会危及饮用水源并制订适当的减缓方案。多数情况下，主要决策者是州和地区机构或向 EPA 提出唯一水源含水层指定申请的组织。

9.8.10.3 其他水务计划

其他《清洁水法》计划对于州制订水源评价/保护计划或许有益。例如，依据《清洁水法》第 312 条（f）（4）（B）规定，各州可向 EPA 申请在地表水建立饮用水取水区，并在上述区域禁止从船体和其他航船排放污染物。其他计划将在后续的手册中详细论述。

9.8.11 与 EPA 其他计划的关联

除《安全饮用水法》和《清洁水法》之外的多部法律都授权 EPA 和各州制订各项防止或调节地下水或地表水供应的污染物计划。这些计划列举如下，可为各州和地区进行水源评价提供更多的数据和专家意见。例如，《资源保护回收法》补救行动计划规定工厂的危险废弃物和危险成分的调节，危险废弃物的处理、存储或处置都需获得许可证。这些规定包含了含水层评价，可有助于识别受来自填埋场渗滤液威胁的水井。例如，与联邦或州政府共同负责这些计划，也可节省水源保护的成本。这些计划及其与水源保护计划的衔接，将在后面的指南中详细论述。

- 杀虫剂水源计划
- 污染防治计划
- 辐射防治计划

- 《资源保护回收法》的C和D子计划
- 超级基金计划
- 有毒物质控制计划
- 有毒物质释放量清单计划
- 地下储油罐计划
- 应急规划和公众知情权法
- 联邦杀虫剂，杀菌剂和杀鼠剂法
- 海岸带法再授权修订案
- 大湖计划

《国家环境政策法》要求进行环境影响报告（EIS）以及在批准包括联邦基金在内的所有计划前进行公众参与审查。多数州还要求对州的资金支持计划进行环境影响评价。地区饮用水供应的环境影响评价包含对于水源计划有用的数据以及对于点源和非点源的易感性测定。

9.8.12 与其他联邦计划的关联

基于自然资源的开发和保护的大多数联邦计划都与水质保护相关。成功的州或地区的水源保护计划关键部分在于建立合作关系，通过这种关系可以直接获得保护饮用水源任务的相关数据。不幸的是，各部联邦法律在试图保护水质和公共健康时，计划有时显现出诸多的重叠之处，有时会有冲突之处。下面就简单介绍一下各州在制订各自的水源评价和保护计划前应该考虑的已拥有资源、数据和专家的联邦计划。

这不是所有相关计划的简单组合。EPA 将与众多的利害相关参与者一起编写一份更为详细的不同级别计划活动的报告。更多的信息可在后续的手册中获得。

EPA 在编写后续手册前一直在收集其他联邦计划提供的数据。EPA 还要求判别以下问题：

- 对水源评价和保护有最大的承受力的行动和计划。
- 政府机构是如何支持各州进行水源评价和保护计划的？
- 水源评价对于政府的行为以及优先问题的设定的益处何在？
- 各州由谁与政府协调水源行动？
- 在政府的行动中重大利益相关者都有哪些？

这些数据完成时，将会成为后续手册的一部分被广泛发布，包括将其发布在与其他网络资源相链接的地下水和饮用水办公室主页上。

9.8.12.1 美国农业部

“州技术委员会”，由 1985 年的农场法案设立，是协调农业部保护计划与州和地区水源保护计划的一个重要论坛。

州技术委员会为美国农业部的自然资源保护中心提供有关保护方案的建议。1996 年的《联邦农业完善和改革法》第 104 至 127 条（《农场法案》）授权这些委员向州保护委员会（州的第一自然资源保护局办公室）提供关于环境质量激励计划下的水源相关行动的建议，包括以下几项：

- 选取优先区域并对其进行排序；

- 选取州的重大自然资源问题;
- 合格的保护行动手册;
- 保护行动的技术指导，包括新兴的、改革的行动;
- 当与环境质量激励计划相关时，与其他联邦、州、部落、地区的公共和私人行动的协调。

州水务办公室作为州技术委员会与由保护区召集的地区工作组的成员之一，向自然资源保护局提供环境质量激励计划实施的建议。地区工作组包括联邦、州、部落、村落或地区政府的代表。这些工作组将向与水源相关的行动提供建议，这些建议与上面列举的类似，包括识别优先区域、制订优先区域计划、描述自然资源和环境的状况、识别合格的保护行动、详细论述新的保护计划的需求并推荐担任多州委员会的代表的人选。所有的联邦、州或地区政府机构、印第安部落或私人组织或法人作为成员之一，也可为工作组识别优先考虑的地理区域。通过州和地区的委员会会议，州水计划办公室会有很多的机会将水源评价和保护目标纳入美国农业部保护计划。如需要在网络上获取州自然资源保护局办公室的电话，请登录自然资源保护局网址：http://www.nhq.nrcs.usda.gov/ITD/fax/fax-stat.html。

许多美国农业部计划改进了水源保护计划，包括州地下水管理计划、自发农业 RMPS（也称为整体农场或牧场管理计划）以及由美国农业部下属的国家资源保护局和农场管理局共同管理的下述计划：

养护计划暂时收回对环境敏感的耕地（基于潜在的腐蚀性、受威胁的野生动物居所、水质存在的风险）并以保护计划来支持农场主（例如，滤土带、风障、河岸缓冲带、禁牧区）。

湿地保护计划向土地所有人提供保护和恢复湿地的资金支持，作为退耕的交换条件。

当面临严重的水质和其他环境问题时，前述的环境质量激励计划可向农场主和牧场主的保护行动提供长期的技术、财政和教育支持（如综合害虫管理，禾草排水沟，滤土带，营养物、有机肥、牧场和灌溉水、废弃井封闭的管理）。

- 大沼泽计划，旨在避免湿地向耕地的转变。
- 农夫计划，旨在养护极具侵蚀性的土地以提高耕地的产量。
- 养护计划要求生产者描述极具侵蚀性的耕地的保护计划。
- 其他计划，包括农场养护计划、洪灾减少计划、农用地保护计划、沼泽地生态系统恢复计划、野生动物栖息地改进计划、私人牧地养护计划、农产品信贷公司以及应急湿地保护计划的漫滩土地权的购买。

各州可利用这些计划登记和保护那些影响饮用水源的环境敏感型的土地，并找到解决与农业相关的水源问题的成本划算的方法。另外，农场管理局可帮助各州识别已划入区域并登记的土地。划定的井源保护区已经备受关注。再有，通过划定相关区域为资源优先保护区域，各州可确保该区域内的所有耕地都适于养护计划登记。养护计划的另一条款——资源保护注册计划，允许各州将养护计划的资源分配给高度优先资源，例如，划分水源保护区等。详情请登录农场管理局办公室网站：http://wwwaix.fsa.usda.gov/areamap.html。

9.8.12.2 美国内务部

美国地理研究所在各州都有自己的办公室并且具有能支持州的水源评价的跨学科的科学家和技术专家团队。联邦资金通常可从美国地理研究所获得，从而为各州调配资金，包括州循环基金。包括水源保护区划定和易感性分析在内的多项研究已经完成，经申请可获得事实情况的表单。下述是美国地质调查局计划可为水源评价提供的有用数据：

- 联邦—州合作计划说明了联邦和州一级的水文研究的数据要求；
- 美国地质调查局饮用水激励计划将美国地质调查局数据和专家意见用于饮用水相关问题。
- 国家水质评价是由联邦资助的对全国 55 个主要流域的综合水质研究。
- 国家溪水水质测量网是在全国主要河流的固定位置收集水质数据。
- 当使用正常检测值时，国家水质实验室利用最低检测值分析各种污染物的趋势。
- 有毒物质计划研究有毒物质的去向和运输。
- 数据的收集、存储和检索——美国地质调查局通常会收集和存储大量的关于溪流、含水层和水质的数据。
- 地质信息系统——多数的美国地质调查局空间数据以数字格式存储，并可以地质信息系统的形式使用。

美国地质调查局可划出地表水的排水区域以及水井的给水区域。对于更大的排水区，划定区域已在美国地质调查局的水资源分布图里表现出来（详见第 2 章）。可用一些地质信息系统层识别某种潜在的污染物来源。美国地质调查局还可与各州一起制作分布图。下载 HUC 边界的网址是：http://nsdi/usgs.gov/wsdi/wais/water/huc250.htm/#section6。

美国地质调查局可利用现有的和新调研的流域、含水层、土地利用以及污染物的来源和去向来识别饮用水源对污染物的易感性。美国地质调查局还可对溪水和水井进行取样，以识别污染物的现场状况和趋势。华盛顿州和新泽西州的上述调研活动已经以监测取水点的方式节省了成本。最后，美国地质调查局也可参加到水源保护的科学审查中来。需要更多的关于饮用水的信息，可联系 Glenn Patterson，美国地质调查局，饮用水源，412 国家中心，Reston，20192，电话 703-648-6876，传真 703-648-5722。电邮：gpatter@usgs.gov。需要相关的特殊州的信息，请使用美国地质调查局州代表名单，可登录 http://water.usgs.gov/public/staterep.html。

美国渔业和野生动物管理局拥有国家湿地目录工程，可为保护（能保护、维护并改善地表水水质的）湿地提供所需的分布图和有关现场种类，以及地区信息组织的数字化湿地数据。湿地分布图是湿地规划的前提。分布图草稿或终稿已经拥有 88%的美国本土、30%的阿拉斯加和夏威夷的数据。定制分布图信息可通过访问 1-800-USA-Maps 来获得。已经有超过 2 000 幅分布图实行数字化并通过互联网——国家湿地目录网页（http://www.nwi.fws.gov）获取，或者拨打电话（800- USA-Maps）。

内务部下属的其他相关机构包括土地管理局，国家公园管理局，地区含水层系统分析计划组织，复垦管理局以及地表矿业办公室。例如，许多公园管理局已拥有广泛的地表水和地下水数据，并且运营地质信息系统，该系统将有利于上述数据的获取和解读。再如，复垦管理局已制订了多项计划，通过 17 个西部州的蓄水系统来管理大量提供灌溉和国内用水的水体。复垦管理局在协调州际河流的水源评价，以及系统建设完备的流域管理方面是 EPA 的重要合作伙伴。

9.8.12.3 国防部

国防部的环境行动多由四支军队力量来实施——陆军、海军、空军和海军陆战队。各州可通过国防部的地区环境质量中心协调其水源行动。该中心拥有现有污染物来源的广泛数据，这些数据与国防行动和基地相关，并且能与各州一起识别潜在的污染源。许多基地拥有自己的水源并已经开始实施广泛的井源保护计划行动。

9.8.12.4 交通部

交通部及其机构支持交通基础设施的改善并实施与水源保护相关的计划。例如，当使用航空防冻剂和其他化学物质时，联邦航空管理局与机场合作利用最佳管理技术。联邦高速公路管理局与各州一起管理包括腐蚀控制手册在内的联邦资助高速公路建设计划，并与 EPA 一起开展腐蚀控制和非点源污染的培训。美国海岸保护也发布和执行水体中石油和危险物质的安全运输规范。研究与专项项目局负责危险物质的运输（不是水体）和管线安全，运输应急预案，安全培训，多式运输研究和改进。

9.8.12.5 能源部

能源部管制所有与《原子能法》相关的、放射性物质的现场使用事宜。能源部需准备年度现场环境报告以及包括详细环境信息的年度环境监测报告。每个能源部场地都有一项保护地下水和地表水免受辐射污染影响的计划。州政府机构如需查找能源部现场水源信息时，可联系能源部管理办公室或负责特定场地的能源部区域办公室。可通过能源部主页获取其名称和电话号码。主页为：http://www/doe.gov。

9.8.13 结论

EPA 已经要求联邦其他机构合作伙伴支持各州实施新《安全饮用水法》的新规定。EPA 鼓励联邦政府机构利用水源保护获得的信息来为这些地区优先配置资源和资金。联邦政府也试图协调新《安全饮用水法》中的水源评价计划条款和其他相关政府计划之间的关系。

EPA 将于 1998 年举办一次联邦圆桌会议来试图达到这些目标。EPA 计划与其他联邦机构合作伙伴共同制订一份更为详细的关于各计划之间有效衔接的手册，以支持全国范围内的水源评价和保护。

附录 A

美国国家 EPA 关于《国家水源评价与保护计划手册》面向利益相关者的公告和征求意见的推广程序

为鼓励利益相关者参与并贯彻执行政策，美国国家 EPA 安排举办了以下会议。在过去 9 个月的时间里，美国国家 EPA 多次主持召开会议，来自各州管理机构（饮用水、井源、农业和林业部门）、联邦机构［美国国家 EPA、美国农业部/农场服务局、自然资源保护局、大学合作研究普及和教育服务处（CREES）、美国内务部/美国地质调查局］、大小型供水系统、环保与公众健康人士、“上游”相关利益者（如农业和化学制品生产商）以及地方、县、部落的官员共 2 000 多名代表出席。美国国家 EPA 各地区办公室率先就《手册》相关主题在全国范围内召开了 22 次利益相关者会议，鼓励利益相关者参与州计划的开发。从最初的《手册》讨论到草拟直到最终定稿，整个过程始终保持着交流和讨论。

通过召开各种利益相关者会议，协助美国国家 EPA 开展《手册》草拟和定稿工作：

- 全国利益相关者大会——来自各州国家机构、水厂的代表及环保人士和其他人员约 150 名代表与会。（时间：1997 年 1 月 7—8 日，地点：华盛顿特区）
- 22 次美国国家 EPA 地区利益相关者会议。（时间：1997 年 4 月和 5 月）
- 3 次大型系统研讨会——由为全美 50 000 多人供水的公共给水系统——美国城市水协会代表参加。（时间/地点：1996 年 12 月，亚利桑那州滕比；1997 年 1 月，俄勒冈州波特兰；1997 年 4 月，纽约）
- 2 次全国饮用水咨询委员会水源保护工作组会议——来自各州管理机构（饮用水、井源、农业和林业部门）、联邦机构（美国国家 EPA、美国农业部、农场服务局、自然资源保护局、大学合作研究普及和教育服务处、美国内务部、美国地质调查局）、大小型供水系统、环保与公众健康人士、“上游”相关利益者（如农业和化学制品生产商）以及地方、县、部落官员约 25 位代表与会。（时间：1997 年 3 月 13—14 日/1997 年 6 月 2—3 日，地点：华盛顿特区）
- 州和州际水域污染控制管理协会、地下水保护委员会和国家饮用水管理协会关于水源评价与保护计划的会议——36 个州约 100 名代表参会。（时间：1997 年 6 月 24—25 日，地点：得克萨斯州圣安东尼奥市）
- 国家管理人员协会、州环境委员会和国家饮用水管理者协会会议——来自 20 个州的约 40 位代表出席，就相对于《清洁水法》计划，水源评价与保护计划的执行问题进行了探讨。（时间：1997 年秋）

随着各州计划的开展，还将会举办更多的会议。有关会议时间安排和会议主题事宜，请查看网站主页。

附录 B

州水源评价计划提交与实施流程
——整个流程中始终贯穿着公众的参与

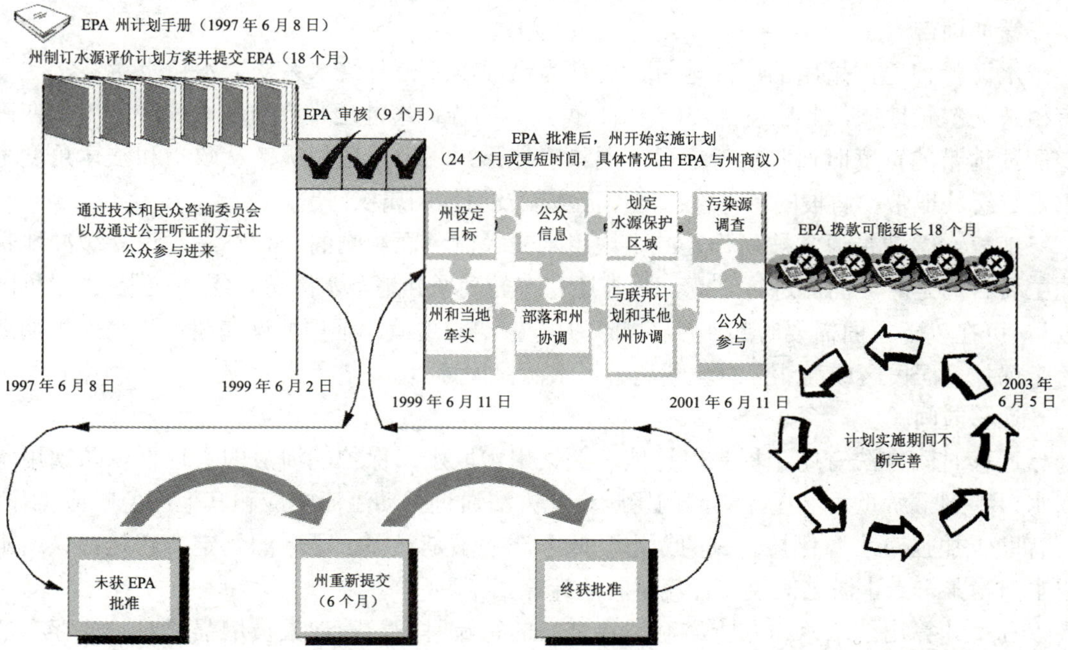

附录 C

加强水源保护区域地形划定工作

各州在对饮用水地表水源保护区域进行划定时，可考虑利用缓冲地带、迁移时间带或利用建模技术等来加强这一区域的划定工作。这些加强措施可帮助各州确定各项管理措施的实施“区段”。以下信息可为各州利用这些技术时提供帮助。

缓冲地带

水源保护通常采用的缓冲地带，通常为沿河岸或公共给水系统取水口上游蓄水池覆有植被的狭长地域，其宽度为 50～200 英尺。同样，缓冲地带亦可在水库中采用。在确定缓冲地带的宽度时通常会考虑以下因素：地形；当地用地情况；从政治和法律角度考虑设置缓冲地带、斜坡的可行性；河流流域以及用地归属权问题。

地表水缓冲带通常被用作是减少饮用水源径流负面影响的一种方法。设立缓冲地带的主要目的是对坡面流进行过滤，此外还意在鼓励增强地下水渗透。缓冲地带（“绿色区域”）可在以下方面需要时起作用，如保护野生动物生境、维护河岸完整性、水生生物潜流带保护、居民区或商业区绿化隔离带、水源保护等。

迁移时间

迁移时间方法有助于提高对这些事关饮用水取水口保护的河流的管理，以防饮用水取水口受到上游重大潜在污染源的影响。此方法通过推动溢流响应和其他应急响应工作，还有助于加强对水源保护区域的划定。此方法并不是对保护区域的划定，它是对饮用水取水口与某一点上游之间溪流径流时间的计算。

利用计算出的取水口与上游利益点之间的径流时间，管理人员增强了对长期存在的潜在污染源的管理力度，并能够对污染事件做出响应。此方法对饮用水设施对商业运输用河流和市政及工业废水排放指定河流或水库进行分流极其重要。水质流量模型提供了一种方法，通过这一方法可利用特定的水文、地质和水质参数对进入河流、到达饮用水取水口的污染物的迁移时间进行评测，评测其在取水口处的污染物浓度。

建模

地下水排放模型和地表水径流模型还可用于对单个污染源的潜在影响进行评价，以确定对水源水质潜在影响最大的流域区域。在进行水源评价时可利用建模这一方法，以加强对水源水质的保护。模型应被验证适合在其应用环境中采用。

目前已开发有多种模型，用于评价改变土地用途对地表水质的影响。

模型越简单，要求提供的某一特定现场的水文数据详细程度越低，输出结果就会越笼统。模型越复杂，要求提供的输入数据则越全面，输出结果也会越具有预测性和真实性。特定的现场输出结果可以提供污染源所在的位置，获得流域某一点相对精确的变流量和水质预测结果。

污染源载荷模型评价的是地表水对化学制品的承载率。这些方法因为具备改变流域内土地用途的功能，所以在对载荷率变化情况进行评价时最为有效。例如：如图 C-1 所示，土地可分为民用、商用、工业用和农业用地块。

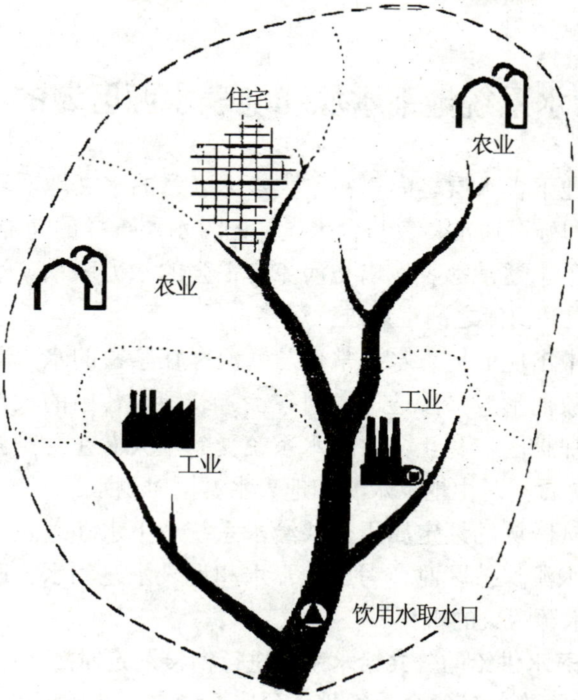

图 C-1 土地使用分类

如果农业用地进一步细分为土壤型、作物型，则可对每一类型地块采取的土地管理实践、非点源径流荷载率、沉积量、地下水排放量进行评测。将这些地块评测结果汇总，最后得出流域或流域区域的总承载率。

目前有多个州、地方政府、水厂和流域管理部门已经开始建模，以判定对水源质量潜在影响最大的用地。通过建模，能够对与水源保护区域接壤的流域区域加以判定。此外，通过建模，还可对水源保护区域内采取各种土地管理方法产生的影响进行评价，以便更为有效地推动水源保护工作。

附录 D

公共给水系统地下水源和地表水源区域的衔接划定

河流或湖泊与地下含水层之间存在重大水力联系的水文地质环境有许多。河谷漫滩和阶地内的冲积沙和砾石通常具有与含水量高的含水层一样的功能，常用于为市政供水。这些沉积物中的地下水通常都表现出与河流有很强的水力联系。沿着一些河段，河水与地下水还会在含水层和河流之间定期进行运移。

山区裂隙岩体中出现的地下水通常也与河流存在紧密的水力联系。山涧中流淌的水流大多由地下水排放而形成。渗透进入河谷上方裂隙岩体中的大部分水最终都会排入河流中。为形成水源保护区，防止公共给水系统受到重大潜在污染源的污染，最重要的是确定公共给水系统是否同时由地下水源和地表水源同时供水。

水源保护区衔接区域的划定属于公共给水系统地下水和地表水供给区域划定工作中的一部分。在划定水源保护区时，考虑地下水和地表水之间水力联系的各州也可以减少对地下水源和地表水源污染的机会。

1. **对主要由地表水供给的公共给水系统进行衔接划定时的考虑事项**

- 地下水中的污染物可能会最终排放到地表水中。在地下水流向排放点的时候，水体会对某些污染物提供某种程度的现场补救。地下水流动时间越长，含水层中污染物的位置与可能发生向地表水排放的地点之间的距离就越大，此类污染物就越有可能在排放之前得到补救。这是因为地下污染物的存在以及二次污染物的产生使得采取措施进一步减少污染源和增加经行时和/或缓冲地带距离更加迫在眉睫。
- 地表水取水口供给水可能有很大一部分来自于地下水。在某些位置，一年中的某些时候，很大一部分（或全部）地表水都是地下水基流。美国地质调查局的评价结果显示，美国约有 40%的河流基流为地下水。
- 地表水向饮用水取水口供水的地区（未设计地表水转换时）是地表水取水口的整个流域区域高地。而地下水供给区域是地表水取水口的整个地下水流域正水流梯度部分。对取水口实施完善的保护可包括对上述两个区域的保护。但是，污染源进入距取水口相当远的地下水中时，有可能会得到某些组分的原位修复，对于地下水而言，这些组分足以使取水口处的地下水符合饮用水标准的要求。
- 尽管某一地表水支流所处地理位置可能与某一地下水位含水层中地下水支流的位置大致一致，但通常不会发生共处同一位置的情况。不同的地理位置在反映含水层不同的液压特性、补给分布情况等特点的同时，自然会导致其支流也不一致，这是由于大容量井排放或人工向含水层补给大量的水而导致的。此外，地下水区段所在位置的季度变换对此影响也很大。起初假设地下水和地表水支流大致一致的州可能希望考虑进一步进行水文调研，以确定此假设是否正确。
- 如果取水井与地下水支流距离相当近而导致支流发生位移（支流将移向远离抽水井的方向），则这一情况尤其重要。

若要进一步探讨水源保护区的衔接划定问题，请参见文件：水源保护区的划定（管理人员讨论稿)；第 1 部分：综合规划地下水和地表水的方法。

2. 对主要由地下水供给的公共给水系统进行衔接划定时的考虑事项

- 由公共给水系统水井供给的水有一部分来自地表水。
- 上述考虑在“地下水与地表水紧密连接”的条件下成立，在某些水保护计划中有被采用。(读者可能会注意到这一条件与“地表水影响下的地下水”之间的相似性，这是一个性能标准，表明的是自井中抽取的水包含地表水某一组分的某一特定指标或多个指标，比如：贾第虫)
- 高径流期间，地表水会流入地下水中，河水水位越高，河水迁移的可能性就越大。栖留河（由非饱和带与底层地下水隔开的河流）可能透过非饱和带将水和污染物渗透入地下无压含水层中。
- 抽吸地表水附近的水井可能会引起地表水向地下水中渗透，随后进入抽吸井中。
- 从井源保护区与河流交叉且与含水层液压连接正常的水井排放的水，与州/当地井源保护计划指定的经行时相比，其组分通常只需要较短的迁移时间。
- 划定的公共给水系统水源保护衔接区可能包括：（1）井源保护区和井源保护区与河流交叉处的整个流域区域上游；或者（2）井源保护区和井源保护区与大量地表水排入地下水中的区域交叉处的整个流域区域上游。

附录 E

井源保护区域和流域中已知潜在污染源列表（部分）

引言

附录 E 举例介绍了潜在的污染源。第 1453 条规定，州可以（但不要求）对所有这些潜在污染源进行调查。根据当地情形不同，可能会存在以下重大潜在污染源。附录 E 应与附录 F 结合使用。星号（*）表示微生物污染源。

农业

农作物相关污染源
灌溉作物生产
非灌溉作物生产
特色农作物生产（如园艺、柑橘类植物、坚果类、水果）
与放牧相关的污染源*
牧场——河边和/或高地*
牧场——河边*
牧场——高地*
放牧——河边和/或高地*
放牧——河边*
放牧——高地*
规模化动物饲养经营*
集中化动物饲养经营（CAFOs；经许可；点源）*
封闭式动物饲养经营（非点源）*
水产业*
大气沉降物
收集系统故障
合流下水道溢流*
建筑施工
高速公路/公路/桥梁建设
用地开发
污染沉积物
碎屑和底层堆积物
生活废水塘*
荒废地引起的腐蚀
地下水载荷
地下水抽取
环境变化（改性除外）

河岸带植被的移除
河岸或海岸线变化/不稳定
湿地排干补给
公路维护与径流
改性
渠化
清淤
堤坝工程
上游拦蓄
流量调节/变化
工业点源
主要工业点源
次要工业点源
内源循环（主要为湖泊）
土地处理
污水*
废水*
垃圾填埋*
不当废弃物处置/随意倾倒*
工业用地渗滤处理
现场废水系统（化粪池）*
有害废弃物
污水处理池*
泄漏的地下油罐
码头和游艇
水中释放*
陆路释放*
城市点源*
城市主要点源—旱季和/或雨季排放*
城市主要点源—旱季排放*
城市主要点源—雨季排放*
城市次要点源—旱季和/或雨季排放*
城市次要点源—旱季排放*
城市次要点源—雨季排放*
移动式水处理装置（小流量）*
天然污染源（如砷、氡、野生动植物）*
其他
娱乐和旅游活动（划船除外）
高尔夫球场

资源开采
露天开采
地下开采
砂矿开采
船采
石油开采作业
矿山尾矿（矿渣）
尾矿
酸性矿井排水
废弃矿
停产矿
储盐场地
沉积物再悬浮
排污管道（泄漏）*
树木养殖
采伐、贮藏、余木管理
林木管理（如抽排、施肥、喷洒杀虫剂）
森林公路建设/维护保养
造林点源
州辖区或地界之外的污染源*
溢洒（偶然）*
未知污染源*
城市径流/雨水管*
非工业许可*
工业许可*
其他城市径流*
违法连接/非法装配/旱季径流*
公路/道路/桥梁径流
腐蚀和沉积
废弃物存放室/储箱泄漏（地面）*

注：美国国家 EPA305（b）手册还要求各州对饮用水供给指定水体中存在的重大污染源进行判定。敦促各州对各自的水源和 305（b）信息及计划进行协调。

附录 F

污染源调查和易感性分析考虑因素

第 1453 条规定，各州或其委托进行评价或部分评价的实体，应对划定的每一水源保护区进行污染源调查和易感性分析。在考虑用地或现场等级时，各州必须考虑某些要素。下面列出了各州可以考虑的要素。每次分析考虑的因素应根据现场具体情况进行选择，可包括以下：

饮用水地下水源和地表水源的考虑因素

- 用地划定
- 现有最佳管理实践或管控措施
- 地表水/地下水相互作用
- 是否存在废弃物（绿化废弃物或拆建废物除外）现场填埋、土地处理或地面蓄积？此种情形是否将继续？
- 是否有任何沙石和沙砾挖掘行为，致使水位裸露在外，且挖掘后用作非法倾倒之用？
- 是否有大型交通物流走廊（公路、铁路、航空）发生有害物质或石油制品喷洒，对饮用水源造成污染的可能性？
- 污水处理区
- 是否具有允许使用杀虫剂的公用设施？
- 是否有经（国家污染物排放削减制度）许可的、受关注的废水排放？
- 是否有工业废水排放到现场排水系统中的现象（如腐化处理系统、干井等）？
- 是否存在农业、绿化或高尔夫球场活动可能导致养分（化学肥料、粪肥）流失或杀虫剂流入地下水或暴雨径流中的现象？
- 是否存在依赖化粪池或腐化系统进行农耕、绿化或密集开发时氮集中流入地下水中的现象？
- 水源保护区是否存在自身能够产生重金属或有机物或可能导致增加暴雨径流和降低地下水补给的高比例非渗透污染源的区域？
- 是否为暴雨径流排放地点？是否存在任何直接排放到地表水供给系统或附近水井中的现象？
- 是否有路面盐渍滞留区域？
- 是否有涉嫌利用、处理或处置有害物质或石油制品的作业？
- 是否有特殊或有害废弃物现场堆积现象？此种情形是否仍将继续存在？是否存在其他可能导致地下水污染的废弃物堆积现象？
- 现场是否有地下储罐？此种状况是否将继续下去？
- 地上储油罐的使用和管理是否遵循了最佳管理实践？
- 现场（已知的联邦或州有害废弃物现场）是否发生过足以造成地下水污染的有害物质或石油泄漏事件？
- 该现场是否发生过导致任何有害物质或石油泄漏的事件？

- ➢ 泄漏的有害物质或石油是否直接与该现场地表面接触？（注：不要自动排除那些可能仍然发生化学物质渗透到地下的铺砌区域或覆盖区域）
- ➢ 以下行为/事件是否与上述泄漏有关？
  - ☞ 雇用唯利是图的承包商去除明显被污染过的物质（包括下层土）
  - ☞ 更换或大修受损设施
  - ☞ 委派内部维修人员去除明显被污染的物质（包括下层土）
  - ☞ 将释放定为“重大事件”
  - ☞ 因物质损耗量变化而重新排列或补充调查清单
  - ☞ 在现场或其附近暂时或较长时间监控地下水
  - ☞ 因对水体具有危害性，因此停止了在现场或附近水井的使用
  - ☞ 处理地下雨水渠或地下室内的烟气
  - ☞ 有物质沿现场或现场附近的其他低处斜面底部滤出地面的迹象
  - ☞ 可能足以导致地下水污染事件的现场释放
- ➢ 水质监控和使用评价［305（b）报告］
- ➢ 地下水位的深度
- ➢ 含水层的不可渗透性
- ➢ 土层序列的特性和厚度
- ➢ 水文地质参数值
- ➢ 潜在污染物的物理和化学特性
- ➢ 其他决定地下水是否可能被污染以及污染物现状和向含水层迁移并通过含水层的水文地质/土壤/化学/物理因素
- ➢ 可能的污染源和妨碍正常使用的原因［305（b）报告］
- ➢ 井的完整性
- ➢ 天然污染源

饮用水地表水源考虑的其他要素

- ➢ 陡坡
- ➢ 土壤或易被严重侵蚀的土壤（主要区域）中的黏土成分
- ➢ 休耕区域（野营地/活动屋停放处或邻近蓄水池或支流的绿道步道）
- ➢ 含有大量细菌的蓄水池支流或区域
- ➢ （可能未进行划定的）用地
- ➢ 生物蒸汽或湖泊评价［305（b）报告］
- ➢ 建模
- ➢ 上游符合国家污染物排放削减制度的排放
- ➢ 是否存在废弃物（绿化废弃物或拆建废物除外）现场填埋、土地处理或地表蓄积？此种情形是否将继续？
- ➢ 容器和地面储罐的使用和管理是否遵循了最佳管理实践？
- ➢ 民建、商建或工业建造活动。

附录 G

《安全饮用水法》（1996 年修订案）某些措施时间表
美国国家 EPA《安全饮用水法》（修订案）之规定

美国国家 EPA 的措施	截止有效期	引自
消毒和消毒副产品		
颁布加强地表水处理暂行条例	1998 年 11 月	1412（b）
颁布消毒和消毒副产品第 I 阶段条例	1998 年 11 月	1412（b）
颁布加强地表水处理最终条例	2000 年 11 月	1412（b）
颁布消毒副产品第 II 阶段条例	2002 年 5 月	1412（b）
地下水消毒条例：颁布所有公共给水系统消毒规定［包括地表供水系统和（必要时）地下供水系统］，颁布了确定是否需要地下供水系统的标准	“自 1999 年 8 月以后”截至 2002 年 5 月	1412（b）（8）
对外公告或消费者意识		
对外公告相关法规	未明确	1414（c）（2）（A）
关于“消费者信心报告”的规定	1998 年 8 月	1414（c）（4）（A）
能力开发和操作员认证		
发布手册，介绍法定机构，以及其他确保新建社区供水系统和永久性非社区供水系统演示能力（与各州协商开发）的方法	1998 年 8 月	1420（d）（4）
通过与各州、公共给水系统相关部门和公众合作，发布有关操作员认证建议要求的信息	1998 年 2 月	1420（d）（2）（B）
发布手册，明确操作员认证和二次认证的最低标准（与州合作）	1999 年 2 月	1419（a）
水源保护		
州水源评价计划开发手册	1997 年 8 月	1453（a）
水源申请计划开发手册（适用于各州）	1997 年 8 月	1454（d）
州水源评价计划的批准	1999 年 2 月	1453（b）
其他		
地下水保护拨款州申请程序手册	1997 年 8 月	1429（b）
有关 12 个标准的修订的公布文件	1998 年 8 月	1445（a）（1）（D）
其他监控指导方针	1997 年 8 月	1418（b）

附录 H

术 语

社区供水系统。指为特定地区居民全年使用的 15 个以上的取水点供水或定期为 25 位常住居民供水的公共给水系统。

Ⅴ类地下灌注控制计划条例。针对不属于Ⅰ类、Ⅱ类、Ⅲ类或Ⅳ类灌注井的灌注井制订的实施细则，目前正在制订中。此类井用于将无害流体注入地下饮用水源内或地下饮用水源之上。

非社区供水系统。不属于社区供水系统的公共给水系统。非社区供水系统分为两种类型：临时供水系统和永久性供水系统。

州地下水保护综合计划。该计划由 6 大战略活动构成，旨在鼓励在某一州内通过通力合作、统一协调所有相关的联邦、州和地方计划，更为高效、有力地开展地下水保护工作。工作包括：设定目标、安排工作重点、确定权限、执行计划、协调信息采集和管理工作、开展公众宣传和参与活动。

生态环境资源保护土地权。土地权是指授权某人使用归他人所有的土地（作为土地权），或根据土地权限制土地使用的权益。生态环境资源保护土地权限制了土地所有人使用符合资源保护环境价值的土地。土地权由州法律法规管理，因此各州对土地权的管理不尽相同。

污染源清单。通过记录现有数据、对水源保护区内的污染源进行描述、为进一步调查确定潜在目标污染源、通过调查收集和解释现有或潜在污染源新数据、验证所收集数据的精确性和可靠性，来判定和调查已划定水源保护区域内的污染源。

州饮用水循环基金。依据《安全饮用水法》第 1452 条规定，美国国家 EPA 向各州下拨款项，作为饮用水循环专项资金，为饮用水供给系统基础设施的改造、水源保护提供经费，用于加强饮用水系统的运行和管理以及其他工作，以满足公共给水系统的要求和保护公众健康。

《农场法案》。《农场法案》（1996 年版）在技术上又称之为《联邦农业革新法案》（1996 年版）（P.L. 104-127）。

《地下水消毒条例》。根据 1996 年《安全饮用水法》修订案第 107 条规定："此外，局长应颁布国家一级饮用水法规，要求将所有公共给水系统的消毒作为一项水处理技术，包括地表供水系统，必要时包括地下供水系统"。

最大污染级。在《安全饮用水法》中，最大污染级的定义是"公共给水系统供给用户的饮用水中允许存在的最大污染物浓度"。

操作员认证。按照美国国家 EPA 批准的对"水处理操作员认证计划"实施州的要求，对社区水处理系统和永久性水处理系统以及非社区水处理系统操作员的认证。

有优先权的州。履行执法职责，拥有执法权限的州。此类州采用同联邦法规一样严格的规章，被授予优先执法职责。

水源评价与保护地区利益相关者会议。美国国家 EPA 地区办公室同水源评价与保护参与（者）和涉及利益相关者召开的会议。

重大潜在污染源。水源保护区内存放、使用或生产化学制品或元素的设施或作业，以及可能会释放州计划指定污染物（最大污染级别的污染物以及州管理部门认为有害健康的其他污染物）的设施或作业，且污染物的数量可极大诱使公共给水系统水源中污染物聚集。

唯一水源含水层指定区域。唯一水源含水层及其补给区域之上的表面区域。

水源保护区。州为某一公共给水系统划定的区域，或者是包括大量公共给水系统的区域，无论水源属于地下水、地表水还是两者兼而有之，均作为水源保护计划第 1453 条规定的美国国家 EPA 批准的州水源保护计划的一部分。

小流域。某一河流支流集水区域四周的地形边界。

州水源申请计划。依据《安全饮用水法》第 1454 条法定语言实施的州计划，旨在通过激励政策，为水源保护和补救建立起地方自愿性合作关系。

州管理规划计划。美国国家 EPA 在《联邦杀虫剂，杀菌剂和杀鼠剂法》中要求的一项州管理计划，允许各州（如州、部落和美国各地区）灵活设计和利用各种方法，对某些杀虫剂的使用进行管理，从而对地下水形成保护。

地表水处理法则。该条例规定了针对蓝氏贾第虫、病毒菌素、军团杆菌属的最大污染物级别目标，并规定了利用地表水源或其直接影响下的地下水源对公共给水系统进行过滤和消毒的要求。法规还对水质、水处理、免予过滤的流域保护的标准进行了规定。

易感性分析。对重大潜在污染源所处位置彻底了解之后进行的分析，用于确定水源保护区中公共给水系统对这些水源所含污染物的易感性。这一分析有助于州确定“重大”潜在污染源。

切实可行。各州必须利用拥有的技术和资源对污染源进行调查，以完成手册中介绍的水源保护区清单。可利用各种信息源，特别是之前的联邦和州污染源清单。

非社区临时/永久供水系统（T/NTNCWS）。非社区供水系统：临时供水系统每日为 25 位非常住人口供水，年供给时间不超过 6 个月；永久性供水系统每日定期为 25 位以上的非常住人口供水，年供给时间在 6 个月以上。非社区临时供水系统的服务对象通常为餐馆、酒店、大型仓库等。非社区永久供水系统通常服务于学校、写字楼、教堂、工厂等。

地下灌注控制计划。该计划设计用于防止发生危及饮用水源的地下灌注行为。计划适用于在联邦各工厂、美国土著区以及美国所有领土和地区作业的灌注井井主和操作员。

流域。某一河流支流周围的地形边界。

流域面积。将地表水流向某饮用水取水口的所有地面最高点连成线，所围成的地域面积即为流域面积。

井源保护区。井或井区周围的地表和地下区域，其作用是为公共给水系统提供供给，通过该区域污染物可能会移向和进入此类水井或井区。

流域分析方法。流域分析方法是环境管理中的一种协调框架，强调通过公共和私有领域的力量，解决水文地质区域内最高优先级别问题，并同时考虑地下水流量和地表水流量。

附录Ⅰ

关于《安全饮用水法》第1453条和第1428条州提交水源评价计划规定之概述

➢ 《安全饮用水法》第1453条州提交文件之规定和EPA指南

为获得美国国家EPA的批准，所提交文件需包含的内容在第2章第2节中有介绍。其中部分要件在第1453条和第1428条中明确要求为必须包含之内容；至于某些其他要件，美国国家EPA则认为这些内容对于有效开展水源评价计划非常重要。对于后者，如果一个州能够向美国国家EPA证明其替代项具有同等效力，能够达到美国国家EPA要求提交的标准，且该州能够证明这一替代要件能够满足同样的功能目标，美国国家EPA则可同意执行该替代要件。

为获得批准，各州提交的文件需包含以下四方面的内容：

➢ 介绍该州在准备提交文件时如何让公众参与

➢ 介绍州在实施水源评价计划时将要采取的方法及评价要求/选择

➢ 介绍州将通过何种方式使公众能够获取评价结果

➢ 介绍州如何实施所选择的水源评价计划

表Ⅰ-1 水源评价规划之概述

州依法应提交的文件内容	州需提交的文件内容
公众参与	
➢ 召集技术顾问委员会和民众咨询委员会（或为一个委员会）	➢ 确保咨询群体的广泛代表性 ➢ 为不同群体参与顾问委员会事务提供充分的机会 ➢ 就计划开发疑难问题咨询委员会的建议
➢ 举行公开听证，或专项小组讨论等	➢ 通过各种方式为普通公众提供参与机会 ➢ 概要介绍州对所有重要公众意见的响应方式
水源评价计划采用方法	
➢ 针对“公共给水系统保护及其益处”开展水源评价计划。1999年2月之前向地区局长提交水源评价计划方案（在美国国家EPA发布最终手册后的18个月内）	➢ 介绍州实施水源评价计划将要采取的方法 ➢ 介绍州是否在规划实施水源保护计划 ➢ 介绍如何使水源评价计划与现有保护计划实现对接
➢ 利用所有现有可用的水文地质信息和其他信息，划定评价区域地界	➢ 针对地下水系统，根据美国国家EPA批准的井源保护计划（WHP）手册，采取划定方法 ➢ 介绍远离井附近或周围区域的补给区域 ➢ 针对地表水，划定所有取水口或导流建筑的整个流域上游，直至州地域边界
➢ 开展污染源调查 ➢ 对《安全饮用水法》中规定的原水污染物和隐孢子虫进行调查	➢ 说明其水源评价计划的目标污染物 ➢ 明确介绍污染源（或污染源类别） ➢ 选择确定重大潜在污染源类型的方法 ➢ 说明何种类型的潜在污染源将被视为“重大污染源”

州依法应提交的文件内容	州需提交的文件内容
➢ 进行易感性测定	➢ 定义“易感性测定” ➢ 介绍易感性测定结果对“公共给水系统保护及其益处”的积极作用
➢ 就“公共给水系统保护及其益处”开展水源评价计划	➢ 介绍水源保护区域划定方法，对污染源进行调查，对部分边界河流、五大湖或处于州辖区边界内的州际河流进行易感性测定 ➢ 争取最大努力，切实有效地确保在评价活动中保持良好的州际协调
对外公开评价结果	
➢ 确保通过合理的方式对外公开评价结果	➢ 以快捷的方式对外公开评价结果 ➢ （如有要求）提供每一次评价中收集到的所有信息 ➢ 绘制地图，涵盖划定区域和调查清单中介绍的污染源
实施选定的水源评价计划	
➢ 一经批准，立即实施水源评价计划	➢ 介绍州指定的水源评价计划实施的方式、对象和内容 ➢ 介绍州对授权的明确规定 ➢ 陈述实施实体或授权开展评价事项的实体具有的经济能力 ➢ 阐释如何利用州分配的资源完成评价 ➢ 介绍如何向美国国家 EPA 定期报告水源评价计划工作进展情况 ➢ 介绍如何与其他州环境计划、部落、当地利益相关者、其他州和联邦进行协调
➢ 在许可的时间内完成评价	➢ 介绍在州内执行和完成评价工作的时间表 ➢ 说明州是否希望延长评价时间（最多 18 个月）

第四篇

融 资 篇

支持水源保护计划和活动的资金来源有许多种。幸运的是，有广泛的资金来源可以支持广泛的保护活动。保护饮用水水源也可以帮助各种联邦计划，州和社区达到其他的环境和社会目标，例如绿地养护，雨水规划，非点源污染管理（农田径流等）和棕色地块再开发（Brownfield redevelopment，主要是指对那些被污染或疑似被污染的处于遗弃或半遗弃状态的土地的清理和再发展）。当把资金筹集在一起时就要问一个很好的问题："在流域或井源保护区内还能做什么？"

答案就是把政府计划和金融体制结合起来，例如创新税率结构，公私合作，建立雨水公共事业。通过资金计划，规划，社会发展补助方案，清洁水法资金（包括州循环资金和第 319 款项），教育计划，项目维修基金，购买土地计划，农业最佳管理实践，城市计划，湿地计划，濒水岸林地缓冲可以获得公共资金。私人融资手段包括建立饮用水和废水利率结构，通过自我支持建立供水和排污设施，释放出地方资金。

（1）EPA 饮用水水源专用拨款

根据《清洁水，饮用水和土地利用整合规划合作协议》申请的要求，提供这笔资金目的是要寻找一个把地方的饮用水保护整合到土地管理/保护和供水计划中的示范方法。在项目初始的 18 个月里，成功的申请者将与 4 到 5 个示范州合作，制订一个州级的综合水质管理、饮用水保护和土地利用规划，这样可以在地方开展水源保护工作。期望在以后的几年里，成功的申请者再另找到 3 到 4 个示范州，总结示范州的经验和教训，然后把这些经验总结，运用到其他的州、社区和流域。

EPA 预期授予合作协议总共 600 000 美元的资金。合作协议在第一年会得到 230 000 美元的资金，为期 4 年的项目期间总投资将会达到 600 000 美元（这取决于 EPA 的投资基金以及其他的可用的补偿）。合作协议会给出在地方和流域的水平上整合饮用水保护和土地保护以及水质保护计划的方法。

（2） 一站式筹集资金（One-stop shopping opportunities）

用于水源保护的资金：提供一个包括矩阵表格的文件，总结了提供资金的具体的项目，并提供了这些项目的网站链接。

流域保护的联邦资金来源目录：EPA 的水办公室采用了一个搜索网站，帮助公众找到解决水质和水体保护资金问题的联邦政府财政协助。用户可以选择他们的组织形式，寻求的资金类型，描述问题的关键词，以生成可以采用的联邦资金计划清单。计划清单可以超级链接到关于每一个计划的资金历史，可用的金额和联系资料的详细信息。

水质资金来源：由联邦政府列出用于水资源保护的计划清单。

联邦和国内援助目录：由联邦机构或州和地方政府以及其他组织管理的联邦协助计划（包括技术协助）目录。

（3）《安全饮用水法》基金

饮用水州循环基金：EPA 拨款给州建立循环贷款基金，帮助公共供水系统的建设和维护。虽然大部分的资金用来基础设施的改进，但是州也可以选择保留一部分基金用于水源保护和提高供水系统的管理水平。例如，饮用水州循环基金 1997 年资本总额的 10% 可以用于水源评价。资金可以用于：

➢ 贷款给公共供水系统用来购买土地或购买土地使用权，保护水源（供水单位不能直接用这些拨款）

- ➢ 贷款给社区供水系统，实施水源水质保护合作申请计划或者鼓励性的自愿的水源保护措施
- ➢ 建立和实施井源保护计划

（4）《清洁水法》基金

州清洁水循环基金：州清洁水循环基金计划每年提供将近 40 亿美元的资金支持水源保护项目，比如废水处理、非点源污染控制、流域和河口管理。《清洁水法》授权的州清洁水循环基金也是一个强有力的工具，帮助州为各种水源保护活动提供资金。州清洁水循环基金可以为社区、供水系统以及其他的组织（包括土地保持协会）保护水源和提高水质的项目提供协助。利用州清洁水循环基金为第V类注入井提供资金：这个文件中总结了对第V类注入井的法规要求，说明了为了达到这些法规的要求从州清洁水循环基金获得资金的程序。包含的信息有：如何资助项目，谁具有资格，偿还款项的来源以及成功的案例。

《清洁水法》的第 319（h）条：为已完成流域评价的州、领域和部落建立一个拨款计划，支持各种非点源污染管理措施。每年 EPA 把 319（h）基金授予符合拨款要求的州。州最终确定对非点源污染管理措施的资金分配决策，包括技术援助、财政援助、教育、培训、技术转移、示范工程和监测，取得非点源实施项目的成功。

（5）污染预防专项拨款

污染物防治和有毒品办公室与污染防治部负责 5 个拨款计划。其中的 4 个计划用于支持通过削减来源和保护资源推进污染防治工作。第 5 个计划主要针对污染防治，环境公正和部落活动。

（6）州保护资金

一些州有用于水源保护活动和计划的专项拨款和贷款计划。要想了解更多关于州的可用的资金，可以访问州水源保护网站，或者联系州水源保护的负责人。

（7）部落计划

EPA 坚定地帮助部落评价为部落提供饮用水的河流、湖泊、泉水和含水层，并实施水资源污染预防措施。

本篇重点对州饮用水循环基金和州清洁水循环基金进行介绍。

第 10 章　州饮用水循环基金

10.1 简介

- 通过《安全饮用水法》1996 年修订案，州饮用水循环基金（Drinking Water State Revolving Fund，DWSRF）计划是各州用以达成公共卫生防护目的的多手段工具。
- 州饮用水循环基金计划必须遵循《州饮用水循环基金暂行最终法规》《州饮用水循环基金计划指南》以及《美国联邦法规汇编》第 40 章第 31 条的 EPA 一般拨款条例所述的所有要求。
- EPA、美国白宫管理和预算办公室、美国审计署和国会共同执行州饮用水循环基金的监察职能，以确保合法有效的计划管理。

10.1.1 法律背景

10.1.1.1 《安全饮用水法》的制定

国会于 1974 年通过《安全饮用水法》，并分别于 1986 年和 1996 年对其进行了修订，希望通过规范国家公共饮水系统来达到保障公共卫生的目的。根据《安全饮用水法》授权，EPA 制订了饮用水公共卫生标准，以保护饮用水免受大量污染物的滋扰；并且该法案规定了以执行一套保障饮用水供应的计划来实现国家调控，并确保合理有效的给水系统运作。饮用水标准设定强制性的最大污染物级别或规定采用特定方法进行饮用水处理来去除污染物。EPA、各州政府以及所有给水系统协作保障这些标准的有效实施。

10.1.1.2 州饮用水循环基金的作用

《安全饮用水法》1996 年修订案第 1452 节，设立了州饮用水循环基金计划。州饮用水循环基金是各州用以达到《安全饮用水法》公共卫生防护目的的多手段工具。各州实施各自的州饮用水循环基金计划，并从 EPA 获得年度财政拨款，然后将该拨款通过低息贷款或其他援助方式提供给公共给水系统。附加条款也允许各州的州饮用水循环基金计划向最需要经济援助的社区提供额外援助。

应当由设定州饮用水循环基金援助优先权并执行计划监督职能的州机构来管理执行公共给水系统监督计划。公共给水系统监督计划需要开展许多重要活动，包括制订和执行饮用水条例、跟踪一致性信息并确保所有公共给水系统遵循州法规。只要保留公共给水系统监督计划的优先权设定和计划监督职能，各州就可能将其州饮用水循环基金计划的日常运作和财政管理工作委托给另一个部门（如财政部门）。

公共给水系统监督计划重要活动包括：

- 制订州饮用水条例；
- 更新维护公共给水系统的清单；
- 执行公共给水系统的卫生调查；
- 向 PWS 操作员提供技术援助；
- 确保所有系统符合州规定。

州饮用水循环基金用于确保：

- 公共卫生防护；
- 与饮用水标准的一致性；
- 以经济可行的方法获得饮用水。

1996 年修订案将安全饮用水的框架从公共卫生、一致性和可支付性延伸到水源保护、操作员培训、技术援助和公共教育。州饮用水循环基金计划构思反映了“水源—水龙头”的步骤。各州可预留其拨款中的一部分用于各类举措（包括改善给水系统的管理、制订或发展保护饮用水源的计划）。一些州饮用水循环基金的资金也可用于援助各州执行公共给水系统监督计划的活动。这些州饮用水循环基金援助情况取决于系统能力的维持和增强工作。虽然州饮用水循环基金预留款可能会被用于实施州公共给水系统监督计划，但是在将预留款用于强制活动方面仍然有联邦限额。

10.1.2 州饮用水循环基金的条例

10.1.2.1 州饮用水循环基金暂行最终法规

州饮用水循环基金暂行最终法规发布于 2000 年 8 月，它整理编撰了“州饮用水循环基金计划最终指导”（1997）并阐述了各种计划要求，包括：获得拨款的步骤；各州可以如何处理计划用于基础设施工程的拨款资金；各州可以如何处理计划用于预留活动的资金；以及各州和 EPA 在管理和实施州饮用水循环基金计划时的职能。在设计州饮用水循环基金计划和引导资金使用方面，该法规给予了各州极大的灵活性。

EPA 意图涵盖所有主要的计划要求，包括《安全饮用水法》所要求的事项以及 EPA 认为有效计划管理所需的事项。该法规基于州饮用水循环基金实施后最初几年间形成的政策以及州饮用水循环基金从业者团体对该法规最初草案所提出的建议，对州饮用水循环基金暂行最终法规进行了整理和增补。

10.1.2.2 一般拨款条例

暂行最终法规对《美国联邦法规汇编》第 40 章第 31 条中 EPA 一般拨款条例进行了补充，该条例包含了针对 EPA 拨款和分拨款政府收受人的管理要求。除了少数民族和妇女掌控的企业[①]，该一般拨款条例不能施行于各州的州饮用水循环基金的借贷对象或其他类型经济援助对象。这些一般拨款条例可应用于州饮用水循环基金资本化拨款的州部门收受方。这些一般拨款条例说明了申请拨款所要求的规划活动和格式，可接受的拨款基金财务管理，转换和分拨款的适当方法，计划活动监控，报告要求，记录保留，执行步骤，拨款后要求，同时也包含了审计指导方法。

① 每一个 DWSRF 计划都应当为少数民族和妇女掌控的企业制定一个合理份额目标。如同 DWSRF 计划应当做出改进以达到这些合理份额目标，与资本拨款金额相等的援助贷款的受益人也应当遵从标准程序以确保该地区的一致性。

10.1.3 计划监督

10.1.3.1 州饮用水循环基金责任圈

EPA 州饮用水循环基金的计划状况和报告需求为 EPA 提供了对州单个计划行为的综述。EPA 可使用的信息包括：预期用途规划，双年度报告，计划资料，财政记录，拨款申请，预留工作计划，拨款发放情况，年度审计，以及由饮用水国家信息管理系统（Drinking Water National Information Management System，DWNIMS）提供的报告。这些信息与州计划的年度报告，以及州计划评估报告（PERs）的编制，共同为 EPA 提供了掌握州基金使用情况的机会，并引导其制定管理和行政决策。州饮用水循环基金责任圈如图 10-1 所示。

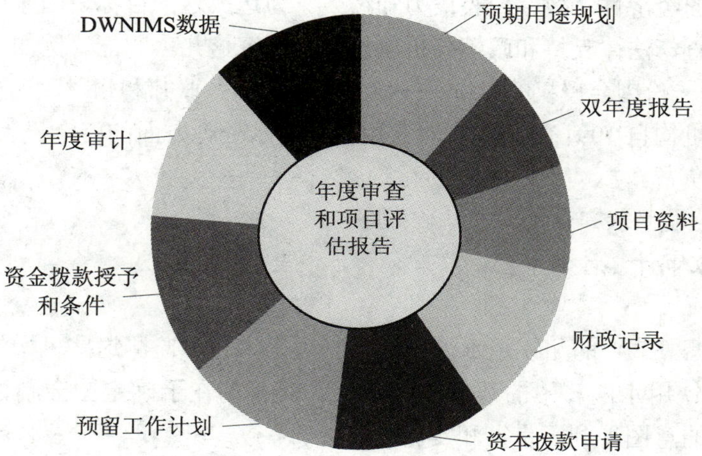

图 10-1　州饮用水循环基金责任圈

另外，国会和多个政府机构，为最好地服务公共利益，确保高效、切实的实施和管理，会对州饮用水循环基金计划操作进行监督。实际上，这些不同的监管措施通过对州饮用水循环基金计划政策和管理的审计与调查进一步增强了责任。然后，这些措施用于指导基金决策和计划管理政策的制订。

10.1.3.2 EPA 总检察长办公室

EPA 总检察长办公室是 EPA 内部的一个独立办公室。它包括分析师、审计师、调研员以及其他人员。其宗旨在于帮助 EPA 以及包括州饮用水循环基金在内的计划操作更加有效，并检测和防止基金的浪费、虚假和滥用。为达到这一目标，它执行审计、评估和调研等几项职能。它还提供公众联络和热线服务，以审查公众对有关 EPA 计划和行为的投诉。

- EPA 总检察长办公室负责：帮助 EPA 计划操作更加有效
- 执行审计、评估和调研职能
- 评估潜在的浪费、虚假和滥用事例

10.1.3.3 管理和预算办公室

管理和预算办公室监督联邦预算的准备情况以及包括 EPA 在内的各行政分支机构的

管理行为。为提高行政管理水平、制订更好的执行对策和协调机制，以及减少对公共社会的不必要负担，管理和预算办公室评估包括州饮用水循环基金在内的上述机构的计划绩效、政策及程序。

管理和预算办公室负责：

- 监督联邦预算的管理
- 评估计划的绩效
- 引导政府政策的制订

10.1.3.4 美国审计署

为确保均是服务于公共利益，美国审计署帮助国会监督包括州饮用水循环基金在内的联邦计划和操作。该机构包含分析师、审计师、律师、经济学家和信息技术专家，旨在提高联邦政府的经济性、效率、公信力和绩效。为达成这一目标，国家审计总署执行财政审计、计划审查、法律支持和政策分析以及调查研究这几项职能。例如，国家审计总署于 2001 年发布了一份国会授权的报告——水利基础设施：联邦和州财政支持信息——提供各州和联邦政府机构自 1991 年起加大对饮用水和废水处理方面的资金投入的信息。

美国审计署负责：

- 协助国会监督联邦计划
- 执行财政审计，计划审查，政策分析，调查研究

10.1.3.5 国会

国会通过监督 EPA 的州饮用水循环基金管理来审查和监测这些机构的执行情况，计划成效和《安全饮用水法》中的政策执行效果。其目的在于确定国会制订的法律和计划是否真正以国会的意图得到了贯彻和实施。

参议院环境与公共事务委员会（渔业，野生动物和水务委员会的下属委员会）和众议院能源与商务委员会（环保和危险物质委员会的下属委员会）是《安全饮用水法》的共同管理委员会，并负责监测他们启动的这部法律的影响。参议员内政及相关政府机构拨款委员会和众议院内政、环保和相关机构拨款委员会负责为 EPA 每年的州饮用水循环基金拨款制订拨款年度立法。他们感兴趣的是这笔钱是如何花的。

每三到五年，管理委员会有义务审查和研究 EPA 是如何管理《安全饮用水法》的，包括申请、管理、执行和成效。这涉及 EPA 的组织和运作。还特别涉及针对《安全饮用水法》和州饮用水循环基金计划的税务政策的影响。拨款委员会每年都对州饮用水循环基金进行检查，但与审核委员会在细节上有所不同。

国会委员会以及某些情形下的个人代表和参议员，将向 EPA 质询有关描述计划执行情况的报告和其他信息。例如，EPA 于 2003 年向国会发布了饮用水州立基金计划：对从水源到水龙头的美国饮用水进行财政支持的报告。这些报告和额外信息帮助国会确保 EPA 可以有效地管理和实施计划目标，帮助判定执行政策是否能反映公共利益，并为将来的立法工作构建知识库。

10.1.3.6 主要职责

（1）国会的职责

- 监督 EPA 对州饮用水循环基金的管理
- 审查和监督政府机构的执行情况

- 每三到五年，审核委员会需对EPA如何管理《安全饮用水法》进行审查和研究

（2）EPA的职责

- EPA、管理和预算办公室、美国审计局和国会负责监督州饮用水循环基金计划的操作，以确保计划行为的一致性、有效性及实施成效。

（3）州计划办公室的职责

- 建立州饮用水循环基金资助顺序和执行监督行为的州政府机构必须是管理公共给水系统监督计划的同一机构。这个机构专称为首要部门。
- 所有州饮用水循环基金计划须遵循依据州饮用水循环基金暂行最终施行细则、州饮用水循环基金计划指南、《联邦条例法典》第31章40节的EPA拨款一般规定等设定的某些特定的计划条件和报告要求。例如，计划办公室负责制订预期用途规划、州饮用水循环基金年度/双年度报告以及年度计划审计。

10.2 联邦州饮用水循环基金拨款程序步骤

本节的重点：

- 为帮助指导预算决策，管理和预算办公室使用计划评估分级办法（Program Assessment Rating Tool，PART）来达到包括州饮用水循环基金在内的单个计划的目标，管理以及执行。
- 众参两院预算委员会进行听证以讨论总统的预算请求并收集来自包括EPA在内的联邦政府机构的专家证言。
- 一份拨款法案一经签署成为法律，就允许联邦机构从联邦公库为包括州饮用水循环基金在内的特定计划目标进行支付。
- EPA根据一个能够反映饮用水基础设施需求比例的公式来为各州分配州饮用水循环基金。

10.2.1 总统的预算请求

每年，总统的预算请求会在2月的第一个星期一之前由国会接收。这一程序是根据1974年的国会预算法的要求设定的。总统的预算详细包括行政方针和下一财政年度的拨款顺序。预算包括根据分类、收入和借款水平、各联邦机构的投入估算的支出信息。

为帮助指导预算决策，管理和预算办公室使用计划评估分级办法。计划评估分级办法试图评估包括州饮用水循环基金在内的单个计划的目标、管理、策略制订和执行状况的一系列问题。计划必须有清晰的目标，结果导向，良好的管理并能够达到预期目标。计划评估分级办法的目的在于提高联邦计划的执行和管理水平。通过提供相关信息将有限的资金分配给论证最成功的计划，计划绩效评估在总统预算的制订中极为重要。可能的几个等级包括"有效"，"中度有效"，"足够有效"，"无效"和"目标不明确"。州饮用水循环基金已经达到"足够有效"等级。

管理和预算办公室的计划评估分级办法分析的目标在于：提高联邦计划的执行和管理水平。

根据总统预算，州饮用水循环基金被归入预算分类300，也称作自然资源和环保基金。

这一预算分类围绕几种基金用途，包括水资源的改善和保持以及饮用水和废水基础设施系统的管理。

10.2.2 国会拨款

10.2.2.1 国会提交最终预算决议

总统预算请求提交国会后，众参两院预算委员会举行听证会来讨论预算并收集来自包括 EPA 在内的各联邦机构的专家证言和建议。例如，2005 年 5 月，EPA 局长先于参议院预算委员会讨论总统的 2006 财年预算。在此过程中，预算委员会的成员们可以提交修订案并在最终版本通过之前提供其他修改建议。根据《预算法》，国会须在每年的 4 月 25 日之前通过一份众参两院预算结果的最终版本——专称为共同决议。在实践中，能够符合这一期限的时候很少。这一预算为所有提交国会讨论之前的拨款法案提供了总体框架。

10.2.2.2 国会讨论各种拨款法案

每年，国会都要讨论各种拨款法案。关注到每年拨款法案的不同点极为重要。例如 2006 年众议院有 11 项拨款法案。饮用水循环基金包含在内政和环保拨款法案之内。其他的法案包括：农业；国防；科技、州、司法和商业；能源和水；对外援助；国内安全；内政和环保；劳工、卫生和人力资源，教育；立法分支；现役军人生活质量和退伍军人事务；交通、财政、住房和城镇发展，司法和哥伦比亚特区。

同样地，参议院将饮用水循环基金计划归在内政拨款案中。2006 年的其他法案还有：农业；商业、司法和科技；国防；哥伦比亚地区；能源和水；州/对外援助；国内安全；内政；劳工、卫生和人力资源，教育；立法分支；现役和退役军人事务；以及交通、财政、司法及住房和城镇发展。

拨款法案的文本经总统签署成为法律后，就允许联邦机构从联邦公库为已发生的债务和其他特定计划进行支付。拨款是对一段时期内用于特定目标的公共支出作的正式批准。

10.2.2.3 国会批准单个拨款法案

拨款法案需要众议院和参议院两个委员会共同讨论。依据联邦基金的特定用途，整个法案会被分成对应于各委员会下属委员会的几个部分。每个下属委员会将根据原有总统预算请求、新的优先顺序以及初始拨款法案制订自己的拨款法案。在各下属委员会编制自己的最终推荐意见后，所有拨款法案会经过必要的修改，并由全体众参两院拨款委员会通过。

在各自的拨款法案获得批准后，众参两院可任命各自的委员（例如，协调者）来协调他们拨款法案之间的不同之处。参众两院代表组成特别专家组，也称为委员会，编制能得到至少一半的任命委员的支持并可在众参两院以大多数票通过的拨款法案。

10.2.2.4 撤销

国会可能会在最终拨款文本确定之前撤销拨款（对拨款的全面削减）。近些年来这种情况较为普遍。拨款委员会用撤销来保持拨款总额在同意的支出上限之内。在最终拨款法案经批准后，特定情形下还有重新调整的可能。1974 年的预算法授权总统可加入撤销法案来请求对先前的拨款总额进行调整。撤销法案具体规定了对先前拨款总额的全部减少或部分减少的数额。如果总统的撤销法案在 45 天之内未能由国会通过，基金就必须按照原先的拨款数额如实发放。例如，为了减少因卡特琳娜飓风带来的损失，2006 财年加入了撤销法案，收回向包括 EPA 在内的机构原先发放的基金。这一提案从 EPA 州和部落支持拨款计划收回了 16 600 万美元。

10.2.3 管理和预算办公室拨款

拨款法案经总统签署成为法律后，管理和预算办公室会编制一份拨款支出计划。拨款计划旨在使已取得的联邦拨款获得最佳和最经济的效用。拨款程序将基金按照获得期限和监督机构分配给特定目标。

10.2.4 拨款到各州

10.2.4.1 国家预留款

在州饮用水循环基金分配到各州之前，EPA 需要保留部分资金作为特定的国家预留款。印第安纳部落和阿拉斯加土著村落可获得年拨款资金的 1.5%作为补助金。EPA 还可保留年拨款资金的 2%用作小型系统技术改造。

另外，EPA 保留 200 万美元资金用于监测非常规饮用水污染物。从 1999 财政年度到 2003 财政年度，EPA 保留资金为各州提供拨款，以补偿供给最多 3 300 人的饮用水系统的操作人员的培训和认证费用（称作操作人员认证费用偿还拨款计划，由经修订后的《安全饮用水法》1419 部分的条款予以授权）。对国家预留款的管理有独立的 EPA 指南。

国家预留款包括：

- 给予印第安纳和阿拉斯加村落的 1.5%的拨款
- 多达 2%的为小型系统技术改造的拨款
- 用于健康影响调查的 1 000 万美元的拨款
- 拨款 200 万美元用来监测非常规污染物
- 操作人员培训认证的费用补偿

10.2.4.2 拨款前提

全部联邦拨款中国家预留款被保留后，剩下的资金将分配到各州的州饮用水循环基金计划、哥伦比亚特区和太平洋岛屿以实施《安全饮用水法》第 1452 节。

EPA 根据能反映最近的饮用水基础设施需求调查确认的比例需求的公式来向各州分配联邦州饮用水循环基金。饮用水基础设施需求调查由国会从 1997 年 1 月起每四年启动一次。从票据上看，州参与需求调查的费用占到州饮用水循环基金预留款的 4%。（如需要更多的关于这 4%的州饮用水循环基金预留款的信息，请见 4.1.1 部分）各州及波多黎各都不会接受分配到各州的资金少于总资金的 1%这一情况（即使是扣留之后）。

除了分配到各州计划的资金，哥伦比亚特区会得到整个资金的 1%，而维尔京群岛和太平洋岛屿总共可得 0.33%的资金。

在获得授权的财年及其下一财年里各州可获得基金。这一时期所有没能完成的数额将会被重新分配给那些已经履行了基金义务的州。EPA 还可保留达 10%的可用资金用于重新分配，从而为印第安部落提供额外支持。联邦州饮用水循环基金拨款程序步骤如图 10-2 所示。

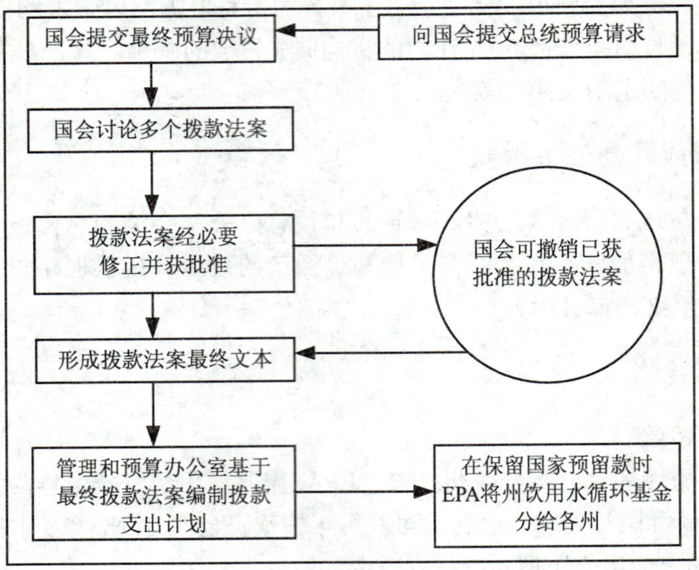

图示：从提交总统预算请求到 EPA 为各州分配州饮用水循环基金的联邦拨款程序步骤。

图 10-2 联邦拨款程序

10.2.4.3 主要职责

（1）EPA 的职责

- 每个计划经计划评估分级办法评估后，管理和预算办公室及相关联邦机构会制订一份不断提高执行和管理水平的计划。所有评估计划都要对这些包括国家州饮用水循环基金计划和 EPA 在内的计划中的建议负责。
- 总统预算请求提交国会后，众参两院预算委员会会举行听证讨论预算并收集来自包括 EPA 在内的不同联邦机构的专家证言。
- 在州饮用水循环基金分配到各州之前，EPA 需要保留部分资金作为特定的国家预留款。
- EPA 根据能反映最近的饮用水基础设施需求调查确认的比例需求的公式来向各州分配联邦州饮用水循环基金。

（2）州计划办公室的职责

- EPA 根据能反映各州饮用水需求比例的需求公式来向各州分配联邦州饮用水循环基金。在获得授权的财年及其下一财年里各州可获得基金。这一时期所有没能完成的数额将会被重新分配给那些已经履行了基金义务的州。

10.3 联邦州饮用水循环基金项目拨款周期

本节要点：

- 州必须递呈一份完整的资本拨款申请以获得州饮用水循环基金的拨款。
- 州年度预期用途规划（Intended Utility Plan，IUP）是资本拨款申请的重点。它阐述了州饮用水循环基金项目将如何使用所有可用拨款。

- 如果该申请并不完全符合《安全饮用水法》的要求，则 EPA 可以扣留州饮用水循环基金的部分资本拨款。
- 各州必须提供金额等于或高于 20%的资本拨款的资金用作州循环基金（State Revolving Fund，SRF）的配套资金。
- 各州可在近期对资本拨款进行“杠杆融资”以提高援助级别。
- 州可将 33%的州饮用水循环基金资本拨款资金在州清洁水循环基金与州饮用水循环基金计划之间划拨调用。
- 各计划在获取贷款和批准工程申请时必须遵循官方规定。
- 各计划必须遵从特定工程要求和正式施工监督规范程序。

10.3.1 州制订联邦资本拨款申请

为获取州饮用水循环基金拨款，各州必须呈递申请。本资本拨款申请必须与一般联邦拨款条例一致（《美国联邦法规汇编》第 40 章第 31 节，《州和地方政府拨款与合作协议统一管理要求》；《美国联邦法规汇编》第 40 章第 35 节，第 L 小节，《州饮用水循环资金》；《EPA 关于州饮用水循环基金项目暂行最终法规》和《安全饮用水法》修订案第 1452 节）。欲查阅更多关于 EPA 承受人规定信息（包括所要求的 EPA 承受人表格），请登录 EPA 审批办公网站 http://www.epa.gov/ogd。

资本拨款正式申请内容包括：

- EPA 表格 424，“联邦资助申请”，与相关表格。
- 州年度预期用途规划，包含州“优先工程清单”。
- 州司法部长签证，证明州饮用水循环基金的建立机构遵守州法律，同时州可能与拨款审批协议条款以法律形式绑定为一体。

部分州在提交资本拨款申请时应随附预留款工作计划，但并非硬性要求。如不与资本拨款申请同时递呈，则可按与 EPA 所议定的规程递呈。（更多预留款工作计划规定信息，请查阅“州饮用水循环基金预留款用途规划通用内容”部分）

资本拨款申请：各州必须在基金有效期前 90 天内提交拨款申请。

10.3.1.1 运作协议（Operating Agreement，OA）

运作协议是一份非强制性文件，记述了州饮用水循环基金每年相同的目标、结构与程序。运作协议纲要性地说明州循环基金如何运营与完成州饮用水循环基金项目的基本内容，包括向 EPA 报告并由 EPA 审查的议程。几乎所有州饮用水循环基金项目都在运作协议指导下运作。

运作协议在资本拨款申请与批准的多个步骤中都有体现。它还包含在如前所述的大多数保证与要求中。EPA 与州都必须遵守运作协议条款及其中的修改条款。在正式发放修订案前还可能会有修改，而州与 EPA 会制订运作协议的终止期。运作协议执行时，相继的资本拨款申请主要由州年度预期用途规划组成。

10.3.1.2 遵守联邦法规

（1）管理机关及其权责

司法部长必须证明州和管理机关可达成拨款发布协议、接受 EPA 拨款资金及按《安全饮用水法》要求运作州饮用水循环基金项目，并出具文件。设定州饮用水循环基金援助优先权并监督其运作的机构应该也是州公共给水系统监督工程的首要部门。每个管理机构的作用与职责都必须在申请中陈述。还必须说明州有足够的人力与物力执行州饮用水循环基金项目。所有援助必须遵守与州饮用水循环基金相关的所有州法律法规和相应的联邦财政支持工程适用法规。“设定州饮用水循环基金援助优先权并监督其运作的机构应该也是州公共给水系统监督工程的首要部门。”

（2）基金管理

每一州饮用水循环基金计划必须遵从所议定的支付计划，并与关于基金使用的法律规定保持一致。拨款资金必须存入基金中，为预留活动分立账户，并在申请中详细陈述。要求各州配备相当于拨款资金 20%的配套资金和相当于州工程管理预留资金 100%的配套资金。①

利息收益、贷款偿还（不包括通过州饮用水循环基金预留款征用土地与进行水源保护活动的贷款偿还）和可用的净债券收益都必须归入基金。反之，基金也可用于新贷款或州循环基金发行债券的抵押。各州也必须提供担保，财务控制与会计制度与公认会计程序（Generally Accepted Accounting Principle，GAAP） 规定保持一致，年度基金和预留账户审计也与公认审计标准（Generally Accepted Governmental Auditing Standards，GAGAS）相符。

使用州饮用水循环基金资金必须遵从工程的预期用途规划，与所提交的拨款申请和所订立的州饮用水循环基金预留款工作计划相同。各州也必须确立评估系统与政策，以保证每一借贷方有能力偿还贷款。准时与及时使用每笔资金（如快速有效地调配与使用每笔资金）也是额外要求做到的。每两年内，每个州饮用水循环基金项目必须向 EPA 呈报“双年度报告”，具体陈述基金与预留款账户使用情况，包括财政审计报告。尽管要求每两年报告一次，但很多州都认为每年向 EPA 及在内部做年度报告是非常必要与合适。如，有几个州因州法律要求而制作年度报告。

（3）预期用途规划的基本内容

预期用途规划是拨款申请与协议的中心内容。要说明州饮用水循环基金项目如何使用其所有可用拨款，包括：

- 联邦拨款
- 州配套资金
- 贷款还款
- 利息收益
- 贷款费用
- 划入基金的债券收益

各州可以递呈的预期用途规划可分为两部分，一部分关于预留款，另一部分关于基金本身。整份规划或其中每一部分都要进行公示，以达到州饮用水循环基金暂行最终法规的要求。州饮用水循环基金程序必须说明公示过程及对主要评论与意见的反馈。只要基金或预留账户仍然有效运作，就必须有一份预期用途规划，这可不考虑仍在继续的联邦拨款。对预期用途规划中陈述的资金用途可以适当改变，但实质性改变要公示。预期

① 州工程管理预留款费用的百分之百配套资金可以是现金、实物援助和正式规定的工程贷款。

用途规划要由州 EPA 部门批准。

预期用途规划

要求包括的内容有：
- 近期与远期工程目标
- DWSRF 收支账目概要
- 预留款与贫困社区预算
- 计划优先清单与排名方法
- 商定公示过程

(4) 计划目标

州必须呈报州饮用水循环基金项目的近期与远期目标。

近期目标说明来年活动，远期目标应该交代清楚州如何最大化工程效果及工程目标如何支持《安全饮用水法》所制订的国家目标。

按照《EPA 战略规划》规定，EPA 致力于通过减少饮用水污染物接触来保护人类健康，包括保护水源。按照最新“EPA 战略规划”（2006 年 9 月版），突出下面的战略目标：

- 在 2011 年前，90%的社区给水系统要全年提供达到所有健康饮用水标准的饮用水。（2005 年基线：89%）
- 在 2011 年前，由社区给水系统供给水的印第安人社区中 86%的人口可全年饮用达到所有健康饮用水标准的饮水。（2005 年基线：86%）
- 在 2011 年，通过水源保护对 50%的社区给水系统最小化公众健康危险，也是相应社区给水系统所供应人口的 62%。（2005 年基线：社区给水系统的 20%；人口的 28%）
- 在 2015 年前，与其他联邦机构协作，将不能享用安全饮用水的部落住户数减少 50%。（2003 年基线：印第安人健康卫生服务数据表明，12%的部落住户不能享用安全饮用水）

根据国家州饮用水循环基金项目制订的目标，各州要利用机会也有责任努力完成“EPA 战略规划”的国家目标。如该规划所述，EPA 的全国给水工程负责评估包括州饮用水循环基金和 EPA 管辖地区每个工程的运作，以使其持续达到国家目标。州饮用水循环基金项目采取积极主动方略来推进和完成国家对计划责任的要求，这是值得鼓励的。

(5) 收支账目概要

预期用途规划也提供州饮用水循环基金计划账户结余概要、可用贷款数量、预留款活动和给贫困社区的补贴。此信息必须包括基金所有活动和各费用账户总额的明细说明。对于用于支付计划管理的计划外独立账户上的资金，州要证明这些资金只用于州饮用水循环基金目的并接受严格审计。

同样非常重要的是，州文件预估贷款需求、预测杠杆融资情况以及影响财政策划的其他因素。资金从州清洁水循环基金转入或转出及与州清洁水循环基金交叉担保都应该说明。

（6）州饮用水循环基金预留款

除了州饮用水循环基金预留款账目之外，预期用途规划还要说明如何使用这些资金，包括大致计划与预期成果。更多细节要在预留款使用规划中进一步阐明，包括各种目标、可交付计划和每一预留款具体评价指数。按照国家工程政策，要按 EPA 议定的议程向上递交预留款使用规划。如果没有议程可言，那预留款使用规划必须在拨款发放后 90 天内上交。

如果州希望保留将来拨款中取得预留款的权力，则必须在年度预期用途规划中写明保留的额度。除了当地资助和其他州计划预留款的 15%之外，各州可有保留所有预留款的权力。

（7）贫困社区资助

各州也可以采用贫困社区计划为贫困社区提供“负利率贷款”或“贷款本金豁免”形式的额外资助。这两种方法都会减少贷款本金。州贫困社区资助计划的预期用途规划文件也要求对具体工程贫困资助类型与数量精心考虑和评估。具有这样计划的州也必须对贫困社区有明确定义和对贷款本金豁免决定支付标准的说明。本计划总贷款补贴不能多于同年贷款额度的 30%，也不能存入银行转作下一年度使用。

排序与分配方法为：州饮用水循环基金计划必须通过预期用途规划明确分配所有可用资金的方法与标准。各州也必须陈述整个财务计划过程，说明财务决策对基金财务保持长期良好状态的影响。

通过预期用途规划所回答的问题包括：

- 分配部分资助到预留款中的理由是什么？
- 分配拨款的已有标准与方法是什么？
- 什么标准决定资助条件，包括偿还期和利率？

州饮用水循环基金计划必须明确说明对公众十分明了的工程优先权排序系统。为使该系统最大化地实际应用，该系统必须优先排序处理对公众卫生产生最严重危害的项目、遵守《安全饮用水法》原则的项目以及根据州每户饮用水成本支付标准拥有最大需求量的项目。

（8）工程优先排序清单的目的与形式

所有拨款的工程都必须在公示的州饮用水循环基金综合优先排序清单中出现。州饮用水循环基金计划表必须确定每个工程的优先排序位置与预期拨款日程。给水系统名称与服务区域人口也必须与每一个可拨款工程同时指明。另外，还要明确工程概要与每个资助协议的预期贷款期限。一旦确定所有可拨款工程，就可依优先顺序拨款了。

优先清单中出现的改变要与包括已有规避程序的计划要求相一致。按照计划规避程序的规定，对最初拨款顺序的任何改变都得在双年度报告和年度审核程序中进行解释。如果部分工程没有做好准备或是因为其他备有证明文件的原因，则各州可以规避这些工程。总之要对在优先清单中排位最前的准备就绪的工程进行进一步审查。州工作人员应该准备好通过州饮用水循环基金计划为这些工程争取拨款。

EPA 强烈希望，各州制订一份附表，表中需要列出极可能在下一年度获得拨款的工程清单，这可为综合工程优先清单提供远景和内容。

如果需要州饮用水循环基金对紧急工程立即拨款，州计划组可以按照先前已有的紧急拨款程序给这些工程拨款。紧急工程是指要求立即采取行动来保护公共卫生的工程或其他由州所指定的在紧急状态下的工程。州饮用水循环基金计划资助的紧急工程的所有鉴别与接受程序都必须在预期用途规划中具体陈述。

按照《安全饮用水法》的要求，随同优先清单，州饮用水循环基金计划还必须阐述如何为较小的给水系统（少于 10 000 人）提供至少 15%的资助。若需求不足，州必须说明未来如何达到这一要求。在较小给水系统上资助超过 15%的州饮用水循环基金计划可将剩余款项储存以为将来使用。

（9）州饮用水循环基金预留款用途规划的大致内容

为了将联邦拨款转入资助计划活动的预留款账户，州饮用水循环基金计划必须首先阐明其正式计划如何使用这些资金。各州必须递呈年度或多年工作计划，详细列出州饮用水循环基金资金总额和用于预留活动的州饮用水循环基金拨款比率。各州必须对每一个预留活动陈述其具体的目的与目标、产出和支付日程以及评估标准。包括第三方承包商和执行中议定的全职工作人员（fulltime equivalences，FTE）在内的具体职务与责任的说明都必须写于文件中。EPA 必须先批准州预留款工作计划，然后对这些工作发放拨款。

州饮用水循环基金计划必须按与 EPA 所设定的日程递呈工作计划，或在拨款发放后 90 天内递呈。如果错过截止日期，那么所议预留款回拨到基金中作可用计划之用。多年度工作计划是可选择的，但必须与 EPA 协商进行，其拨款也要在四年内使用完。在执行多年工作计划时，要求各州细化每年度预算。

因预留款的 4%将用于管理与技术资助，如果要向公共给水系统提供技术援助，则只要求州呈报一份工作计划。在此种情况下，只要求在工作计划中说明用作技术援助的部分。

如果州希望保留将来从拨款中提取预留款的权限，则不一定要递呈工作计划。但各州可在年度预期用途规划中包含此数额以保留此权力。除了 15%的本地资助款与其他州计划预留款不能保留外，各州可保留从未来的所有预留拨款中提取等量款项的权限。

（10）公众参与和营销

① 公众参与

《安全饮用水法》1996 年修订案制订了适用于州饮用水循环基金计划公众参与的规定。作为预期用途规划制订过程的一部分，州计划对于州年度预期用途规划的数个内容必须寻求“有意义的”公众审查和评论：

- 计划的近期与远期目标
- 用作工程排序的优先系统
- 工程优先清单，包括可拨款资助清单和综合清单两个
- 计划财务状况
- 用作计划预留活动的资金清单和这些资金预期用法清单

由于对有意义的公众审查形式没有具体的要求，各计划通常留有足够时间进行公示评议，足够时间让州对主要评论进行处理与反馈，这样才属于正常达到要求。

涉及公众的州活动范例包括：

- 预期用途规划传达给更多受众
- 主持公众听证会/会议或参与会议
- 发布新闻通讯或新闻评论
- 给有兴趣的群体邮寄计划信息

➢ 制作互联网网站
➢ 制作电台或电视公众服务通告
➢ 建立咨询小组以制订和审查各项政策

② 营销

为了传播州饮用水循环基金的公众意识和鼓励基金集资，一些州计划发布通讯、邮寄信件、召集公众会议、制作互联网网站，以及其他活动。在吸引新客户方面，这些活动非常重要，对于在资源极贫乏的偏远小社区尤其重要。

10.3.2 EPA 审查拨款申请

10.3.2.1 审查州拨款申请

在各州制订拨款申请时，适当时可与 EPA 地区管理人员共同协商制订州年度预期用途规划的格式，制订或改变运作协议条款，设定预留工作计划截止日期，以及协商支付计划。可行的话，EPA 通知各州任何新的要求。

州饮用水循环基金计划一旦递呈了拨款申请，EPA 就要进行审核，并确认其是否满足《安全饮用水法》的要求、EPA 拨款规定和州饮用水循环基金计划规定。在 EPA 的州饮用水循环基金工作人员与拨款管理人员共同审批拨款申请，并为州接受拨款做好准备。

通过《安全饮用水法》授权，每年这些办公室都要审核预期用途规划以确定拨款发放给了有资质的计划活动。另外还有一些附加审核计划，包括预算和结果与产出都要足够详细，计划规划要适合于快速而及时使用所有可用拨款。

10.3.2.2 EPA 发放州拨款

在 EPA 批准后拨款发放到州。同时还有一份拨款协议书。按照 EPA 与援助对象订立的正式贷款支付日程，EPA 授权各州的州饮用水循环基金计划将联邦拨款分配拨发到授权计划活动中和贷款发放计划上。

具体申请、审核与发放步骤如图 10-3 所示。

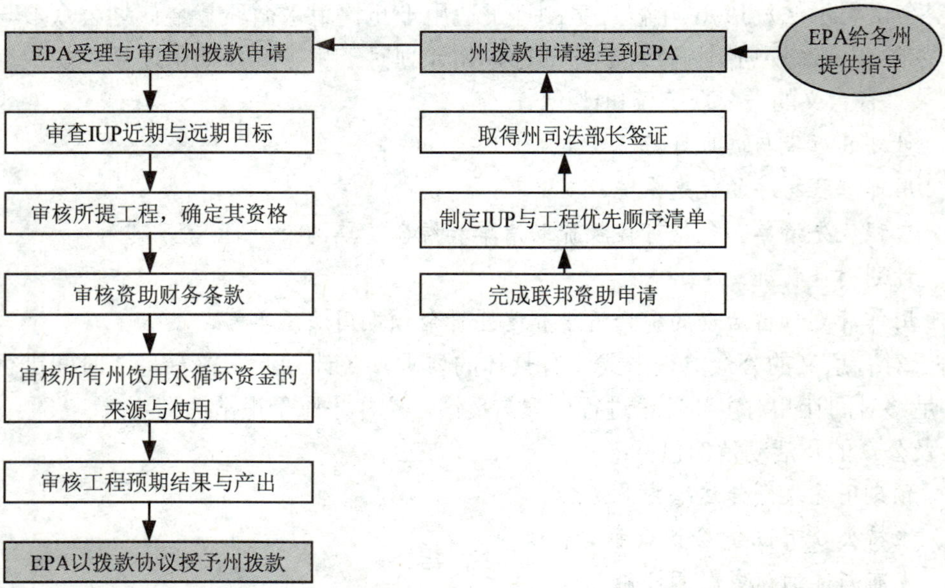

图 10-3 联邦拨款申请、EPA 审核与发放的一般步骤

10.3.3 预扣州饮用水循环基金可用资金的具体准则

10.3.3.1 能力及权力预扣

在不能达到《安全饮用水法》某些能力发展规定时 EPA 可以预扣州饮用水循环基金的部分拨款。如果州没有合法的授权或以其他方式为其州内 1999 年 10 月 1 日开始运营的社区和非社区长久供水系统遵守的每条饮用水规章提供技术、管理和财政保证，那么其拨款中的 20%会被预扣下来。在一些州中，不能实现包括遵守联邦报告制度以协助各给水系统获得拨款在内的能力发展策略时，也会被预扣 20%的拨款。（这两个预扣条款不可累加。这两条中任一条都只可最多预扣 20%）在州没有采纳或实施给水系统操作认证计划时也可能再预扣 20%。

丧失优先权。如果一州丧失《安全饮用水法》的优先权（或是优先执法授权），EPA 将预扣该州所有州饮用水循环基金拨款。EPA 会用这些资金来管理该州的优先权。EPA 会将没有用来管理优先权的资金差额再分配给其他遵守规定的州的州饮用水循环基金计划。在恢复优先权后州有资格取得下一财年度所分配的拨款。

10.3.3.2 预扣拨款的理由

- 没有执行能力发展策略或授权来确保给水系统具备技术、财务和管理能力：最高 20%的预扣
- 没有实施操作认证程序：最高 20%的预扣
- 丧失优先权：百分之百预扣

10.3.3.3 预扣拨款的再分配

预扣与不履行以下工作相关：（1）实施能力发展策略，（2）建立授权确保各系统体现技术、财务和管理能力，或（3）实施操作认证程序。预扣款将会再分配给其他能够遵守这些规定的州。再分配按照全部现有资金的原先分配方案进行。只有那些在有效期内完成了全部分配拨款责任的州才有资格取得这些增加的款项。接受再分配的州必须在当前预期用途规划中说明如何使用这些资金。对于 EPA 没有保留的州饮用水循环基金优先权丧失资金会以类似的方式进行再分配。

主要职责：联邦拨款申请的制订/受理、州饮用水循环基金可用资金的预扣。

10.3.3.4 主要职责

（1）EPA 的职责

- 与每个州的州饮用水循环基金计划合作，根据运作协议规划作必要改变，并协商拨款偿还支付计划。
- 审核拨款申请资料、预期用途规划和预留款工作计划，确保拨款分配到合格工程上和州饮用水循环基金按联邦规定开展运营。
- 发放州饮用水循环基金拨款。
- 每年确定是否必须预扣。在州没有达到能力发展规定或没有实施操作认证程序规定时会适当预扣州饮用水循环基金拨款。
- 丧失优先权时预扣该州全部拨款；使用其中部分拨款来管理该州优先权；将所剩拨款再分配到其他遵守规定的州饮用水循环基金计划上。
- 按当前分配方案将预扣拨款再分配到其他遵守规定的州饮用水循环基金计划上。

（2）州计划办事处的职责

- 在符合公示审查的规定下，准备并向 EPA 递呈一份州年度预期用途规划，细列全部州饮用水循环基金拨款的用途，为下一财政年度制订可拨款工程的优先权清单。
- 完成并向 EPA 递呈一份拨款申请，内容包括拨款申请、支付计划、预期用途规划和其他所要求的文件，里面可能包括一份修订了的运作协议，其中规定了计划的结构和运作方式。
- 制订要递呈给 EPA 的工作策划，内中详细说明在获得拨款后 90 天内或按州计划办事处与 EPA 地区办事处协商的日程管理与使用州饮用水循环基金预留款的情况。
- 协调州公共给水系统监督与能力发展计划，保持预扣可能性的意识。
- 合适时在预期用途规划中陈述州饮用水循环基金如何使用再分配的拨款。

10.3.4 州同意提供配套拨款

10.3.4.1 联邦政府对州配套拨款的规定

各州要相应地提供与总拨款的 20%相当或更多的配套资金。州必须证明在每一拨款支付日或之前有财务能力与法律能力完成此配套拨款。有一点非常重要，其他州机构可能不会向州饮用水循环基金提供配套贷款；然而，他们却可协助州饮用水循环基金通过发行外部债券来获得配套资金。

州可通过发行债券来提供配套资金。收益债券可直接由有债券授权的州饮用水循环基金机构发行，或是通过其他已存在的州机构发行。一般债务债券（General Obligation，GO）也可由州饮用水循环基金收益偿还。审核州配套资金债券提案是拨款发放的重要部分。与杠杆融资相反，为集资州配套资金发行的债券必须只由利息收益偿还。除了 EPA 的地区办事处审核外，EPA 总部还必须审定州的首次配套资金债券发行，而不用审定随后以相同方式发行的债券。

州配套资金规定：每个州必须为每一笔联邦拨款提供 20%的配套资金，并为计划管理预留款下全部拨款款项提供一对一的配套资金。

10.3.4.2 计划管理预留款 10%的州配套资金

除了为基金提供 20%的配套资金外，州饮用水循环基金计划还必须为任一拨款提供多达 10%的一对一的州计划管理预留款的配套资金。按照州饮用水循环基金条例，计划允许选择使用在 1993 财年提供给公共给水系统监督计划的州资金信贷（配套资金和高过配套资金）。该信贷可高达所要求预留款配套资金的 50%。州饮用水循环基金条例也允许将州在 1993 财年提供给公共给水系统监督计划的款项作为长期信贷。

额外配套资金方式可以是现金、实物援助或本财政年度公共给水系统监督计划高于配套资金（只此情况下）的信贷。现金捐款可来自州津贴，或由计划费用产生的收入。用作计划管理预留款配套款的州资金也不一定要满足公共给水系统监督计划下配套款的规定，反之亦然。实物援助可包括用作计划管理活动的州资金，而这些活动与计划管理预留款使用资质有直接关系，雇员工资即是其中一例。

各州不仅要在年度/双年度报告中提供配套款真实来源的文件，还要在拨款申请中明确陈述州计划管理预留款配套款的来源。

10.3.4.3 EPA 的主要职责

- 确保州能按包括为州配套款集资的州饮用水循环基金债券发行的限制条款在内的联邦规定提供 20%的拨款配套资金。
- 在授权使用州计划管理预留款前审查一对一配套资金的文件。
- 州计划办事处的主要职责。
- 作为州饮用水循环基金拨款申请的一部分，证实有能力为每项拨款提供 20%的配套款。确保按正式确立的支付计划及时存入配套资金。
- 详细按要求记录任何州计划管理预留款的一对一配套款。

10.3.5 增加可用资金的州杠杆融资活动

10.3.5.1 杠杆融资规划过程概况

各州可“杠杆融资”拨款资金，用作债券发行抵押，这样州饮用水循环基金计划可以在近期内提供更高水平资助。州饮用水循环基金债券受到市场高度评价，使各州利息居于杠杆高位上。有几种基本类型的杠杆融资可用。各州都会使用不同的融资类型。

州在考虑杠杆融资时州饮用水循环基金计划应该检查其财务资助需求（资助需求与需求时间表两方面），还要检查包括当地筹资在内的其他筹资机制的作用。财务管理模式不仅可让计划管理员比较筹资需要与供给，也可体现杠杆融资计划结构对无杠杆融资计划的影响。即使杠杆融资看起来是不错的财务手段，仍不免受挫：主要的障碍来自州政治可接受性、制定州政策时的权衡、州机构间的关系和管理杠杆融资计划的能力。州饮用水循环基金计划在制订杠杆融资计划时应该与 EPA 协商，因为 EPA 地区管理人员在审查其他杠杆融资计划中经验丰富。

杠杆融资要考虑的因素：

- 州饮用水循环基金筹资需要
- 基础设施需求的时间表
- 其他筹资机制的作用
- 对基金的长期影响
- 政治可接受性
- 计划管理能力

州饮用水循环基金计划决定杠杆融资（图 10-4）时，首先要明确州机构的职责和制订对州循环基金授权法、州循环基金程序或州法规等需要做任何修改的计划。这也是正式开始与金融界打交道、向 EPA 和客户群通告计划的时候。

接下来，州饮用水循环基金召集财务小组，成员包括州工作人员、债券律师、保险商、受托人一名和理财顾问一名。小组设计杠杆融资结构、州信贷支助级别、贷款参与方、债券契约类型和现金流/账户结构类型。在确立这些方面的过程中，要与包括信用评级机构和 EPA 在内的审核州提案的人员沟通。

州饮用水循环基金计划 EPA 地区管理人员审查每一个杠杆融资计划，以保证保护基金的长期财务健康，和其结构遵守各项联邦计划规定。特别是债券收益净额必须存入基金中。

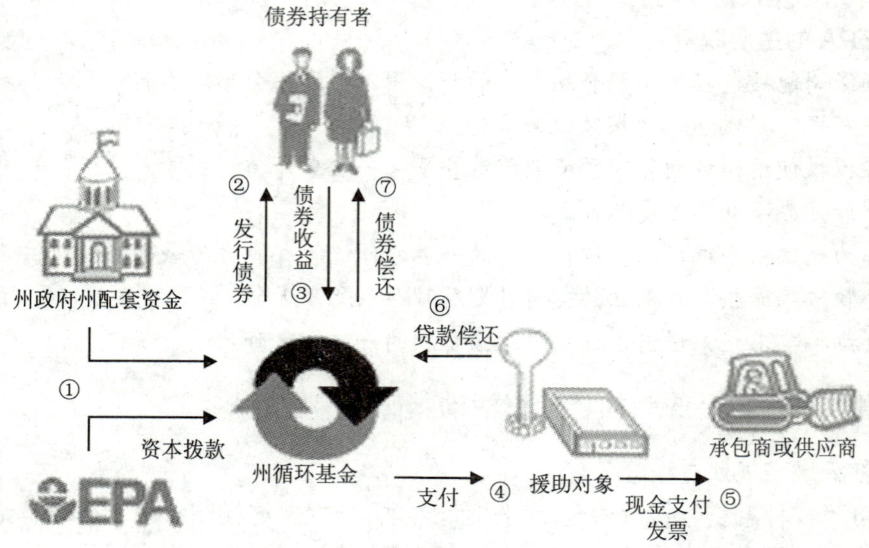

图 10-4　杠杆融资基本结构

尽管各州采用不同形式的杠杆融资账户结构，但州计划审核表明，在州饮用水循环基金计划中杠杆融资只有两种常用的基本形式：储备基金杠杆融资与现金流杠杆融资。

对于储备基金杠杆融资，从联邦公库所取得的拨款要作为抵押和收入源之一存入偿债储备金，债券基金为合格工程取得贷款。在现金流杠杆融资中，联邦拨款与债券资金同时发出。EPA 审查杠杆融资结构是否遵守联邦法规。

随着计划的发展，州与金融专业人士共同开发信托契据、债券决议、法律意见样式和债券证书。他们还要拟定正式申明初稿、债券购买协议和与保险商的协议。州饮用水循环基金计划执行贷款协议与机构间协议。在此时，债券发行要准备好送到评级机构，在市场上做广告。这些步骤完成后债券要定价、印制，然后发行。债券销售的收益存入基金并由受托人管理。

10.3.5.2 州循环基金交叉担保程序

交叉担保可将某一州的州循环基金计划资金用来保证另一州循环基金计划免受收入不足的影响。有州清洁水循环基金计划的强大现金流支持州饮用水循环基金债券，各州可取得更强的债券评级，其债券可转入更低利率债券，并为州饮用水循环基金借贷方节约成本。如果某州几乎没有具有十分优良信用记录的州饮用水循环基金借贷人，则交叉担保可助其进入债券市场。

州要将交叉担保程序纳入州饮用水循环基金计划中须采取几个步骤。首先，两个计划的拨款协议都要修订，并取得司法部长关于州法律允许交叉担保的证明。另外，两计划的运作协议与预期用途规划都必须修订，以详细记载交叉担保是如何执行的。特别重要的是，两个计划的州年度预期用途规划必须详细记录哪些资金用作债券，在违约状态下如何使用每一笔资金，以及在其他计划中违约使用的资金是否要偿还。如果不偿还，必须对基金的累积影响有个解释。州计划还要求递呈有任何修改的预期用途规划供公众审查与评论。

州饮用水循环基金/州清洁水循环基金交叉担保：各州的州饮用水循环基金或州清洁水循环基金债券发行可用于支持其他州循环基金计划，只要债券收益分配到相应基金的份额与债券抵押份额相当。

发行债券的全部收益必须分配到相应的州清洁水循环基金和州饮用水循环基金中，并与用做有价证券抵押的份额相同。各州发行债券的同时要证明按比例分配收益的要求已经达到或将要达到。有违约时，一个州循环基金计划的基金资产在用于另一州循环基金计划的债务偿还时，抵押不必再按比例进行了。各州不得为获得任一计划的州配套资金而合并州循环基金计划资产和债券发行抵押。各州也不得以州循环基金的一个计划资产来为另一计划抵押配套资金债券。最后，州饮用水循环基金和州清洁水循环基金计划的债务偿还储备金必须保持单独账户，必须对各自的贷款项目进行偿还。

非常重要的一点是，交叉担保并不会影响预留款的计算、4%的行政上限，或约束性承诺；然而，有违约时支付与现金提取比例可能会受影响。

10.3.5.3 EPA 的主要职责

- 审查州饮用水循环基金计划的资助需要和杠杆融资结构，以确保杠杆融资维持该计划的财务健康。
- 审查州交叉担保计划是否符合所有的州饮用水循环基金规章。

10.3.5.4 州计划办事处的主要职责

- 如果饮用水基础设施集资需要超过了州饮用水循环基金提供资金的能力，考虑杠杆融资州饮用水循环基金。
- 召集计划顾问与财务顾问，设计杠杆融资结构并策划与实施债券发行。
- 可考虑将交叉担保作为确保债券更好发行的方式。这可能会给借贷方带来低利率和更优贷款条件。
- 在实施所议杠杆融资结构前要取得 EPA 的批准。

10.3.6 两种循环基金计划间的资金转移

10.3.6.1 实施过程中的具体准则

为满足州资金需要而提供将一个州循环基金计划资金转到另一计划上的灵活性，《安全饮用水法》1996 年修订案（第 302 节）允许在州的州饮用水循环基金与州清洁水循环基金计划之间进行资金转移。尽管已经在 2001 年 9 月 30 日结束初始授权，国会仍通过 EPA 拨款法案延续着资金转移授权。这一资金转移条款在 2006 年拨款法案中被永久化了。

按照州饮用水循环基金与州清洁水循环基金间的资金转移条款，州可将相当于州饮用水循环基金拨款 33%的资金转移到州清洁水循环基金中去，或从州清洁水循环基金转移等额资金到州饮用水循环基金中。在批准州循环基金计划间的资金转移事项时，两个计划的预期用途规划和运作协议都应该涵盖提案和州循环基金资金转移的细目，还要包括这些资金转移如何影响支付计划、现金提取均衡性和约束承诺等方面的信息。州“年度/双年度报告”的后续报告应该包含整个州循环基金资金转移的详细记录信息。

州饮用水循环基金/州清洁水循环基金资金转移：州可将相当于州饮用水循环基金拨款 33%的资金转移到州清洁水循环基金中去，或从州清洁水循环基金转移等额资金到州饮用水循环基金中。

在资金转移前，州司法部长，或州司法部长指定的人，必须证明州法律允许在州清洁水循环基金与州饮用水循环基金计划间进行此类资金转移。运作协议和“拨款协议”中与此两计划相关的条款也必须修订，细述州可用来转移资金的具体方法。州可转移基金中的款项，包括联邦拨款、州资金、偿还款和投资收益。州饮用水循环基金计划可选择在一年中保留转移资金的授权，但直到后来才真正转移这些资金。这一点在计划中有用。在资金转移实际发生前的时期里各资金必须用于计划或预留活动。如资金转移的期终条款允许，州可以净额转移“贷款”给姊妹计划来解决关键优先计划，这样，姊妹计划可在晚些日期里“偿还”等额的资金转移。在拨款颁发后发生的资金转移并不影响州配套拨款、预留款或行政筹资水平的计算。

转移到州饮用水循环基金中的资金被认为是“贷记给基金的可用资金”的一部分，这样，也隶属于 15%小系统条款所辖范围。同样，州饮用水循环基金计划必须解释说明转移资金是否包含支付计划和联邦财政支持工程适用的法律法规等联邦规定所适用的联邦拨款。

10.3.6.2 EPA 的主要职责

- 审查在预期用途规划中的州饮用水循环基金/州清洁水循环基金资金转移，以确保没有超过转账最高限额。
- 确定州饮用水循环基金计划遵守关于资金转移的所有其他规定，包括遵守联邦财政支持工程适用法规及达到小系统最低筹资规定。
- 确定州计划有必要的授权来在州循环基金间转移资金（如通过州司法部长的证明与在预期用途规划中以合适的语言阐述）。

10.3.6.3 州计划办事处的主要职责

- 获取在州循环基金计划间转移资金的必要授权（如州司法部长证明）。
- 在运作协议中详细记录州循环基金资金转移的程序。
- 在预期用途规划中记录州饮用水循环基金与州清洁水循环基金计划间计划好的出入资金转移。
- 在年度/双年度报告中提供关于州循环基金资金转移活动的全部记录的后续报告。
- 确保遵守资金转移的全部联邦规定，包括遵守联邦财政支持工程适用法规与给小系统提供最低水准资助。

10.3.7 联邦拨款程序

10.3.7.1 由州饮用水循环基金支付

州计划每收到一笔拨款，就通过 EPA 自动支付系统（Automated Clearing House，ACH）增加可用拨款最高限额。在受助人为已完成工作和州饮用水循环基金计划需求准备好给州饮用水循环基金的账单后，拨款在偿还原则的基础上由美国财政部转移到州。拨款转账后，州支付给受助人经费。此过程即是由州饮用水循环基金支付。

10.3.7.2 约束承诺规定

（1）遵守议定的支付计划

州饮用水循环基金计划必须按照正式日程来接收拨款支付。这些日程由州饮用水循环基金计划个体与 EPA 协商而定。为每一笔拨款制订单独的日程，并在正式拨款协议中最后定下来。日程制订的基础是每一计划履行约束承诺和通过州饮用水循环基金预留款账户支付日常经费的预期计划。在支付州循环基金活动时 EPA 和州饮用水循环基金计划双方都要同意遵守这些日程。

需要特别注意的一点是，每笔拨款支付并不以实际现金转移，而是以代表可用于州饮用水循环基金贷款发放或预留经费拨款支付自动标准申请（Automated Standard Application for Payments，ASAP）的支付最高限额的增加额转移。资金中的增加额让已定的支付计划有迹可查。

州饮用水循环基金资助计划要求在拨款发放日之后前 8 季的时间里收到全部拨款，或在联邦拨款分配的 12 季以内收到全部拨款。例如，按照 8 季时间规定，如果拨款支付从 2000 年 1 月开始，那么在 2001 年 12 月前收到全部拨款。

[参见：《2000 年州饮用水循环基金暂行最终条例》第 35.3560（a）条和（b）条]

（2）资本拨款支付

计划必须在以下时间之前收到所有拨款：拨款颁发后 8 季，或拨款分配后 12 季。

（3）确定约束承诺款项

州饮用水循环基金计划收到联邦拨款支付后，应当在一年内为合格工程设立约束承诺款项。约束承诺款项必须与每笔拨款支付数额、所有预留款净额，并加上州配套款之和相当。约束承诺款项代表着州饮用水循环基金计划与受助人之间的法律责任。此协议详述了与资助相关的所有条款，包括利率、支付计划和偿还期限。许多州中约束承诺款项是封闭贷款；在一些州中使用约束承诺函。使用约束承诺函时，EPA 要监管其发布与贷款封闭之间的阶段，以确保拨款资金高效使用。若计划已确定的约束承诺款项高于所需总额，可以将多余部分赊贷到以后约束承诺规定。

约束承诺款项必须等额于：联邦支付（预留净额）＋州配套额筹资（联邦拨款支付日期后一年内）

EPA 使用关于约束承诺的信息，计算计划进程（如执行贷款协议中可获得总拨款的比例）。与呈报给 EPA 的报告一样，总约束承诺款项只以最终贷款协议为基础，而不以暂行贷款协议为基础。

如果没有达到约束承诺规定，EPA 可以停拨后面的拨款而要求在进一步发放拨款支付前修改支付计划。如果个别计划没有达到约束承诺的最低要求，则计划管理人员应该修订约束承诺日程并向 EPA 地区管理员递交提案。修改支付只影响后面的拨款支付。尽管计划可以修改支付计划，所有剩余支付项必须按原先所要求的日程收到（也就是，在拨款后 8 季前时期内或分配后的 12 季前）。[参见：《2000 年州饮用水循环基金暂行最终规定》第 35.3550（e）条]

10.3.8 特殊计划资助规定

10.3.8.1 对小社区的资助

所有的州的州饮用水循环基金计划要求向小给水系统每年尽可能地提供最低达 15% 的可用资金。小给水系统是指给少于 10 000 人提供服务的系统。所有可用资金包括存入基金的各项拨款、州配套资金、利息收益、贷款偿还和债券收益。各州要在特定财年里检审所有这些资源，以统计小给水系统所要求的资助。给小系统与另一设施合并所拨的份额和直接拨给小系统的资助要能达到此规定。计划必须在预期用途规划中具体记录小系统资助的整个数额，并在双年度报告中报告资金的实际使用。

如果计划预知到在来年不能完成 15%的最低限度，不仅要商议未来年度中确保完成最低限额的计划活动，还要在年度预期用途规划中解释说明不能完成此规定的原因。这些活动包括对小给水系统提供技术资助、实施新的市场营销策略或进行其他推广努力活动。

小给水系统资助：各计划必须向小给水系统提供整个可用贷款资助的最低 15%的份额。

计划仍在运作时各州要求要向小给水系统提供最低 15%的资助。对于最低 15%资助的规定不与拨款绑定，但却是计划运营中的永久条件。［参见：《2000 年州饮用水循环基金暂行最终法规》第 35.3525（a）（5）条］

10.3.8.2 对贫困社区的资助

州饮用水循环基金计划实施非常灵活，已赋予了给贫困社区提供额外贷款资助的权力。每个州有灵活定义“贫困社区”的权力。为确保贫困社区能让受助人收到贷款，各计划可以提供包括降利率、负利率和延长长达 30 年的贷款偿还期等形式的资助。此外，还可提供适当程度的本金豁免。各计划可以为当前符合州立资助标准的受助人提供这些形式的资助，或为将来符合州饮用水循环基金贷款资助标准的直接受助人提供这些资助。

在给贫困社区提供资助时，在提供贷款本金豁免资助和负利率方面，各计划的最高限额为每笔存入基金拨款的 30%。如果州将每笔拨款不到 30%（最高值）的金额作为本金豁免或提供负利率，则剩余数额将不得储存为未来之需。

给贫困社区提供资助的计划负责制订确定这些社区类型的支付标准。“贫困社区”一词是指符合此支付标准的公共给水系统整个服务区域。如果需要，则 EPA 可给这些确立了支付能力定义的计划提供附加信息和额外资助。各计划在实施定义贫困社区的系统前，必须首先将所提议的标准正式公示评议一段时间。EPA 要对州贫困社区资助计划进行审核与批复，并作为年度预期用途规划审查过程的一部分。

10.3.8.3 贫困社区资助

贫困社区资助（也就是，以负利率或本金豁免的形式）不得超过每笔拨款的 30%。

所有资助数额按议定的整个约束承诺的同一日程批准与调配。也就是说，所有约束承诺，包括对贫困社区资助的承诺在内，必须在收到相应拨款一年内实现。各计划要求鉴定要接受此类资助的所有工程，整个资助层次和在年度预期用途规划中给这些系统颁布资助的标准。［参见：《2000 年州饮用水循环基金暂行最终条例》第 35.3520（b）条］

10.3.9 与其他计划的协作与合作

10.3.9.1 加强合作与协作

在州饮用水循环基金计划之外，还有很多其他联邦和州辅助性资助计划。要弄清楚这些资金来源非常花费时间，也很困难，尤其是对小系统与偏远社区，而这些社区往往非常需要资助，资源也极度缺乏。按照州饮用水循环基金筹资过程的步骤，与州和联邦级别的其他资助计划进行合作和协作，不仅简化了筹资进程，也加强了对潜在借贷者的指导。

很多州都已经采取步骤来实施协作筹资策略，以实现特定需要，给那些提供资助者与寻求资助者以实惠。这些努力行为加强了机构间的交流，减少了行政工作，使取得的资源和效益最大化。各州使用不同方法来协助资助计划间的筹资，包括：

- 一站式会议或视频。一些州召开会议，众多机构聚在一起来提供与工程资助相关的信息，包括筹资来源、合格标准、申请程序等。
- 技术资助。常常提供资助给那些对筹资与州饮用水循环基金申请程序不熟悉的小社区和偏远社区。
- 各类协作文件。这些文件中包括谅解备忘录和协议，作为正式承诺来加强州与联邦机构间的合作与协作。
- 联合环境审查。一旦出现联合筹资或提供共同环境审查程序时，一些计划通过接受其他计划的环境审查来简化环境审查程序。
- 工程常规审查会议。部分州会召开会议讨论申请者与结果，如建设准备工作与环境审查状况。
- 筹资事项。这些事项给寻求资助者提供了关于多种可用筹资方式的信息。
- 互联网网站。许多州都建立了网站，提供关于资助方式和计划要求的信息。两个典型的网站就包括筹资资源查询数据库和帮助各机构确定其申请合适资金来源资格的自我评估工具。
- 统一申请标准。有些情况中，单一申请可以获得多项筹资计划。

在联邦拨款程序/贷款计划规定/与其他计划的作用和协作中的职责：

10.3.9.2 主要职责

（1）EPA

- 与州饮用水循环基金计划协商确定拨款支付的正式日程。
- 确保各计划向小型给水系统提供不低于整个可用拨款资助15%的资金，或制订在未来时间里达到这些要求的正式规划。
- 批复州贫困社区资助计划的提案。
- 确保州计划在给合格贫困社区资助时，不超过每笔拨款最高30%的份额。

（2）州计划办事处

- 在拨款发放8季前或在联邦拨款调拨12季前收到所有拨款支付。
- 在收到每笔资本拨款后一年内确定约束承诺款项。约束承诺款项必须与存入基金的总拨款与州相关配套资金之和相等。
- 每年向小系统提供可用贷款资助最低15%的资金。如果不能提供如此数量的资助，在预期用途规划中提供详细的说明，解释该计划不能达到规定的原因及如何在未来达到此要求的计划规划。
- 为贫困社区提供不少于每笔拨款30%的资助，按照认可的支付标准可采用负利率或本金豁免。

10.3.10 工程申请程序

10.3.10.1 编制工程优先顺序清单

（1）预期用途规划的时间表

州饮用水循环基金计划需要每年制订一个正式的预期用途规划。这是一项固定要求，即使计划没有获得拨款亦必须完成。年度预期用途规划应说明计划如何迅速有效地分配获得的资金，提供可供工程援助使用的拨款数额，以及州饮用水循环基金预留款的具体数额的信息。工程优先顺序清单中应列出下一个财政年度的重点援助工程。作为拨款申请的一部分，州计划必须提供明确规定的产出和结果。州饮用水循环基金计划通常将这类信息包含在预期用途规划内。

可拨款工程清单

具体必须包括：

- 公共给水系统的名称
- 工程优先权
- 工程描述
- 期望援助期限
- 服务人口

通常州饮用水循环基金计划包括预期用途规划和拨款申请，但是，有些州在提交拨款申请之前，需要将其预期用途规划呈递 EPA 审核。尽管州计划的时间表可能有所不同，但预期用途规划必须在拨款申请呈递 EPA 审核之前提交。对于没有提交预期用途规划的拨款申请 EPA 将不予审核。

（2）制订工程优先顺序清单

年度预期用途规划包括两个优先顺序工程清单。清单中包括综合工程清单和可拨款工程清单。综合清单包括所有符合拨款条件并已经提交了优先顺序清单预申请表的工程。根据综合清单，规划制订一个可望在新的一年获得拨款援助的工程清单。州计划通常要对因技术或财务问题不能在来年中获得拨款的工程进行评估。某些情况下，州计划将为这些系统提供技术支持，以确保它们能够在下一个工程周期获得拨款。

在制订可拨款清单和综合优先清单时，州计划必须包含其他信息，以便确定清单中那些有资格获得州循环基金资助的工程。构成可拨款工程清单的其他具体细节包括公共给水系统的名称，分配给工程的优先度，工程描述，基于现有可用信息预测的援助期限，申请贷款时服务区的人口。综合清单上剩余的工程信息必须包括分配的优先权信息以及（如果有）预期资助计划。这类信息通常通过预申请收集。在今后请求更详细的申请之前，可以利用预申请收集基本工程资质信息。

（3）遵守优先权排序系统

工程优先顺序清单是基于计划的优先权排序系统安排的。年度预期用途规划中的所有计划必须包括具体的优先权排序系统标准。预期用途规划及优先权排序系统都要接受公共审查和评论。所有的优先权排序系统必须将资助重点放在具有以下特点的工程上：① 解决重大健康风险；② 符合《安全饮用水法》的要求所必需的，以及③ 按户对最需要援助的系统提供支持。不遵守这些要求的州必须在预期用途规划中说明原因。

优先权排序系统

优先权计划必须：

- 解决重大健康风险
- 确保符合 SDWA 的要求
- 为急需帮助的系统提供支持

（4）提交优先顺序清单进行审核

在多数情况下，工程优先顺序清单包含在年度预期用途规划中或作为拨款申请的一部分。如果州还没有完成其工程优先顺序清单，则可分两步制订预期用途规划。这时，可在没有工程优先顺序清单的情况下制订预期用途规划，而只包含有关州饮用水循环基金预留资金的使用信息。要求提交拨款申请之前对预期用途规划进行公共审查和评论。在优先顺序清单完成之后，计划产生其他信息以详细说明州循环基金的用途。在完成新一轮的公共审查和评论之后，计划将这些新信息作为原拨款申请修订的一部分进行提交。[参考：《2000 年州饮用水循环基金暂行最终法规》：第 35.3555（a）、（b）和（c）条］一般州饮用水循环基金优先顺序确立程序如图 10-5 所示。

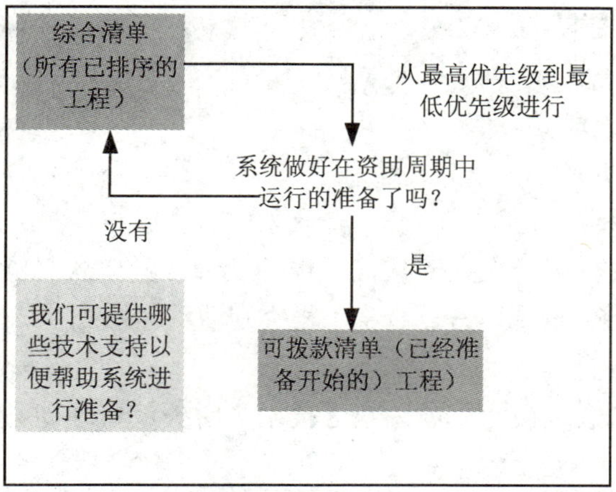

图 10-5 一般州饮用水循环基金优先顺序确立程序

10.3.10.2 描述符合条件的申请人类型

（1）合格条件

州饮用水循环基金计划可为所有公共和私有社区给水系统或非营利非社区给水系统提供资助。对于一个非营利系统，要想获得州循环基金的资助必须有联邦免税身份识别码。这些非营利系统包括学校系统、日托中心、教堂或避难中心。属于联邦的系统或营利性非社区给水系统不符合资助条件。

州饮用水循环基金受助人

有资质的申请人包括：
- 公共社区给水系统
- 私有社区给水系统
- 非营利社区给水系统

（2）不符合资格的申请人

所有接受计划资助的借贷方必须证明其具备技术、管理和财务能力且完全符合国家主要饮用水法规或许可证要求。如果申请人不能证明完全符合上述要求，那么他可能没有资格获得州饮用水循环基金资助。在这种情况下，资助只能提供给那些同意为确保未来符合要求而进行适当的经营改革，或同意利用提供的资助解决不符合要求的具体原因。［参考：《2000 年州饮用水循环基金暂行最终法规》：第 35.3555（a）和（d）条］

（3）符合条件的工程活动

① 一般工程分类

州饮用水循环基金主要资助解决当前或能预防未来违反健康饮用水标准的工程。

合格工程类别包括：
- 饮用水给水系统整合
- 建立新系统
- 饮用水源维护成本
- 存储容量成本
- 饮用水输送和分配费用
- 饮用水处理费用
- 饮用水安全措施

上述所列类别中没有明确定义的其他工程类型仍有资格获得资助。单个工程类型的资质问题由 EPA 根据具体情况解答。合格工程类别活动包括：

② 饮用水给水系统整合

整合工程是指给水系统被污染或因缺乏技术、财务或管理能力导致系统不再符合要求时对饮用水给水系统进行的调整。

③ 建立新系统

州饮用水循环基金计划可为新系统开发拨款，解决当前的公共卫生问题或对面临技术、财务或管理能力挑战的现有系统进行整合。批准建立新系统的工程限于受污染影响的特定地理区域。多个设施的整合工程限于各饮用水系统现有的服务区。对所有整合工程，申请人必须确保整合后的系统符合《安全饮用水法》的要求。

为这些工程筹资时，计划必须表明申请人已经发布了足够的公共通知，考虑了替代方案，以及正在执行的是最适当和经济的解决方案。

④ 饮用水源维护成本

适当支出包括饮用水源改造和替代被污染的水源的新水源的开发。这类工程包括取水设施附近的疏浚作业，替换已被污染的水井或建设新水井等，以便满足当前的需求。

⑤ 存储容量成本

州饮用水循环基金计划可为饮用水存储设施的安装和升级提供帮助，以预防可能的污染。活动包括开发饮用水蓄水池、对现有储罐重新涂层或维修，或更换淤泥坑。

⑥ 饮用水输送和分配费用

输送和分配费用包括安装或更换输水管和输送网络，以增加水压或预防因渗漏或系统破裂造成的污染。工程可包括敷设新水管，安装高架水箱或贮水池，或建造新的饮用水加压泵站。

对于所有由州饮用水循环基金资助的工程来说，非常重要的一点是，工程的规模必须考虑到饮用水设施预计使用寿命内，服务区合理的人口增长。但人口增长可能不会是工程考虑的主要事项。

⑦ 饮用水处理费用

处理费用包括为改善饮用水水质或符合一级和二级饮用水标准而对处理设施进行的安装、更换和升级开支。单个工程包括安装新硝酸盐处理设施，改进地表水的过滤方法或改进氯气贮藏技术。

⑧ 饮用水安全措施

州饮用水循环基金计划亦可为制订饮用水安全措施提供资助，包括进行脆弱性评价或制订突发事件应急响应计划。其他类型的安全部件也可归入大型基础设施的工程范围。安全措施的范例包括：

- 围栏
- 安装摄像头和照明设施
- 动力检测
- 减负（系统和电源）
- 保护化工燃料贮存区的安全
- 实验设备安全
- 增强过滤/消毒（生物试剂）
- 增强处理能力（对化学试剂的处理）
- 配电系统中的防止回流装置，以及
- 覆盖贮水池

对饮用水源的其他保护可通过州饮用水循环基金预留资金得到资助。具体活动包括为饮用水源安装围栏和安全照相机或进行水源脆弱性评价以及制订应急响应计划。

非常重要的一点是与运行和维护相关的安全措施的花费不符合州饮用水循环基金计划资助条件。这些不符合资助条件的活动包括雇用保安，购买化学消毒剂，或筹集监测费用。

⑨ 合格工程相关支出

州饮用水循环基金亦可为全面落实合格工程所必需的额外支出提供资金。

这些额外支出必须属于以下类别之一：

- 工程实施必需的土地征用费
- 与工程规划、设计有关的费用及工程开始前的其他费用
- 有关系统重建活动的费用

[参考：《2000 年州饮用水循环基金暂行最终法规》第 35.3520 （b）和（c）条]

10.3.10.3 不合格工程类型

有几种特殊拨款类别不符合州饮用水循环基金计划的资助条件。根据正式规定，不允许计划对下列工程领域提供资助：（1）大坝兴建或改造；（2）购买水权（除非因系统整合转让水权）；（3）修建或改造贮水池（出厂水贮水池和处理过程必需的贮水池除外）；（4）防火工程；（5）为解决未来人口增长问题而开发的工程；（6）已获得印第安部落和阿拉斯加土著村国家预留款资助的工程。除了这些不符合州饮用水循环基金计划资助条件的工程，各州也不能为不符合工程相关支出条件的费用提供资助，包括实验室常规监测费用或所有运营维护费用。[参考：《2000 年州饮用水循环基金暂行最终法规》第 35.3520（e）条）]

不符合州饮用水循环基金资助条件的工程

不符合资助条件的工程：

- 大坝兴建或改造
- 购买水权
- 修建或改造贮水池
- 防火工程
- 为解决未来人口增长问题而开发的工程
- 印第安部落和阿拉斯加土著村国家预留款的受助对象

不符合工程相关支出条件的费用：

- 实验室常规监测费用
- 运营维护费用

10.3.10.4 符合条件的资助结构说明

州饮用水循环基金计划可提供各种形式的资助。除了以贷款形式为符合条件的援助对象提供帮助，计划亦可购买地方债务、债险，或为杠杆融资的州循环基金债务提供担保。（参考：《2000 年州饮用水循环基金暂行最终法规》第 35.3525 条）

（1）通过州饮用水循环基金贷款提供资助

州饮用水循环基金贷款主要向一个援助对象的单个工程或多项工程提供贷款。计划亦可将以前为某一援助对象制订的规划和贷款义务与为工程建设新发放的贷款结合起来。计划援助对象亦可为大型工程或耗资巨大的工程申请系列贷款。在这种情况下，计划可在几年期间为一个工程发放多笔贷款。这种类型的工程称为“分期工程”。

州饮用水循环基金资助结构

通过以下方式提供计划资助：

- 州饮用水循环基金贷款
- 购买地方债务或再筹资
- 为地方债务购买保险或提供担保
- 州循环基金发行债券抵押

（2）购买或对地方债务进行再筹资

州饮用水循环基金计划亦可选择购买或对地方债务进行再筹资。计划可通过直接购买政府为工程建设发行的市政债券来购买地方债务。计划规章制度要求所有负债的工程的施工初始日期必须在 1993 年 7 月 1 日以后。如果当地政府发行的是多目的债券，则只有用于州饮用水循环基金合格工程的部分才能获得计划资助。私有系统没有再融资的资格。

（3）为地方债务提供保险或担保

为使信贷市场进入当地社区，或帮助降低借款利率，州饮用水循环基金可以购买地方债险或以提供债务担保的方式进行资助。计划只为实施符合州饮用水循环基金条件的工程产生的债务提供资助。如未遵守州饮用水循环基金担保，则应负责偿还地方债务。州饮用水循环基金计划对担保方的资信进行审查是十分必要的，以确保地方债务责任在可接受的范围内。

（4）州饮用水循环基金债券发行抵押

除了为计划援助对象提供直接资助，州饮用水循环基金还能发行计划债。计划债以州循环基金债券的形式发行。当发行债券用于提高计划贷款的可用资金额度以及其他类型的资助时，州饮用水循环基金计划必须研究计划债务抵押方案。很多情况下，计划用资金资产（如联邦拨款、贷款还款或利息收益）作州循环基金发行债券的抵押担保。抵押是向债券持有人提供未来偿还贷款本金和利息的保证。所有债券收益、净发行费用必须直接存入基金，以便资助其他州饮用水循环基金项目。

10.3.10.5 州循环基金拨款的其他用途

除了以贷款、购买地方债务或债险和为杠杆融资的州循环基金债务提供担保的形式提供资助外，州饮用水循环基金计划可将资金用于其他目的。其他用途包括保留行政开支和预留经费的权利以及利用闲置资金赚取利息的权利。有一点非常重要的是所有存入基金的资金不能以赚取利息为目的。

10.3.10.6 主要职责

（1）EPA 的主要职责

- 审核和批准年度预期用途规划和工程优先顺序清单，确保工程和受助人的资质。

（2）州计划办公室的主要职责

- 要求州饮用水循环基金计划根据计划的寿命周期每年制订一个正式的预期用途规划。
- 计划必须包含预期用途规划和两个优先顺序清单：综合工程清单和可拨款工程清单。

- 在年度预期用途规划中的所有计划必须包括其优先权排序系统的详细说明。
- 所有优先权排序系统必须优先解决重大健康风险的工程，确保符合《安全饮用水法》要求、所必需的工程，以及解决系统最需要的工程。

表 10-1 州饮用水循环基金资助方案和结构

州饮用水循环基金贷款	购买地方债务或进行再筹资	为地方债务购买保险或提供担保	州循环基金债券发行抵押	其他
为单个工程提供贷款	债务再筹资，以降低利率	为市政债务购买保险	向债券持有人保证偿还未来贷款本金和利息	通过资金赚取利息
为多项工程提供贷款	贷款结算时直接购买市政债券	向地方债务持有人保证在市政或公共水系统违约时继续偿还债务		管理活动和预留活动经费
以前规划和设计贷款义务/责任与新发放的贷款相结合				进行杠杆融资时保证债务义务/责任
为分期工程提供系列贷款				

10.3.11 州贷款申请详细审核

为进行全面详细的申请审核，计划必须收集其他文件，以确保申请人有恰当的工程规划和设计。额外申请材料将确保工程符合所有州饮用水循环基金计划对可收回费用的要求以及系统符合所有技术、财政及管理能力限定。通过详细的申请程序，计划可以要求申请人提供额外资料。州计划办公室通常用检查表记录接收的资料以及完成申请所必要的额外资料。

10.3.11.1 技术、财务和管理审核

所有的计划援助对象必须通过全面技术、财务和管理审核。除了证明系统能够保持技术和管理活动一致之外，还必须证明财务管理的可接受程度，包括偿还州饮用水循环基金贷款和维持设施运行的能力。虽然一个系统不具备足够的技术、财务和管理能力，但只要援助不是针对某一特定不合格领域，或系统同意制订一个正式计划，进行适当改变，从而符合要求，则可对其进行资助。在某些情况下，可能工程还没有开始进行。这时，计划应该提供适当的技术支持，以便解决已确定的技术、财务和管理问题。

“在接受资助之前，所有计划援助对象必须接受全面的技术、财务和管理审核。”

10.3.11.2 环境审核程序

（1）一般要求

所有接受基金援助的工程必须通过环境审核，以评估由计划资助直接导致的可能的负面环境结果。计划必须对所有直接接受基金资助的工程、所有再筹资或还款工程，以及所有通过州饮用水循环基金拨款的水源保护活动进行审核，但涉及行政（如人事、设备或出差）或技术支持的活动除外。不要求各州对所有其他预留活动进行环境审核，因为 EPA 确认这些活动不会单独、随时间累积或与其他行动联合对环境造成重大影响。

计划必须遵守州饮用水循环基金计划规章所要求的环境审核程序。各州可采用与《国家环境政策法》类似的州环境审核程序（State Environmental Review Process，SERP）。这些程序通常被称为“类国家环境政策法”。累计资助相当于联邦拨款的工程要接受州环境审核程序或“类国家环境政策法”审核。对于那些高于联邦拨款金额的工程，各州可选择使用由 EPA 拟定和批准的其他州环境审核程序。在没有其他经批准的备选程序的情况下，所有工程必须接受“类国家环境政策法”审核。

对于所有环境审核，计划必须记录所有收集的信息、遵守的程序以及列举所有决策的原因。例如，州可以根据环境评价确定有无重大影响结果，或可在编制环境影响声明之后建议不能继续进行工程。计划必须记录所有决策。

（2）EPA 审核程序

全州的环境审核程序包括“类国家环境政策法”的州环境审核程序和替代的州环境审核程序，必须进行审核并获得 EPA 的批准。

州清洁水循环基金和州饮用水循环基金计划中的两种环境审核方法采用的标准相同。这些程序一经批准，计划就可以将这些信息写入运作协议中。在对州环境审核程序的任何修改执行之前都必须获得 EPA 批准。

（3）除外对象

在有些情况下，工程可能不需要进行全面环境审核。这类工程可归入除外对象（categorical exclusion，CE）的特殊定义。这些工程包括众所周知不会造成重大环境影响的活动。这类活动包括更换现有的传输线路，通过州饮用水循环基金预留款实施井源保护计划，或据规划和设计发放贷款。只有不会单独、随时间累积或和与其他行动联合对人类环境产生重大影响的行动才可能被归类为除外对象。

10.3.11.3 联邦财政支持工程适用法规

（1）制订联邦财政支持工程适用法规

联邦财政支持工程适用法规是对市民、私有企业和公共机构活动产生广泛影响的联邦法、政府政策和行政命令的一般分类。这些法规会影响环保、民权保护和商业事件中的公开和公平竞争保护领域的行动。同时该法规还对如何支出联邦援助资金，尤其是根据现行联邦法律或政策如何使用这些资金进行限制。由于州饮用水循环基金计划是通过联邦资金补助提供资金的，因此国会要求州饮用水循环基金计划对其活动施行该法规。

（2）一般要求

虽然 EPA 最终负责联邦财政支持工程适用法规的一致性，但在申请各州的州饮用水循环基金计划时，要求各州的州饮用水循环基金计划必须确保州循环基金贷款援助对象符合联邦财政支持工程适用法规。国会认识到州饮用水循环基金计划是由几类资金共同组成的，包括联邦拨款、州配套款、贷款偿还、利息收益和债券收益。当借贷方接受基金贷款资助时，其收到的拨款可能有各种来源。有些情况由于不能准确地判定每笔资金的来源，国会要求州循环基金计划对存入基金中的拨款额相当于总资助额的工程施行联邦财政支持工程适用法规。各州选择对高于拨款金额的工程和活动施行联邦财政支持工程适用法规，将盈余用于信贷来满足未来的联邦财政支持工程适用法规。非常重要的一点是各州只能使用贷款账户中相应的信贷。例如，对于州饮用水循环基金资助的工程，州不能利用从预留账户活动获得的信贷去满足未来联邦财政支持工程适用法规的要求。

联邦财政支持工程法律法规："联邦财政支持工程法律法规适用于总资金等于或高于拨款金额的工程和活动。"

（3）DWSR 预留款申请

除了在使用州饮用水循环基金贷款援助资金时适用一般联邦财政支持工程法律法规要求外，要求计划对所有州饮用水循环基金预留资助活动施行联邦财政支持工程法律法规。

表 10-2 工程实施相关阶段适用的联邦财政支持工程法律法规

规划和设计	征购	建设
• 1964 年《民权法》 • 1973 年《康复法》504 条 • 1975 年年龄歧视法案 •《联邦水污染控制法》中的禁止性别歧视的法令 • 平等就业机会 •《国家环境保护法》 •《国家史迹保存法》 •《考古与史迹保护法》 • 1972 年《海岸地区管理法》 •《清洁空气法》 •《濒危物种法》 •《文化环境的保护和增强》 • 洪泛平原管理 • 湿地保护 •《农田保护政策法》 •《鱼类与野生动物协调法案》 •《安全饮用水法》 •《野地及景观河流法》 •《滨海地区障碍资源法》 •《示范城市及都会发展法案》 •《游说公开法》	• 1964 年《民权法》 • 1973 年《康复法》504 条 • 1975 年《年龄歧视法案》 •《联邦水污染控制法》中的性别歧视禁令 • 平等就业机会 • 妇女和少数民族所有权企业 • 公开竞争保护及政府对政府承包商在联邦资助的建设工程中的劳动关系上的中立 • 排除和中止 • 有关禁止《清洁空气法》和《清洁水法》违反者获得联邦合同、拨款或贷款的禁令	• 1964 年《民权法》 • 1973 年《康复法》504 条 • 1975 年《年龄歧视法案》 •《联邦水污染控制法》中的性别歧视禁令 • 平等就业机会 • 妇女和少数民族所有权企业 • 《拆迁补偿费与不动产取得法》

表注：从工程规划设计、采购到工程施工和竣工等联邦支持工程适用的法律法规。

但多数情况下，这些法律法规是不适用的。例如行政费用不适用于基于环境的联邦财政支持工程适用法规，如《国家环境政策法》或《濒危物种法》。在这些情况下，联邦财政支持工程适用法规只能视情况施行。

（4）遵守联邦财政支持工程适用法规手册

为使州计划符合联邦财政支持工程适用法规要求，EPA 于 2003 年 10 月制订了"联邦财政支持工程适用法规"手册。本手册列举了适用于州循环基金计划援助对象的联邦财政支持工程适用法规，包括：

➢ 环境法（例如《海岸地区管理法》和《濒危物种法》）

➢ 社会政策法（包括《民权法》和《平等就业机会》），以及

➢ 经济或其他法规（包括《示范城市及都会发展法案》和《公开竞争保护和政府中

立法》）

对于本手册所列联邦法律法规，EPA 提供了背景讨论并详细描述了州循环基金计划的具体适用范围。本手册专为州清洁水循环基金计划和州饮用水循环基金计划编制。

虽然本手册详细地介绍了最初出版时适用于州循环基金计划联邦财政支持工程适用法规的资源，计划需要负责与可能影响联邦资助资金使用的任何新联邦财政支持工程适用法规保持一致。EPA 和个别州饮用水循环基金计划必须认识到现行的联邦财政支持工程适用法规清单是可以变更的。

（5）反歧视法的要求

通常，联邦财政支持工程适用法规只适用于与联邦拨款金额相当的工程，以及需要州饮用水循环基金预留款资助的工程；然而，无论州循环基金资金来自哪里，都要求计划对所有工程施行反歧视法的一般要求。目前，这些联邦财政支持工程法律法规包括《1964 年民权法》《1973 年康复法 504 条》和《1975 年年龄歧视法案》。

妇女和少数民族所有权企业（Minority Business Enterprise，MBE/ Women's Business Enterprise，WBE）的要求

每个州饮用水循环基金计划要与地区局长协商，为接受州饮用水循环基金计划资助的妇女和少数民族所有权企业制订公平分配目标。这些目标是根据相关市场区域内需要州饮用水循环基金计划资助的妇女和少数民族所有权企业确定的。正如州饮用水循环基金计划应满足妇女和少数民族所有权企业公平分配目标要求一样，接受等额拨款的州循环基金贷款援助对象亦必须遵守标准程序以确保该地区的一致。在签订计划资助合同时，州计划必须确保此类计划援助对象遵守六个确切的步骤。此外，在这种情况下，当签订分包合同时，所有承包人必须采用相同的程序。［参考：《2000 年州饮用水循环基金暂行最终法规》第 35.3575（a-e）条］

10.3.11.4 财务分析和贷款偿还

（1）计划援助对象的财务评价

在为工程提供援助贷款前，州饮用水循环基金计划必须对所有潜在借贷方进行评价，以确保资信可靠状况。此程序通常由州计划工作人员进行，但是，有些计划需要当地财政机构（如银行）或外部承包商协助进行审核。EPA 必须对财务评价、确定可接受的还款来源及私人抵押方式的程序进行审批。

计划借贷方必须证明其有足够的收入或抵押偿还州循环基金贷款。虽然审核理由相同，但公共部门和私人借贷方的程序不同。资信评估是为了确保公共部门借款者和私人借贷方保持良好的财务管理状态和具有偿还州饮用水循环基金贷款的能力。

“要求所有借贷方证明有足够的贷款偿还抵押。”

（2）公共部门借贷方:批准专用还款来源

当与公共部门借贷方合作时，计划工作人员可审核已审计的财务报表，讨论单位专门用来偿还州循环基金贷款的收入来源类型。例如，收入来源可包括以通过收取用户费获得的额外收入保证。根据州法律和/或地方法令规定，公共系统必须证明其具有收集收益的能力。

（3）私人借贷方提供足够的抵押

与私人借贷方合作通常要求计划工作人员在确定贷款援助对象的资信状况和贷款偿

还的财务能力时有更多的创造性。私人借贷方包括私有社区给水系统或非营利非社区给水系统。当与私人借贷方合作时，要求州循环基金计划确保州循环基金援助对象为州循环基金贷款提供充分的抵押。例如，当无法获得已审财务报表时，计划工作人员可审查所得税报表。

当不能提供足够的抵押（例如，通过公司资产或其他收入来源）时，州循环基金计划可要求特别担保安排或研究其他增强申请人信贷能力的方案。州循环基金已采用了几种担保安排，包括建立偿债准备金或要求购买保险保证偿还贷款。在某些情况下，州循环基金计划同意贷款援助对象的公司担保和个人担保。

（4）EPA 的主要职责

➢ 所有的州环境审核程序，包括"类国家环境政策法"的州环保审核步骤和替代州环境审核程序，都必须接受 EPA 审核并获得其批准。
➢ 虽然 EPA 最终负责联邦财政支持工程适用法规的一致性，但当申请各州的州饮用水循环基金计划时，要求单个计划须确保州循环基金贷款援助对象亦要符合这些法规。
➢ EPA 必须对计划财务评价以及确定可接受的还款来源的程序进行审核。

（5）州计划办公室的主要职责

➢ 州计划必须确保所有的计划援助对象通过全面的技术、财务和管理审核。
➢ 计划必须对所有直接接受基金援助的工程，所有再筹资或还款工程，以及通过州饮用水循环基金拨款的所有水源保护活动进行环境审核，但涉及行政（如人事、设备或出差）或技术支持的活动除外。
➢ 计划必须对与存入基金的拨款相当的金额的工程和活动施行联邦财政支持工程适用法规。另外，所有州饮用水循环基金预留活动也适用该法规。
➢ 无论州循环基金资金来自哪里，都要求计划对所有工程施行反歧视法。
➢ 要求地区局长对每个州饮用水循环基金计划进行协商，为接受州饮用水循环基金计划援助的少数民族和妇女企业制订公平分配目标。州计划必须确保获得与拨款金额相等数额的州循环基金计划援助对象在提供分包援助时遵守六个确切步骤。
➢ 在为工程提供援助贷款之前，州饮用水循环基金计划必须对潜在借贷方进行评价，以确保资信可靠，必要时应确定还款资金来源以及抵押担保条款。

10.3.12 工程审批和一般贷款结算程序

10.3.12.1 资助优先级最高的工程

要求州饮用水循环基金计划严格按照综合和可拨款工程优先顺序清单的优先顺序为工程拨款。首先根据已批准的工程优先权排序系统对工程排序，以便制订符合州饮用水循环基金计划资助条件的工程清单。再根据综合清单以及在当前资助周期中准备就绪的工程制订最终可拨款工程清单。计划必须根据最终可拨款工程优先顺序清单的排序提供贷款援助。

"要求州饮用水循环基金计划严格按照批准的工程优先顺序清单的优先顺序为计划拨款。"

10.3.12.2 遵守正式的工程规避程序

（1）一般要求

虽然要求计划按照严格的优先顺序为工程拨款，但是有时也允许与工程优先顺序清单有偏差。如果可拨款清单上的工程没有做好准备或有其他工程急需计划援助，可书面通知贷款申请人，规避可拨款清单上的工程。要求所有计划在预期用途规划上记录规避工程的特殊程序。程序必须包括工程允许规避条件和判定哪些工程应作为替代接受资助。除了在紧急情况下规避计划外，计划必须为其专用可拨款清单上下一级别的工程拨款。

（2）紧急工程拨款

允许计划基于紧急度对资助提供灵活性。紧急工程是指需立即采取行动来保护公共卫生的工程或其他由州所指定的紧急状态下的工程。确定和接受州饮用水循环基金计划援助的紧急工程程序必须在预期用途规划中进行详细说明。紧急工程可能来源于工程优先顺序清单，但是，计划也能够为之前未出现在批准的工程清单中的工程提供资助。要求计划在双年度报告讨论中列出所有接受这种资助的工程并在年度计划审核中讨论是否为受助人提供资助。不同计划对构成紧急资助情况的定义方法不同。例如，一个州可能只为急需维修且没有其他资金来源的给水系统提供紧急资助。这些决定因素由州首要部门确定。

所有工程包括紧急拨款工程，都应符合现有技术、财务和管理能力要求以及现行的环境审核和联邦财政支持工程法律法规程序。有些州可能选择把高于联邦拨款额的工程作为紧急工程。为了限制环境审查次数和满足工程联邦财政支持工程法律法规要求，工程是指那些接受的资助额相当于州配套资金、贷款偿还额或利息收益的工程。

（3）规避工程的其他标准

除对准备不足或紧急情况下的规定外，各州可为规避工程原因制订其他标准。州计划不是基于准备不足原因规避工程时，计划必须将发生的情况记录在双年度报告中，并在年度审核时进行解释。其他规避许可的情况包括申请人未遵守特殊申请计划或预定的最后期限，潜在借贷方撤销申请，或提供给某一借贷方的年贷款超过了州规定的限额。

工程规避程序

在以下情况下，可以规避优先顺序清单上的工程：

1. 系统达不到州对技术、财务或管理能力的最低要求；
2. 工程未准备就绪；
3. 另一项工程需要紧急援助。

10.3.12.3 确定贷款条件

州饮用水循环基金计划有很大的灵活性，提供了各种类型的资助，制订了独特的贷款协议借款条款。计划可为计划借贷方设定特别利率、不同偿还条件以及估定费用。这些决策可能影响州循环基金资金的发展或其为计划提供援助的能力，因此需要一个可行的财务规划方案。鼓励各州制订一个长期财务计划，评估资助决策对基金整体健康的预期影响。计划会对决策进行权衡并调整贷款条件，以便为借贷群体提供更有利的补充，确保州循环基金持续健康的发展。例如，低利率可能会在近期对个人借贷方产生刺激，但会减少今后其他贷款计划可用的收入。

“鼓励州循环基金计划制订一个长期财务计划，评价资助决策对基金整体健康的预期影响。”

（1）确定贷款利率

计划在根据借贷方类型确定适合计划的利率方面有很大的权限。根据规定，计划可以在零与当前市场利率之间确定所有贷款的借款利率。如果为贫困社区提供援助，计划亦可提供负利率，但是，在这些情况下提供的补贴不得超过基金中每年拨款额的30%。

州循环基金贷款利率：

- 一般贷款利率必须保持在零与当前市场利率之间。
- 作为额外补贴，贫困社区可接受负利率贷款。

州计划办公室负责制订实际市场利率。例如，在确定当前贷款的实际州循环基金利率时，州可以采用 20 年期一般义务债券指数确定当前市场利率。必须在年度预期用途规划中说明确定当前市场利率采用的方法。另外，EPA 建议州计划在正式的计划运作协议中说明其独特的方法。

在考虑适用于贷款援助对象的利率时，计划确定的实际利率水平不能使援助对象无法满足技术、财务或管理能力要求。此外，在评估费用时，州饮用水循环基金计划必须确保实际贷款利率（如加上估定费用的贷款利率）不超过当前市场的利率。更多信息，请参阅下面的“费用确定”。

（2）确定还款时间表

除了为借贷方单独确定贷款利率外，各州必须在最终贷款协议中建立正式的贷款偿还时间表。规定要求州循环基金计划贷款偿还必须在工程开始运行一年内或工程启动时开始。如预计工程完成可能延迟，则计划可要求借贷方在预计完工一年内开始还款。计划每年至少应收到一次偿还贷款，尽管有些计划可能要求每半年或更短的时间偿还一次贷款。

在还贷期开始后，对标准贷款，计划借贷方必须在 20 年内付清所有贷款，但对贫困社区发放的贷款期限可延长至 30 年（视不同的州饮用水循环基金计划确定）。当延长贫困社区偿还期限时，注意不能超过工程预期的设计寿命，计划需要考虑延长或推迟偿还期限对降低基金提供其他援助能力的影响。

SRF 贷款偿还

- 必须在计划启动或运行一年内开始偿还贷款。
- 必须自首期贷款偿还日起二十年内付清所有贷款（贫困社区为 30 年）。

（3）确定还款额度

不要求定期等额偿还贷款（例如每年总还款额的 1/20）。尽管没有普遍使用，计划可通过大额尾付金额或递增还款计划偿还州循环基金贷款。在这种情况下，借贷方以后偿还的贷款数额比之前偿还的金额要多。同样，计划也允许借贷方在固定期限内只支付利息。对于希望采用只支付利息或大额尾付金额方案的计划，预期用途规划必须讨论计算还款时间表的方法。计划必须意识到潜在负面影响，包括在贷款偿还后期借贷方违约可能性的增加，或基金近年提供计划资助能力的下降。

（4）费用确定

除了确定贷款偿还条件和利率，计划被授权估定计划借贷方的额外费用。这些费用包括每年的估定费用（如贷款维护费）或贷款结算过程中一次性估定的费用。这些费用可用于几个目的，包括通过基金为其他计划提供援助或州饮用水循环基金计划行政活动。计划必须在预期用途规划和双年度报告中记录活动的所有计划和实际费用。

SRF 计划可按以下时间表进行费用评估

- 每年一次（如 SRF 贷款维护）。
- 在贷款结算过程中。

计划可要求贷款援助对象直接支付费用或允许援助对象将这些费用作为贷款本金的一部分。评估和收费方法可确定使用州循环基金收入的方式及目的。

无论什么情况，费用和费用的利息必须归还基金或必须存入基金外的账户。费用的具体用途根据计划的额外要求确定。这些要求将在下面进行进一步讨论。

（5）援助对象支付的费用

援助对象直接支付并存入基金的费用可用于所有合格的基金活动，包括工程额外资助。存到州循环基金之外的账户的费用可用于计划管理，由同一个部门对州清洁水循环基金和州饮用水循环基金计划进行的联合财务管理、州配套资金以及《安全饮用水法》第 1452 节允许的活动，包括州饮用水循环基金预留经费资助的活动。

（6）包含在贷款本金中的估定费用

包含在贷款本金中的估定费用可直接回入计划基金，或存入基金之外的分立账户。存入州饮用水循环基金账户的资金可用于所有基金活动，而存入分立账户的收入可用于计划行政活动以及《安全饮用水法》第 1452 节允许的活动。非常重要的一点是，这些费用不能用于州配套款或对州饮用水循环基金和州清洁水循环基金计划进行的联合财务管理。此外，贫困社区借贷方不能把估定费用作为贷款本金的一部分。在进行费用评估时，州饮用水循环基金计划必须确保实际贷款利率（加上借款估定费用的贷款利率）不超过当前市场利率，而且不会合理导致系统不符合技术、财务和管理能力的要求。

10.3.12.4 制订正式的贷款协议

在制订和互相认可了贷款条款后，州循环基金计划起草一份正式的工程贷款协议。该协议包含获得州循环基金计划资助的所有要求，包括贷款利率、贷款偿还条款以及相应的贷款发放费和年费。计划援助对象和州饮用水循环基金计划办公室必须签订此合同，以确保所有条款具有法律约束力。签订的贷款协议成为计划借贷方和州饮用水循环基金计划办公室之间的正式合同。

根据最终工程贷款协议，只有在双方最终达成和签署正式贷款协议之后，才能提供工程援助。依据本合同，州饮用水循环基金援助对象承诺按照预定的时间和批准的规范完成工程，同时州饮用水循环基金计划办公室同意根据可收回费用或批准的替代方法提供资助。用来纠正不符合规定的基金除外。

（1）EPA 的职责

- EPA 负责通过工程审批和对贷款结算程序进行监督以确保州计划符合适用的联邦要求。

（2）州计划办公室的职责

- 要求州饮用水循环基金计划严格按照综合清单和可拨款工程优先顺序清单为工程拨款。
- 要求所有计划在其预期用途规划中记录规避工程采用的特殊程序。
- 必须在预期用途中详细说明确定和接受州饮用水循环基金计划资助的紧急工程的程序。
- 鼓励各州制订长期财务计划，评估拨款决策对基金整体健康的预期影响。
- 计划必须在预期用途和双年度报告中记录所有活动的计划及实际费用。无论任何情况，费用和费用利息都必须返还基金或必须存入基金外的某一账户。
- 只有双方正式达成和签署贷款合同后才能提供工程资助。

10.3.13 施工活动和贷款发放

10.3.13.1 计划绩效认证

州计划要求所有工程借贷方指派一名认证计划工程师进行持续监督并证明工程是依照设计标准建造的。州循环基金计划定期收集工程报告并根据最终贷款协议中同意的原施工日程表检查进度。另外，在正式现场施工检查期间，通常由借贷方指定的工程师陪同州计划工程师进行检查。

如果系统未遵守原工程竣工计划，不能继续满足《安全饮用水法》的要求，或不具备适当的技术、财务或管理能力，必须执行补救要求。为确保援助对象采取必要的步骤以继续符合要求，计划可要求采用正式纠正措施计划或要求修改原施工计划。

10.3.13.2 工程检查

州饮用水循环基金计划通过对工程现场进行正式现场检查，验证施工活动是否是按原贷款协议及原设计规范按时完成的。虽然没有正式要求州计划进行正式计划检查的频率，但是要求计划确保援助对象将州饮用水循环基金拨款用于合规目的并对支付请求进行进一步验证。

州与州的正式工程检查频率和复杂性是不同的。有些州计划每月进行一次工程检查，而另一些州只进行两次工程现场检查——一次在将 50%的资金发放给借贷方之后，另一次是在竣工之后所有剩余可收回费用最后提款之前。州计划通常使用内部计划工程师完成检查。在某些情况下，首要部门可能和外勤现场办公室合作，或在人员有限的情况下，和当地县卫生部门共同完成临时工程检验。

10.3.13.3 批准偿还要求

要求州饮用水循环基金计划证明所有贷款支付额和施工补偿金均用于适当计划支出。批准各州的州饮用水循环基金贷款发放的一般程序要求对所有发票及附带凭证进行审查。在计划检查中除确保支付请求包括一个有效的借贷方、一个有效的工程，且借贷方没有重大出入之外，计划工作人员还必须证明要求的资金在贷款协议规定的范围内。如果单独支付请求包含的细节不充分，州工作人员无法查验州循环基金资金的发放，计划可要求申请人提交其他证明材料。

现场施工检查

施工检查期间进行的工作包括：

1）技术监督的充分性

2）通过给水系统监督

3）施工图的可用性

4）是否符合施工计划

5）会计记录的有效性

6）实际支付请求和支付计划

7）采用的施工方法

通常，州饮用水循环基金计划让技术人员直接参与施工检查，以便帮助验证单独支付请求。技术人员能够提供有关批准计划的更改顺序，检查前完成的工作以及存在的缺陷等额外信息。这些信息能帮助州饮用水循环基金计划工作人员准确地批准个人偿还要求。

10.3.13.4 EPA 监督贷款发放情况

在年度审查期间，要求 EPA 确保各州将州饮用水循环基金贷款发放控制在一定的水平上。在现场考察期间，EPA 将对工程提款情况进行抽样审查。EPA 利用这些信息证明州遵守所有要求，包括现金提取的正式规则、进行适度的技术和行政监督以确认支付请求。如 EPA 通过现场抽样或年度计划审计发现发生任何不当支付，则州必须确定所要采取（或计划要采取的步骤）的步骤以纠正发现的错误。

10.3.13.5 贷款拨付正式现金提款程序

（1）计算联邦份额比例

各州的州饮用水循环基金计划由州资金和联邦资金两部分组成。当向州循环基金计划提交贷款发放请求时，州资金和联邦资金都可用来满足这一要求。根据法律规定，州计划仅有权从联邦公库所有适当工程支出中提取一定比例的联邦份额。联邦基金现金提取只为那些已执行贷款协议的工程提供。关于联邦份额的计算方法在“EPA 饮用水州立循环基金计划自动清算系统使用指南”中有详细说明。（EPA-832-B98-003）支付自动标准申请系统（ASAP 系统），是估算联邦资金的最新系统。通过联邦提现系统提取资金的比例规则和程序与支付自动标准申请和自动清算系统类似。

“根据法律规定，州计划仅有权从联邦公库的适当支出中提取一定比例的联邦份额。”

（2）确定现金提款比例

通常在发放拨款时确定现金提款比例。确定正式的现金提款比例能确保费用产生时有稳定的联邦和州资金可用。现金支付程序包含的正式步骤包括：根据许可支出条件批准正式支付请求；计算经确认的支出的联邦份额比例，遵守批准的资金支付机制（如支付自动标准申请程序）。

以下是确定工程支出的联邦现金提款比例的计算方法的范例。

通常，联邦资金的现金提款比例等于：工程成本联邦份额/工程总支出

而联邦份额等于：拨款–预留款+/－SRF 转账

例如，若州饮用水循环基金计划拿出最高 31%的联邦基金作为预留款，那么这时联邦现金提款比例应为 77.5%。（具体计算方法请参见下面的例子）

已知：

拨款=$100

州配套款=$20

预留款所占比例=31%

确定联邦现金提款比例：

工程成本的联邦份额=$69

[$100（拨款）－$31（预留款）]

工程支付总额=$89

[$69（联邦份额）+$20（州配套款）]

在本例中，联邦基金现金提款比例等于 77.5%

[$69（工程成本的联邦份额）/$89（工程支付总额）]=0.775

（3）在州饮用水循环基金预留款中提取联邦现金

州饮用水循环基金预留款账户，现金提款比例定为 100%——因为这些账户中支出的资金百分之百是联邦基金。一个例外情况是州饮用水循环基金州计划管理预留款可以用州基金来满足州一对一的对等要求。

（4）EPA 的主要职责

- 在年度审核过程中，要求 EPA 确保各州对州饮用水循环基金支付保持适度控制。
- 通常应在拨款发放时确定现金提款比例。EPA 必须进行适当的监督以确保各州的州饮用水循环基金计划符合联邦现金提款比例要求。

（5）州计划办公室的主要职责

- 州计划要求所有工程借贷方指定一个合格的计划工程师，对整个工程施工过程进行持续监督。
- 如果系统未遵守原工程竣工计划，不能继续满足《安全饮用水法》的要求，或不具备适当的技术、财务或管理能力，必须实施补救措施。
- 要求州饮用水循环基金计划证明所有获得基金援助的工程将这些资金用于合理用途。
- 根据法律规定，州计划只能从联邦公库中所有合理的工程费用中提取一定比例的联邦份额。

10.3.14 工程竣工和结束

10.3.14.1 最终施工检查

在工程竣工之后，最后一笔有偿拨款发放给计划借贷方之前必须完成最终施工检查。进行最终检查是为了确保工程拨款被用于合理用途，工程按照原计划和标准以及州批准的更改要求完成。通常由州计划工程师和借贷方指定的项目工程师共同完成最终现场检查。

在最终施工审核之后，根据批准的支付请求给援助对象支付剩余的工程款。多数情况，各州的州饮用水循环基金计划在进行最终检查前将扣留 5%～10%的剩余贷款资金。有时，在签字认可工程按要求竣工之前，计划只扣留最终支付请求金额。在最终验证之前扣留部分资金的目的是为了促使工程按时竣工并开始运行。

10.3.14.2 贷款偿还大致时间表和一般要求

（1）开始偿还贷款

在工程竣工并且已经开始运行之后，贷款受助人必须在一年内开始还款。所有借贷方偿还的贷款必须归还基金（包括本金和利息），并且贷款必须在 20 年内付清。

（2）EPA 的主要职责

- EPA 负责进行监督以确保州计划在工程竣工结束的过程中符合相应的联邦要求。

（3）州计划办公室的主要职责

- 在工程建设完成之后和最后一笔有偿拨款发放给计划借贷方之前，必须完成最终施工检查。
- 在工程竣工并且已经开始运行之后，贷款受助人必须在一年内开始偿还贷款。

10.4 通过州饮用水循环基金预留款进行资助

本节要点：

- 州饮用水循环基金计划可以以提供拨款、小型系统技术援助的方式和通过预留款其他支出的形式提供直接计划援助。
- 目前国会已经批准了四类预留款，分别是行政管理、小型系统技术援助、州计划管理以及对其他州计划的地方支持和援助。
- 所有预留款活动必须与州饮用水循环基金的整体目标保持一致。
- 州计划必须按照具体的要求，对州饮用水循环基金预留款活动相关经费进行规划并解释其用途。

10.4.1 四种预留款

州饮用水循环基金计划通过一个单独的机制（称为“州饮用水循环基金预留款”），以独特的构架，提供以拨款、小型系统技术援助和其他类型的支出等形式的各种直接计划援助，供各州选择。

目前已获国会批准的四种类型的预留款目包括：

- 州饮用水循环基金计划管理
- 小型系统技术援助
- 州计划管理支持
- 对其他州计划的地方支持和援助

州在收到拨款后，可能会将其中一部分资金转移至上述专项账户，用于计划基金其他用途。通常，州饮用水循环基金预留款向饮用水系统拨款，通过计划办公室和第三方的合作提供技术帮助，为包括给州饮用水循环基金项目工作人员制订薪酬要求在内的项目管理活动提供帮助。有关这些基金用途的其他规定和限制性要求详见下文。

10.4.1.1 行政管理和技术援助

州可能会从各项拨款中预留出 4%，用于行政管理和技术援助。迄今为止，所有 51 个州循环基金计划均为此项用途设定了储备金。上述经费可涵盖实施州饮用水循环基金贷款计划所需的各种管理费用，包括对用于贷款组合管理、工程设计报告技术审查、年度拨款申请准备工作以及与潜在借贷人讨论贷款申请状态时召开的会议的预留款的管理。除为计划管理活动预留储备金外，州饮用水循环基金还可以向贷款社区提供直接技术援助。目前，只有部分州在利用 4%的行政管理预留款提供技术援助，包括阿肯色州、弗吉尼亚州、新墨西哥州、俄勒冈州和南卡罗来纳州。利用这些资源，可以开发多媒体产品或向借贷人提供直接技术援助，如：召开现场会议、制作印刷材料、公共服务声明、录音带或提供其他水资源保护活动信息和向申请人提供直接援助。

10.4.1.2 小型系统技术支持

某些情况下，小型系统因缺乏技术、财力或管理能力，可能无法或不具备通过州饮用水循环基金申请贷款援助的资格。遇到此种情况，小型系统可以从州饮用水循环基金预留款提供的其他技术援助中受益，以达到州循环基金贷款要求的标准。州计划可预留占各项资金拨款高达 2%的资金，用于小型系统的直接援助。援助包括：协助开展工程设计可行性研究，以突出有待于改进的运行区域；规划期间为进行环境评价和成本估算提供其他协助；或申请州饮用水循环基金时提供的直接援助。利用此项预留款开展的技术援助可由州循环基金计划人员或第三方合同方直接提供，来实施援助活动。

10.4.1.3 州计划管理

州饮用水循环资金计划有更多的权限，来为州计划管理预留款范围内开展的其他与饮用水相关的活动提供援助。以下计划活动可预留最高 10%的联邦拨款，包括：1）公共给水系统监督计划行政管理援助；2）水源保护技术支持；3）能力培养支持；4）州操作员认证计划支持。整体来看，各计划已经为上述活动和其他类型的活动预留了约 5%的预留款（最高可预留 10%）。

符合预留款使用要求的单个计划有很多，各州还会进一步考虑这些资金的创新用途。利用预留款提供的援助，可以对现有计划进行补充，提供各种培训计划或其他不同类型的直接支持。比如：计划预留款可用于计划检验、卫生调查、培训手册的制订或饮用水系统操作人员考试。

10.4.1.4 一对一配套要求

对于所有“州计划管理”预留款，在拨款或资金支出时，州计划必须提供与之相配套的资金。尽管要求各州按 1∶1 的比例提供与联邦基金相配套的资金，但计划可以通过多种方式要求提供实物援助或借贷援助，以代替现金援助。州饮用水循环基金规定，允许计划向 1993 财年提供给公共给水系统监督计划的州经费（配套和超支）借贷。此项贷款额最多可占到该预留款要求配套资金的 50%。规定还允许州向 1993 财年的公共给水系统监督计划提供这些数额的资金，作为永久借贷。

示例：如果州计划下一财年的预留款经费为 100 万美元，但 1993 财年的公共给水系统监督计划有 60 万美元的永久借贷，则州计划可能最多只能使用 50 万美元的借贷。此外，各州最高可能只能使用 1993 财年公共给水系统监督计划经费中 50%的经费作为符合当前配套要求的借贷。此例中，州计划必须再额外拿出 50 万美元的配套资金。额外配套资金可能会以新现金、实物援助借贷，或（仅）以当前财政年公共给水系统监督超支借贷的形式出现。

州有可能以公共给水系统监督支出借贷和实物形式而非现金提供相应的配套资金。需要注意的是，实物形式的使用包含此预留款支持的任何类型的合格的州活动，如员工的工资。潜在的实物形式的符合条件由 EPA 根据具体情况说明。所有的配套形式在州将其合理应用到州计划管理花费之前都必须通过详细的预留款计划获得 EPA 批准。

10.4.1.5 地方支持和其他州计划

与州饮用水循环基金预留款建立的 4%、2%和 10%专项账户的援助类型相比，“地方支持和其他州计划”预留款可用于其他类型的州饮用水循环基金计划支持。总体而言，州饮用水循环基金预留款通过向饮用水系统拨款、提供技术援助或其他类型的计划支持经费等形式提供援助。通过地方援助和其他州计划预留款，各州亦可为某些水源保护活动提供地方援助。特别是，州可以为与州水源评估有关的实施活动提供贷款。这些贷款可用于水源保护用地征购和其他与水源保护激励政策相关的保护措施。如果州决定提供这些类型的贷款援助方案，则必须首先制订出优先实施工作程序，供 EPA 批准，此程序类似于融资时制订的程序。此预留款涉及的所有贷款都必须还至预留款账户，供日后贷款之用，或偿还时作为州饮用水循环基金约束承诺用基金，抑或是其他符合条件的基金用途。

除通过贷款支持和其他州计划预留款提供贷款援助之外，各州可以通过拨款或技术支持活动的形式在以下领域提供直接援助：1）水源保护区域的划定和评估；2）井源保护计划支持；3）与符合要求的饮用水系统能力培养战略相关的技术或金融支持，包括小型系统。符合这一预留拨款使用条件的活动可能包括为突出井源保护的重要性而制订当地水源保护令和实施公共教育计划。

各州最高可使用 15%的专项拨款用于这些类型的活动，可使用不超过 10%的专项拨款用于任何一类工程。如：州可以提供不超过 10%的预留款用于水源土地征购贷款或井源保护计划支持。

10.4.2 重点要求和建议

10.4.2.1 账户管理

（1）保持专项账户

州贷款人在对州饮用水循环基金专项账户进行合理维护的工作中承担主要责任。

如果通过州饮用水循环基金预留款提供援助，计划基金和预留经费均必须设立专项账户。如果利用 15%的“地方援助和其他州计划”专项预留款的计划偿还的贷款重新打入了预留款账户中，则这些账户必须执行与基金管理同样的监管要求。

表 10-3 提供了州饮用水循环基金预留款参考。

（2）目标一致

所有预留款活动必须与州饮用水循环基金整体目标保持一致。根据基金援助要求，计划预留款可用于为《安全饮用水法》整体工作提供支持。此外，所有预留款必须符合联邦财政支持工程适用法规程序的要求和环境审查规程。但是，大多数情况下，这些要求与预留款活动没有过多关联性。

表 10-3 州饮用水循环基金预留款参考

数额	法令标准	目的	要求的配套资金	是否可以预留
4%	1452（g）（2）	州饮用水循环基金用于 PWS 行政管理和技术支持	无	是
2%	1452（g）（2）	小型系统技术支持 向服务人口<10 000 人的 PWS 提供技术支持	无	是
10%	1452（g）（2）	州项目管理： 1. 管理州公共给水系统监督项目 2. 管理或提供水源技术支持 3. 制订和执行能力培养战略 4. 制订和实施操作员认证项目	1∶1	是
15%	1452（k）	地方支持和其他州项目： 不高于专项拨款的 10%，适用于所有的活动 1. 征购土地或保护水源用贷款 2. 为实施自愿性激励政策下的水源水质保护活动提供资金贷款 3. 向 PWS 提供援助，作为能力培养战略的一部分工作 4. 仅限于 1996 年和 1997 年，为划定或评估水源保护区域提供支持 5. 根据第 1428 条，为建立和实施井源保护计划提供支持	无	否

10.4.2.2 报告要求

（1）基本报告要求

州计划必须按照具体要求，对与州饮用水循环基金预留款相关的经费进行规划并能够对此予以解释。根据计划基本要求，在预期用途规划中必须包括对州饮用水循环基金预留款资金充裕程度和规划活动的整体介绍。具体介绍和预算信息在正式的预留款工作规划中有介绍。与规划中的活动相比，对州饮用水循环基金预留款经费实际使用情况的跟踪报告包含在年度报告或两年度报告中，或专门进行独立的预留款活动更新。在地区或州的主动要求下，可以补充其他类型的报告，但不可替代上述要求的报告。

（2）预留款工作计划

对预留款工作计划的具体要求在州饮用水循环基金计划最终法规中有相应的规定。根据上述原则规定，所有预留款工作计划必须包括 6 个具体方面的信息。包括：1）对规划活动和每一预留款目标和目的进行详细的介绍；2）明确各实施方的职责与职能；3）年融资额和累计融资总额以及各项活动储备金所占的百分比；4）预期产出、成果和可交付产品；5）工程作业完工年限和可交付产品的进度；6）州成就评估工作介绍。地区可以要求提供更多其他工作计划相关信息或明确要求采用某些格式。如：可以要求州简短介绍当前工作计划与上一年工作计划以及与公共给水系统监督、安全和操作员培训拨款相关工作计划之间明确的工作关系。此外，如果累积了大量未支出的预留金，地区可以要求州提供有关州可能采取哪些措施加快工作进程等方面的信息。

预留金工作计划应按照 EPA 地区办公室工作人员确定的工作进度按期完成。EPA 必须对所有的工作计划和工作计划修订内容进行审批。各州必须针对所有的预留款制订相应的工作计划，4%的行政管理预算除外。除非这 4%的预留金用于技术援助，行政管理活动无需制订任何工作计划。此种情况下，只有那些用于技术援助的资金才需要制订工作计划。

“所有关于预留金的工作计划在专项拨款发放后的 90 天之内制订提交，已获得 EPA 批准的更短工作进度情况除外。”

（3）可接受形式

预留款工作计划可有多种形式。根据每年单项拨款情况或根据多年采用的格式制订相应的计划（即使当前年份州未收到拨款）。规定要求，若干年工作计划不得超过 4 年。如果项目预期利用多项拨款和其他资金，需历时若干年的时间才能完成，则多年项目计划是非常有益的。

除报告进度的不同外，州还可以基于每一项预留款制订工作计划，针对 2%、4%、10%和 15%的预留款分别制订预留款工作计划。或者州也可根据不同的拨款类别为单项类别制订计划，比如：州可以为“能力培养”单独制订工作计划，为“操作认证”或保护水源工作另行制订工作计划。

（4）年度/双年度报告和预留款活动报告

州计划必须按照与 EPA 地区办公室协商的情况，通过年度报告/双年度报告或其他类型预留款援助活动报告（亦称之为预留款绩效报告）对预留款的使用情况作以报告。通过这些文件报告，可以使各州和其他人员对州循环基金预留款规划用途与资金在计划援助中的实际支出进行对比。预留款援助活动报告或年度报告/双年度报告体现的资金使用信息，应与上一年的预期用途规划和工作计划保持一致。出现任何不一致情况时，均应在这些文件中加以解释。

主要职责：通过州饮用水循环基金预留款进行资助。

（5）EPA

- 在计划中明确要求可以选择多种方案以实物援助代替新现金援助，来满足“州计划管理”预留款一对一配套要求。关于什么样的实物援助符合要求，EPA 的回答是要根据具体情况，具体分析。
- EPA 必须对所有的预留款工作计划和工作计划修订内容进行审批。
- 在与 EPA 地区办公室取得一致意见后，州计划必须就有关预留款的用途，通过年度报告/双年度报告或其他预留款计划报告给予呈报。
- 如必要，EPA 将就采取的纠正措施与计划办公室协商，以减少滞存的大量预留金。

（6）州计划办公室

- 除非是 4%的预留款也用于技术援助的情况，行政管理活动无需制订任何工作计划。
- 对于州计划管理预留款中的储备金，拨款时或资金支出之时，州计划必须提供与储备金直接配套的款项。
- 通过“地方援助和其他州计划”预留款，各州亦可为特定的水源活动提供贷款支持。如果州决定提供贷款援助，则必须制订相应的优先工作安排程序。所有贷款还款必须返回预留款账户，以供日后贷款之用，或返入基金中。
- 各州最高可使用 15%的拨款，用于那些利用“地方援助和其他州计划”预留款资助的活动，各类工程最高可使用不超过10%的专项拨款。

- 如果通过州饮用水循环基金预留款提供援助，则基金活动和预留经费均须设立独立账户。
- 所有关于预留款的工作计划均应在拨款发放后的 90 天内如期完成，EPA 地区办公室要求更短工作日程的情况除外。
- 按照与地区办公室取得的一致意见，州计划必须通过年度报告/双年度报告或其他类型的预留款援助活动报告，上报预留款的使用情况。

10.5 州后续工作

本节要点：

- 年度报告/双年度报告记录的是州饮用水循环基金计划上一年或上两年实际开展的工作。
- 计划审计是对州饮用水循环基金运作情况进行的全面检查。包括贷款基金、预留款账户和行政管理或费用账户。
- 《单一审计法》规定，所有在某一财政年开支超出 500 万美元的非联邦机构都要求进行单一审计。
- 州计划必须通过年度预留款使用状态报告或各州的州饮用水循环基金年度报告/双年度报告，就预留款使用情况进行报告。
- 饮用水国家信息管理系统是对一系列符合州循环基金活动的综合数据统一进行的汇编。

10.5.1 州撰写州饮用水循环基金年度报告/双年度报告

10.5.1.1 目的

每一州饮用水循环基金计划均须向 EPA 地区办公室提交一份双年度报告，详细介绍州计划运行情况以及州饮用水循环基金法规和专项资金拨款要求的履行情况。有些州，特别是那些进行州清洁水循环基金和州饮用水循环基金协调管理的州，可选择进行年度报告，而非双年度报告。亦可将州清洁水循环基金和州饮用水循环基金合并成一份报告提交。此种情况下，必须对所有州清洁水循环基金和州饮用水循环基金相关金融活动分别进行明确的报告。

10.5.1.2 主要要求和建议

年度报告/双年度报告记录了州饮用水循环基金计划上一年或上两年实际开展的工作。它介绍的是计划朝着预期用途规划中短期和长期目标的进展情况。要求各州就预期用途规划中确定的产出和成果，介绍进展情况，包括给出满意的解释，必要时，介绍未实现具体产出和取得成果的原因。

报告还包括对及时、快捷使用资金，约定承诺和贷款执行情况，以及援助类型的详细介绍。特别是，州必须能够证明已经向工程优先实施列表中的工程注资，坚持执行工程规避程序。除了同时要提交的饮用水国家信息管理系统报告之外，年度报告/双年度报告还应包括财务声明和对州饮用水循环基金计划财务健康状况的整体评估。地区可规定采用特定的表格，包括财务表。报告应前后参照独立的审计报告。

除体现一致性之外，报告还需要证明哪些计划符合联邦和州的要求，区分专项资金拨款和州配套资金以及包括基金中偿还的贷款和利息所得在内的其他来源款项。州饮用水循环基金计划应体现与预期用途规划规定的具体保证的一致性。最为重要的是，所有支出必须满足《安全饮用水法》的要求。年度报告/双年度报告还须对预留款账户的状态另行报告。EPA 的一项拨款条款要求，各州饮用水循环基金计划须阐明在开展活动、实现产出和取得成果的进程中产生的公共健康利益。

除这些固定的组成部分外，报告还应对之前的计划评估报告中发现的问题进行跟踪，对其他任何计划变化进行评估。着眼于长远利益对于 EPA、金融社区、州立法者和其他人员都非常重要，因为这属于公共事务。只要州饮用水循环基金计划在运作，就要一直实行报告制度，但在最后一笔专项资金拨款发放之后，有望减少一些报告要求，因为有些计划规定不再适用。

10.5.1.3 主要职责

（1）EPA

- 安排各州提交州饮用水循环基金计划年度报告/双年度报告进度表计划，通知该州报告要求中出现的任何变动。
- 如可能，地区办公室可明确一种最佳的年度报告/双年度报告形式。

（2）州计划办公室

- 向 EPA 提交年度报告/双年度报告，详细介绍过去一年（几年）开展的州饮用水循环基金计划活动，包括计划融资承诺、财务报表、产出和成果实现进展情况、上一年度计划评估报告中发现问题的解决方案以及预期计划出现的变动。
- 年度报告/双年度报告中，应能提供符合州饮用水循环基金规定和专项资金拨款要求的证明。

10.5.2 州开展州饮用水循环基金年度审计并提交 EPA

10.5.2.1 目的

计划财务审计有助于确保州饮用水循环基金的合法运作，满足联邦规定要求、遵循正确的财务和财政程序，避免资金浪费、欺诈和滥用风险。EPA 通过审计后的财务报表来确定计划是否是按最初设想在运作，收集向国会报告所需的信息。前期审计报告由地区进行审核，以此确认之前报告的财务信息与通过年度报告和双年度报告提供的信息。发现有任何不一致的地方均应予以提出，并给予解决。

开展州饮用水循环基金计划审计的各州可以利用预留拨款账户中 4%的行政管理资金支付这一开支。

10.5.2.2 年度计划审计

针对各州的州饮用水循环基金计划账户的财务独立审计基本上通过各州计划开展。

州审计是对州饮用水循环基金运作情况进行全面检查，而不是对某一单笔专项资金拨款的检查。审计包括：基金贷款、预留款账户和行政管理或规费账户。审计人员首先提出他们对财务报表不合格之处的意见，确定州是否在遵循与公认会计程序一致的、可以对州饮用水循环基金账户往来中的资金流进行合理衡量的会计和财务程序。财务报表举例见表10-4。

表10-4 财务报表举例　　单位：100万美元

州饮用水循环基金财务信息	2004年	2005年	2006年
现金流			
运营活动			
贷款利息所得	1.8	1.6	1.9
贷款本金偿还	3.4	3.7	4.5
贷出总额（包括豁免的贷款项）	（13.0）	（14.0）	（18.7）
转账——其他州州循环基金	0.0	0.0	0.0
联邦专项资金拨款——现金提取量	12.7	13.5	18.0
州配套存款——不包括通过州循环基金支付的债券	2.7	5.1	2.8
州其他出资额	0.0	0.0	0.0
运营活动中的净现金额	7.5	9.9	8.4
非资本融资活动			
杠杆融资债券总收益	0.0	0.0	0.0
杠杆融资债券收益（总收益减去债券发行费用）	0.0	0.0	0.0
杠杆融资债券和州配套债券支付的利息	0.0	0.0	0.0
净调换债券和调换基金	0.0	0.0	0.0
州配套债券收益（总收益减去债券发行费用）	0.0	0.0	0.0
杠杆融资债券本金偿还	0.0	0.0	0.0
州配套债券本金偿还	0.0	0.0	0.0
非资本融资活动净现金额	0.0	0.0	0.0
投资活动			
短期投资收益	0.4	0.4	0.5
债务服务储备金利息所得	0.0	0.0	0.0
债务援助储备基金配套债券存款额	0.0	0.0	0.0
债务援助储备基金杠杆融资债券存款额	0.0	0.0	0.0
投资活动净现金额	0.4	0.4	0.5
现金和现金等价物净增长（下降）	7.9	10.3	8.9
期初余额——现金和现金等价物	27.0	34.9	45.2
期末余额——现金和现金等价物	34.9	45.2	54.1
期末余额——未提取的联邦自动票据交换余额	15.9	12.1	8.2

然后对资产负债表中的州饮用水循环基金资产、责任和净资产情况进行审核，就与财务报表相关的内部控制进行报告。这是进行更广泛范围检查中的部分工作，目的是为了确保州拥有合理的内部控制和会计程序，防止资金浪费、欺诈和滥用行为。

接下来，审计人员就州在各重要方面的法律法规遵守情况、州循环基金拨款条件以及其他现行联邦法律和债券契约的一致性给出自己的意见。审计是对州现金管理做法进行的详细检查，借此查看州饮用水循环基金是否在投资中获得了合理的回报率。审计中应对发现的不规范支出、现金提取、支出以及纠正这些错误采取（或计划采取）的措施进行记录。

州必须向 EPA 提交完整的审计报告和管理建议书，以供审查和在州年度审查进程中使用。EPA 地区办公室通过查看这些审计报告（预期在进行年度审查时可完成），对计划管理进行评价。

10.5.2.3 单一审计

《单一审计法》和 OMB 的第 A-133 号工作指南规定，各州必须开展年度审计，即单一审计。《工作指南》执行《单一审计法》（1996 年修订案），规定所有在某一财年开支超出 500 万美元的非联邦机构必须开展单一审计。

除州饮用水循环基金计划财务审计之外，某一财年支出超过 500 万美元的联邦援助贷款人也必须按照《单一审计法》接受审计。各州必须确保所有在此范围内的州饮用水循环基金计划贷款人正在开展单一审计，坚持公认会计程序的会计要求，对审计过程中发现的问题着手进行解决。

单一审计得出的数据随后可用于州饮用水循环基金计划财务审计中，亦可对计划预留款进行单一审计。

单一审计报告的形式如下：

> 单一审计报告可为一份合并报告，或多份单独的报告。
>
> 总体而言，单一审计报告包括以下内容：
>
> - 对财务报表是否符合公认会计程序给出意见。
> - 与财务报表和重大计划有关的内部控制状态。
> - 对受助人是否符合法律法规要求、联邦援助拨款条件要求进行评估，安排评估调查和审查成本的时间表。

尽管单一审计在过去未用于执行州饮用水循环基金审计要求，但对于那些未进行年度单一审计、无法提供近期审计结果的州，EPA 地区办公室需要从单一审计报告中获得尽可能多的信息，以验证计划的符合性。

（有关州循环基金审计的更多信息，详见清洁水和饮用水州循环基金计划 EPA 审计指南，2002 年 9 月）

10.5.2.4 主要职责

（1）EPA

- 检查每一州饮用水循环基金计划近期独立审计、总检察长办公室审计或单一审计情况，以确定是否符合要求，确保具备合理的财务管理，检查与州先前报告情况的一致性。
- 确保州已收悉并审核了指定州饮用水循环基金贷款受助人的单一审计结果。

（2）州计划办公室

- 安排对计划运作情况的独立审计或单一审计，记录所有必要的财务交易和报告制度与相关机构、内部控制以及公认会计程序的要求。
- 与审计人员一起开展审计工作，探讨/解决发现的问题。
- 向 EPA 提交审计员的审计报告以供审核，包括审计的财务报表。
- 收集属《单一审计法》审计对象的贷款受助人的单一审计结果。涉及贷款受助人的偿还能力方面的问题时，对审计中发现的问题进行跟踪。

10.5.3 提交年度预留款绩效状态报告

10.5.3.1 目的和要求

撰写年度预留款绩效状态报告（亦称之为预留款活动报告），可对所从事的活动进行年度更新和介绍，并对每一单项预留账户的支出情况有所了解。除地区有要求外，对上述报告的提交不作强制性要求。但是，州计划必须通过此类型的报告或各州的州饮用水循环基金年度报告或双年度报告对预留款使用情况进行报告。这一文件可以使各州和其他人员将州循环基金预留款的规划用途与实际支出情况进行对比。

预留款绩效状态报告还应包括对预留款规划用途与实际支出的介绍。如果存在未支出的预留款，且数额高于批准工作计划中规划的预期数额，则该州应确定减少超额的措施。这些措施可能包括：采取措施加快规划工作、确定其他任务（如修改工作计划）、将资金转至其他类型的预留款（如未达到上限）以及将超额款项转至基础设施资金。

10.5.3.2 主要职责

（1）EPA

➢ EPA 必须确保对各州的州饮用水循环基金预留拨款报告的进行情况进行合理监督。要求州计划通过年度预留款绩效状态报告或州饮用水循环基金年度报告/双年度报告，就预留款使用情况进行报告。

（2）州计划办公室

➢ 州计划必须通过年度预留款绩效状态报告或州饮用水循环基金年度报告/双年度报告，就预留款的使用情况进行报告。

10.5.4 饮用水国家信息管理系统报告

10.5.4.1 目的和要求

饮用水国家信息管理系统用于对一系列符合州循环基金活动的综合数据进行统一汇编。饮用水国家信息管理系统数据可用于提供计划活动的可靠报告和分析；监测满足计划目标和目的的进展情况；在财务规划中提供支持。通过饮用水国家信息管理系统收集的信息包括：按各类计划援助的详细情况（如：符合《安全饮用水法》的系统）、由取水人提供的援助、州饮用水循环基金预留款的发放和支出情况以及有关州饮用水循环基金财务指标的信息。各州利用饮用水国家信息管理系统数据对计划进程进行实时跟踪。

饮用水国家信息管理系统数据报告还可被地区在年度审查中用于对计划财务健康状况进行评估，并对计划活动措施进行报告。

10.5.4.2 计划活动措施（Program Activity Measures，PAMs）

根据联邦规定，EPA 计划办公室必须保证州饮用水循环资金专项拨款与 EPA 的战略规划相吻合。地区办公室与各州合作，通力确保专项资金工作计划有明确的输出项和成果。就与全国报告的产出和成果的联系而言，州饮用水循环基金计划确定了四种计划活动措施。包括：

➢ 符合规定要求的援助资金协议年度使用百分比

➢ 基金利用比率（累计贷款总额与累计的工程使用基金的比值）

➢ 联邦投资回报（累计援助支出总额与分摊至计划的累计联邦工程资金）
➢ 累计工程完工数量

10.5.4.3 整体进度

饮用水国家信息管理系统报告计划数据来源于 1997 年 7 月 1 日—当前年份的 6 月 30 日。数据以 Excel 电子表单或网络收集而来（http://www.dwsrf.net），由各州自行选择。

EPA 于 20 世纪 90 年代后期开始着手开发饮用水国家信息管理系统。在堪萨斯州、缅因州、马里兰州、俄亥俄州、俄勒冈州和弗吉尼亚州 6 个州开展了先期试点。该系统的最新版本为 EPA 于 2000 年开发。新系统包含对每一州计划多达 400 多项数据的收集要求。目前，各州均采取将其州饮用水循环基金资金用途数据报至饮用水国家信息管理系统的方式。州饮用水循环基金数据报告截止时间为每年的 6 月 30 日，最终数据将通过建立的网站，在 9 月之前提交 EPA。州可以只报告最近财年的数据，并且只要求提交与上一年相比较出现的变化或采取的纠正措施。

10.5.4.4 利用州饮用水循环基金财务指标

饮用水国家信息管理系统运算中采用了 7 个财务指标。这些指标有助于为 EPA 和各州提供一种方式，通过此方式可对计划进程进行跟踪，对计划整体健康状况进行初期分析评价。系统收集有以下类型的州饮用水循环基金指标信息：

➢ 联邦投资回报情况
➢ 预留的一定比例的基金援助
➢ 开支占援助预留款的百分比
➢ 因杠杆融资提供的其他援助
➢ 偿还配套债券和本金豁免后的净回报/亏损情况
➢ 发放拨款后的资本净回报；以及
➢ 预留款支出比率

利用这些指标，可设定多个评价计划的施行条件，为计划财务规划提供帮助。EPA 还利用这些指标，为响应管理与预算办公室的要求和准备为州饮用水循环基金计划评估分级办法提供帮助。如 11.2 所述，计划评估评定工具由一系列问题组成，试图对某一单个计划（包括州饮用水循环基金）的目的、管理和绩效情况进行评估。计划必须能够证明其目的明确、有目标、得到了完善的管理并且达到了预期的目的。

与通过计划评估评定工具程序评估一样，通过为合理分配有限的资金、力争取得最佳成果提供相关信息，计划效率同样在总统预算制订过程中起着重要的作用。

10.5.4.5 主要职责

（1）EPA

➢ EPA 必须确保州利用饮用水国家信息管理系统数据系统及时准确地报告信息。

（2）州计划办公室

➢ 州饮用水循环基金数据报告截止时间为每年的 6 月 30 日，最终数据通过建立的网站在 9 月之前提交 EPA。
➢ 州可以通过饮用水国家信息管理系统只报告近期财年的数据，并且只需提交与上一年相比出现的变化或采取的纠正措施。

10.6 EPA 监督职责

本节要点：

- 年度审查是 EPA 对州饮用水循环基金计划行使的主要监督职能，因此囊括了州运作过程中的方方面面。
- EPA 在年度审查时首先负责对州计划在实现预期用途规划中明确的目标和目的的进展情况和绩效进行评估。
- 除对州饮用水循环基金计划进行年度审查之外，EPA 总部还要对每一地区办公室行使监督审查职能。

10.6.1 EPA 年度审查程序

10.6.1.1 目的

年度审查的主要目的在于，评估州饮用水循环基金计划的财务状况和健康运营状况，检查计划与相关法令、法规和拨款条件的一致性。审查的重点是州饮用水循环基金上一年的活动，包括对计划产生影响的措施和协议。EPA 地区办公室工作人员通常在州办公室完成部分审查工作之后，通过考察，为对州计划运作能力进行评估奠定基础。首次会晤和末次会晤以及为讨论新规定和新举措召开的特别会议都是长期和短期内提高州饮用水循环基金管理水平的有效手段。

10.6.1.2 EPA 的职责

年度审查是 EPA 对州饮用水循环基金计划行使的核心监督职能，因此囊括了州计划各个方面的运作。2004 年度清洁水和饮用水州循环基金计划审查指南对审查中的核心要素进行了全面的介绍，并为 EPA 地区办工作人员提供了一个检查清单，在审查期间将此清单填写完毕，随计划评估报告一并提交至 EPA 总部。除了这些核心要素之外，地区可能还会根据对实际情形的了解和以往的审查经验，特别强调某些州饮用水循环基金计划要素。为进一步确保州和 EPA 步调一致，EPA 鼓励地区与州共享计划审查报告的初步结果，就评估中发现的问题以及拟定明确采取的措施进行探讨。

EPA 在年度审查时首先负责对州在实现预期用途规划中明确的、州年度报告/双年度报告中提出的目标和目的的进展情况和绩效进行评估。EPA 还负责对选择的计划和财政计划文件进行审查，通常是在州计划办公室现场审查，以确认计划是否符合联邦要求、环境审查是否充分以及计划援助对象和援助活动是否合格。具体步骤如图 10-6 所示。

审查活动的目的在于：

- 确保计划运作符合签订的运作协议（如可行）
- 确保计划正在实现第 1452 节的预期目标以及《安全饮用水法》其余相关章节的目标
- 如可行，确保计划与州开展的其他水质和饮用水计划相互协调
- 确保计划符合专项资金拨款协议和一般拨款规定第 31 节的要求，以及
- 确保援助活动达到了州饮用水循环基金计划要求的合格条件

其他重点工作包括：EPA 针对基金和预留款账户财务状况与使用情况进行年度审查。

基金财务审查包括：审查州配套资金是否能够及时到位，对约束承诺要求进行评估，审查是否遵循了正确的现金提取规程，是否符合审计要求，是否采用了合理的援助条款、收取合理的费用以及是否对借贷方信用情况进行了正确的评估。EPA 还负责确认州是否在按照 EPA 拨款和褫夺办公室的要求，填写所有的联邦现金交易报告（Federal Cash Transaction Reports，FCTRs）和财务状况报告（Financial Status Report，FSRs），EPA 对州饮用水循环基金预留款账户的审查包括：对按照预留款工作计划完成的工作进行评估、评估对联邦要求的执行程度以及对预留款支出比率进行评估。

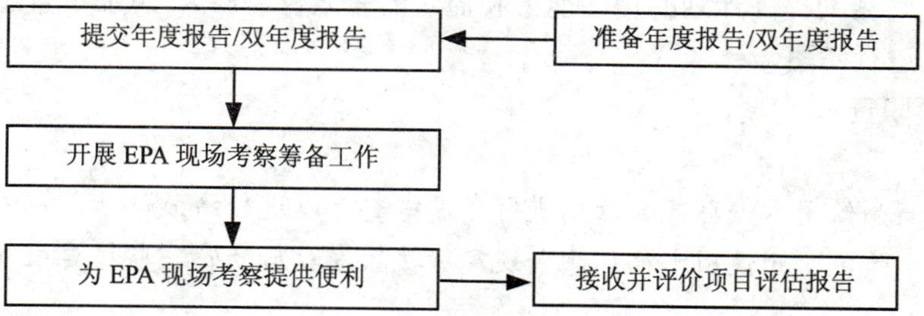

注：图中描述了州年度审查流程实施步骤（提交年度报告/双年度报告—州收到计划评估报告—就计划评估报告提出意见）。

图 10-6　EPA 年度审查程序实施步骤

除 EPA 对州饮用水循环基金计划财务和计划要求进行审查之外，EPA 地区审查小组将对任何公开审计发现的问题进行检查和跟踪，并对上一年计划评估报告建议的状态进行检查。最后，EPA 可能会记录州计划在公共健康利益方面取得的进展和采取的措施，寻求提高州饮用水循环基金计划整体管理水平的措施，包括市场推广、信息系统化和战略规划等。

10.6.2 EPA 地区审核程序

10.6.2.1 目的

除 EPA 地区办公室对州饮用水循环基金计划进行一年一度的审查之外，EPA 总部亦对各地区办公室开展定期审查。审查的重点是确定 EPA 地区工作人员对各州州饮用水循环基金计划是否行使了恰当的管理监督职能。审查中着重考虑 EPA 地区办公室如何跟踪州计划活动，确保合理利用联邦资金和开展年度州饮用水循环基金计划审查等内容。

EPA 总部与地区一起，就各州计划展开讨论，重点关注计划绩效和在公共健康保护方面的成效。

10.6.2.2 其他审查

- 计划评估报告跟踪
- 对审计中发现的问题进行审查
- 计划财务管理
- 预留款利用情况
- 计划进程
- 援助条件
- 预期用途规划目标

- 工程优先顺序清单的制订和实际资助工程
- 州饮用水循环资金与公共给水系统监督计划间的协调
- 通过饮用水国家信息管理系统报告，以及
- 要求的工作计划和其他报告的状态

EPA 总部审查小组赋予了 EPA 下属 10 个地区办公室监督职能。由这些地区办公室对所有 51 个州的州饮用水循环基金计划行使监督权。这一独特的管理机制为 EPA 总部更好地协助地区办公室开展工作提供了极大的帮助。EPA 总部经常提供非常有价值的解决方案和建议，帮助提高计划的援助能力和监督的有效性。EPA 总部审查小组平均每年约对 5 个地区进行考察。

10.6.2.3 主要职责

（1）EPA

- 对每一州饮用水循环基金计划进行年度审查，以进行绩效评估，确保符合《安全饮用水法》、州饮用水循环基金规定、拨款发放后的管理监控要求和适用的债券契约。
- 评估每一州饮用水循环基金计划的财务健康状况和管理能力，与州一起提高计划的操作性。
- 记录并解决发现的任何不符合之处或有关州饮用水循环基金计划管理的问题。
- 参与 EPA 总部对每一地区办公室的审查，探讨州饮用水循环基金计划绩效和符合性的情况。

（2）州计划办公室

- 根据协商的进度表，向 EPA 提交年度/双年度报告和支持文件。
- 提供计划文件、记录的流程和员工工作时间，以加快 EPA 年度审查进程。
- 对 EPA 的计划评估报告草案提供意见，与地区办公室人员合作，确定最终文件。

10.7 审查计划结构

本节要点：

- 为对州循环基金财务状况进行评估，EPA 提供了各种工具，来帮助州计划开展州循环基金战略规划，包括州循环基金管理手册。
- 开展财务规划活动有助于州循环基金再评估计划目标的实现和设定日后援助的借贷条件。
- 州循环基金规划模型有助于各州针对其州饮用水循环基金做出最佳的规划决策。

10.7.1 州循环基金管理手册

为对州循环基金财务状况进行评估，EPA 提供了各种工具来帮助州计划开展州循环基金战略性规划。如：2001 年由 EPA 发布的《州循环基金管理手册》，其中便介绍了如何指导州循环基金管理人员开展州循环基金战略性财务规划活动。手册分为三个部分——战略管理、基金管理事务和分析工具与技巧。

该文件中介绍的州循环基金资金管理基础模型包括战略规划、计划管理和计划评估

方面的信息。进行完善的基金管理的一个主要目标是，基金计划应能提供最大限度的公共健康利益。《基金管理手册》进一步介绍了如何有效地进行基金管理，以实现在保持基金整体购买能力的同时，长期提供最大限度的援助。本文中提到的财务因素包括：不同类型贷款条件的采用、对投资回报的合理管理、基金资源的最佳利用以及贷款组合管理方法选择方案介绍。开展财务规划活动有助于州循环基金再评价计划目标的实现，设定未来援助的借贷条件。

10.7.2 州循环基金贷款组合分析

合理的贷款组合分析要求对每一位借贷人的财务状况保持直接的了解。比如：州饮用水循环基金计划贷款组合中，大多数借贷人财务偿还能力较弱时，该计划可考虑增加一些确保偿还能力的抵押因素。此类因素可包括除使用者税收担保之外的贷款偿付额外抵押，如：以社区全部信用作担保。此外，还应针对贷款组合中可能影响贷款人未来偿还能力的贷款条件进行评估。比如：计划应仔细考虑“大额尾付”偿还和付息还款方案可能会对基金整体的健康运作方式造成怎样的影响。

对州饮用水循环基金贷款组合的财务状况进行评估有诸多好处。对贷款组合进行合理评估有助于对所有主要贷款按时偿还的可能性进行评估。在财务规划过程中，应对各种已知风险或潜在违约概率给予结合考虑。对贷款组合进行评估，还有助于对计划财务能力的审查流程提供反馈。对贷款组合进行分析有助于确定州饮用水循环基金计划规程是否能够正确确定贷款人财务状况所属的类别。

更多有关贷款组合管理和分析的详细信息，请参阅 EPA《州循环基金管理手册》（2001年版）。

10.7.3 州循环基金财务规划模型的应用

州循环基金财务规划模型由 EPA 开发，旨在为各州评估基金管理决策长短期影响提供帮助。州循环基金财务规划模型有助于各州在进行州饮用水循环资金规划决策时做出最佳决策。比如：利用模型可以使州工作人员以报告和图表的形式针对州循环基金能够提供的各种方案的输出结果进行解释，为目前和未来的工作提供帮助。这些输出结果包括：基金的来源和用途、预测财务报表和显示年度计划承诺及支出的图表。

州循环基金财务规划模型可以使各州对某些变量的影响进行评估，包括贷款利率、投资回报、基金利用率的调整、杠杆融资的使用情况、预留款经费储备水平，以及贫困社区补贴标准的调整。

10.7.4 主要职责

（1）EPA 的主要职责

- 为帮助各州对州循环基金财务状况进行评估，EPA 提供了各种工具，来帮助州计划开展州循环基金战略规划。

（2）州计划办公室的主要职责

- 各州利用州循环基金财务规划模型，对基金管理决策的长短期影响进行评估。开展财务规划有助于各州在进行州饮用水循环资金决策时做出最佳的管理决策。

第11章　州清洁水循环基金

11.1 什么是水源保护

社区推行的保护措施要取决于社区的需要。下面给出的是社区可以用来保护水源的一些普通的保护措施。

- 管理污染物——通过清除污染物或者对污染进行补救可以减少污染物的威胁。制订管理计划可以控制威胁到水源水质的非点源和点源污染物。（详见本页文本框内容）
- 禁令——可以颁布地方法令禁止在保护区储存或者使用危险物质。
- 分区法令——通过规定在某一区域内可以进行的活动类型，制定详细的法规，社区可以避免可能会对饮用水造成危害的活动。
- 细分法令——在设定住房密度标准时可以采用细分法令，要求预留空间，管制社区发展和扩建的时机。
- 购买地产或发展权——社区可以使用基金购买土地或者保留土地权来控制水源保护区内的活动。
- 公众教育——制订情况说明书，张贴海报，举行专题讨论会或展览会可以支持保护计划。
- 地方卫生法规——地方的法规措施如建立卫生防护区，禁止在靠近饮用水井的地方设立化粪池，可以避免污染。

利用州清洁水循环基金管理污染物

拆除泄漏的地下储藏罐，修复被污染的土壤和地下水。内布拉斯加州和怀俄明州将州清洁水循环基金用于大量的地面储罐项目。

纽约的州清洁水循环基金用于治理地下注入井以及废弃的城市危险废物场的污染物。

农业最佳管理实践，包括：

- 为减少进入到地表饮用水源的径流而采用的免耕设施。
- 养殖场粪便资源化管理措施。
- 明尼苏达州的州清洁水循环基金为数千类这种项目提供了贷款。
- 垃圾填埋场的监测井及其升级。三个阿拉斯加城市把州清洁水循环基金用于和垃圾填埋场相关的项目。

> ➢ 湿地恢复。华盛顿州为汤森港城（Townsend）提供贷款来维护湿地。
>
> ➢ 化粪池。马萨诸塞州和缅因州用州清洁水循环基金资助更换失效的个体化粪池。特拉华州用州清洁水循环基金鼓励修理失效的化粪池。

11.2 为水源保护提供资金——州清洁水循环资金

10 多年来，州清洁水循环基金一直为一些计划提供资金保护全国的地表水和地下水水质。每个州和波多黎各的州循环基金计划的运作和银行类似。联邦和州的捐款用来投资和设立项目。这些资产用来为重要的水质计划提供低息或者无息贷款。这些贷款 20 年后要偿还给州清洁水循环基金。偿还的资金再提供给其他的水质计划，这样一直循环利用。预期用途规划记述了打算如何利用计划资金来支持水质目标。

11.2.1 州清洁水循环基金的能力

在全国范围内，州清洁水循环基金的资产已经超过了 300 亿美元，自从 1988 年起已经发行了 260 亿美元贷款。目前，州清洁水循环基金每年为价值 30 亿美元的水质计划提供资金。很明显，州清洁水循环基金是水源保护项目最有力的财政来源。

11.2.2 谁具有资格

1987 年的《清洁水法》授权州清洁水循环基金为点源（第 212 条）和非点源（第 319 条），河口（第 320 条）项目提供资金。州清洁水循环基金可以提供水源保护工程资金给符合条件的援助对象，包括公共供水系统、社区团体、个人、保护区和非营利性组织等。

州清洁水循环基金允许为较宽泛种类的保护计划提供资金。然而，因为这个计划是由州管理的，因此支持的项目种类根据每个州内的政策、法律和优先权而变化。申请人需要符合的援助条件各州也不相同。

11.2.3 如何获得一个投资项目

由于每个州管理州清洁水循环基金计划的程序不一样，因此寻求州清洁水循环基金贷款的第一步就是要和所在州的州清洁水循环基金的代表联系，可以在州清洁水循环基金的网上找到——www.epa.gov/owm/finan.htm。州代表可以带你进入正确的渠道。建议你向代表询问以下几个问题：

➢ 州是否在预期用途规划中承诺资助水源保护活动？

➢ 如果不资助，那么怎么做可以使这些项目列入到预期用途规划中？

➢ 单个或者私有机构可以得到用于水源保护的州清洁水循环基金贷款吗？

➢ 如果不能，我可以从我所在的县得到这笔贷款吗？

成功的案例：Pine Barrens（纽约州）

Pine Barrens 的地下水含水层是供 260 万人口饮水的唯一水源含水层。道路建设，住房和商业发展已经大大降低了下层含水层的补给速率。与此同时，随着人口、商业/工业活动的增加，取水速率不断增加。在沿海地区，当补给速率小于取水速率时，就会发生海水入侵。快速发展的另一个影响就是化粪池排出的废水通过 Pine Barrens 的多孔土壤进入到相对来说没有经过处理的含水层。

纽约州清洁水循环基金计划发放贷款 7 500 万美元给 Suffolk 县用来在 Pine Barrens 荒地购买土地，保护长岛的水资源。购买只是州、地方、私人组织保护 Suffolk 县饮用水主要补给层计划中的一小部分。

11.2.4 偿还贷款的来源

每个州都要批准一个偿还贷款来源，这是申请程序的一部分。虽然寻找偿还来源具有很大的挑战，但这并不是不能实现。许多的州清洁水循环基金使用者在寻找偿还来源时具有很高的创造力，并且发现偿还来源不一定要来自项目本身。

一些潜在的偿还来源包括：

- 业主的支付能力（申请贷款时确定的）
- 开发商支付的费用
- 娱乐收取的费用（钓鱼许可证，入场费）
- 地方、县专用的部分，或者州税收或收费
- 饮用水水费
- 给非营利组织的捐款或应付款
- 雨水管理费
- 废水使用者收费

成功的案例：Fresno（加利福尼亚州）

Fresno 的城市洪水控制区得到了 2 000 万美元的州清洁水循环基金贷款，用来在 Fresno 中心服务区和区域地下水流域实施非点源的控制措施，这是该地区的主要饮用水水源。这些措施的目的是通过构建处理设施和实施控制措施，减少城市和农田的径流和微生物污染物。该计划的主要策略就是把径流都保留在该区域内。

州循环基金的贷款用来在高度扩建的 Fresno/Clovis 大城市区域建设 30 个雨水保持/滞留设备，在圣华金河（San Joaquin River）沿线设立 7 个雨水水质控制流域。区董事会通过了一项决议，授权通过排水费条例偿还贷款。

11.2.5 面临的挑战

EPA 鼓励州将州清洁水循环基金用于更广泛的水质项目，同时还要解决具有高度优先权的项目。对水源保护有兴趣的人应该寻求州清洁水循环基金计划，了解州计划是如何运转的，以及加入到确定需要资助的工程的年度进程中。

欲了解更多的资助计划的信息，请登录：www.epa.gov/OWOW/watershed/。

第五篇

案 例 篇

第 12 章　饮用水水源保护相关案例

当前，美国大约有 11 000 个社区供水系统以湖泊、水库及河流为主要的饮用水水源，服务人口超过 1.6 亿人。一旦这些饮用水水源被污染，就需要对水源进行额外的处理和净化，增加工业和公共健康的资金投入。因此，人们逐渐意识到有效的饮用水系统管理应该包括保证水质和保护水源。

饮用水水源的保护不仅仅是对单个污染源的控制，而应该在区域或流域治理的基础上正视和解决污染问题。许多州、部落和地方政府已经开始从小流域角度来管理水质项目。然而，饮用水项目主要通过一些水处理技术使水源达到饮水标准，还未涉及湖泊、河流的水质保护与修复工作。但这一切正在改变。

美国现在面临的难题就是如何将饮用水安全与水质净化联系在一起。《安全饮用水法》1996 年修订案的通过说明国会已经承认两者之间的关联。该修订案强调对水源的保护不仅是对污染水体的监测与治理，更应该加强污染预防。修订案直接要求饮用水管理单位把监察饮用水水源纳入保障饮水供应的工作当中，各州必须建立评估程序，划定饮用水水源区，列出区内所有潜在的重要污染源，并确定每一个公共供水系统对这些污染源的敏感性。这些评估将帮助各饮用水管理机构、各州和地方政府更深入地了解其饮用水供应存在的潜在威胁，以及实施必要的保护措施。

对饮用水水源保护的日益重视使依赖于地表水的供水系统将首先实施流域管理。在这一过程中需要克服很多困难。许多河流污染问题都是由一个流域内的多种污染源造成的，这些问题主要通过土地和水资源管理来解决，而这已经超出了饮用水部门的控制范围。此外，如何让包括公众在内的各利益相关者有效参与也是棘手的问题。

虽然如此，还是有很多饮用水服务行业加入到这个新颖、成功的水源保护计划当中。他们对流域管理中一系列难题的解决方案包括：建立供水单位和地方政府的合作关系，与地方流域委员会密切合作，与土地管理机构协商土地交换协议，与当地农民合作实施旨在保护饮用水水源的最佳管理实践等。

本章通过以下四方面案例对水源保护进行说明，主要包括：水源保护合作、流域评估、流域土地使用管理和土地征用。

虽然不同的流域其管理方法不同，但所有的水源系统管理都有一个共同点：各交叉项目间的合作。将饮用水供水行业的宗旨与当地流域管理相衔接，能够推进对水生生态系统的恢复和保护工作，增强水源保护计划实施的有效性。

当没有一个独立计划可以直接适用于一个社区情况时，推出一系列的计划将有助于其保护策略的发展。以下是具体的案例分析，希望能够给参与保护饮用水水源并加入到当地流域管理与保护计划的供水系统管理者一些帮助。

12.1 建立合作关系

饮用水保护中涉及流域内竞争利益与矛盾的问题可以通过流域规划委员会解决，还可以与伙伴建立一个良好、长期的合作关系，从而为解决地区需求提供良好平台。为了制订一个可行的水源保护计划，必须甄选所有相关的部门与组织，并且共同努力去解决相互之间的竞争问题。

受影响的各方之间必须有效分享信息。公共事业单位、地方和州政府、流域理事会和基层，都是流域管理战略的参与者。只有通过信息分享，各种正式的或非正式的伙伴关系才能建立起来。

供水系统管理必须与当地具有管理权限的地方、州及联邦政府合作。政府的使命和目的与供水系统管理往往并不相同，这时就需要一种新的合作关系——承认所有团体合法性的合作关系。

如果一个供水单位能够对社区中的年轻人说明其计划的好处，那么消费者更容易接受流域内有关土地利用的流域管理法规及制度。流域管理计划同时也能帮助培养出一批有流域保护意识的消费者。西雅图公共事业单位一直致力于流域和公共事业参观、课堂讲解、实验及海报宣传等。这些做法大大提高了消费者们对流域内重大事件的关注程度并在消费者中间树立了公共事业单位的形象。

案例1　与团体和个人建立合作关系

切斯特水务局

切斯特　宾夕法尼亚州

主要水源：奥克托拉罗水库（Octoraro Reservior）

流域面积：140 $mile^2$ ①

服务人口：20万

处理方法：过滤，后期氯化消毒，氟化作用，经由氨水、活性炭、高锰酸钾、后期石灰澄清

合作伙伴：保护委员会、农民、奥克托拉罗流域委员会、野生动物保护合作者、宾州捕鱼与划船委员会、宾州自然资源保护机关

为了保护奥克托拉罗水库的水质，切斯特水务局与奥克托拉罗流域委员会形成了强有力并持续有效的合作关系。这种合作关系恰好解决了饮用此水却不住此地的居民与居住此地但不饮用此水的农民之间的冲突。

奥克托拉罗流域协会是30年前由一群有志于保护奥克托拉罗流域的当地业主联合组建的。意识到奥克托拉罗流域协会的潜力后，切斯特水务局在其成立后不久就与其形成合作关系。在过去几年中，水务局与协会已经共同合作开展了许多教育活动及水质保护

① 1平方英里（1$mile^2$）=2.59 km^2。

之外的计划。近年来，水务局更是通过提供会晤平台和行政资助，不断加强与协会的合作关系。

12.1.1 加强农业最佳管理实践

奥克托拉罗流域协会促进了该流域附近河流堤岸的篱笆建设，加强牲畜场管理，实施作物轮作，建立了森林河岸缓冲带。协会通过走访农场、庄园及其他居民点，鼓励当地农民采用多样的最佳管理实践，得到了农民的信任。

协会强调流域保护的最佳管理实践是弹性多变的，农户可以根据利害关系进行调整。例如协会支持农户采用比法规要求窄的缓冲带，因为缓冲带过宽可能会占用农户太多的耕地。

协会面临的最大挑战就是使农户确信他们推荐的最佳管理实践确实对农户及流域有益。在最近的一个农业会展的展台上，协会展示了某农场采用最佳管理实践前后的图片。同时，协会还会拿出成功的案例来向农民宣传他们的最佳管理实践。

一个虔诚的阿们宗派农民通过执行最佳管理实践，获得了防止土壤侵蚀、捕鱼以及其他一些好处。通过这个实例就能使其他阿们宗派的农民对流域保护更加认同。

12.1.2 与农户合作：消除他们的怀疑

140 平方英里的奥克托拉罗流域是很多阿米希人的家园。一个虔诚的阿们宗派农民受到协会和“野生动物的伙伴”组织的支持，在其拥有的土地里建立了一个湿地，通过实例说明了湿地对于防止土壤侵蚀、捕鱼的作用以及其他好处。他现在变成了最佳管理实践最好的代言人。该农民仍在继续他的最佳管理实践工程，他的经验能够帮助其他阿们宗派农户更好地接受协会的建议。

协会还经常帮助愿意实施最佳管理实践的农户寻找财政支持。该协会向本地、州以及联邦政府的保护委员会、宾州捕鱼及划船协会的“收养一条河流”计划等寻求资金与技术支持。“野生动物的伙伴”组织也会帮助寻找合适的资金来源。最近，该协会获得了宾州自然资源保护部门一笔 2 万美元的专用拨款，用于资助综合的流域研究。

案例 2　跨司法区域的合作：公益单位与政府的合作关系

锡拉库扎水务局

锡拉库扎 纽约

首要水源：小指湖（Skaneateles Lake）

流域面积：73 $mile^2$

服务人口：16 万

处理方法：氯化消毒、氟化作用

合作伙伴：县卫生局、本地政府、纽约州环境保护部门

为了保护小指湖，锡拉库扎水务局（Syracuse Water Department，SWD）与对纽约上游流域具有管辖权限的当地、县、州政府达成磋商协议。锡拉库扎水务局为流域饮水安

全提供了许多深思熟虑的建议，帮助政府履行职责。

12.1.3 与州环保部门的合作

锡拉库扎水务局与纽约州环境保护部门已经形成互利共生的关系：水务局帮助纽约州环境保护部门揭示流域内的问题，同时纽约州环境保护部门又允许水务局审查、评价任何会影响湖泊海岸线扰动的许可证。纽约州环境保护部门很少不咨询水务局就擅自批准流域内的许可证。

这种工作形式起始于水务局工作人员向纽约州环境保护部门官员汇报他们根据调查所发现的流域违规现象。水务局工作人员一直在流域内坚持调查工作，而纽约州环境保护部门的工作人员却并不能总是在流域内巡查是否有违规现象。水务局工作人员对流域法律法规的熟识及同州各环境保护部门的合作，可以帮助流域内居民更多地了解法规。

12.1.4 与县卫生局的合作关系

水务局与各县卫生局关系十分密切。水务局以卫生局代表的身份，来关注化粪池的渗滤测试。水务局工作人员发现的任何一个违规现象都将报告卫生局，违规处罚方法可能是一封违规信、卫生委员会的听讼会或者罚款。

此外，没有卫生局许可，任何乡镇不得批准建筑许可证。水务局与卫生局的紧密合作可以保证水务局工作人员在审查建筑许可证时建筑项目不影响当地水质。

12.1.5 与本地政府的合作关系

小指湖流域覆盖三个县、七个镇和一个村。小指湖镇是最接近取水口的一个镇。在流域内该镇人口最多，城镇发展潜力也最大。因此，应该提高该地区居民保护湖泊水质的意识。

小指湖镇最近重新修订了其分区法并授权水务局审查其建筑许可证申请、分区方法及其他分区问题，以确保与水务局流域法律法规协调一致。水务局对建筑许可证并没有否决权，但是水务局依照流域法规提出的建议一定要纳入到分区措施中。

小指湖镇是唯一与水务部门有正式法律协议的地区，水务局与其他乡镇（如奈尔斯镇、斯科特镇、显普洛尼乌斯镇和斯塔福德镇）的协议都是非正式的。

案例 3　浊度指标促使联邦与各州合作

赛伦公共供水部门

赛伦 俄勒冈州

基本水源：北圣田河（North Santiam River）

流域面积：600 $mile^2$

服务人口：15 万

处理方法：慢速砂滤

合作伙伴：北圣田流域论坛、当地政府、美国土地管理办公室、美国工兵署、美国森林服务部公共与私人的土地管理决策都会影响北圣田流域的水质，因此在该流域强有力的合作关系至关重要。600 $mile^2$ 的流域大部分是公共森林，主要用于木材加工和娱乐景观，由美国森林局、美国土地管理署和俄勒冈州林业部门管理。流域内的一个水库由美国陆军工程兵团管理，用于控制洪水、发展电力及区域内娱乐休闲。此外，在流域内的六个小区域里还有一小部分的私人林场和农田。

12.1.6 正式化的关系

连续两个冬天的强降雨和洪流使圣田河持续混浊，导致赛伦的慢速砂滤系统瘫痪，迫使城市使用备用饮用水水源，建立临时处理系统，削减用水量。这个事件充分说明了保护城市饮用水水源的重要性，同时也提醒赛伦公共供水部门必须与美国森林局在有关城市流域的土地管理方面进行协商，并达成一致。

谅解协议（The Memorandum of Understanding，MOU）中阐明了赛伦公共供水部门管理的责任和范围，明确了美国森林局保证城市用水水质的责任。为此，赛伦公共供水部门同美国森林局签署了一个流域内联合监测计划，均摊了十个样本试点的经营成本。计划的详细情况可以在网站 http://nwp71.nwp.usace.army.mil/NSRC/Main.html 中获得。通过监测可以掌握有关水源地水质状况的重要信息，有利于突出重点，开展区域管理工作。

随着与俄勒冈州林业部门、工程公司和土地管理署签订协议的不断增加，该监测计划已经扩展到了流域内的其他相关单位。这些协议可以协调流域内的保护工作，阐明各单位的责任及角色，并促进各合作单位尽量参与到关于水质影响的管理决策中。

与森林局的合作提高了对圣田河的监测水平——假如没有共同合作，这是一项很难完成的任务。

12.1.7 与流域论坛的合作

除了与公共土地管理者合作外，赛伦公共事业部门还和北圣田流域论坛积极合作。该论坛是在俄州法律下自发组建的一个流域委员会，代表了木材加工、农业、本地企业、流域内或依赖该流域的城市、环保主义者、娱乐业和流域内居民的权益。该团体由 13 个成员组成、基于相同利益的委员会管理，其主要任务是为利益相关方提供一个协调的平台，维持并推进流域及社区的健康卫生工作。

与北圣田河流域论坛积极合作，促使各团体成员之间达成协议，对饮用水保护计划的实施是非常重要的。

12.1.8 与赛伦市政府的合作

赛伦市政工程对北圣田河水质的要求比较高，这更促进了各单位的努力合作。当地社区在意识到合作将赋予他们在降低本地经济对生态的影响方面拥有更大的决定权后，也加入到合作计划中来。公共与私人土地管理者向公众担保，虽然之前的措施可能对水质有损害，但会实施合理的新管理措施，合作计划则会加强这种保证。他们也正在寻找一个联合的监测计划或者诸如谅解协议那样的正式协议，作为他们与本地社区合作的一种手段，以保证饮用水水源的安全。

旧金山公共饮用水事业依赖于 Hetch-Hetchy 流域系统内的六个水库，其中有四个水库在 Hetch-Hetchy 流域内。流域内还有约塞米蒂国家公园，斯坦尼斯劳斯国家森林和国家森林系统移民保留区。

1998 年以前，三个水库都被认定为优质水水源地，只要有效控制可能对水源地微生物产生不利影响的人类活动，这三个水库的水就不需要过滤处理。有效管理对保持水质至关重要。为了进一步符合联邦《安全饮用水法》中的地表水处理方法，同时保证不用过滤处理，旧金山公共事业委员会开展了一项流域卫生调查并制订了一套流域管理计划。

12.1.9 与利益相关方合作

流域管理计划要求流域管理工作组定期开会，直到管理计划得到有效实施为止。由于团结无利害关系的团体比冒险排除一个潜在利益相关者要更好，Hetch-Hetchy 流域管理工作组实施计划的主要方法就是将所有可能的利益相关方都纳入到这个集体中来。流域管理工作组已经要求很多利益相关者加入到计划中来。而该管理计划的成功取决于各关键的流域合作伙伴与其他流域相关责任部门之间的合作。其中一部分合作者就是该流域的土地管理者，如国家公园服务部门、美国森林局和美国土地管理署等。

案例 4　土地利用规划合作关系

旧金山公用事业委员会

旧金山　加利福尼亚州

基本水源：图勒奥米河、响尾蛇和嗜鱼蛇湾（Tuolumne River; Rattlesnake， and Moccasin Creeks）（Hetch-Hetchy 流域系统）

流域面积：760 $mile^2$

处理方法：3 个水库过滤、3 个水库未过滤

合作伙伴：加州卫生服务部门、加州公路巡逻队、公共卫生服务社区、郡县规划与环境健康组织、Hetch-Hetchy 流域服务工作组、国家公园服务部门、地方水质保护部门、美国土地管理署和美国 EPA

Hetch-Hetchy 流域管理部门的理念就是把所有潜在的利益相关者纳入到其团队中来，宁愿涵盖所有不相关的团体也不要漏掉任何一个利益相关者。

为了减少管理工作组制定决策和协调众多合作者的负担，旧金山公共事业委员会为他们配备工作人员，帮助他们了解技术问题的背景信息、协调信息交流和保证流域管理计划在各部门正常运转。

流域管理工作组一般会审查以下方面内容，如资金的可用性和为移民保留区指明方向的斯坦尼斯劳斯国家森林土地与资源管理计划的修订案，指定一个“敏感流域”的限制条件和利益以及识别流域系统内“数据缺失”的状况。

12.1.10 与国家公园服务部门的正式合作关系

1913 年，《瑞克法案》制定了一般娱乐用地导则。例如禁止在距河道 300ft（91.44 m）

范围内建废物焚烧场或处理场，禁止设立能接触到水体的娱乐设施等。

但是，由于加州公用事业委员会与美国公园服务部门之间潜在的竞争关系，他们必须基于一个正式的谅解协议才能共同工作。保护饮用水水质是旧金山公共事业委员会的首要任务，而国家公园服务机构的首要任务是给水体增加参观及娱乐功能。一些潜在的冲突集中在流域内的马厩、公园内运行异常的厕所以及水质监测责任的归属等。

目前两者的协议所遵循的原理与观点都取自于其他的工作文件，包括国家公园服务部门的宪章及旧金山公共事业委员会的规划文件。加州卫生服务部门将会在协议准备的最后阶段给出建议。谅解协议将是一个正式的签名协议，在州级行政区具有强制执行的法律效力。

12.1.11 扩展到其他合作者

在与国家公园服务部门签订谅解协议后，加州公共事业委员会开始在该协议的基础上与森林服务部门讨论该区域未来潜在的供水水源问题。位于国家森林土地内的水库只为加州提供了一小部分水源，仅在干旱时期用该水源地供给过饮用水两次。在那些时候，森林服务部门非常配合工作，限制水库内的船只。正式谅解协议的制订将规定一系列的水质标准，以保护饮用水水源。

12.1.12 本地居民的参与

将当地政府与团体成员包含在计划之中可以提高饮用水保护措施的公众支持度。因为许多重要的保护措施都是在本地政府的控制之下，特别是土地利用管理，特别需要公众的支持。

案例 5　对孩子进行流域知识教育

西雅图公共事业部门

西雅图 华盛顿州

基本水源：雪松河（Cedar River）流域、南福克塔特（South Fork Tolt）流域

流域面积：90 495 acre（雪松河），13 390 acre[①]（南福克）

服务人口：120 万

处理方法：氯化消毒，不过滤

合作伙伴：雪松河流域之友、西雅图中学

每年有将近 10 000 名学生来参观西雅图饮用水水源地，从而使他们了解饮用水与土地利用之间的关系。

西雅图公共事业部门的教育计划重点是城市学校四、五年级的学生。每年西雅图公共事业部门都带领大约 10 000 名学生进入流域，花费 3 个小时以上的时间，手把手地带领学生参与一些有关流域、水循环使用、野生动物、历史、侵蚀以及森林的宣教活动。

---

① 1 英亩（acre）=0.404 7 hm^2。

西雅图公共事业部门同样为初中及高中同学提供机会到南福克流域游玩。该计划一般侧重于向同学们普及一些关于水质、水处理以及土地管理合作方面的知识。

西雅图公共事业部门希望扩展他们的教育计划，与非营利性组织——雪松河流域之友进行合作，成立流域教育中心。他们可以通过争取财政支持和筹款等方式得到资助。

12.1.13 计划费用

每年花在教育及公共计划上的资金大约为 25 万美元，西雅图教育及公共计划部需要三个全职的工作人员、两个自然主义者和一个公共计划监督员。再过几年，全职工作人员有望增加到五名。

12.2 流域评价

区域评价是一个完善的流域保护计划的重要组成部分。流域的划分及评价有助于识别出存在潜在风险的地区并提出相应的解决方法。许多管理部门采用 GIS 来划分他们的流域。后来，当地的管理人员使用区域规划地图来确定流域内土地利用类型，并识别可能对饮用水供应产生威胁的潜在污染源。

一个综合的监测计划也能够帮助识别流域问题。例如，通过连续监测发现一个监测站硝酸盐含量持续超标，据此可以推断当地的污染来源。

监测数据也可以证明最佳管理实践的成功性。一个地方原来硝酸盐含量很高，在其上游农场执行了最佳管理实践之后，其硝酸盐浓度显著下降，这就可以向当地居民和政府有效证明实行最佳管理实践是有益的。

波士顿、波特兰和费城三地的案例研究描述了这些地区为发展流域保护计划所采用的区域划分、评价、监测以及规划等方法。

案例 6 利用 GIS 进行规划

马萨诸塞州水资源局

波士顿 马萨诸塞州

主要水源：夸宾（Quabbin） 和 Wachuset 水库

流域面积：夸宾 187 $mile^2$； Wachuset 110 $mile^2$

服务人口：1 932 000

马萨诸塞州水资源局（Massachusetts Water Resources Authority，MWRA）主要负责处理三个地表水源地的源水并供给波士顿市及邻近的 45 个社区的 200 多万人口。城市区域委员会（Metropolitan District Commission，MDC）负责管理和保护流域水源。

12.2.1 绘制流域地图

GIS 能够帮助马萨诸塞州水资源局和城市区域委员会工作人员创建流域地图并分析数据。例如，利用 GIS 识别流域污染源，制订流域保护计划，支持流域保护立法的通过与执行，帮助选择购买对流域保护有重要作用的土地等。

1988—1992 年，马萨诸塞州水资源局和城市区域委员会工作人员广泛研究了为城市提供水源的 400 $mile^2$ 的流域，识别风险，绘制地图，为已存在或潜在的风险威胁排列等级。这其中的风险主要包括化粪池、娱乐活动、暴雨径流、森林采伐、石油储存以及土地侵蚀和动物种群等自然影响。基于这些分析，工作人员提出流域保护计划，其中包括解决当前及未来污染源问题的建议。

12.2.2 为流域评估立法

经过六年的讨论，1992 年，马萨诸塞州立法机关通过了流域保护法。马萨诸塞州水资源局的计划主管利用精确的地图显示，详细说明了被提议的小比例缓冲带及需要保护区域的重要性，确保了该法案的顺利通过。该法案规定，在饮用水水库周围 400 ft①和饮用水支流、地表水周围 200 ft 的范围内，禁止任何土地规划和污染活动，其中包括大部分的新建项目。法案同时限制了一些特定的活动，例如禁止在水源支流、地表水、洪泛区、含水层上部和湿地等区域周边 200～400 ft 范围内储存有害物质。

流域地图的绘制及流域评估，通过显示缓冲带存在的面积较小的问题以及保护这个地区的重要性，最终保证了马萨诸塞州流域保护法案的顺利通过。

12.2.3 GIS 在管理中的优势

绘图工具对法规的执行也有相当大的帮助。例如，马萨诸塞州水资源局为每个流域内的社区提供一幅流域地图，用于显示法规控制下的地区。马萨诸塞州水资源局同时利用这种方法通知位于缓冲带内的 5 000～6 000 名土地业主有关的新规定。马萨诸塞州流域保护法案已经实施了若干年，社区与受影响的业主之间关系良好。

马萨诸塞州水资源局、城市区域委员会及其他州的部门还利用 GIS 筛选购买对流域保护及其他活动有益的土地。GIS 软件能够帮助使用者通过具体的特征来比较土地，同时利用 GIS 数据判断土地的“性价比”，以便对土地的购买价值进行等级划分。由于马萨诸塞州水资源局经常碰到开发商报价过高、州政府购买土地资金极其有限等问题，利用 GIS 软件评估土地是极为必要的。

案例 7 用监测数据来支持预防性的水质标准

波特兰水务局

波特兰 俄勒冈州

主要水源：布尔溪（Bull Run）流域

流域面积：进水口上游 102 $mile^2$ 的干旱地区、40 $mile^2$ 的缓冲带

服务人口：80 万

处理方法：格栅、消毒、不过滤

① 1 英尺（1 ft）=0.304 8 m。

波特兰水务局从胡德雪山（Mt.Hood）国家森林的布尔溪流域获得饮用水水源。在包括《布尔溪管理法》（P.L.95-200）和用于限制流域木材采伐的《俄勒冈资源保护法》最近的修订案授权下，该流域由美国森林管理局管理。

《布尔溪管理法》将生产纯净的、清洁的、无杂质的饮用水规定为该区首要的联邦管理目标。在该法规要求下制订的水质标准比森林服务部门制订的标准更加严格。为了更好地保护布尔溪流域，美国森林管理局必须严格执行这一新标准。

12.2.4 监测责任

美国森林管理局、波特兰水务局、美国地质调查局共同承担采样、数据收集与分析、数据库管理的责任。波特兰水务局负责所有实验室分析费用，同时与美国地质调查局均摊水流流量数据收集与管理的费用。美国地质调查局的加入能够促进收集水流、水质数据，使调查任务圆满完成。

12.2.5 监测目标

对于没有过滤设施的供水系统，水质监测是十分重要的，它可以预警由于山体滑坡、暴雨诱导的土壤侵蚀等因素引起的水体浊度升高事件。通过追踪事件发生前后的浊度等级，工作人员可以提前处理严重污染的水源，或者临时选用备用的地下饮用水水源。

重点监测站设在布尔溪河五个主要支流入口处，其中四个设在主要支流上，一个设在河流水被引入到供水系统管道的地方。一些监测指标的监测频率是一周一次，而另一些指标则是在线监测或流动监测，流动监测随机收集样品，样品收集概率随着流速的增加而增加。表 12-1 为监测目标。

表 12-1 监测目标

监测目标	
浊度	➢ 预测（包括使用概率分析），追踪高浊度事件。 ➢ 确定水源浊度标准。 ➢ 评价布尔溪水库产生浊度升高事件的潜在风险，追踪浊度随水位降低的变化。
需求与供给	➢ 评价当前管理活动的有效性，以便改进当前措施，并为未来管理决策提供参考。 ➢ 追踪、预测，并提高季节性供应量预测的准确性。 ➢ 监测布尔溪湖排放的影响。 ➢ 评价布尔溪湖的安全性（漫坝风险）。
微生物风险	➢ 评价与提高对微生物风险的认识。 ➢ 追踪与控制配水管网中与微生物生长相关的因素。
其他水质问题	➢ 追踪季节性变化对消毒有效性的影响。 ➢ 确定消毒副产物浓度的等级和变化趋势。 ➢ 追踪季节性变化对侵蚀控制的影响。 ➢ 评价影响感官感受的水质问题的发展可能。 ➢ 检测长期水质转换状况，因水质变化直接影响供水水量和水质，有时为了保证供水水质需要调整处理方式，或改变其他操作方式。

监测能促进更好地管理，并削减了由于洪峰期间沉积物进入没有过滤设施的供水系统所产生的处理费用。

12.2.6 废弃公路的管理

在国家森林内有几千公里的公路处于失修状态。许多情况表明，这些公路对水质有重要影响。这些公路已被列入优先废弃名单，这意味着不需要对其进行全面修复而仅种植一些树木控制侵蚀即可。

波特兰水务局在布尔溪流域内废弃公路管理工程站点的前后方都设立了临时的监测站。他们致力于收集数据，估计这些管理行为产生的沉积物负荷，进而确定哪些过时的技术对水质影响最小。此外，波特兰水务局还帮助量化那些既不能维持也不能废弃的公路对水质的影响范围。

监测结果可以使那些对水质产生重大影响的废弃公路被禁止使用。

案例 8　利用监测和模型评价潜在的污染物

费城水务局

费城　宾夕法尼亚州

主要水源：特拉华（Delaware）和斯古吉尔（Schuylkill）河流域，同时包括几条区域性溪流与水库

流域面积：特拉华和斯古吉尔河流域，分别为 13 000 mile^2 和 1 892 mile^2

服务人口：150 万

处理方法：消毒、过滤

费城水务局与州政府和联邦政府合作，对 Wissahickon 支流进行了研究。在他们的共同努力下，开发了一个综合性的环境监测与数据管理系统，该系统能够帮助我们对流域内具有威胁性的污染物有更深刻的了解。

Wissahickon 河位于城市与郊区之间，在过去的 25 年里，一直被视为具有很大发展潜力的区域。土地利用的变化包括所有农业用地的丧失和大量住宅用地的增加。

在 22 mile 长的河流上有大约 21 个具有排放许可证的排放设施，其中包括 5 个镇区废水处理厂。河流水质、生物状况以及沉积物负荷都没有调查清楚。

为了解决流域健康问题，水务局加入到 Wissahickon 流域合作团体中。该团体拥有约 120 个成员，他们致力于收集数据，以便更深入地了解该流域。

宾夕法尼亚州环保署（Pennsylvania Department of Environmental Protection's，PADEP）是 Wissahickon 流域合作团体中的一个合作伙伴。为了弄清流域内贾第虫和隐性芽胞虫菌的起源、生长、灭亡及其迁移，宾夕法尼亚州环保署的东南区办公室与实验中心已经开展了 Wissahickon 河水质研究。

12.2.7 微生物研究

由于贾第虫和隐性芽胞虫菌能够引起严重的胃肠疾病，其在饮用水供水过程中备受关注。了解饮用水水源中这些微生物的产生与去除至关重要。对 Wissahickon 河的研究结果表明废水排放是流域内贾第虫和隐性芽胞虫菌的重要来源，在稳流期，废水还向水体

中引入可检出的原生动物。

1996—1997 年，宾夕法尼亚州的研究专注于在稳流条件下，点源（如污水处理厂）对贾第虫和隐性芽胞虫菌的贡献。为了对原生动物的产生、消亡和迁移有更深入的了解，1998—1999 年，宾夕法尼亚州的研究将会在饮用水设施的取水口处进行监测，测定斯古吉尔河和 Wissahickon 支流对贾第虫和隐性芽胞虫菌的贡献量。

Wissahickon 支流水域评价结果充实了不断发展的研究，表明废水是流域中贾第虫和隐性芽胞虫菌的重要来源。

12.2.8 最大日负荷总量

宾夕法尼亚州选择 Wissahickon 支流为试点，将其作为州内第一个实施包括非点源控制在内的最大日负荷总量计划的流域。该流域内的一些非点源活动可能对女王航线水处理厂供应的费城饮用水具有潜在影响。精确的最大日负荷总量模型能够识别那些对饮用水供应有迫切威胁的问题。

12.2.9 流域建模

借着对该流域的研究，国家环境修复研究所（National Institute for Environmental Renewal，NIER）正在为 Wissahickon 河开发一个流域模型。国家环境修复研究所希望该模型能解决流域内各种各样的水质问题，同时帮助量化流域的地貌和水文条件。模型中包括暴雨排放管道的详细清单、构筑物情况、通道特点及非点源状况。

12.3 流域中的土地利用

12.3.1 农村、城市、自然资源管理

无论什么地方作为饮用水水源，都会与在这个区域内占优势的土地利用类型产生矛盾。农村、城市、森林或者农田都会呈现不同的矛盾。

水源地在森林覆盖区域的供水服务单位经常需要面对森林砍伐、土地侵蚀以及木材管理等问题。水源地在乡村或郊区则需要处理化粪池、农业流失及侵蚀，娱乐活动（如游泳、徒步旅行、山地自行车）等问题。而水源地在城市地区的供水单位则需要面对暴雨排放、人行道上的径流以及城市快速发展等问题。

以下案例主要着眼于农业土地利用、城市暴雨管理、净化系统和废物管理、生物保护等方面。解决方案包括了从其他案例中借鉴的简单、创造性设想到那些需要强大资金支持的资金集约型工程。任何最有效的饮用水系统解决方案都依靠多种因素，其中包括饮用水系统面对的特殊的土地利用问题和饮用水系统水源面临的威胁强度等。

12.3.2 农业土地利用问题

在农业耕种为主的地区，供水系统面临着一系列与城市供水系统不一样的问题。灌溉与非灌溉作物的非点源污染、饲养场和动物排泄物管理地区都会威胁饮用水水源。其他诸如使用化肥和农药的农业活动会导致营养物、病原体和有毒化合物进入饮用水水源。

耕作也会形成土地侵蚀，导致地表水浊度升高。

污染源管理是减少农业非点源污染的一种方法。本章中许多案例研究都讲述了各单位如何实施其最佳管理实践来解决污染和侵蚀问题，如何在农业社区开展饮用水水源保护的宣传教育。

12.3.3 暴雨管理

饮用水水源如在城市中或靠近城市则一般都会受到暴雨径流的威胁。来自不可渗透地表（例如混凝土路面）的径流可能会被各种污染物污染，其中包括机动车的机油和润滑油，施用于草坪及园林的除草剂及农药等。

12.3.4 废物管理

化粪池是处理卫生废物的主要方法，供水服务单位必须对可能泄漏或不正常运行的化粪罐进行额外关注。化粪池的维护不当将会使营养物、化学物和病原体进入水体，污染地下水和地表水。

12.3.5 生物栖息地保护

饮用水供水单位的任务是提供清洁的、可饮用的水给其消费者。这个目标经常与其他公共利益相重叠，例如鱼与野生动物栖息地的恢复与保护。通常情况下，对栖息地的保护同样有利于对饮用水的保护。

案例 9 农业土地利用管理

纽约 EPA

纽约市 纽约州

主要水源：Croton 流域、卡茨基尔（Catskill）和特拉华流域，包括 19 个水库。

流域面积：1 969 $mile^2$

服务人口：900 万（包括除纽约市外的其他几个北部社区）

处理方法：Croton：氯化，过滤（已计划）；卡茨基尔/特拉华：氯化，消毒、不过滤

纽约市是地球上人口密度最高的城市之一，它的饮用水水源来自于几英里外的乡村森林、农田和一些小村落。农业（尤其是牛奶场）、牲畜养殖可能是纽约市饮用水水源中微生物病原体、营养物和其他污染物的重要来源。管理农业径流对于城市流域保护计划是至关重要的。

12.3.6 农民委员会

为了推进农业最佳管理实践的应用，纽约市环保部门提供资金资助自发的流域农业管理计划。

1993 年，该计划得到资助，并由一个非营利性的组织——农民流域农业委员会管理。当地农民曾在很长一段时间内对纽约市环保部门不信任，农民流域农业委员会的领导能

力是当地农民接受流域农业管理计划的关键。

建立一个独立的流域农业委员会作为流域农业计划的中心管理机构，对于取得当地农场社区的信任是非常重要的。

流域农业委员会决定资金如何使用并审批完整的农场计划。完整的农场计划是由当地县水土保持管区、合作发展机构、联邦自然资源保护机构的工作人员组成的团体编写完成的。农民在计划中占据重要作用，因为农民对推荐的最佳管理实践的接受程度是计划成功至关重要的条件。

起始于 1993 年的流域农业计划涉及包括组织、执行、管理等多方面的利益相关者。

供水单位已经承诺从 1995 年到 1999 年资助 3 520 万美元来支持该计划。在整个活动中，资金将资助整个农场的规划、设计和施工；最佳管理实践的执行；计划的管理维护与发展；以及为农民提供技术支持。截至 1997 年，Croton 流域的 350 个合格农场中已经有 287 个签署了该计划，其中，155 个农场完成了完整的农场计划并签署了执行协议。

12.3.7 最佳管理实践方法的多级管理

完整农场计划采用“多级管理方法”实现最佳管理实践的计划与实施。

三级管理示例如下：

（1）污染源控制。保持畜群健康，提高养殖场卫生条件，采集土壤样品，管理牧草与干草产出以减少过剩肥料的产生，综合管理虫害以减少农药的使用。

（2）景观控制。美化畜牧场景观，储存肥料，合理施肥与直接撒播，通过堆肥来控制农机肥。

（3）河流两岸控制。保证河床稳定，河流汊口控制，设立动物饮水系统和植物缓冲带以阻止动物进入河道并降低污染物进入河道的迁移速度。

12.3.8 最佳管理计划

Croton 流域穿越了多个行政区，水质受到了多种土地利用方式的影响，其中包括农业土地利用和城市暴雨径流的影响等。最初，河流沿线的行政区之间在制度上的合作以及联邦、各州和本地农业部门间的合作很少。

例如，在历史上很少有水土保护组织与合作发展服务部门的合作。前者一般与农民合作，执行美国农业部的任务；而后者重视提高产量和作物产出等农业问题。现在，利用水土保护组织工作人员对最佳管理实践的认识，以及合作发展服务部门在评价最佳管理实践对农场经济适应度方面的经验，两个部门的工作人员开始帮助农民发展完整的农场计划。

最佳管理实践和完整农场计划的经济优势对于整个计划发展的作用明显。大部分的最佳管理实践在保护了农场资源的同时也保护了纽约的饮用水水源。肥料的有效利用减少了农业成本和水体中的营养物。牲畜场卫生条件的改善降低了动物疾病的发病率，节约了费用，减少了水体中病原体的数量，保护了河道。

监测计划也正在实施，用于测定流域内计划对水质的影响。监测结果将会用于校准个体或基于具体农场模型分析的对水质的影响。

案例 10 农业、城市以及野生动物之间的协调

Contra Costa 流域保护机构
康科德（Concord），加利福尼亚州
主要水源：萨克拉门托（Sacramento）和圣华金河
流域面积：18 500 acre（仅 Los Vaqueros 水库）
服务人口：40 万

北加州 Contra Costa 流域为 Contra Costa 县 40 多万的人口提供水源。其饮用水水源来自于中央谷（Central Valley），包括萨克拉门托和圣华金河流域。

12.3.9 管理过程的参与

为了解决水源的保护问题，Contra Costa 流域保护机构把一个水资源团体纳入到该组织的规划部门。该团体致力于中央谷的水源保护工作，并参与中央谷区域水质控制局（一个负责发布国家污染物排放削减制度许可证的单位）的听证会，提供意见。Contra Costa 流域保护机构同样参与了国家环境政策法与加州环境质量法公共部分的制定，以解决工业与市政废水的排放问题。

12.3.10 降低污染物排放

同时，Contra Costa 流域保护机构与其他利益相关者合作，试图降低农业废水排放量，并把这些地区中会影响水源水质的废弃矿井的污染负荷减到最低。此外，Contra Costa 流域保护机构还实施了多种计划，其中包括实施降低农业废水排放的激励机制、对排进水体前的农业废水进行实验研究、治理矿井废水和土地休耕等。

12.3.11 主动管理：牧草地排水渠工程

生态敏感流域内自然存在的高浓度硒，一直是该地区流域保护的难题。农业排水渠是硒污染的主要来源。解决硒污染问题的方法就是建设混凝土排水渠（San Luis Drain），将生态敏感区的农业灌溉废水转移。在排水渠建设过程中，土壤改良局发现排水渠将会对新的排放区域产生不利影响，于是停止了排水渠建设。

为了不浪费已建的排水渠，流域保护机构允许农民利用部分已经建设的排水渠，将富含硒的废水从生态敏感的牧草地野生动物保护区中转移出去。但农民必须在满足废水排放基本要求的条件下，遵守硒排放负荷限制。这些许可将会使 Contra Costa 县饮用水水源之一的圣华金河的硒负荷降低。

基于最初两年的监测结果和农民们减少其排放水体中硒含量的积极表现，1996 年开始实施的排水渠利用协议延长到了 2001 年。

农业污水排放管理可以减少进入圣华金河的硒。

12.3.12 Los Vaqueros 水库计划

根据 1998 年的最新统计，Contra Costa 流域保护机构在 Los Vaqueros 水库周围拥有

将近 18 500 acre 的土地。但 Contra Costa 流域保护机构仍然在与该流域剩余土地的所有者商讨有关土地管理的协议，因为这些土地很可能会影响到水库的水质。

1997 年 5 月，Contra Costa 流域保护机构实施了一个流域管理计划，用于解决环境、协议和公共安全条件等问题，同时指导与 Los Vaqueros 水库相关的土地管理活动。

12.3.13 放牧管理

农业计划允许在水库流域内进行适当的、有管理的放牧活动。Contra Costa 流域保护机构负责该流域放牧的管理工作。只有在生态资源允许、火灾管理可控、水质恶化的风险非常小的地区才允许放牧和耕作。例如，Contra Costa 流域保护机构承诺保护圣华金 KIT 狐狸的栖息地，因为恰当的放牧管理为狐狸的猎物提供了栖息地。

放牧管理不但能保护水质，同时也能为野生动物例如圣华金的狐狸提供栖息地。

农业计划的第一阶段详细划分了九个放牧区，面积大约为 11 000 acre。大牧场主已在这一范围内的大部分地区放牧了几百年。农业计划巩固并重新分配了这些放牧区，以使放牧对环境资源与水库水质的影响降到最低。所有水库支流沿线的篱笆使奶牛远离水体，并为放牧区与支流之间建设了一个生长缓冲带。

在第一阶段农业计划实施过程中，详细监测了该计划对水质和环境资源的影响受到严密监测。1997 年，在流域内五个地点开始实施包括微生物、营养物、无机物和有机指标在内的水质监测。水质监测结果很有可能改变流域内关于放牧的相关法规。

12.3.14 建模合作

Contra Costa 流域保护机构是海湾三角洲（Bay-Delta）建模研讨会的合作伙伴，该研讨会是一个在全州范围内达成共识的非营利性质的、超越党派的组织。Contra Costa 流域保护机构的工作人员在其中的指导与技术委员会担任官员。

该研讨会的目的在于提高旧金山湾、萨克拉门托-圣华金河谷和中央谷内相关流域问题模型的有效性。该协会成立了一个模型技术交流所，帮助解决技术纠纷，并提供培训机会。

虽然该协会还没有任何关于水源保护的专题讨论会，但它通过三角洲对流域水流流速及迁移的模拟，为人们更好地理解污染物排放与城市供水进水口水质之间的关系提供了有效的帮助。

案例 11 饮用水水源区的土地利用控制

洛杉矶水电局

洛杉矶 加利福尼亚州

主要水源：欧文斯河（Owens River）/莫诺盆地（Mono Basin）和开放式配水水库（Open Distribution Reservior）

流域面积：220 万 acre

服务人口：370 万

处理方法：氯化，好氧氧化

在供水与输水系统的不同组成部分中，洛杉矶市的供水系统有两个地方面临着独特的水质挑战：由欧文斯河和莫诺盆地组成的东部山脉流域和城市内的开放式配水水库。东部山脉流域以山上的融雪和天然泉水作为供水水源。城市内开放式配水水库是一个露天的水库，这个水库主要用来容纳已处理的水，由于当地水质恶化，水库水质已受到影响。

12.3.15 东部山脉流域

近 220 万 acre 的东部山脉流域为洛杉矶市供水。美国森林局、美国土地管理署及洛杉矶水电局拥有该地区 98%的土地。其中，洛杉矶水电局拥有 31.4 万 acre，基本都在欧文斯河谷沿岸。洛杉矶水电局将其中的 26 万 acre 租赁给当地市民，用于多种用途，如建牧场、进行商业投资和建娱乐场所等。

12.3.16 牧场用途租赁

洛杉矶水电局将把东部山脉土地的 24.7 万 acre 租赁出去作为牧场。其中，2 200 acre 用于栽种苜蓿，20 000 acre 作为灌溉牧草地，剩余的作为干草牧场地。大部分被洛杉矶水电局租出去的土地都得到美国森林局和美国土地管理署的允许，可以进行牲畜放牧。洛杉矶水电局的租约被认为是牧场主的“基本的财产”，没有它，牧场主不可能得到联邦许可证。

租赁政策已经在水电局的牧场土地管理导则中得到阐述，以便于保护流域及其水质。单个的牧场管理计划也在每个租户的配合下得到有效实施。其中，牧场主作为流域内土地的使用者，洛杉矶水电局确保他们的牧场计划与洛杉矶水电局的目标协调一致。为了确保牧场主遵守导则中的规定，工作人员会进行非正式的定期检查。流域内植被、牧场的使用情况以及水质都需要定期监测。

土地租户必须遵守牧场管理导则中的条件，要求所有的牲畜和附录中列举的动物都远离水源和河岸区。如果土地租户需要对水源进行分流，他们必须事先与洛杉矶水电局协商，同时他们还必须遵照洛杉矶水电局的灌溉计划，尽量减少地表径流、回流和土壤侵蚀。县农业专员专职管理农药与除草剂的使用。来自加州大学与联邦土壤保护机构的农业顾问会定期地与租户协商有关粮食产量与牧场管理的事宜。

洛杉矶水电局拥有流域内 314 000 acre 的土地，其中 230 000 acre 以租给农民与牧场主的方式来管理。

12.3.17 商业用途租赁

通常情况下，商业化租赁五年就会影响该地区的经济与商业财产。这些地区的城市扩张遵照因约县（Inyo County）的总体规划。其中包括通过土地利用政策来确保地下水水质和可利用水量。县区的废水排放政策遵照统一管道法或区域化粪池统一配置导则。

12.3.18 娱乐用途租赁

一般认为，在欧文斯和莫诺未发展流域内活动对地表水水质影响很小。有迹象表明，私有财产和被禁止的过夜露营活动遍及整个市属土地。两个水库内甚至允许驾驶摩托艇。

但在水体中没有检测到汽油甲基叔丁基醚（MTBE）。娱乐设施的废物容器、便携式盥洗器的使用以及对水库周边地区的巡逻都可以帮助保护其水质。

12.3.19 无盖配水水库

洛杉矶水电局是仅有的几个拥有用于储存处理过的废水的露天配水水库的单位之一。洛杉矶水电局 10 个无盖水库中的 4 个都受到地表径流的影响，因此其水质必须达到地表水处理标准。洛杉矶水电局对这四个大型配水水库的源头管理计划始于 1989 年。在遵守与加州卫生服务部门的协议的基础上，洛杉矶水电局将会持续管理水库，直到处理设施安装完毕。这些水库储存了大概 80 亿加仑的水量，其流域面积达 1 683 acre，其大部分都归洛杉矶水电局所有。

虽然水库里处理过的水在每个水库出口都进行了氯化消毒，但加州卫生局还是认定水库中的水为原水，并据此要求洛杉矶水电局实施监测计划以及流域管理措施。洛杉矶水电局在每个水库预留了未开发的土地，并且实施了与原水监测计划相似的水库监测计划。

洛杉矶水电局的土地利用管理在允许对自然资源进行多重利用的同时，将其对公共安全的威胁最小化。

12.3.20 限制通道

除了其中一个流域的慢速水流通道，其他所有通道都限制向公众开放。该慢速水流通道已利用铁丝网和缓冲区进行了隔离。对土地利用的限制政策既有对植被、土壤、侵蚀的管理，也有对农药利用的限制。

流域与附近土地之间的篱笆对水库进行了有效隔离保护。这对污染源的识别和追踪也起到了极为有利的作用。洛杉矶水电局利用远程系统监控水库的潜在水质问题，例如藻类暴发和水华现象等。

案例 12　对城市发展进行前瞻性计划

南加州城市水源保护机构

主要水源：加州供水工程及科罗拉多河（Colorado River）

流域面积：马修斯湖（Lake Matthews）流域，39 $mile^2$；科罗拉多河流域，15 万 $mile^2$；加州供水工程，42 000 $mile^2$

服务人口：1 600 万

处理方法：过滤、消毒

随着与当地县政府、洪水控制与保护组织、土地业主和房地产开发商合作的深入，城市水源保护机构实施了一个排水管理计划。该计划旨在减轻周围环境对流域水质的影响。虽然马修斯流域及科罗拉多河流域人口稀少，但如今人口增长速度迅猛。流域内城市化进程的加快将会提高水体中重金属、病原体、沉积物、石油以及润滑油的污染负荷。

排水管理计划的第一步首先集中在马修斯湖水库。马修斯湖是一个 18 万 acre 的终端水库，用于接收来自科罗拉多河的水。周围 39 mile^2 的流域的水都被 Cajalco 河接收，最终汇入马修斯湖。

马修斯湖管理战略中一个关键要素就是利用一系列的湿地净化初期冲刷水和含有害物质的水，同时为野生动物提供栖息地。随后，湿地出水将流进一个池塘进行初期冲刷水分流，接着进入沉淀池中沉降，减少泥沙负荷，然后进入马修斯湖。最后，他们计划按 Cajalco 河百年一遇的洪峰设计、建造一个水坝和滞流池。

案例 13 需要新的技术来应对多重挑战

盐湖城市公共事务机构

盐湖城市 犹他州

主要水源：瓦萨其峡谷（Wasatch Canyons）

流域面积：95 mile^2（普罗沃河流域 50 万 acre）

服务人口：40 万

处理方法：过滤、消毒

盐湖城市的经济发展迅速，发展势头空前。娱乐旅游业的发展、土地利用措施的变化、新住宅的建设以及城区的扩张都会影响饮用水水源的水质。

水源利用的增加使峡谷河流中的大肠菌群数量不断增加。虽然水体中大肠菌群数量还未超标，但其数量的增加表明水质在不断恶化，这提高了我们对未来生态系统的关注。

这就是盐湖城市投资水源保护的原因。饮用水水源的保护是利用多重屏障保障水质中最重要的一环。而对水务机构来说，提供优质饮用水的前提在于对原始水源的保护。它不仅是最基本条件，同时它还是防止水传播疾病的最经济有效的办法。

12.3.21 饮用水水源保护的历史

盐湖城市饮用水水源保护的历史可以追溯到 20 世纪初期。1911 年，为了保护饮用水水质，开展了卫生调查、流域立法以及峡谷流域巡逻等工作。1914 年，国会通过了联邦法律（《公法》199），要求美国森林局与盐湖城市合作，共同管理普罗沃河流域内的联邦所属土地，防止饮用水水源被污染，保证饮用水供应。各级法院也已经对盐湖城流域的水权进行了裁定。

此外，盐湖城市已经与许多持有来自瓦萨其峡谷流域早期水权的农户签订交易协议。基于这些交易协议，市政府用储存在犹他湖的水与农民交换瓦萨其峡谷流域的水，从而获得高水质的山川来水作为饮用水水源。这项交易对于市政府和农民来说是“双赢”的。市政需要更高水质的饮用水水源，同时，在干旱或者作物生长晚期，农民们也需要更稳定的水源。

在州法律的允许下，盐湖城市拥有对保护其流域及水源供应的绝对独立的权限。在这个权限允许下，用于管理那些不属市政所有的流域土地的法令获得通过并得到强制执行。盐湖城公共事业机构管理着包括 Little and Big Cottonwood、City Creek 和 Parley 流域的峡谷周围水源的利用。在水源地 200 ft 范围内禁止徒步旅行和狩猎。在流域内，禁止养狗、马，禁止放牧，同时也不允许存在化粪池。任何有污染饮用水水源行为的人，即使是土地业主，也会被罚款。

饮用水水源的保护对于水质的多屏障保护是极为重要的。

12.3.22 新的挑战

为了应对流域内旅游业的扩张与发展，盐湖城公共事业机构更新了其 1988 年的流域控制计划，这对于流域保护来说，无疑是一项新的挑战。流域内只剩下有限的未被占用的水源，而流域内的环境压力却在不断增加。例如，Little Cottonwood 峡谷有两个世界级的雪橇滑雪场，每年冬天，一天就会有 9 000 辆汽车进入峡谷。

流域内的私人土地业主并非自动获得其所有地的水权。大部分峡谷的水权要么通过冠名，要么通过交易协议，基本上都归盐湖城市政府所有。对流域产权有兴趣的开发商必须取得水权才能进行建设。由于特定的限制，盐湖城市仅对流域内泉水制订水权销售合同。由于该政策，市政府不得不考虑到有关水权问题的法律。

为了寻求公众对有关总体规划改变的支持，公共事务机构组织了一系列的会议，并通过网络、大众电视、新闻报纸以及分发传单的方式进行宣传。同时他们还专门成立一个管理相关问题的理事会，恳请包括盐湖城市参议会、市卫生局、巡逻流域的县长办公室以及美国森林局等在内的各利益相关者加入到该理事会。该理事会旨在理清各单位对流域保护与管理的优先次序。

同时，州公共事务机构还雇佣了一个环境咨询公司，以审查环境问题，帮助准备新的总体规划。这些都发生在政府实施紧缩政策的时期，各级政府都减少了预算。然而，尽管只有有限的资源，州公共事务机构还是继续与土地管理部门和卫生部门合作，解决饮用水水源保护的问题。

案例 14　城市暴雨径流管理

马萨诸塞州水务局

波士顿　马萨诸塞州

主要水源：夸宾和沃楚希特（Wachusett）水库

流域面积：夸宾：187 mile^2；沃楚希特：110 mile^2

服务人口：1 932 000

饮用水水源水质经常受到暴雨径流的影响。一场大雨过后，污染物浓度会显著增加，这就给饮用水处理设施造成了巨大的压力。虽然马萨诸塞州水务局并不能控制来自建筑地区的暴雨，但城市保护区委员会与申诉人合作对流域管理工作进行分工，审查所有有关暴雨与土壤侵蚀控制工程的建设与设计。根据州流域保护法与湿地保护法，这些控制工程是必备的。

12.3.23 审查机关

《马萨诸塞州流域保护法》规定：在规定的支流、湿地以及洪泛区的 400 ft 范围内，所有的该地区的改造方案必须经过审查。提交给本地保护委员会的建议由部门的工作人员审查，审查主要针对在建设中和建设后的水质变化问题。根据审查结果，工作人员向委员会提出他们的调查报告。

1997 年，城市区域委员会工作人员审查了 98 个有关沉积物控制与水质问题的方案。每个工程设计最终都必须遵照流域保护法的要求与水质标准的规定。

另外，一年一度的流域卫生调查可以协助城市区域委员会工作人员识别关键的区域。一旦识别出对人类健康有威胁的风险区域，城市区域委员会都会与相关责任单位合作，减轻其对水质的影响。州高速公路处的几个工程就是以这种形式进行的。

12.3.24 流域暴雨管理的方法

除了以上工作，城市区域委员会还雇佣了环境工程公司为整个流域准备一个深入的暴雨管理方案。一旦该方案完成，将考虑各子流域一系列的污染负荷，并为其提供最佳管理实践。州水务局与城市区域委员会计划引导各工厂执行其提供的最佳管理实践，并为他们提供技术与财政支持。

12.3.25 社区法令的修改

城市区域委员会同时也为各社区提供技术支持，帮助他们制定或修改与他们有关的侵蚀和沉积物控制法规。城市区域委员会工作人员会与一个社区合作，建立一个同时可以被其他社区所用的详细法规。这些法规意在鼓励实践，包括关注水质的更多的先进方法。

案例 15　城市土地利用：解决饮用水水源与野生动物栖息地矛盾的办法

斯威特沃特（Sweetwater）水务局

Chula Vista，加利福尼亚州

主要水源：科罗拉多河、加州供水工程水源、斯威特沃特河、地下水

流域面积：182 mile^2（包括水库）

服务人口：165 000

处理方法：反渗透（计划使用）

1977 年，斯威特沃特河流域日益发展的城市化进程，使得加州卫生部门注意到流域内城市暴雨径流对水库水质的潜在影响。为了解决这些影响，负责市政供水的斯威特沃特水务局在水库中建造了一个城市径流分流系统，以保护地表水供应不被新的城市发展所影响。

分流系统的第一阶段于 1991 年完成，其作用是用来截断流域内所有的低流量水源与初期冲刷径流。迄今为止，系统为水库减少了 3 300 t 的盐分，减少了矿物质、营养盐、

病原体以及大肠菌的负荷。

第二阶段，即正在建设并将要完成的水质保护屏障。工程完成后，原本渗入地下水的地表径流，将会被收集并送入当前正在建设的处理厂中处理。这将为社区提供新的水源。

12.3.26 广泛的集资方法

第一阶段将耗资 650 万美元，第二阶段将耗资 700 万美元。其资金主要来源于政府授权的供水收入债券和发展津贴、美国农垦局第 16 条授权的用于再生水工程的资金和《清洁水法》205（j）条款下分配给废水处理中的创新建设工程的专用拨款。

根据协议，当地的发展费用由斯威特沃特水务局与圣地亚哥郡均摊。协议允许斯威特沃特水务局对流域内中部盆地的开发项目进行征税，以补偿该地区由新发展项目而控制径流的费用，估计所征税占总工程费用的 60%。在 1 984 美元中，每单位面积住宅征税 300 美元，估计每英亩土地有 2.9 单位面积住宅用于商业及其他非住宅用途。水务局还与县政府协商，提高税收计划，以回收由于减轻城市化影响所造成的花费。

12.3.27 栖息地管理计划

对于受城市径流分流系统与水库管理影响的濒危物种栖息地，斯威特沃特水务局制订了一个管理该区 140 acre 土地的计划。计划包括监测、植被恢复、入侵杂草扑灭以及与美国鱼类与野生动物协会、加州钓鱼与娱乐机构合作的迁移捕食者计划。

因为当前的设计只保护了斯威特沃特水库不被新发展项目及城市化影响，而没有保护到栖息地。水务局还重新设计了部分分流系统，以便尽量减轻甚至回避对环境敏感地区的影响。

早期的计划要求在水库上游 2 英里处设一个低流速屏障、一个几英里长的分流管道和三个上游池塘。然而，其中一部分建设区域被认定为环境敏感的野生动物栖息地，因此斯威特沃特水务局去除了上游池塘，增加了更大的下游管道和下游池塘。虽然这样的处理方式减弱了暴雨的处理量，但水务局认为这个折中的方法有利于平衡环境影响。

植被管理

干旱时期，由斯威特沃特河供水的水库水平线显著降低，植被就在水库附近或者森林栖息地生长。随着水库水平线的升高，这些植被逐渐被淹没，最终，腐败的植物使水体水质恶化。为了避免此类事情发生，必须去除这些植被。

虽然这些植被会使水质下降，但其形成的栖息地是少量贝氏史鸣鸟——一种联邦已确定为濒危物种的小型鸣鸟的家园。为了把对物种的影响降到最小化，斯威特沃特水务局与美国鱼类与野生动物协会承诺将该栖息地从库区转移到上游旧的沙坑，该地可以对植被进行再植，并与相似的栖息地相邻。在新的栖息地可以完全适合物种生存以前，库区的栖息地面积不会减少。

该计划实施得非常成功，濒危的鸣鸟已经成功占领了新的栖息地，时间比预料的更早。当局通过植被修复，管理这片 140 acre 的河滨森林。同时计划还促进了美国鱼类与野生动物协会与斯威特沃特水务局通过协商共达目的。

案例 16 化粪池系统管理

波特兰流域保护机构
波特兰 缅因州
主要水源：塞巴戈湖（Sebago Lake）
流域面积：450 $mile^2$
服务人口：160 000
处理方法：臭氧氧化、氯化消毒、未过滤

季节性住宅的发展是对塞巴戈湖的主要威胁，而塞巴戈湖是波特兰流域的主要水源。在湖滨 200 ft，或者沿湖滨及其几个岛屿内大概有 3 000 幢别墅。为了减少私人化粪池对水源的影响，波特兰流域保护机构采取了大量的控制措施。包括 1912 年《保护区特许证法》《州湖滨区环境保护条例》《卫生管道工程条例》当地的规划法规的制定和与私人土地业主的协议。

根据《保护区特许证法》，在湖水平面 200 ft 以内，必须获批后才可建设化粪池系统。波特兰流域保护机构工作人员必须对其系统进行检测。同时工作人员还必须检测距湖区支流 1 000 ft 范围内的化粪池系统。

当某土地业主申请一个城镇卫生管道工程建设许可证，要求安装或者修改它的化粪池系统时，当地卫生部门应当通知发行许可证的流域保护机构。流域保护机构通过州《卫生管道工程条例》，对化粪池系统的设计与安装提出最低限度的要求。考虑到土壤条件，流域保护机构可能会实施更严格的要求。本地废水处理标准对化粪池系统的选址有控制更加严格的要求。工作人员在化粪池系统建设中与建设后都要对其进行追踪检测，一旦系统开始运行，则开始定期检测。最近，流域保护机构检查员一直关注在建筑工地的二次播种，以阻止土壤侵蚀。

一旦保护区或某镇获悉某化粪池系统工作不正常或失灵，该城镇必须立即着手解决该问题。虽然流域保护机构与镇政府都有义务解决这一问题，但由于过去镇政府对此事处理得很好，故流域保护机构就不需要参与其中。

案例 17 废水管理

纽约环境保护机构
纽约，纽约州
主要水源：Croton 流域，卡茨基尔-特拉华流域（包括 19 个水库）
流域面积：1 969 $mile^2$
服务人口：900 万（包括一些上游社区）
处理方法：Croton：氯化消毒、过滤（预定）；卡茨基尔-特拉华：氯化、消毒、不过滤

纽约环保机构在 Croton 流域和卡茨基尔-特拉华流域投入超过了 3.5 亿美元，用于支持化粪池系统及废水管理工程。

为了符合市新法案与法规的标准与要求，纽约市正在升级市内所有城市污水处理厂，将它们提升到三级处理设施的技术水平，其花费超出2亿美元。纽约环保机构还为Croton流域、卡茨基尔-特拉华流域的其他污水处理厂的升级改造提供帮助，其预算约8 000万美元。

其他一些有关废水与化粪池的倡议包括：

- 新的基础设施建设计划，为废水处理设施、社区化粪池系统、化粪池管理区提供财政支持。
- 新的污水管扩建计划，解决运转异常或可能运转异常的化粪池系统。
- 化粪池复原与替换计划。
- 化粪池替代设计计划。
- 有关县级废水/化粪池的倡议，在特定县级流域实施水质计划。
- 投入资金支持将污水转移出流域系统的可行性研究。

在卡茨基尔-特拉华流域，纽约环保机构与卡茨基尔水务公司合作。该水务公司是执行1997年纽约当地环保机构与州政府之间协议的一个非营利性组织。在Croton流域，纽约环保机构与县政府合作制订计划章程，并为区域水源保护进行分级。

由于在奥内达加县流域的每个居民点都有其各自的化粪池系统，对这些系统的维护就是主要的流域保护活动。州卫生委员会委托奥内达加县水务局对境内化粪池系统实施检测计划。水务局与县卫生局必须对新的化粪池与原有化粪池系统的改造设计进行审查。

案例18　化粪池系统相关法规

奥内达加县水务局

锡拉库扎（Syracuse），纽约州

主要水源：Otisco 湖

流域面积：44 $mile^2$

服务人口：7万

处理方法：过滤

每年夏天，水务局工作人员都对流域内每个居民点开展逐门逐户的调查，更新他们化粪池系统的信息及检测结果。同时，每年对Otisco湖1/3的居民点进行染色测试，这样3年流域内的居民点就可以全部覆盖一次。

流域内的违规行为，例如一个阳性的染色测试结果或者浸出区域出现一个浸出斑点，最初都由水务局处理。居民区有14天的时间来解决违法问题。水务局不会为他们提供财政支持，但会建议居民雇佣一个承包商来解决该问题。

如果该违法行为持续超过14天，县卫生局将遵照奥内达加卫生法规对其进行强制执行。首先，卫生局发信通知业主其已经违反了卫生条例。信中将提醒业主：若业主未能在规定时间内解决问题，他将会受到州卫生委员会的传唤，该机构拥有对其进行罚款的权力，或者勒令业主必须采取一系列可令人信服的解决问题的步骤。

常规的染色实验可以帮助水务局判断水源地附近的化粪池系统是否处于良好的工作状态。该计划同时也给那些只顾自己利益的土地业主一个鲜明的态度。

案例 19 利用流域内下水道取代化粪池系统

马萨诸塞州水资源局
波士顿 马萨诸塞州
主要水源：夸宾和 Wachusett 水库
流域面积：夸宾：187 mile^2 和 Wachusett：110 mile^2
服务人口：1 932 000

马萨诸塞水资源局正在投资利用下水道来取代 Wachusett 流域内 40%的化粪池系统，其花费大概在 5 800 万美元。数据库所记录的化粪池系统有 7 000 个。

为了更好地管理对这些化粪池系统的监测，城市区委员会为区域废水管理机构投资建立模型。独立于市政府之外，区域废水管理机构将为化粪池系统提供一个总体管理架构和系统维护。城市区域委员会同时还为 Wachusett 流域北部地区试点工作提供资助，在那里还存在一些老一代的化粪池。

案例 20 栖息地管理：保护濒危物种与饮用水水源

西雅图公共事业机构
西雅图，华盛顿州
主要水源：雪松河（Cedar River）流域和南福克塔特（South Fork Tolt）流域
流域面积：雪松河：90 495 acre 和南福克（South Fork）河：13 390 acre
服务人口：120 万
处理方法：氯化、不过滤

为了保护雪松河流域濒危或者已经受到威胁的物种，同时维持严格的水质标准，西雅图市实施了一个栖息地保护计划。市政府最近发布一个“原则上同意的协议”，协议中市政府提到：

- 建立一个生态保护区，其中约 64%的土地归政府所有并由政府管理。
- 在生态保护区外的地区实施商业木材生产管理计划。该计划所用标准必须高于渔业及野生动物保护标准。
- 为鲑鱼与虹鳟鱼通过 Landsburg 分流坝创造便利条件。
- 为红鲑重建栖息地，为其在坝的下游建立一个孵卵地。
- 在雪松河下游执行一个水量计划。
- 设计一个综合的研究与监测计划，以检查计划的执行力度，评价其产生的影响，提供所关心物种的相关信息。

提出该协议的目的在于为当地政府、州、联邦及部落行署提供一个协商的基础。

案例 21 种植补助计划：为市民保护饮用水水源提供动力

波特兰流域保护机构
波特兰市，缅因州
主要水源：塞巴戈湖
流域面积：450 $mile^2$
服务人口：16 万
处理方法：臭氧氧化、氯化、不过滤

为了超越传统方法，并将更多的湖滨居民引入到流域保护的行列中来，波特兰流域保护监管制订了三个创新性的计划。这些计划加快了栖息地的重建与水质保护，同时还得到土地业主的热烈欢迎。

12.3.29 种植补助计划

从 1995 年开始，种植补助计划为每个购买树苗、建立缓冲带以控制土地侵蚀的土地业主提供 200 美元的补助。几个苗圃为居民提供了 665 种与湖滨相协调的灌木、地被植物和树木，并为参与的居民提供技术帮助。1995 年至今，流域保护机构已经分发了 5 400 美元的补助，并将持续进行该计划，包括监测湖滨植物的生长态势。

12.3.30 精英园丁计划

精英园丁计划始于 1997 年，是将湖边土地业主与缅因州合作发展机构联合起来。派一个熟练的园丁到某个湖滨家庭中去，教他们相关环境园艺技术。

12.3.31 露营补助计划

另一个重建计划是露营补助计划，为湖岸地区教育与水土流失整治提供技术支持与资金补助。流域保护机构已经捐赠了 6 700 美元用于购买材料，控制一些沿岸营地严重的土壤侵蚀。这些努力显著地改善了当地的条件。

12.4 土地收购

解决流域内土地利用竞争问题的一个办法就是，拥有水源地周围所有的土地。系统购买地表饮用水水源周围的土地，比与每个私人土地业主协商要好得多。这种解决方案虽然简单，但往往是最难实施的。

例如，波特兰流域保护区的土地收购计划就在缅因州波特兰市遭遇了相当大的困难，因为大部分需要收购的土地都在一个镇里。

盐湖城公共事业机构在收购土地时只能以估定的价值进行收购，而土地开发商可以随意提高价格，这样他们与开发商的竞争就处于劣势。

尽管困难很多，但只有拥有土地才能控制土地的使用用途，因此，土地收购对于水源保护来说已经成了不可缺少的部分。

案例 22 通过土地收购，控制流域内的土地利用

西雅图公共事业机构
西雅图，华盛顿州
主要水源：雪松河流域、南福克塔特流域
流域面积：90 495 acre（雪松河），13 390 acre（南福克河）
服务人口：120 万
处理方法：氯化消毒，不过滤

为了控制流域内土地的使用，西雅图公共事务机构已经把土地收购作为雪松河流域、南福克塔特流域优先考虑的项目。该机构拥有 99.9%的雪松河流域和 70%的南福克塔特流域的土地所有权。收购土地资金来源于消费者税收。

西雅图公共事业部门与美国森林局于 1962 年开始交易土地。1992 年，《雪松河流域法》通过后，土地交易管理逐渐在正式化。

《雪松河流域法》要求美国森林局与西雅图公共事业部门针对雪松河流域重要的土地进行交易，同时通过合同约束西雅图市，防止其再次将交易区域出售、在该区域生产木材或者将该区域开发成耕地等，而不是对交易区域进行常规维护。这些约束条件对于控制土地的价格非常实用，西雅图公共事业部门可以用其拥有的价值 800 万美元的其他土地来交换流域内的土地。如果没有条款限制，流域内这块土地的价格将达到 1 亿美元。

最近的一次交易使西雅图公共事业部门在过去的 100 年里获得了雪松流域内 99.9%的土地。

另一块对西雅图饮用水供应至关重要的地方是南福克流域。西雅图公共事业部门通过手上持有的南福克塔特流域土地，与一个名为威尔霍瑟的私人公司进行交换，得到了南福克流域的土地。该流域的林地曾经一度被砍伐，现在已经长满了郁郁葱葱的次生林。

土地交易巩固了西雅图公共事业部门和威尔霍瑟公司在南北福克流域的主导地位，提高了对这些土地的管理水平。虽然西雅图公共事业部门的土地被威尔霍瑟公司拥有的土地所包围，但威尔霍瑟公司已经签署一份协议，支持流域内的水质保护。

剩余的南福克塔特流域东部边缘部分的原始森林归美国森林局所有。因为意识到它对西雅图饮用水供应的作用，已经禁止该森林中的砍伐活动。

案例 23 利用第三方来收购土地

盐湖城市公共事务机构
盐湖城市，犹他州
主要水源：瓦萨其峡谷
流域面积：185 $mile^2$（普罗沃河流域 50 万 acre）
服务人口：40 万
处理方法：过滤、消毒

自 1988 年实施高级流域管理计划起，为了给收购土地提供财政支持，盐湖城市通过对每个用户每月征税 0.25 美元的方式，获得税金 115.4 万美元，收购了 1 000 acre 流域土地。

盐湖城市公共事务机构工作人员鉴定土地，并委托一个咨询委员会负责土地收购。该委员会由盐湖城市市长指定的市县居民组成，负责决定购买哪块土地。

面对土地开发商的竞争，盐湖城市公共事务机构一般都是处于不利地位，因为他们只能以土地的估定价格进行收购。当开发商的出价很高时，他们完全没有竞争能力。为了解决这一问题，盐湖城市公共事务机构与环保团体合作。这一团体可以以私人的名义进行土地收购，而不需要以估定价格购买土地。

另外一个难题是，西雅图公共事务机构只能对土地业主想出售的土地进行投标收购。而机构工作人员更希望掌握土地收购的主动权。因此，在修改总体法规时，他们希望能够修改有关的规定。

在流域内，流域保护支持者十分关注出于保护自然资源目的以外的土地交易。为了进一步确保这一类交易不影响饮用水供应，西雅图公共事务机构联合市政府官员，向流域内主要土地拥有者——美国森林局提出建议，希望美国森林局不要将流域内的土地出售给私人团体。这一做法将会进一步加强饮用水水源保护。

纽约水务局的环境保护部门已经在其流域内实施了一个 10 年土地收购计划。

纽约水务局的环境保护部门斥资 2.5 亿美元用于收购卡茨基尔-特拉华河供水系统的相关土地。卡茨基尔-特拉华河的支流遍布 1 600 $mile^2$ 的范围，为纽约市提供 90%的饮用水。纽约水务局的环境保护部门还预留 1 000 万美元准备收购位于哈德逊河东岸 Croton 流域的土地。当地州政府也为纽约水务局的环境保护部门提供 750 万美元，用来补充 Croton 流域土地收购的资金。

案例 24　土地收购计划：对重要土地进行优先收购

纽约水务局环境保护部门

纽约市，纽约州

主要水源：Croton 流域，卡茨基尔-特拉华流域，包括 19 个水库

流域面积：1 969 $mile^2$

服务人口：900 万（包括供水沿线地区）

处理方法：Croton：氯化，过滤（预定的）；卡茨基尔-特拉华：氯化，消毒，不过滤

根据水库的自然条件和周边环境、进水情况和纽约水务局的环境保护部门的管网分布，每个流域都划分出了优先购买区域。这些优先购买区域成为收购的焦点。环境保护部门以市场价格收购所有土地，并为收购的土地支付财产税。

作为 1997 年流域协议的一部分，纽约水务局环境保护部门拥有由纽约州环境保护部颁发的、有效期为 10 年的供水许可证。该许可证确保纽约水务局环境保护部门可以通过购买或者保护管理权交易，获得包括水库附近未开发的土地、湿地、河道以及水质脆弱区在内的土地。

纽约水务局环境保护部门不会使用土地征用权对土地进行强行收购。流域协议规定村镇有权保留部分特定耕地不被收购。哈德逊河西岸地区的某些村落还可以保留高达 50 acre 的土地，这些土地优先进行商业和工业开发利用。

在两个流域内，纽约水务局环境保护部门将与流域内的社区协商，讨论为每个镇提供 20 000 美元，用于建立一个本地的审查制度。所有的纠纷都会被提交到纽约州环境保护部门进行解决。

案例 25 土地收购需要小城镇的合作

波特兰流域保护区

波特兰，缅因州

主要水源：塞巴戈湖

流域面积：450 $mile^2$

服务人口：160 000

处理方法：臭氧氧化，氯化，不过滤

与其他地区相比，波特兰流域内需要收购的土地面积较小，但波特兰流域保护机构也开展了土地收购工作。1997 年，波特兰流域保护机构资源有限、人员短缺，但该机构还是花费 60 万美元，收购了塞巴戈湖及其支流沿岸的 1 000 ft 内的土地，建立了一个缓冲带。波特兰流域保护机构从有意愿出售土地的业主那以市场价格购买了 5 块土地。

保护区土地收购计划的资金来自于 1993 年的立法，该法规明确规定允许将前一年税收的 5%预留用于饮用水水源保护。

迄今为止，波特兰流域保护机构所收购的所有土地都在缅因州斯坦迪斯（Standish）镇。由于斯坦迪斯镇的中心位于塞巴戈湖沿岸 1 000 ft 范围内，该镇逐渐关注税收的降低和波特兰流域保护机构可能收购全镇所有土地的问题。

为了减轻该镇的恐惧，更好地促进交流，镇代表与波特兰流域保护机构委托人共同组成了一个委员会。该委员会的主要职责就是在保护饮用水供应的同时，确保每个人的利益都能得到满足。

缩略语（11）

ACH	Automated Clearing House	自动清算系统
AG	Attorney General	司法部长
ASAP	Automated Standard Application for Payments	支付自动标准申请
CE	Categorical Exclusion	分类排除
CFR	Code of Federal Regulations	联邦法规汇编
CWSRF	Clean Water State Revolving Fund	州清洁水循环基金
DWNIMS	Drinking Water National Information Management System	饮用水国家信息管理系统
DWSRF	Drinking Water State Revolving Fund	州饮用水循环基金
EA	Environmental Assessment	环境评价
EIS	Environmental Impact Statement	环境影响评价
EPA	Environmental Protection Agency	环境保护局
FCTR	Federal Cash Transaction Report	联邦现金交易报告
FSR	Financial Status Report	财政状况报告
FTE	Fulltime Equivalence	全时工作当量
FY	Fiscal Year	财年
GAAP	Generally Accepted Accounting Procedures	公认会计程序
GAGAS	Generally Accepted Auditing Standards	公认审计标准
GAO	Government Accountability Office	美国审计署
GO	General Obligation	一般义务
IUP	Intended Use Plan	预期用途规划
MBE	Minority Business Enterprise	少数民族企业
NEPA	National Environmental Policy Act	国家环境政策法
OA	Operating Agreement	运作协议
OIG	Office of Inspector General	总检察长办公室
OMB	Office of Management and Budget	管理和预算办公室
PAM	Program Activity Measure	计划活动举措
PART	Program Assessment Rating Tool	计划评估分级办法
PER	Program Evaluation Report	计划评估报告
PPL	Project Priority List	工程优先权清单
PWS	Public Water System	公共给水系统
PWSS	Public Water System Supervision	公共给水系统监督
SDWA	Safe Drinking Water Act	《安全饮用水法》
SERP	State Environmental Review Process	州环保审核步骤
SRF	State Revolving Fund	州循环基金
SWP	Source Water Protection	水源保护

TFM	Technical，Financial，and Managerial	技术、财务和管理
WBE	Women's Business Enterprise	妇女所有权企业

缩略语（9）

305（b）《清洁水法》第 305（b）条强制性要求提交国会的国家水质情况报告

AMWA	美国城市水协会
ASDWA	国家饮用水管理者协会
BLM	土地管理局
CERCLA	《环境应对、赔偿和责任综合法》
CMR	化学品监控改革
CPA	资源优先保护区域
CREP	资源保护注册计划
CRP	资源保护计划
CSGWPP	州地下水保护综合计划
CWS	社区供水系统
CWA	《清洁水法》
CWSRF	《清洁水法》州循环基金
CZARA	海岸带法再授权修订案
DBP	消毒副产品
DOD	美国国防部
DOE	美国能源部
DOI	美国内务部
DOT	美国交通部
DWSRF	州饮用水循环基金
ECOS	州环境委员会
EPCRA	《应急规划和区域知情权法》
EIS	环境影响声明
FIFRA	《联邦杀虫剂，杀菌剂和杀鼠剂法》
FSA	农场服务局
GIS	地质信息系统
GWDR	地下水消毒规章
GWPC	地下水保护委员会
IUP	预期用途规划
IWI	流域指标索引
MCL	最大污染物浓度
MCLG	最大污染物浓度目标
NASDA	州农业部国家协会
NCWS	非社区供水系统

NGA	国家管理人员协会
NEP	国家口岸计划
NEPA	国家环境政策法案
NOAA	国家海洋和大气局
NPDES	国家污染物排放削减制度
NPS	非点源
NRCS	自然资源保护署
OGWDW	地下水和饮用水办公室
OSM	露天开采办公室
ORSANCO	美国俄亥俄河流域水质卫生委员会
PWS	公共给水系统
PWSS	公共给水系统监督计划
RASA	区域含水层系统分析
RCRA	《资源保护与回收法》
RMP	资源管理计划
RSVP	退休和年老志愿者计划
SDWA	《安全饮用水法》
SDWIS	安全饮用水信息系统
SMP	州管理计划
SSA	唯一水源含水层
STORET	水与生物监测数据的存储和检索系统
SWAP	水源评价计划
SWCP	州湿地保护计划
SWP	水源保护
SWTR	地表水处理法则
TMDL	最大日负荷总量
TOT	转移时间
TRI	有毒物质释放量清单
UIC	地下灌注控制
USDA	美国农业部
USGS	美国地质调查
UST	地下储罐
WHP	井源保护计划
WHPA	井源保护区